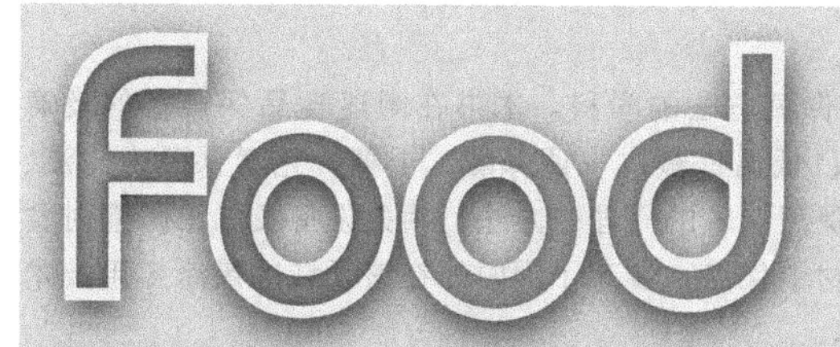

普通高等教育“十二五”规划教材

食品保藏原理

第二版

卢晓黎　杨瑞　主编

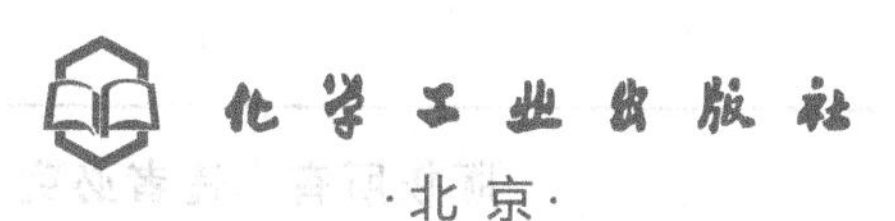

·北京·

食品保藏学是一门研究食品腐败变质原因及食品保藏方法的学科。本书在阐述食品保藏目的及意义、食品腐败变质原因的基础上，介绍了食品的罐藏、低温保藏、气调保藏、干藏、化学保藏、腌渍、发酵和烟熏、保藏新技术等内容，系统地论述了这些保藏技术的原理、方法、相关设备及加工因素对食品品质的影响。本书的编写吸取了近年来国内同类教材的优点，参考了国内外在该领域的最新应用技术和研究成果，更加贴近我国食品工业实际与教学需要。

本书可作为食品科学与工程类专业教材，也可供从事食品研发、食品生产与管理、食品安全监管等领域的科研、技术及管理人员阅读及参考，还可作为相关行业的职业培训参考用书。

图书在版编目（CIP）数据

食品保藏原理/卢晓黎，杨瑞主编，—2版.—北京：化学工业出版社，2014.5（2024.6重印）
普通高等教育"十二五"规划教材
ISBN 978-7-122-20019-8

Ⅰ.①食…　Ⅱ.①卢…②杨…　Ⅲ.①食品保鲜-教材②食品贮藏-教材　Ⅳ.①TS205

中国版本图书馆CIP数据核字（2014）第044892号

责任编辑：赵玉清　　文字编辑：魏　巍
责任校对：王素芹　　装帧设计：尹琳琳

出版发行：化学工业出版社（北京市东城区青年湖南街13号　邮政编码100011）
印　　装：北京科印技术咨询服务有限公司数码印刷分部
787mm×1092mm　1/16　印张14½　字数355千字　　2024年6月北京第2版第9次印刷

购书咨询：010-64518888　　售后服务：010-64518899
网　　址：http://www.cip.com.cn
凡购买本书，如有缺损质量问题，本社销售中心负责调换。

定　　价：32.00元

前言 FOREWORD

食品保藏学是一门研究食品腐败变质原因及食品保藏方法的学科，解释各种食品腐败变质现象，并提出合理、科学的防止措施，从而为食品的储藏加工提供理论和技术基础。食品保藏学也是食品科学技术学科的重要组成部分，是高等学校食品科学与工程类专业课程体系中不可缺少的内容。食品加工过程与食品保藏技术密不可分，对保证加工食品品质、防止食品变质、延长食品保存期起着极其重要的作用。因此，掌握、使用食品保藏方法，是加工高品质食品必不可少的保证条件。

作为食品科学与工程类专业学生，特别是从事食品加工技术研究、食品生产及管理、食品安全监管等人员，不仅需要了解食品加工的工艺过程，还必须掌握食品保藏原理及技术，熟悉食品种类与保藏方式的关联关系。只有这样，才能满足食品在保存期内的质量要求，从而保证食品的卫生与安全。本书的编写以第一版教材内容和体例为基础，吸取近年来国内同类教材的优点，参考国内外在该领域内的最新应用技术和研究成果，同时听取部分使用单位和人员的意见，对教材的内容进行了更新与完善，使其更加贴近我国食品工业实际与教学需要。本书在阐述食品保藏目的及意义、食品腐败变质原因和食品保藏基本原理的基础上，介绍了食品的罐藏、低温保藏、气调保藏、干藏、化学保藏、腌渍、发酵和烟熏、保藏新技术等内容，较为系统地论述了这些保藏方法的技术原理、相关设备及加工过程因素对食品品质的影响。作者希望通过本书，向读者传达在食品保藏学学习中各种问题是如何提出、原因在哪里、如何去解决的，力图使学生学习本课程后，有基础、有能力去应对实际工作中所遇到的食品加工与保藏问题，也希望在开阔视野、新产品开发等方面能对广大读者起到一定的帮助和指导作用。

本书第1章由卢晓黎撰稿，第2章由成都大学刘达玉撰稿，第3章由四川大学吕远平撰稿，第4章、第7章由西南民族大学陈炼红撰稿，第5章由四川理工学院袁先铃撰稿，第6章由四川大学王文贤撰稿；第8章由西南科技大学陈彦撰稿；研究生郭正旭、李纯参加了书稿编排和部分绘图工作；全书的统稿和审定工作由卢晓黎完成。对参加本书第一版编写工作的原四川大学杨瑞，四川理工学院王世宽、潘明表示衷心的感谢；对在本书中被引用的各类资料的作者，也一并深表敬意。

由于编者水平所限，书中不足之处，恳请读者及同行批评指正。

编者

2014.1

食品保藏学是专门研究食品腐败变质的原因及食品保藏方法的一门学科，解释各种食品腐败变质现象，并提出合理、科学的防止措施，从而为食品的储藏加工提供理论和技术基础。本书在阐述食品保藏目的及意义、食品腐败变质原因和食品保藏基本原理的基础上，介绍了食品的罐藏、低温保藏、气调保藏、干藏、化学保藏、腌渍和烟熏、辐射保藏等方法，对这些保藏技术的原理、方法、相关设备及加工因素对食品品质的影响进行了系统的论述。作者希望通过本书，向读者传达在食品保藏过程中各种问题是如何提出的、原因在哪里、如何去解决的过程，力图使学生学习本课程后，有基础、有能力去应对实际工作中所遇到的食品加工保藏问题。也希望在开阔视野、新产品开发等方面能对广大读者起到一定的帮助和指导作用。

本书共分八章，第一章、第三章、第五章由杨瑞编写，第二章由王世宽、刘达玉、潘明编写，第四章、第七章由陈炼红编写，第六章由王文贤编写，第八章由陈彦、杨瑞编写，全书由杨瑞统稿。

本书收集了国内外专家的有关专著、论文，作者授课讲义、科研成果和工程实践，国内外知名食品企业的技术资料等；在着重阐明食品保藏的基本原理、方法的基础上，介绍了国内外在该领域内的最新应用技术和研究成果，更加贴近我国食品工业实际。本书既可作为高等院校食品类专业的教材，也可供从事食品储藏加工的专业技术人员作为参考用书。

由于编者水平所限，不妥之处，恳请广大读者批评指正。

编者

2005.12

CONTENTS 目录

4 食品的气调保藏 /94

5 食品的干藏 /110

6 食品的化学保藏 /140

7 食品腌渍、发酵和烟熏 /164

8 食品保藏新技术 /187

1 绪论

随着食品科学技术的进步，农产品产量的迅速增加，食品加工业的快速发展以及人们食品消费水平的提高，食品加工企业对农产品原料的质量与安全性的要求也越来越高，消费者对农产品及各种食品卫生与质量的要求也在逐年提高，国际市场对我国出口的农产品及食品质量的要求也不断提升，这些都要求食品生产企业不但要重视食品原料的生产和食品加工，而且也必须重视食品原料及加工食品的保藏及流通。食品保藏是指采取一系列技术措施在一段时间内尽可能保留食品中天然物质成分的过程，它既包括鲜活和生鲜的储藏保鲜，也包括食品原辅料、半成品和成品食品的保藏。

1.1 食品保藏的概念

人类生活在自然界中，大自然为人类提供了赖以生存的一切物质条件。人类生存的整个历史就是不断地与大自然斗争的历史（如人的进化、与疾病的斗争等）。在生活中，我们无时无刻不遇到如何延长物质的使用寿命，即物质的保藏问题。例如，冬季穿的毛衣、羊毛大衣，到天气暖和后收藏时，需要用防虫剂防虫；机械设备及一些金属用具的表面需要涂上油漆或镀上防腐层，这样做不仅是为了美观，更主要的是为了防止空气中的气体成分对金属材料的腐蚀。保藏学是一个庞大的学科，食品保藏学只是这个学科中的一个分支，是一门运用微生物学、生物化学、物理学、食品工程学等的基础理论和知识，专门研究食品腐败变质的原因、食品保藏方法的原理和基本工艺，解释各种食品腐败变质现象，并提出合理、科学的防止措施，从而为食品的储藏加工提供理论基础和技术基础的学科。

人类的饮食，除水和盐外，几乎都来自动植物。从总的观点来看，植物或动物组织是碳水化合物、蛋白质和脂肪的水系统。这些物质含有大量的水分，且营养丰富，是微生物生长、繁殖的理想场所；此外，动、植物组织本身还含有酶，在食物收获、采集或宰杀之后，酶会在适当的条件下引起一系列的生化反应，会改变、分解食物中的营养成分。例如苹果、柑橘等储存久了其甜度会逐渐下降，这是因为在储存过程中苹果、柑橘中的糖分被酶分解或转化成为其他物质的缘故。因而食物的保藏不仅要防止外界微生物和空气中的气体成分对食物的损坏，同时还要防止、减缓食物本身所含酶的作用。

1.2 食品保藏与食品加工的关系

随着社会物质生活水平的提高，人类获取食物后往往并不直接食用，常根据自己的饮食习惯和爱好及其他特殊需要，利用各种动、植物原料，经过不同配制和各种加工处理，形成形态、风味、营养价值和功能性质等各不相同的品种繁多的加工品。这些经过加工制作的食物被统称为加工食品。随着社会的发展，加工食品在人类饮食生活中所占的比例越来越高，食品工业在国民经济中的地位也越来越重要。

从狭义上讲，食品保藏是为了防止食品腐败变质而采取的技术手段，因而是与食品加工相对应而存在的。但从广义上讲，保藏与加工是相互包容的，这是因为食品加工的重要目的之一是保藏食品，而为了达到保藏食品的目的，必须采用合理、科学的加工工艺和方法。

食品保藏不仅仅是针对食品的流通和储存过程，而是包括食品加工全过程。食品的保藏往往在食品加工过程的初期就开始了。例如，在加工果蔬、肉类食品时都要对原料进行去杂、清洗等减菌化处理，这样可以大大减少原料和成品的带菌量，为保证产品的品质、延长货架期打下良好的基础。食品生产中一些必要的加工处理过程可能对食品的营养成分、风味口感以及货架期等造成一定的不良影响，为了减少这些加工处理所引起的食品品质下降，一些新的加工方法在加工的同时就设法对其加以控制。例如，油炸过程由于温度高，较长时间的油炸处理对脱水产品的颜色、香味、营养成分都有很大的破坏。20 世纪 90 年代兴起的低温真空油炸，由于是在低压下脱水，加工过程中食品物料的温度低，其脱水产品的色、香、味俱佳，营养成分损失小，深受消费者欢迎。

1.3　影响食品品质稳定性的因素

食物是人类生存所必需的物质条件，是人体生长发育、更新细胞、修补组织、调节机能必不可少的营养物质；也是产生热量，保持体温，进行体力、脑力劳动的能量来源。因此，人类的食物应当营养丰富，含有足够的蛋白质、丰富而易消化的有机物（如碳水化合物、脂肪等）、适量的维生素以及无机盐和纤维素。同时，食物必须是卫生而安全的，任何受到致病菌、食物中毒菌及有毒、有害物质污染的食物都会给人体的健康带来严重的危害。

影响食品保存稳定性的因素包括内在因素和外在因素：内在因素主要包括食品的抗病能力、食品的加工方法与有效性以及食品的包装类型和方式等；外在因素主要包括环境温度、相对湿度和气体成分等。

食品原料的抗病、抗菌能力既与原料的种类、品种有密切的关系，又与动、植物在生长期间的发育、管理等因素有关。不同种类的食品，因组织结构、化学成分和生物学特性不同，对外界微生物的抵抗能力不同，内部发生的化学变化与物理变化的速率也不同。因此，不同种类的食品在流通中质量下降速度不一样。根据食品腐败变质的难易程度可以将食品分为易腐烂食品、半易腐烂食品和储存稳定食品。易腐烂食品是指那些收获后或屠宰后很快就变质的食品（如新鲜的叶菜类和软质水果；新鲜的肉、家禽和鱼）。半易腐烂食品是指那些含有对腐烂有天然抑制物的食品，如蛋类和根菜类，或者是指那些经过某种形式的轻度保藏处理，并由此产生对环境条件和分配、销售过程中受到的损害具有更大耐受性的食品（如经巴氏杀菌的牛奶、轻度烟熏鱼和泡菜）。储藏稳定食品可被认为是在室温条件下不易腐烂的食品（如谷物和坚果）。有些食品采用适当的方式（如罐藏），或者进行加工以减少其水分含量（如无核葡萄干和发面饼干），使其在室温下保持品质稳定。

如果植物和动物在生长期间发育良好，除其可食用部分的食用品质较佳外，还具有较强的抗病能力，采收或屠宰后，质量下降速度也较慢。例如，发育正常又实行无伤采收的果品，抗病性就比发育不正常、有机械伤的果品强得多。家畜屠宰前的饲养、管理与屠宰后肌肉微生物的感染率也有关系，据研究，饲养良好、屠宰前得到适当休息的家畜，屠宰后肌肉微生物的感染率要比管理不善的家畜低得多，显然感染率低的畜肉质量下降速度比较慢。

食品加工通过改变食品的组成、结构、状态或环境条件，使食品中的微生物和酶受到抑制，各种化学反应和物理变化的速率减缓，从而减慢食品质量下降的速度。通常采用的办法有：冷加工、干制脱水、浓缩、腌渍、烟熏、气调、涂膜、辐照、杀菌密封、防腐剂处理等等。有些食品加工过程还要进行前处理，如脱水蔬菜在干制之前要经过热烫，以破坏酶的活性、减少叶绿素的变化和维生素C的损失。冷藏的水果出库之前要经过回热，以防止空气中的水分在水果表面凝结，减少微生物的污染。通过食品加工可以增强食品在流通过程中质量的稳定性。

表1-1列出了动、植物食品的有效储存期限，由表可见根菜类食品的储存期比肉类、叶菜类食品的储存期长，而脱水食品的储存期远比新鲜食品的储存期长得多。

食品包装在食品流通中起着重要作用，其最重要的作用是维护食品的质量。例如：①不透气的普通塑料袋包装可防止食品含水量的变化和灰尘、杂物对食品的污染；②脱氧、充氮或真空包装可防止食品发生氧化酸败；③气调包装可减弱包装袋内果蔬的呼吸强度；④包装水果的纸箱、木箱和泡沫包装袋可防止水果的机械损伤；⑤罐藏食品的密封包装可防止微生物的再次污染等。因此食品有一个良好的包装，就可以大大减缓食品质量的下降速度。

表1-1 动、植物食品的有效储存期限

食　品	一般储存期限(20℃)/d	食　品	一般储存期限(20℃)/d
动物肉	2	水果干	>360
鱼类	2	叶菜	2
家禽	2	根菜	7～20
水果	7	干种子	>360

温度是影响流通过程中食品稳定性的最重要因素，它不仅影响食品中发生的化学变化和酶促反应，还影响着与食品质量关系密切的微生物生长、繁殖过程，影响着食品水分的变化及其他物理变化过程。通常，温度升高，微生物的繁殖速率加快，其他质量指标变化速率也都加快，导致食品质量下降速度加快。因此，食品在流通中保持低温状态是食品保鲜最常用的方法。

食品储藏环境的相对湿度也对食品质量变化速率有影响，这是因为它直接影响食品的水分含量和水分活度。水分在食品中既是构成食品质量的要素，也是影响食品稳定性的重要因素。各种食品都有一定合理的含水量，或高或过低对食品的质量及其稳定性都是不利的，它不仅会影响食品成分、风味口感和外观形态，而且还会影响微生物的生长和繁殖。含水量充足、水分活度高的新鲜食品应在相对湿度较大的环境中储存，以防止水分散失；含水量少、水分活度低的干燥食品则应在相对湿度低的环境中储存，以防止吸附水分。

在气体成分中，氧气对食品质量变化有重要影响。空气中的氧会使食品的许多成分发生氧化反应，导致食品的变质。例如，食品中脂肪的氧化酸败、果蔬中酚类物质的酶促褐变、蛋白质还原性基团和某些维生素（如维生素C、维生素A、维生素E等）的氧化。氧气的浓度越低，上述氧化反应的速率就越慢，对食品质量的影响也就越小。为了减慢或避免食品成分的氧化作用，在食品流通中常常采用脱氧包装、充氮包装、真空包装或在包装中使用脱氧剂等方法，有的则在食品中添加抗氧化剂。

1.4 食品保藏的原理

导致食物腐败变质的主要原因是微生物的生长、食物中所含酶的作用、化学反应以及降解和脱水。食物的变质在收获、集中或屠宰后就开始了。有些变质伴随着产生有毒因子，有些变质则使食品基本营养价值遭受损失。有毒物质的产生直接导致食物丧失可食性，如不慎误食会给人体的健康带来危害，严重时其后果不堪设想。而有毒物质的产生多是由于微生物代谢所致，因此食物保藏首先关心的问题是微生物引起的腐败变质。

1.4.1 微生物的控制

食品的种类繁多，根据原料的不同可以将食品分为果蔬制品、粮油制品、肉食制品、乳制品等。按照食品加工处理的方法可将食品分为冷藏和冷冻食品、罐藏食品、脱水干制食品、腌渍食品、烟熏食品和辐照食品等。按照食品的易腐败程度又可将食品分为容易腐烂食品、半易腐烂食品和储存稳定食品。虽然食品的种类不同，腐败变质情况也各异，但是如何对微生物的活动进行控制以保证成品的质量，却是整个食品行业在储藏加工直至流通和销售过程中必然会遇到的重要问题。正由于此，食品保藏技术才得以在长期的生产实践中不断改进和创新，并随着科学技术的发展，不断取得新的成就和进展。

1.4.1.1 减少微生物的污染

清洁是阻止食物腐败最重要的措施之一。食物的微生物性变质，涉及数以十亿计的细胞繁殖和生长。只要能采取措施，减少微生物的数量，则可延长产品寿命。微生物的初始菌落越多，食物受侵袭得越快。在处理食物时，采取良好的卫生措施能有效减少腐败的发生。

1.4.1.2 缩短收获（屠宰）与消费（或获得适当保藏）的时间间隔

时间是另一个重要的因素，腐败性微生物的生长是时间、温度和环境的函数（表 1-2），因此减少食品从收获（屠宰）到消费（或获得适当保藏）的时间间隔，是控制食物腐败的另一个重要措施。

表 1-2 不同温度、卫生条件下牛奶中细菌菌落数与时间的关系

每毫升中的细菌数/个 保持时间/h 保持温度/℃	0	24	48
	使用清洁的奶牛和无菌器皿(20 个样平均)		
4	4295	4132	4566
15	4295	1587388	33011111
	使用脏奶牛和未消毒器皿(30 个样平均)		
4	136533	281646	538775
15	136533	24673571	639884615

1.4.1.3 利用有生命物质的天然免疫能力抑制微生物的侵害

任何有生命的生物体都具有天然免疫能力，能抑制微生物的侵害。采收后的新鲜果蔬仍进行着呼吸和代谢等生命活动，但因脱离植株，不再有养料供应，其生物化学反应只能向分解方向进行，从而导致果蔬内储藏物质被逐渐消耗，果蔬慢慢衰老枯萎，组织结构随之迅速瓦解或解体，不易久藏。生命活动越旺盛，这种分解就越迅速。

根据有生命活动的食品（主要是新鲜果蔬）的这一特性，可以采取措施维持食品最低的生命活动，既保持它的天然免疫力以抑制微生物的侵害，同时又减缓分解反应，以延长食品的保存期。基于这一原理通常采用如下的措施和方法。

（1）利用低温抑制果蔬呼吸与酶的活动。

（2）适当流通空气，及时排除果蔬呼吸产物，使果蔬成熟速率减慢。

（3）调节果蔬储存环境中的气体成分，使 CO_2 含量增加，O_2 含量减少，必要时还可以用 N_2 作填充剂，使果蔬呼吸强度大大降低。

（4）用真空泵抽出储藏库内的空气，在真空条件下，果蔬内的乙烯迅速向外扩散（乙烯有诱导果蔬成熟的作用），同时储存库内的 O_2 也大大减少，使果蔬的呼吸和成熟过程得到明显的抑制，这种方法称为减压保鲜法。

（5）给果蔬涂上一层可使果蔬的 O_2 吸收下降、水分损失减少，而 CO_2 却几乎全部排出的保鲜膜，这种方法称为涂膜保鲜。

（6）利用高压负静电场所产生的负氧离子可达到保鲜果蔬的目的，其原理是负氧离子可以使果蔬进行代谢过程的酶钝化，从而降低果蔬的呼吸强度，减少果蔬乙烯的生成，这种方法称为电子保鲜。

（7）采用低剂量的辐射能改变水果体内乙烯的产生，从而影响其生理活动，也可以影响新鲜蔬菜的代谢反应，改变其呼吸率，防止老化，如土豆、洋葱、大蒜等经辐射后可抑制其发芽。

1.4.1.4 抑制微生物的生长繁殖

微生物像植物一样，对营养和环境有一定的要求。特定食物的腐败，常与某种类型的食物和微生物有关。在微生物导致食物腐败过程中重要的影响因素有水分含量、温度、O_2 浓度、可利用的营养素、被微生物污染的程度和生长抑制剂。通常控制了这些因素中的一种或多种，则可控制微生物导致的腐败。但这些控制措施一旦消失，微生物的活动迅即恢复，而食品仍会迅速腐败变质，因此，这些都是暂时性的保藏措施。抑制微生物生长的方法主要用于已失去生命力的食品的保藏，常通过以下几个方面来实现。

（1）水分的控制　水分是微生物生长活动必需的物质，但只有游离水分（即有效水分）才能够被细菌、酶和化学反应所利用。降低食品中的游离水分目前已成为重要的食品保藏方法，在生产中有着广泛的应用。降低食品中游离水分的方法主要有：①干制、冷冻和浓缩；②通过化学修饰或物理修饰，使食品中原来隐蔽的亲水基团裸露出来，以增加对水分子的约束；③添加亲水性物质（降水分活性剂），这样的物质有盐（氯化钠、乳酸钠等）、糖（果糖、葡萄糖等）和多元醇（甘油、丙二醇、山梨醇等）。

（2）抑制剂的利用　即在食品中添加一些对微生物生长和繁殖有抑制作用的化学防腐剂来延缓食品的腐败变质。熏烟中因含有许多微生物抑制成分，而在烟熏的过程中食品也蒸发了部分水分，所以，烟熏食品的品质稳定性在很大程度上是通过低水分和微生物抑制剂获得的。

（3）氧的控制　多数导致食品腐败变质的微生物都是好氧菌，采用改变气体组成的方法，降低氧分压，一方面可以限制好氧微生物的生长，另一方面可以减少营养成分的氧化损失，如食品生产及保藏中的脱气（罐头、饮料）、充氮、真空包装等均是基于这一原理。

1.4.1.5 除去食品中的微生物

利用加热、微波、辐射、高压、臭氧、电阻加热杀菌和过滤除菌等方法使食品中微生物菌数降至长期储藏所允许的最低限度，并维持这种状态，达到在常温下长期储藏食品的目的。用此方法保藏食品的技术关键是食品要采用密封包装，防止杀菌后的微生物二次污染。

1.4.1.6 利用微生物发酵抑制有害微生物的生长和繁殖

培养某些有益微生物，进行发酵活动，借助发酵过程中产生的酒精、乳酸、醋酸等防腐物质的作用，建立起能抑制腐败菌生长活动的新条件，以延续食品腐败变质的保藏措施。例如，将蔬菜、牛奶等原料制作成发酵蔬菜、酸牛奶等产品，即是利用乳酸发酵所产生的乳酸抑制腐败菌的生长。当然，发酵食品中的益生菌也会给食品赋予利于健康的功能效果。

1.4.2 酶与其他因素的控制

食品中存在的酶对食品的质量有较大的影响。影响食品质量的常见酶有氧化酶（如多酚氧化酶、抗坏血酸氧化酶、过氧化物酶、脂肪氧化酶）和水解酶（如果胶酶）等。合理控制和利用这些酶，是食品储藏加工中进行各种处理的基础。控制酶的常用方法有：①加热处理；②控制 pH 值；③控制水分活度。这些控制往往与微生物的控制是同时实现的，例如降低食品水分和物料温度可以抑制微生物的生长和繁殖，同时也可以延缓酶的作用及其他化学反应对食品质量的影响。降低食品所处环境的氧含量可以抑制好氧微生物的生长和繁殖，同时也减慢了氧化反应的速率。加热、辐射、高压、微波、臭氧处理可以杀灭微生物，也可使酶失活。添加化学防腐剂抑制微生物生长的过程实质上就是通过对酶的抑制和破坏来实现的。

至于其他因素可以根据其引起食品变质的原因和机理，采取相应的工艺措施，以达到食品长期保藏的目的。

实质上，各种食品保藏的方法都是创造一种控制有害因素的条件，而食品加工则在寻求食品最佳的保藏方法中逐步完善。

1.5 食品保藏的必要性

1.5.1 加工食品的质量要求

经加工、保藏的食品种类虽然很多，若作为商品应符合下述要求。

(1) 感官品质 包括外观、质构与风味。

① 外观即为色泽和形态。食品不仅应当保持应有的色泽和形态，还应具有整齐美观、便于携带拿取、色泽悦目等特点。食品的外观对消费者的选购有很大的影响，生产过程中必须力求保持或改善食品原有色泽，并赋予相应的完整形态。

② 质构是指食品的内部组织结构，包括硬度、黏性、韧性、弹性、酥脆度、稠度等指标。食品质构的好坏直接影响到食品入口后消费者的感受，进而影响了消费者的接受程度。不同消费者对食品质构的喜好有所不同，通常食品的质构都是针对特定的食品消费者而定的。

③ 风味包括食品的气味和味道，气味有香气、臭味、水果味、腥味等，味道有酸、甜、苦、辣、咸、麻、鲜以及各种味道的复合味道等。消费者对食品风味的需求有很强的地域

性，保持食品的特定风味是食品生产者必须关注和解决的问题。

（2）营养与利用率　食品是人类为满足人体营养需求的最重要的营养源，食品的营养价值通常是指在食品中的营养素种类及其质和量的关系。通常认为食品中含有一定量的人体所需的营养素，则具有一定的营养价值，否则即无营养价值。一种食品的最终营养价值不仅取决于营养素全面和均衡，而且还体现在食品原料的获得、加工、储藏和生产全过程中的稳定性和保持率，以及营养成分是否以一种能在人体代谢中被利用的形式存在，即营养成分的生物利用率。食品只有被消化吸收，才有可能成为人体的营养素。

（3）安全性　食品安全性是指食品必须是无毒、无害、无副作用的，应当防止食品污染和有害因素对人体健康的危害以及造成的危险性，不会因食用食品而导致食源性疾病的发生或中毒和产生任何危害作用；此外，食品安全性还应包括因食用方法不当而引起危险的其他方面。导致食品不安全的因素有微生物、化学、物理等方面，可以通过食品卫生学意义的指标来反映。微生物指标主要有细菌总数、致病菌、霉菌等；化学污染指标有重金属如铅、砷、汞等，农药残留和药物残留如抗生素类和激素类药物等；物理性因素包括食品在生产加工过程中吸附、吸收外来的放射性核素，或混入食品的杂质超标，或食品外形引起食用危险等安全问题。此外，还有其他不安全因素如疯牛病、禽流感、假冒伪劣食品、食品添加剂的不合理使用以及对转基因食品存在的疑虑等。我国于 2009 年颁布了《中华人民共和国食品安全法》，为食品安全领域问题提供了法律保证。

（4）方便性　食品作为日常的快速消费品而言，应具有方便实用性，应便于食用、携带、运输和保藏。食品通过加工就可以提供方便性，如液体食物的浓缩、干燥就可节省包装，为运输和储藏提供了方便。伴随着食品科技的发展，食品在包装容器以及外包装上的发展，如易拉罐、易拉盖、易开包装袋等，则反映了食用方便性这一特点；冷冻食品、微波食品、配餐食品等的出现则为家庭用餐消费者大大提供了方便。食品的方便性会直接影响到消费者对该食品的接受程度，这一特性与保藏性是食品工业化产品与餐饮食品的区别所在。

（5）保藏性　为保证市场流通的需要，食品必须具有一定的保藏性。食品的品质降低到不能被消费者接受的程度所需要的时间被定义为食品货架寿命或货架期，货架寿命就是商品仍可销售的时间，又可称为保藏期或保存期。在保藏期内食品应该保持应有的品质或加工时的质量。食品的货架寿命取决于加工方法、包装材料和储藏条件等许多因素，长短可依据需要而定，原则是应有利于食品储藏、运输、销售和消费。食品货架寿命是商业化食品所必备和要求的。

1.5.2　食品保藏的必要性

食品保藏的必要性可从以下若干方面进行阐述，其目的都是为了满足食品的感官品质、营养与利用率、安全性、方便性与保藏性。

人类食物主要来源于农副产品、畜牧产品、水产品，这些生物体脱离植株或被屠宰之后就不能再从外界获得物质来合成自身的成分，虽然合成已告结束，但是分解并没有停止。例如，水果、蔬菜和鲜蛋等鲜活食品的呼吸作用及其他生理活动仍在进行，体内的营养成分不断地被消耗；畜、禽、鱼肉等生鲜食品虽然不像蔬菜、水果那样进行呼吸，但体内的酶仍然在活动，一系列生化反应在持续不断地进行，较为稳定的大分子有机物逐渐降解为稳定性较差的小分子物质。食品内部各种各样的化学变化和物理变化都以不同的速率在进行着，引起蛋白质变性、淀粉老化、脂肪酸败、维生素氧化、色素分解，有的变化还产生有毒物质等有害作用。新鲜食品的水分散失或干燥食品吸附水分也会导致食品质量的下降。这些新鲜食物营养丰富，含有大量水分，是微生物生长和繁殖的良好培养基，当其他环境条件适宜时，微生物就会迅速生长和繁殖，把食品中的大分子物质降解为小分子物质，引起食品腐败、霉变和“发酵”等各种劣变现象，从而使食品的质量急速下降。总之，食品在流通中质量呈逐渐下降的趋势，与其他产品相比，食品更容易腐败变质。

有些食物的品质稳定性很差，如草莓、樱桃等，如不及时采取保鲜措施，可能早晨采摘到下午就不新鲜了。因此，对于这类易腐烂食品即使是就地销售、新鲜食用也必须考虑采取低温储藏、避免阳光照射、通风透气等保鲜措施。

食品加工过程中也容易发生食物变质。例如，在罐头食品加工过程中，中间过程的原料堆积时间过长、温度控制不当，可能会造成微生物大量生长和繁殖、酶促反应迅速，从而影响杀菌效果及产品品质；富含脂肪的食品在加工过程中，如需高温处理，在高温处理过程中容易发生脂肪氧化，导致食品风味和营养性发生变化，为防止脂肪氧化，一般采用真空条件下的高温处理；水果去皮后如不及时进行护色处理，很容易发生氧化变色。食品在加工后同样可能发生腐败变质，如饮料、糕点等，在销售和储存过程中如储存条件控制不好，则会发生变质现象。近年来，由于食用变质食品而导致的食品安全事件屡见不鲜，因此，控制食品污染，对保护食用者的健康具有重要意义。

随着人们生活水平和受教育程度的不断提高，消费者对食品消费的主观选择性也大大加强，对食品质量要求更高，不仅要求吃饱、吃好，更需要吃得营养与健康，吃得安全。

世界各地的气候与土壤条件各异，所生长食物资源的种类不尽相同，人们希望能够食用到世界上其他地区的新颖、不曾食用过或不常食用的食品，因此需要延长食物的保存期，以防食物在运输过程中发生腐败变质。同时，自然气候条件并不总是风调雨顺、适合植物生长的，在植物生长过程中如遇干旱、水灾或冰雹等自然灾害，就会出现歉收、粮食短缺的情况，这时就需要调用丰收年份储藏的粮食作为补充。植物性食物往往具有季节性，动物性食物屠宰后往往一次食用不完，这都需要将剩余的食物保藏起来，以便在今后相当长的一段时间里可以食用。食物保藏也是战略储备的需要。军队行军训练，外出旅游观光等均需要方便快捷的即食食品，如何延长即食食品的保质期也是食品保藏学所必须解决的问题。

世界人口的增长速度远远超过农产品产量的增长速度，这就要求食品工业充分利用各种食物资源和原料，降低储藏和加工过程的损耗，减少浪费，采用各种先进工业技术，生产出更多的色、香、味、质均好，保质期长的食品。

1.6 食品保藏技术的发展简况

人类最初主要是通过采集和狩猎来获取食物的。随着人口的增多，自然环境的变迁，食物资源逐渐紧张，人类学会了种植、饲养和捕捞等新的获取食物的方法。人类意识到需要对获取的食物原料进行各种及时的加工处理，这样才能便于保藏和食用，以应不时之需。

据确切记载，公元前3000年到公元前1200年间，犹太人经常用从死海里取来的盐保藏各种食物。在同时代中国人和希腊人也学会了用盐腌鱼的方法。这些事实可以看成是腌制保藏技术的开端。大约在公元前1000年，古罗马人学会了用天然冰雪来保藏龙虾等食物，同时还出现了烟熏保藏肉类的技术。这说明低温保藏和烟熏保藏技术已具雏形。《圣经》中记载了人们利用日光将枣、无花果、杏及葡萄晒成干果进行保藏的事情，我国古书中也常出现

"焙"字，这些情况表明干藏技术已开始进入人们的日常生活。《北山酒经》中记载了瓶装酒加药密封煮沸后保藏的方法，可以看作是罐藏技术的萌芽。食品加工的一些最早形式是干制食品，食品利用太阳能将产品中的水蒸发掉，得到一种稳定和安全的干制品。最早用热空气干燥食品于1795年出现在法国。冷却或冷冻食品的历史也可追溯到很早以前。最迟是利用自然界中存在的冰来延长食品的保藏期。1842年注册了鱼的商业化冷冻专利。20世纪20年代，Birdseye研制了使食品温度降低到冰点以下的冷冻技术。

利用高温生产安全食品可追溯到18世纪90年代的法国。拿破仑·波拿巴给科学家提供了一笔资金，为法国军队研制可保藏的食品。这些资金促使法国人尼古拉·阿培尔（Nicolas Appert）发明了食品的商业化杀菌技术。1809年，尼古拉·阿培尔将食品加热后放入玻璃瓶中加木塞塞住瓶口，并于沸水中煮一段时间后取出，趁热将塞子塞紧，再用蜡密封瓶口，制造出了真正的罐藏食品，成为现代食品保藏技术的开端。从此，各种现代食品保藏技术不断问世。在19世纪60年代，路易斯·巴斯德（Louis Pasteur）在研究啤酒和葡萄酒时发明了巴氏消毒法；1883年前后出现了食品冷冻技术；1885年罗杰（Roger）首次报道了高压能杀死细菌，1899年海特（Hite）首次将高压技术应用于保存牛奶；1908年出现了化学品保藏技术；1918年出现了气调冷藏技术；1943年出现了食品辐照保藏技术、冻干食品生产技术等。

进入20世纪50年代，气调保鲜技术开始应用于苹果的商业保藏保鲜，随后扩大到多种水果和蔬菜的保鲜。目前，气调保藏已推广应用到粮食、鲜肉、禽蛋及许多加工食品的保藏和流通中的保鲜。20世纪80年代以后，随着生物技术的发展，以基因工程技术为核心的生物保鲜技术成为食品保藏技术研究的新领域。应用基因工程技术改变果实的成熟和保藏特性，延长保鲜期，已在番茄上取得了成功并在生产上应用。基于栅栏效应（hurdle effect）的栅栏技术（hurdle technology）也在食品保藏实践中得到广泛应用。为了更大限度保持食品的天然色、香、味、形和一些生理活性成分，满足现代人的生活要求，一些现代食品保藏高新技术如超高压杀菌、高压脉冲电场杀菌、脉冲磁场杀菌和微波杀菌等冷杀菌保鲜技术应运而生，在食品保藏上显示出了广阔的发展前景。

为了提高食品的保藏性和品质质量，食品保藏技术常常并不是单独控制影响食品品质稳定性的某一因素或采用某一单独的单元操作，而是考虑保藏技术的综合应用，同时控制影响食品品质稳定性的多个因素。例如，在果蔬的保鲜过程中，常采用低温下的气调保藏和化学保藏等相结合的方法来延长果蔬的储藏期，使保藏后的果蔬仍能维持原来新鲜状态时的风味、口感和营养成分。又如，将干制品储藏于冷库中，其储藏期比将其储藏于室温下更长，在相同的储存期内其风味和外观更好、营养成分的损失更少；对于易氧化的干制品还常常采用真空或充氮包装方式。

现代食品保藏技术与古代食品保藏技术存在本质的区别，现代食品保藏技术是在阐明各种保藏技术所依据的基本原理的基础上，采用人工可控制的技术手段来进行的。因而可以不受时间、气候、地域等因素的限制，能够大规模、高质量、高效率地实施。

2 食品的罐藏

食品罐藏就是将食品密封在容器中，经高温处理，将绝大部分微生物杀灭，同时在防止外界微生物再次入侵的条件下，借以获得在室温下长期储存的保藏方法。凡用密封容器包装并经高温杀菌的食品称为罐藏食品。它的生产过程是由原料预处理（包括清洗、非食用部分的清除、切割、拣选、修整等）、预煮、调味或直接装罐、加调味液或免加（干装），以及最后经排气密封和杀菌冷却等工序组成。预处理及调味加工等随原料的种类和产品类型而异，但排气、密封和杀菌冷却为必经阶段，因此，后三者为罐头食品的基本生产过程。

罐头食品具有方便、营养、口味正、安全、无需防腐剂、便于携带、常温保存且保存时间长、"反季"性强等优点。由于多方面的原因，虽然我国罐头行业经历了在20世纪80年代末至90年代初的历史低谷，但从总体上我国罐头行业经过几十年发展，已取得很大的进步。但同时，客观上也存在不少问题。与发达国家相比，在技术、产品、市场和行业环境上还有较大的差距。但我国有原料、加工的优势，具有一定产业基础，许多优秀企业正在发展，如上海梅林、四川美宁已成为我国品牌企业。在世界罐头产业的调整和变化中，完全可以得到和赢得更多的机会。在继续保持目前国际市场竞争优势的同时，有着巨大的空间和潜力的国内市场，是罐头行业发展的良机。只要罐头行业的产品质量有保障，正面宣传到位，市场影响扩大，最终消费者会对罐头有更加全面正确的认识和了解，罐头行业就会兴旺发达。

2.1 罐藏容器

2.1.1 罐藏容器的性能和要求

（1）对人体无毒害　罐藏食品含有糖、蛋白质、脂肪、有机酸，还可能含有食盐等成分，作为罐藏容器的材料与食物直接接触，又需要经较长时间的储存，因此要求它们相互不应起化学反应，不致危害人体健康，不给食品带来污染而影响食品风味。

（2）具有良好的密封性能　罐藏食品是将食品原料经过加工、密封、杀菌制成的一种能长期保存的食品，如果容器密封性能不良，就会使杀菌后的食品再次被微生物污染造成腐败变质。因此容器必须具有非常良好的密封性能，使内容物与外界隔绝，防止外界微生物的污染，不致变质，这样才能确保食品得以长期储存。

（3）具有良好的耐腐蚀性能　有些食品成分在工业生产过程中会产生一些化学变化，释放出具有一定腐蚀性的物质，而且罐藏食品在长期储存过程中内容物与容器接触也会发生缓慢的变化使罐藏容器出现腐蚀。因此作为罐藏食品容器必须具备良好的抗腐蚀性能。

(4) 适合于工业化的生产　随着罐头工业的不断发展，罐藏容器的需求量与日俱增，因此，要求罐藏容器能适应工厂机械化和自动化生产，质量稳定，在生产过程中能够承受各种机械加工，材料资源丰富，成本低廉。

按照容器材料的性质，目前生产上常用的罐藏容器大致可分为金属罐和非金属罐两大类，金属罐中目前使用最多的是镀锡铁罐和带涂料的镀锡铁罐——涂料罐，此外还有铝罐和镀铬铁罐。非金属罐中有玻璃罐、复合薄膜袋以及塑料罐等。

2.1.2 金属罐

2.1.2.1 常用制罐材料

金属罐制罐材料中目前最常用的金属材料是镀锡薄钢板及涂料铁等，其次是铝材及镀铬薄钢板等。除金属材料外，还包括罐头涂料、罐头密封胶。

(1) 镀锡薄钢板　镀锡薄钢板（简称镀锡薄板或镀锡板，俗称马口铁）是在薄钢板上镀锡制成的一种薄板，它表面上的锡层能够经久地保持非常美观的金属光泽，锡有保护钢基免受腐蚀的作用，即使有微量的锡溶解而混入食品内，对人体也几乎不会产生毒害作用。锡呈稍带蓝色的银白色，在常温下有良好的延展性，在大气中不变色，但会形成氧化锡膜层，化学性质比较稳定。

镀锡薄板的结构可分为五层（图 2-1）：中间为钢基层，厚度一般可达 0.2mm 左右，在钢基层的上下各有一层镀锡层，两者之间存在有锡铁合金层，两面镀锡层的面上还各有一层氧化膜和油膜。

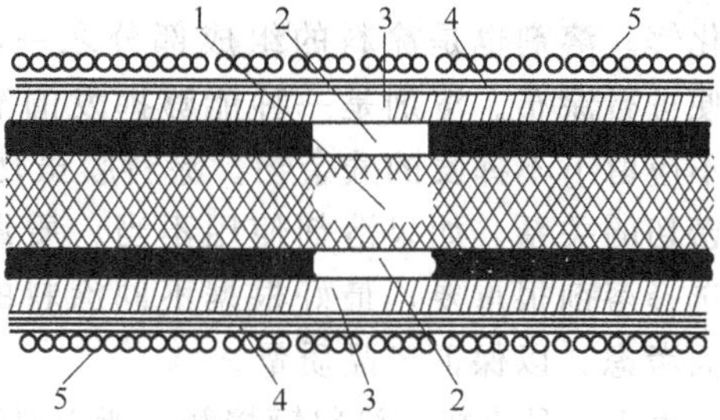

图 2-1　镀锡薄钢板的构造
1—钢基；2—合金层；3—锡层；
4—氧化膜；5—油膜

镀锡薄板采用的钢板通常有如下两种：

L 型钢：杂质含量极少，用于要求耐蚀性特别优良的食品容器。

MR 型钢：杂质含量比 L 型钢稍多，用于一般的食品容器，最为常用。

(2) 涂料铁　制造罐头最常用的包装材料为镀锡薄板，但镀锡薄板尚有不足之处，如鱼类、贝类、肉类等含硫的蛋白质食品在加热杀菌时会产生硫化物，以致罐壁上常产生硫化斑或硫化铁，使食品遭到污染。有色水果在罐内二价亚锡离子的作用下会发生退色现象。高酸性食品装罐后常出现氢胀罐和穿孔现象，有的食品还会出现金属味，这就需要在罐内壁上涂布一层涂料，避免金属面和食品直接接触发生反应，达到保证食品质量和延长罐头保存期的目的。

(3) 镀铬薄板　又称无锡钢板，用来代替一部分镀锡薄板，主要可以节约大量的锡，降低成本，弥补马口铁的不足。食品工业制罐用材通常采用厚度为 0.24mm 左右，宽度可在 457～1041mm 范围内任意剪切，长度可在 457～1122mm 范围内任意剪切的钢板，这种无锡钢板也可生产成卷筒形。

(4) 铝材　铝及铝合金薄板是纯铝或铝锰、铝镁按一定比例配合经过铸造、压延、退火制成的具有金属光泽、质量轻、能耐一定腐蚀的金属材料。由于铝材具有良好的延展性，故大量用于制造二片罐，特别是用于制造小型的冲底罐及饮料易拉罐等。用于制作冲底罐有时内壁也需涂布涂料。

（5）罐头涂料　涂料是一种有机化合物，构成涂料的原料有以下几种：油料、树脂、颜料、增塑剂、稀释剂和其他辅助材料。油料和树脂是涂料的主要成膜物质，也是涂料的基础，颜料和增塑剂等是次要的成膜物质。油料的种类很多，在涂料工业中常用的是亚麻仁油、桐油、棉籽油和蓖麻油等。

树脂是组成涂料的重要部分，是一种复杂的高分子化合物，可呈固体状态，也可呈高黏度胶体状态。将树脂的溶液涂布在物体的表面上，溶剂挥发以后树脂便能固化成膜，用树脂配制涂料可以提高涂料膜的硬度以及抗化学性能等。一般罐内涂料大多采用树脂作为主要的组成部分。树脂的种类很多，根据其来源大致可以分为天然树脂和合成树脂两大类。合成树脂又称人造树脂，如环氧树脂、酚醛树脂，以及聚乙烯树脂等。在合成树脂研制成功之前，天然树脂在涂料工业中应用得非常广泛，但是其质量不稳定，受到地区的限制，使用不方便。使用合成树脂以后不但产量提高，而且质量也易控制。现在世界各国广泛应用合成树脂来制造涂料，包括罐头涂料。

大多数颜料是不溶于水和油的粉状固体，它们的来源一部分是天然矿物，还有许多是人工合成的有机或无机化合物。空罐涂料很少使用颜料，但在抗硫涂料中可加入少量氧化锌。溶剂也是涂料的组成部分之一，它能溶解和稀释树脂以及涂料，改变其黏度，以便进行涂布。溶剂是一种能够挥发的液体，在涂料的干燥过程中全部挥发，在涂料膜中不应留下不挥发的残余物。涂料膜虽然不存在溶剂，但溶剂与涂料膜的形成及质量有很密切的关系。如果溶剂使用不当，质量就会受到很大的影响，在涂料铁生产中能否正确选择溶剂很重要，最好根据不同涂料的品种，结合加工的具体条件、车间设备情况等全面考虑，以保证产品质量。

由于食品直接与涂料罐接触，所以对罐头涂料的要求比较高。首先，要求涂料膜与食品接触后对人体无毒害；无臭、无味；不会使食品产生异味或变色。其次，要求涂料膜组织必须致密，基本无孔隙点，具有良好的抗腐蚀性能。此外，要求能良好地附着在镀锡板表面，并有一定的机械加工性能如弹性等，在制罐过程中能经受强力的冲击、折叠、弯折等而不致损坏脱落，焊锡和杀菌时能经受高温而膜层不致烫焦、变色或脱落，且无有害物质溶出。此外，要求涂料使用方便，能均匀涂布，干燥迅速。涂料铁涂膜常具有一定的色泽，使之与镀锡表面有区别，不致混淆。

各种涂料各有其特性和适用性。食品种类不同，对涂料和涂料铁的要求也不同。根据使用范围大致有抗硫涂料、抗酸涂料、防粘涂料、冲拔罐涂料和外印铁涂料等。

抗硫涂料主要用于肉禽类罐头、水产罐头等。这些含硫食品常会与罐内壁起反应形成硫化斑或硫化铁，它们虽无毒性，却对食品外观产生不良影响。为了防止产生这种现象发生，一般常在涂料中加入氧化锌，而成为抗硫涂料，这是因为氧化锌和硫反应成为白色硫化锌，就不会使涂料显示出颜色的变化。抗硫性涂料分一般性抗硫涂料和抗高硫涂料两类，分别如214号涂料和环氧酯化氧化锌涂料。

抗酸涂料主要用于高酸性食品。这类食品对镀锡薄板会产生酸腐蚀作用，以致产生罐内壁表面露铁、穿孔、氢胀罐、食品带金属味、色泽发生变化。锡盐含量过高，就会中毒。防止镀锡薄板受酸侵蚀的涂料称为抗酸涂料。如214号环氧酚醛树脂涂料，这种涂料实际上是抗酸、抗硫两用涂料。抗酸涂料也有一般性抗酸涂料和抗高酸涂料之分。

防粘涂料主要用于经常粘罐一类食品如午餐肉罐头。这类食品含有淀粉等成分，加热杀菌时淀粉吸水膨胀而具有很大的黏结力，以致内容物黏附在罐头内壁，开罐后不易倒出，影响商品价值，因此空罐要采用防粘涂料。这是一种加有合成蜡的涂料，加强了肉和罐壁间的润滑作用，故防粘涂料又称脱模涂料。因该涂料用于肉类罐头，故常需与作为底层的抗硫涂料复合使用。

冲拔罐涂料常用于制造二片罐，供装制鱼类罐头和肉丝罐头。二片罐由底罐和罐盖制成。冲拔底罐时镀锡薄板必须涂上一层有一定弹性和韧性的涂料，以承受较强的冲拔力及避免锡面擦伤，这类涂料称为冲拔涂料，如具有抗硫性能的环氧酚醛树脂。环氧/酚醛比值愈大，则弹性和韧性愈好，但其抗硫性能则愈差。

外印铁涂料指的是涂布于罐头外壁上的涂料。罐头外壁和周围大气中的湿空气接触，极易产生锈蚀现象。为了防止锈蚀，常在罐外壁涂布涂料并称之为外印铁涂料。罐头食品常经高温杀菌，造成彩印失去光泽和白漆返黄，故外印铁涂料应具有耐高温特性，以保证高温杀菌后仍能保持色彩鲜艳。

(6) 罐头密封胶　罐头密封胶固化成膜作为罐藏容器的密封垫料，填充于罐底盖和罐身卷边接缝中间，当经过卷边封口作业后，则由于其胶膜和二重卷边的紧压作用使罐底盖和罐身紧密结合。因此，它对于保证罐藏容器的密封性能，防止外界微生物和空气的侵入，使罐藏食品能长期储存而不变质起着重要的作用。

作为罐头密封胶，应达到以下质量要求。

① 要求无毒无害，胶膜不能含有对人体有害的物质，必须符合卫生要求。

② 应具有良好的可塑性，便于填满罐底盖与罐身卷边接缝间的空隙，从而保证罐头的密封性能。

③ 与板材结合时应具有良好的附着力和耐磨性能。

④ 胶膜应具有良好的抗热、抗水、抗油及抗氧化等耐腐蚀性能，确保罐头在沸水杀菌、钝化处理、油类制品生产以及加热排气情况下不溶化，不脱落，仍保持良好的密封性能。特别是热稳定性一定要良好，否则在高温高压杀菌时就会溶化，造成罐内流胶现象而污染食品。

目前，罐头密封胶均为液体橡胶，是浇注在盖钩上固化成膜的。密封胶的液体橡胶按其不同的稀释条件分为水基胶和溶剂胶两类。水基胶类的氨水胶使用较多，我国尤以硫化乳胶使用品最为广泛。

2.1.2.2 空罐制造

罐头生产使用的金属容器主要有镀锡铁罐、涂料铁罐、铝质罐等。按制造方法的不同又可分为接缝（电阻焊接缝）焊接罐和冲底罐两大类。如按罐型不同可以分为圆罐、方罐、椭圆形罐和马蹄形罐等，一般把除圆罐以外的空罐称为异型罐。我国罐型分类编号见表 2-1、表 2-2 及表 2-3。

表 2-1　我国罐型分类编号

圆罐	按内径、外高编排	圆罐	按内径、外高编排
方底圆罐	200	冲底椭圆罐	600
方罐	300	梯形罐	700
冲底方罐	400	马蹄形罐	800
椭圆罐	500		

表 2-2 圆罐罐型规格

罐号	成品规格标准/mm				计算容积/cm^3
	外径	外高	内径	内高	
15267	156.0	267.0	153.0	261.0	4798.59
15234	156.0	234.0	153.0	228.0	4191.68
15173	156.0	173.0	153.0	167.0	3070.35
10189	111.0	189.0	108.0	183.0	1676.45
10124	111.0	124.0	108.0	118.0	1080.97
1065	111.0	65.0	108.0	59.0	540.49
9124	102.0	124.0	99.0	118.0	908.32
9121	102.0	121.0	99.0	115.0	885.24
9116	102.0	116.0	99.0	110.0	846.75
968	102.0	68.0	99.0	62.0	477.26
962	102.0	62.0	99.0	56.0	431.07
953	102.0	53.0	99.0	47.0	361.79
946	102.0	46.0	99.0	40.0	307.81
8117	86.5	117.0	83.5	111.0	607.83
8113	86.5	113.0	83.5	107.0	585.93
8101	86.5	101.0	83.5	95.0	520.22
889	86.5	89.0	83.5	77.0	421.65
860	86.5	60.0	83.5	54.0	295.70
854	86.5	54.0	83.5	48.0	262.84
7114	77.0	114.0	74.0	108.0	464.49
7102	77.0	102.0	74.0	96.0	412.07
793	77.0	93.0	74.0	87.0	374.17
787	77.0	87.0	74.0	81.0	348.37
781	77.0	81.0	74.0	75.0	322.56
776	77.0	76.0	74.0	70.0	301.06
761	77.0	61.0	74.0	55.0	236.54
754	77.0	54.0	74.0	48.0	206.44
750	77.0	50.0	74.0	44.0	189.24
747	77.0	47.0	74.0	41.0	176.33
6101	68.0	101.0	65.0	95.0	315.23
672	68.0	72.0	65.0	66.0	219.00
668	68.0	68.0	65.0	62.0	205.73
5104	55.5	104.0	52.2	98.0	212.15
539	55.5	39.0	52.5	33.0	71.44
1589	156.0	89.0	153.0	83.0	1525.99
1561	156.0	61.0	153.0	55.0	1011.18
10141	111.0	114.0	108.0	108.0	9888.43
1398	133.0	98.0	130.0	92.0	931.59
7108	77.0	108.0	74.0	102.0	438.50
756	77.0	56.0	74.0	50.0	215.04
599	55.0	99.0	52.5	93.0	207.36

表 2-3 方罐罐型规格

罐号	成品规格标准/mm						计算容积/cm³
	外长	外宽	外高	内长	内宽	内高	
301	103.0	91.0	113.0	100.0	88.0	107.0	941.6
302	144.5	100.5	49.0	141.5	97.5	43.0	593.24
303	144.5	100.5	38.0	141.5	97.5	32.0	441.48
304	96.0	50.0	92.0	93.0	47.0	86.0	375.91
305	98.0	54.0	82.0	95.0	51.0	76.0	368.22
306	96.0	50.0	56.5	93.0	47.0	50.5	220.74

(1) 电阻焊接缝圆罐的制造

① 接缝电阻焊接　由于电阻焊接比传统焊锡工艺具有许多优点，我国焊接生产方式已从过去的接缝焊锡发展成当前的接缝电阻焊接，因此，传统接缝焊锡内容不再讲述。接缝电阻焊接方法主要优点如下。

a. 焊缝由镀锡板本身熔焊在一起　不使用任何铅、锡或其他附加材料如助焊剂等，它只消耗电能，焊缝涂上涂料保护食品和饮料不受铅、锡污染。这是它最大的优点和特点，也是电阻焊接罐迅速发展的主要因素之一。

b. 焊缝重叠宽度窄小　一般为 0.4mm，因此节省了镀锡板材料，与锡焊罐比较，大致可节省 4%的镀锡板，同时也节省了锡的资源。

c. 焊缝厚度小　约为单层镀锡板厚度的 1.2 倍，约为钩合锡焊罐焊缝厚度的 1/4。

d. 焊缝薄而光滑　封口质量容易保证，焊缝处平滑过渡，密封性好，而且封口滚轮工作压力比封锡焊罐的小，可延长封口滚轮和封口机头的寿命。同时避免由焊锡工艺及接缝叠接部位卷封作业所造成的缺陷，从而确保容器的密封质量。

e. 焊缝强度高　焊缝的抗拉强度等于基体金属本身的抗拉强度，抗拉试验结果破裂部分不在焊缝上。

f. 节省能源，简化设备　一台电阻焊缝焊机，取代了锡焊生产线上的多道工序和设备，而它的总耗电量仅为 20～70kW 电能。

g. 生产效率高　如低速大圆罐（直径 153mm）每分钟可生产 50～80 罐；一般圆罐（直径在 50～90mm）高速可每分钟生产 600 罐，一般为每分钟 300 罐左右。

② 电阻焊接缝圆罐生产工艺流程　电焊罐（或缝焊罐）的制造是在机械化程度很高的自动制罐作业线上进行的。其主机是罐身电阻焊接机（或称缝焊罐身机），工艺流程如下。

罐身：切板→垛片→进料→柔铁→成圆→搭置定位→电阻焊接→接缝补涂及固化→翻边。

如果电焊罐采取多联罐生产，则柔铁处理之前应有划线工序，罐身焊接后应有切割工序。

为提高罐身的强度，往往在罐身上压加强筋，则在工艺流程的涂料固化、翻边后设压筋工序。如电焊罐有缩口工艺，则在封底之前作业。

③ 电阻焊接缝圆罐的制造工艺　电阻焊接罐与锡焊罐均为三片罐，罐身制造过程基本一致，但电阻焊接罐的罐身生产工序较简化。

a. 切板　采用电阻焊接工艺制罐对罐身切板的质量要求较高。首先由于速度较高，要求身板应顺镀锡板轧制方向成圆下料，切板的长、宽尺寸误差均不得超过±0.05mm。如果切板尺寸不准，将使接缝焊成一头宽一头窄，或者不能焊。对落料的毛刺（或毛口、挂尖）也要控制，最大为 $0.15d_b$（d_b 为罐身板厚度）一般应小于 0.025mm。如达不到以上要求，应及时进行调整或修磨刀片，以免影响后面工序的生产质量和加速机件、模具的磨损。

此外，电阻焊接罐若使用涂料铁，应使用留空涂料铁。若使用未经处理的普通涂料铁，会因涂膜的存在而不导电，导致无法焊接。因此普通涂料铁在切板后、焊接前需将焊接端的涂膜刮掉，即刮黄。

b. 垛片　这是指将裁好作罐身用的镀锡板片放在机上限位的片垛上，但毛刺要定向放置，使进铁前端毛刺向下，后端的毛刺向上，从而使毛刺在焊缝中间。

c. 进料　进料、柔铁、成圆、搭置定位、焊接，这五道工序是由电阻焊接机在极短时间内连续完成的。进料时由真空泵带动两个吸盘，一般从片垛的下面（也有的设备是从上面）吸取一张镀锡板后，手动送入下道工序。吸盘取片时有自控装置，以防止两张板片同时送入下道工序。

d. 柔铁　柔铁（或称软化、弯曲）是由双向柔铁或单向柔铁机构完成的（例如采用双辊和楔块机构）。通过柔铁的身板放在平整的台面上时，其弓形高度约为 10mm 为宜。柔铁的目的是降低或者消除在制造镀锡板的压制过程中所产生的内应力，使成圆后的罐身圆柱面光滑，无棱角，无波纹。

e. 成圆　成圆是板片通过成圆辊完成的。此时罐身板已成为椭圆形状，待焊接的两端张开约 4～6mm。因此须注意调整好成圆辊的平行度和成圆辊之间的空隙。

f. 搭置定位　罐身板成圆后由推杆或链上的齿片推入搭置定位导轨——Z 形导轨的始端。随着 Z 形导轨两侧凹槽的逐渐靠近，罐身的两边在推进过程中逐渐接近，至将离开导轨而被推入上下两电极滚轮时，其搭置宽度正好是指定值。一般低速大直径罐搭接宽度为 0.8mm，高速小罐搭接宽度为 0.3～0.4mm。

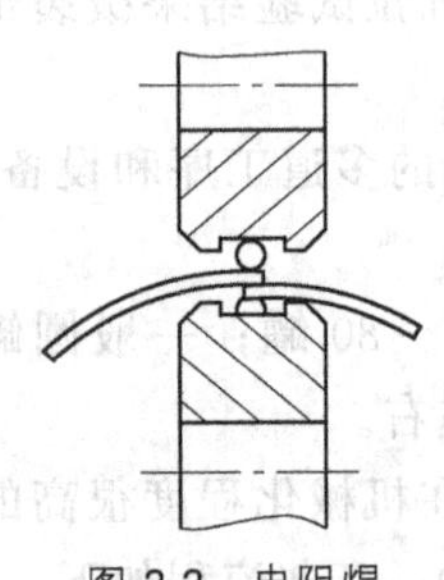
图 2-2　电阻焊接示意图

g. 电阻焊接　所谓电阻焊接，就是将罐身成圆后待焊的两边平行地叠置于两个加有一定压力的滚轮形电极之间，由于被焊两板存在着一定的电阻 R（对镀锡板来说，此电阻约为万分之几欧姆，即几百 $\mu\Omega$），所以在适当的电流（一般为几千安培）下，由于热效应 I^2R 使两板局部升温至 1000～1500℃左右成塑熔状态。此时，经上下两轮电极挤压形成熔结，于是完成一个焊点。参见电阻焊接示意图（图 2-2）。

如果镀锡板在焊接中匀速直线平移，电流也相应有规律地时强时弱，则会形成一列个个相连的焊点，即形成了缝焊。

焊接时要求搭置好的罐身在两个加压的电极间匀速直线平移，电极就必须是可转动的滚轮。此轮应由高硬度、高导电率的铜合金制造，轮内充汞以完成电源的传递，同时要求汞在滚轮转动中绝不漏出污染空罐。此外，为了使滚轮不致因大电流（一般为 5～8kA）引起的热耗而损毁，轮内还有循环冷却水进行散热。冷却水应使用软化水，水温一般要求在进口处低于 10℃，并保持一定的压力和流速，否则将导致焊接不良。再者，为了使与镀锡板接触的轮缘不被镀锡板上的溶锡弄脏，上下两轮轮缘上均绕有一条连续的扁铜线，以粘去被焊镀锡板两面的锡。

使用铜线（中间电极）的目的主要在于粘去镀锡板表面在焊接时产生的熔锡，防止污染焊轮及罐体，并可带走部分焊接热量，对焊轮起散热作用，从而延长焊轮寿命，达到消除飞溅，使焊缝小而稳定的作用。借助于铜线传递焊接电流和焊接压力，利用它与罐身搭接部位之间的滚按动摩擦作用，从而带动罐身等速前进。铜线的质量对焊接质量影响较大，必须引起注意。按要求应选用高纯度（99.9%）的电解铜，成品铜线的材料性能（包括尺寸公差、电学性能、力学性能和表面光洁度等）必须符合规范要求，同时铜线的包装、储藏也应良好，才不至于因铜表面氧化影响罐身焊接质量。

h. 接缝补涂料　不论使用何种镀锡板，经电阻焊接以后，由于焊接高温的影响都会在内外壁上留下一条没有保护涂料和锡层的铁带。所以在焊接以后必须尽快用补涂的办法将铁带盖住以防腐蚀。且应根据罐藏内容物的性质来选定补涂料的性能与种类，外接缝补涂料还应考虑其色泽。目前最常用的补涂方法是液体涂料的补涂、喷涂和固体粉末涂料的喷涂。液体涂料要调配好涂料的浓度，且应控制补涂带的宽度，一般为12mm左右，保证补涂带完全覆盖焊缝，并有一定的厚度，不得露铁和产生气泡。一般补涂厚度为10～40μm，或涂布量不小于5g/m^2。

i. 翻边　如果是生产双联罐的电阻焊接机，则在罐身翻边之前应进行分割。一般的电阻焊接机所能焊接的罐身高度为65～280mm，但实践中又需要一些罐身高度小于65mm的矮罐，如953、854等罐型。为了解决这个问题，就必须要进行罐身分割，即将双联（高）罐身板首先进行划线，再进行成圆、焊接、补涂、烘烤，然后利用分割机进行分割。这样可以成倍提高产量。有的焊机是将罐身板在单独一台划线机上进行划线，而有的则是将划线附件直接安装在焊机的成圆部分上，在分张给料成因的过程中就进行了划线。划线深度为镀锡板厚度的2/3，经翻折两次刚好能折断为合格。划线位置应正好在双联罐身板中间，误差不能超过±0.1mm。

罐身翻边分为模压翻边和旋压翻边两种方法。比较而言，旋压翻边技术先进一些，但旋压翻边的模具制造较复杂一些。罐身翻边的尺寸主要是翻边宽度。一般罐内径为52.3mm和65.3mm的翻边宽度为（2.50±0.20）mm；罐内径为72.9～105.1mm的翻边宽度为（2.70±0.20）mm；罐内径为153mm的翻边宽度为（3.20±0.20）mm。翻边时还要求不擦伤镀锡板，在焊处不裂口，翻边后要求有一定的角度。

当罐身高度比较高时，为了减少用铁厚度，增强罐身强度，一般在罐身上都滚以加强筋。滚筋形式分为分组筋和单组筋，单组筋比较美观，适用于内径小于等于98.9mm和高度小于等于124mm的罐身，布置在罐身中部，滚筋部分长60mm左右，滚筋深度为（0.45±0.05）mm，过深会擦伤镀锡板，滚浅了又起不到加强作用。

罐身翻边后进行空罐的封底，特别是要控制二重卷边缝的叠接率、紧密度和接缝处盖钩完整率，都要求达到50%以上。对于电阻焊接罐的卷封，接缝处盖钩完整率通常很高。

④ 接缝圆罐的罐盖制造

第一步，切板　切板是指冲盖用的镀锡板条板的裁切，它是冲压的一种准备工作，能给冲盖工序带来方便和效益。

罐盖落料方式一般分单行排列和交叉排列，单排方式的镀锡板利用率较低，交叉排列方式的镀锡板利用率较高。在现代化制罐生产中，切板生产多采用波形冲切，以提高材料的利用率。根据设备条件按一定的交叉排列方式，将镀锡板冲切成一定尺寸的波形冲盖条板。波形条板与直线条板相比，可节省镀锡板材料，多则可省6.2%。

冲盖前镀锡板必须涂油，即涂一层极薄的食用液体石蜡油，以提高板材表面的润滑性，避免在冲盖过程中产生机械损伤，从而保证其涂膜及镀锡层的连续性和完整性。但涂油必须均匀，并应尽量少涂，以不影响涂膜在冲盖过程中产生机械损伤为前提，涂油过多会影响注胶作业，且易沾灰尘有损胶膜的完整。

第二步，冲盖与圆边　长方形或波形的镀锡板冲盖条板经过冲床的冲压裁切，在冲模的作用下制得具有一定规格标准的膨胀圈纹、埋头度及盖边形状（圆边前）的罐盖。再通过圆边机构加以圆边，形成完整的盖边。

罐盖膨胀圈的作用主要是增加罐盖的强度，使罐盖有足够的弹性，保护罐头的密封结构，从而保证罐头的密封。罐头在高温杀菌时，由于罐内压力增大，罐盖就要膨胀，卷边结构受到冲击，罐盖有了膨胀圈纹，就起到缓冲作用，不致因罐盖膨胀变形而破坏卷边结构；当罐头冷却后，要使罐盖能恢复到原来的状态，保持罐盖原有形状，除了在杀菌降温过程中采用反压力措施以外，也需依靠罐盖上冲压出一定形状的膨胀圈纹。

罐盖上的埋头度依罐径大小而略有差异，罐径大埋头度应稍深一些。罐盖埋头度的作用，主要是保证罐头在杀菌过程中具有较高的抗压强度，防止罐内气体在杀菌过程中受热时所产生的内压力将罐盖顶出，造成松听现象，影响罐头的密封结构。同时，罐盖有了埋头度，封罐机的压头可定位压紧，便于封口操作。

第三步，注胶与烘干　罐盖和罐身卷封时，在压紧二重卷边缝的同时，罐盖沟槽内的密封垫料也得到压紧，并充满于板材之间的空隙中，从而隔绝了罐内外的流通，阻碍了外界空气和微生物的侵入，保证了罐头的密封、不漏气，使罐头食品长期储藏而不败坏。

配制好的密封胶，通过注胶机构均匀的浇注于罐盖边缘的沟槽内。然后先行干燥，让胶液中的水分蒸发，再进行高温硫化，提高胶膜的物理、化学性能，使之符合罐头密封垫料的要求。

⑤ 接缝圆罐的封底　封底是通过封底机构（或封罐机），将罐身的翻边部分（身钩）和底盖的钩边部分（盖钩），并包括密封垫料——胶膜，进行牢固而紧密的卷合，形成二重卷边。二重卷边是金属罐藏容器的一种封口结构，它由五层板材组成，其中盖钩三层，身钩二层，但在罐身接缝叠接部位则为七层板材组成，身钩多二层（电阻焊接只有1.2层厚）。在卷边缝的内部则衬垫密封胶膜，这种二重卷边结构对于容器有着良好的封口作用，从而保证罐头食品的罐藏效果。金属罐封底与封盖原理一致，可参见本章后续“金属罐的密封”内容。

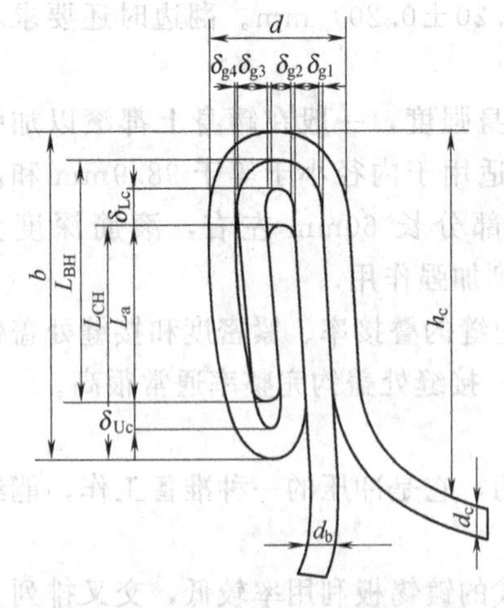

图 2-3　二重卷边结构及各部分名称

d—卷边厚度；b—卷边宽度；h_c—埋头度；L_{BH}—身钩宽度；L_{CH}—盖钩宽度；L_a—叠接长度；δ_{Uc}—盖钩空隙；δ_{Lc}—身钩空隙；d_b—罐身镀锡薄板厚度；d_c—罐盖镀锡薄板厚度；δ_{g1}、δ_{g2}、δ_{g3}、δ_{g4}—卷边内部各层间隙

二重卷边结构及各部分名称如图2-3所示。

a. 卷边厚度（d）即五层铁皮与内涂胶压紧后的厚度。卷边的厚度随罐型的不同、用铁厚度的不同而异，可由式（2-1）算得。

$$d=3d_c+2d_b+\delta \tag{2-1}$$

式中　d——卷边厚度，mm；

d_b——罐身镀锡薄板厚度，mm；

d_c——罐盖镀锡薄板厚度，mm；

δ——卷边内部各层铁皮之间的空隙，它与二道滚轮槽沟的形状、密封胶的种类和涂布量及罐身、罐盖涂料的种类等因素有关（一般为0.15～0.25mm），mm。

b. 卷边宽度（b） 即卷边顶部至下缘的尺寸。卷边的宽度与铁皮的厚度及卷边的内部结构有关、可按式（2-2）计算。

$$b=2.6d_c+L_{BH}+\delta_{Lc} \tag{2-2}$$

式中 b——卷边宽度，mm；

L_{BH}——身钩宽度，mm；

δ_{Lc}——身钩空隙，mm；

d_c——罐身镀锡薄板厚度，mm。

c. 埋头度（h_c） 指卷边顶部至盖平面的高度。一般它是由压头凸缘的厚度、卷边的厚度、宽度决定的，通常埋头度为 3.1～3.2mm。

d. 身钩宽度（L_{BH}） 即罐身翻边弯曲后的长度。L_{BH}随托盘的推压力和罐身翻边半径 R 等而变，一般为 1.85～2.1mm。L_{BH}过短容易发生漏罐。

e. 盖钩宽度（L_{CH}） 即罐盖圆边向卷边内弯曲的长度。L_{CH}主要随头道滚轮的槽沟形状和弯曲状况而变，也随卷边的厚度、宽度和埋头度而变，一般为 1.85～2.1mm。

f. 上部空隙（δ_{Uc}） 也称盖钩空隙，即盖钩端边与身钩顶部内圆弧间的空隙。

g. 下部空隙（δ_{Lc}） 也称身钩空隙，即身钩端边与盖钩槽部内圆弧间的空隙。

h. 二重卷边的三率 二重卷边的技术要求是严格的，除上述要求外，还要求卷边的三率即叠接率、紧密度、接缝盖钩完整率符合标准（均要求大于 50%）。

叠接率（L_{OL}）是指卷边内部罐身钩和罐盖钩相互叠接的程度，即罐身、盖钩的实际叠接长度与理论叠接长度的百分比。叠接率可用式（2-3）和式（2-4）计算得到。

$$L_{OL}=\frac{L_{BH}+L_{CH}+1.1d_c-b}{b-(2.6d_c+1.1d_b)}\times 100\% \tag{2-3}$$

或

$$L_{OL}=\frac{L_a}{L_b}\times 100\% \tag{2-4}$$

式中 d_c,d_b——罐盖、罐身镀锡薄板厚度，mm；

L_a——罐盖、罐身实际叠接的长度，mm；

L_b——罐盖、罐身理论叠接的长度，也叫钩间长度，mm。

紧密度（TR）是指卷边内部罐盖钩边与罐身钩边的钩合紧密程度，它与皱纹度（WR）成对应关系。皱纹度是指卷边全部解体后，用肉眼观察到的盖钩边缘上凹凸不平的皱纹的延伸程度占整个盖钩长度的百分比。紧密度与皱纹度的对应关系见图 2-4。用式（2-5）表示为：

$$TR=(1-WR)\times 100\% \tag{2-5}$$

在封口过程中因卷封不良在卷边下缘会出现舌状的突出，这一舌状的突出称之为铁舌。锡焊罐接缝处卷边由于铁皮层数增加，易出现铁舌，而此处的铁舌又称之为垂唇，目前电阻焊接技术减低了纵接缝的厚度，此问题已得到解决。

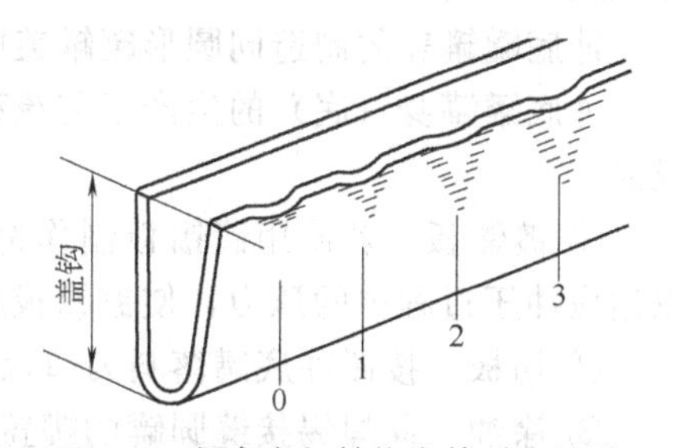

图 2-4 紧密度与皱纹度的对应关系

0—紧密度 87.5%、皱纹度 12.5%；

1—紧密度 75%、皱纹度 25%；

2—紧密度 50%、皱纹度 50%；

3—紧密度 25%、皱纹度 75%

垂唇度（D）可由式（2-6）计算：

$$D=\frac{b_1-b}{b}\times 100\% \tag{2-6}$$

式中 b_1——形成垂唇后的卷边宽度，mm；

b——正常卷边的宽度，mm。

将二重卷边解体，从卷边内侧观察，所见到的垂唇就为内垂唇，如图 2-5 所示。接缝盖钩完整率是指卷边解体后，卷边接缝盖钩处形成内垂唇后的有效盖钩占整个盖钩宽度的百分率，如图 2-6 所示。接缝盖钩完整率（JR）反映了卷边接缝盖钩处由于内垂唇的出现造成盖钩宽度不足的程度。接缝盖钩完整率越高，说明罐头的密封性越好。

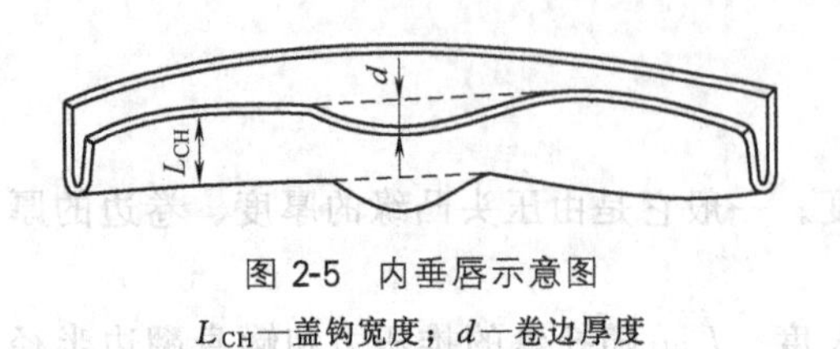

图 2-5　内垂唇示意图

L_{CH}—盖钩宽度；d—卷边厚度

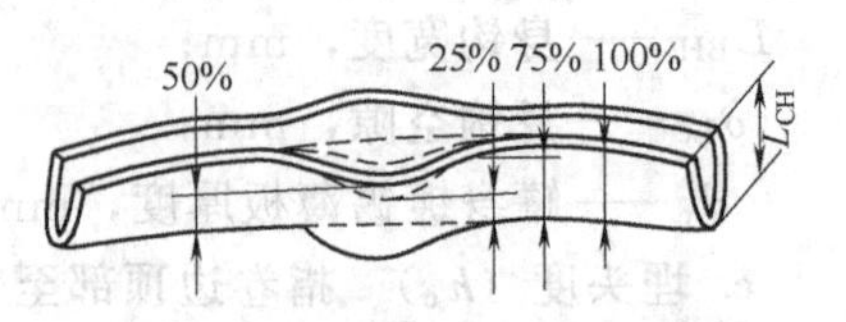

图 2-6　接缝盖钩完整率示意图

i. 二重卷边的外观要求　二重卷边顶部应平滑，下缘应光滑，卷边的整个轮廓须卷曲适当，整个卷边缝的宽厚应保持完全一致，不应存在卷边不完全（滑口）、假卷（假封）、大塌边、快口、牙齿、铁舌、卷边破裂、双线、跳封或跳过以及因压头或卷边辊轮故障引起的其他缺陷。卷边下缘不应存在密封胶膜挤出等现象。

⑥ 补涂料　使用内壁涂料的镀锡板在容器制造过程中，由于经过切板、成圆、焊接、翻边等一系列工艺过程，涂料铁与机器设备的接触较多，故涂膜易被擦伤。为了保证罐头产品质量，使容器保持良好的抗腐蚀性能，一般可对容器内壁涂膜划伤的部位进行补涂料。另一方面某些腐蚀性较强的罐头食品，如蟹肉、兔肉、番茄酱等，也可采取补涂料的措施，用以提高容器抗腐蚀性能，以免造成产品不合格。国内补涂料一般多采用酚醛型或环氧酚醛型树脂。

补涂料的方法应根据生产需要和设备条件而定。可用刷涂法对局部面积补料（如容器内壁缺料的部分，或按缝处，或罐盖部位尚需补料的），然后烘烤成膜。也可采用喷涂方法尤其是高频电阻焊常用此种方法。

（2）冲底罐（二片罐）的制造　冲底或冲压罐即二片罐，罐身和罐底为一体，由镀锡板（或铝合金薄板、镀铬薄板）直接冲压而成，为没有罐身接缝、没有罐底卷封的罐藏容器。冲底罐的特点是制造过程简单，密封性能良好，与接缝罐相比只有一个部位需要密封，即罐盖与罐身的密封，从而避免了不少质量上的缺陷，保证了容器的密封强度。普通的冲压罐的高度一般不超过容器的直径，故称浅冲罐。可制成冲底圆罐、冲底方罐、冲底椭圆罐等。

冲底罐罐盖的制造同圆形罐罐盖的制造。

冲底罐罐身（底）的生产工艺流程：镀锡板→切板→涂油→冲罐身（底）→切边→空罐成品。

① 镀锡板　若使用镀锡板制作冲压较深的空罐，则要求镀锡板经调质处理后应软些，以适应冲压过程中的压力，使镀锡板具有较好的可塑性，避免拉深过程中板材断裂。

② 切板　按照冲底罐落料刀口尺寸及落料间隙，按罐盖落料方式进行排料。

③ 涂油　同焊锡接缝圆罐的罐盖制造。

④ 冲罐身（底）　冲底罐主要是利用镀锡板的延展性，使板材在冲模压力下产生塑性变形，获得所需容器的形状。

⑤ 切边　由于镀锡板在拉伸过程中板材产生拉长作用，且边缘各部分拉伸后变形不一致，故边缘必须在成形后进行切边，使它符合封口作业的要求。

（3）接缝方罐的制造　接缝方罐的制造及各工序的质量要求基本上与圆罐生产工艺相仿，但罐身、罐盖生产过程中某些工艺是有特殊要求的。

① 切板　对于卷开罐，罐身板的落料长度应另加卷开舌头长度，一般为12～13mm。如舌头长度变化或落料方式采用冲切时，落料长度必须适当调整。

② 切舌头　作为卷开罐必须有卷开舌头，即在罐身切制一个大小适度的舌头，以便用特制的开罐钥匙将罐身卷开，见图2-7。

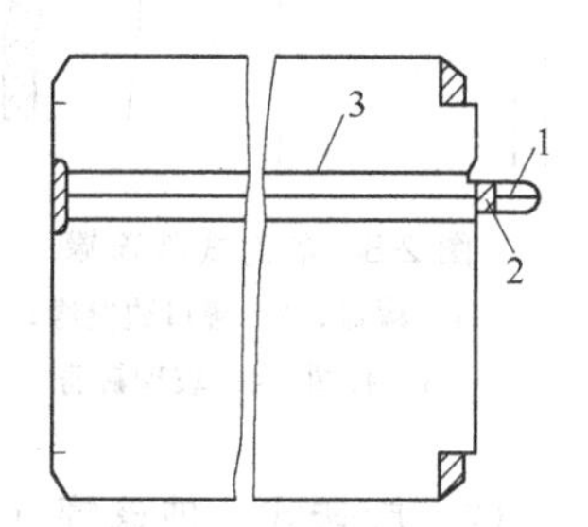

图 2-7　卷开罐卷开舌头、划线及刮黄示意图
1—卷开舌头；2—刮黄；3—划线

③ 划线　为了卷开罐身，必须在身板上沿着舌头部位平行滚切一定深度的划线。划线要均匀一致，深度应为罐身镀锡板厚度的1/2～2/3，见图2-7。

④ 刮黄　方罐罐身一般使用涂料铁，为了保证罐身缝焊锡时渗锡良好，舌头处吃锡均匀一致，牢固可靠，必须先将两角及舌头处的涂膜刮去，即为刮黄。如需进一步提高渗锡效果，则可在切缝一端适当宽度刮黄，见图2-7。罐身上压膨胀线时，有踏平、压筋，也有翻边时压筋。

⑤ 成型　异型罐的罐身成型，一般都是通过事先制成的罐型模具，利用机械作用而使罐身板变形，从而将罐身板压成所需罐型的形状。方罐的成型也是同样的方式，称作拗方。

⑥ 印胶　印胶是异型罐采用的罐盖注胶方式。即通过与罐盖相同形状的印胶模具印上胶液，再由该模具将所带液胶印到盖钩内。质量要求与圆罐的注胶相同。

⑦ 封底　封底使用异型封罐机。方罐等异型罐的封底技术要求与圆罐相同。

此外，在金属罐中，还有铝罐、镀铬板罐等，其制罐工艺与以上金属罐的制造工艺大体相同。

2.1.3　玻璃罐

2.1.3.1　玻璃罐的理化、机械性能

（1）理化性能

① 化学稳定性　化学稳定性是指玻璃罐对化学侵蚀的抵抗能力。一般要求，玻璃罐内注入稀酸后，沸水浴上加热30min，其酸性不消失。

② 热稳定性　热稳定性是指玻璃罐对温度急剧变化的抵抗能力，它决定于玻璃的导热性和受热的膨胀率。反映玻璃罐热稳定性的耐温急变的要求是：急热温差60℃，急冷温差40℃，玻璃瓶均不破裂。即将玻璃瓶先浸入40℃热水5min，然后立即浸100℃沸水静置5min，再浸入另外60℃热水静置5min，要求无破碎。

（2）机械性能　玻璃的机械强度取决于其抗张力、抗压力、硬度、脆性和弹性五个指标。

① 抗张力就是能够拉断1mm² 轴柱时需要的最小的力，玻璃的抗张力为3.5～8.5kg/mm²。

② 抗压力就是将边长为1mm的立方体压碎时需要的最小的力，一般为60～125kg/mm²。

③ 玻璃承受机械作用（例如切割或刻痕）的能力为其硬度。

④ 玻璃受撞击时发生裂缝或破碎的性质为其脆性。

⑤ 很细的玻璃管和玻璃棒最易显示出玻璃的弹性，但对玻璃瓶来说就难以显示出来。

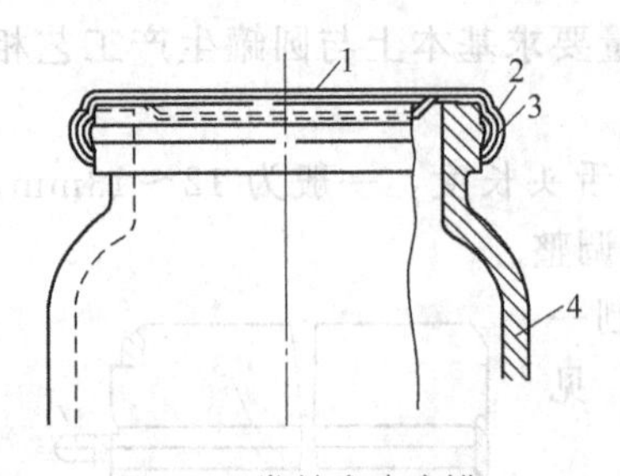

图 2-8　卷封式玻璃罐
1—罐盖；2—罐口边突缘；3—胶圈；4—玻璃罐身

2.1.3.2 玻璃罐的类型及其封口形式

常用的玻璃罐根据密封形式和使用的罐盖的不同主要有如下几种。

（1）卷封式　卷封式玻璃罐见图 2-8。玻璃罐盖用镀锡薄板或涂料铁制成，橡皮胶圈嵌在罐盖盖边内，卷封时由于辊轮的推压将盖边及其胶圈紧压在玻璃罐罐口边上。这种卷封式玻璃罐的特点是密封性能良好，能够承受加压杀菌，但开启比较困难。

（2）旋转式　玻璃罐（瓶）盖底部内侧有盖爪，玻璃罐颈上则有螺纹线，和盖爪恰好相互吻合，置于盖子内的胶圈正好紧压在玻璃罐口上，保证了它的密封性（图 2-9）。常见的盖子有四个盖爪，而玻璃罐颈上有四条螺纹线，盖子旋转四分之一转时即获得密封，这种盖称之为四旋式盖。此外还有六旋式盖、三旋式盖等。盖子可用镀锡薄板或塑料制造，胶圈可采用塑料溶胶制成。

（3）抓式　抓式玻璃罐见图 2-10。没有螺纹，加盖后施用压力下压时，罐盖上有几处向内侧弯曲部分就会将罐身钩住。这种盖结构简单，价格便宜。可用镀锡薄板或铝板制造，胶圈可用泡沫聚氯乙烯橡胶或塑料溶胶等制成。

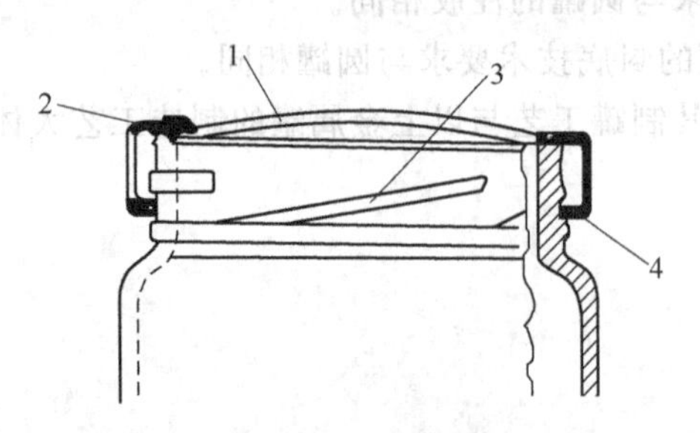

图 2-9　四旋盖玻璃罐
1—罐盖；2—胶圈；3—罐口突环；4—盖爪

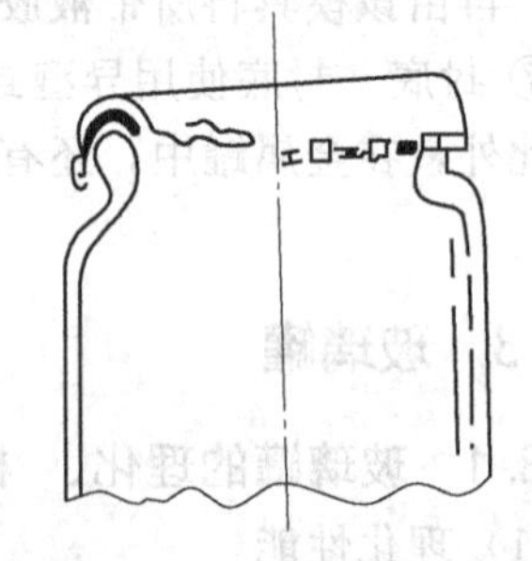
图 2-10　抓式玻璃罐

（4）套压式　套压式玻璃罐又称侧封罐式玻璃罐，其封口结构见图 2-11。其罐盖由镀锡板制造，罐盖底边向内弯曲，并嵌有合成橡胶垫圈，当它紧密贴合在罐颈外侧面上时，便保障了罐头容器的密封性。开启时，只要靠着瓶口突缘外撬，即可将罐盖打开，故又称撬开式玻璃瓶。封盖操作非常简单，只需从上向下压即可。罐头生产中常使用压盖机进行封盖。

（5）套压旋开式玻璃罐　其罐盖是由镀锡板冲制的金属罐盖，盖内注入塑料溶胶形成垫片。玻璃瓶颈外侧有螺纹，盖边无螺纹。真空封装时，盖内塑料垫片压入瓶颈便产生同样螺纹，从而达到密封效果。开启时，只需拧开罐盖即可，其封口结构见图 2-12。

2.1.4　软罐容器

用复合塑料薄膜袋代替金属罐或玻璃罐装制食品，并经杀菌后能长期保存的袋装食品叫做软罐头。它质量轻、体积小、开启方便、耐储藏，可供旅游、航行、登山等需要。这种复合塑料薄膜通常采用三层基材黏合在一起，如图 2-13 所示。外层是 12μm 左右的聚酯，起

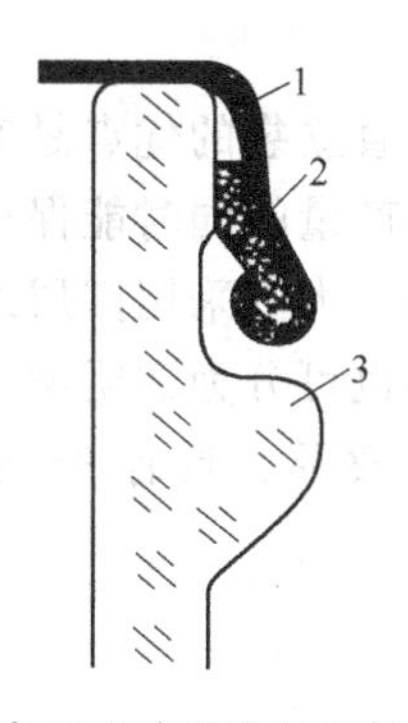

图 2-11 套压式玻璃罐封口结构示意图

1—罐盖；2—橡胶垫圈；3—玻璃罐身

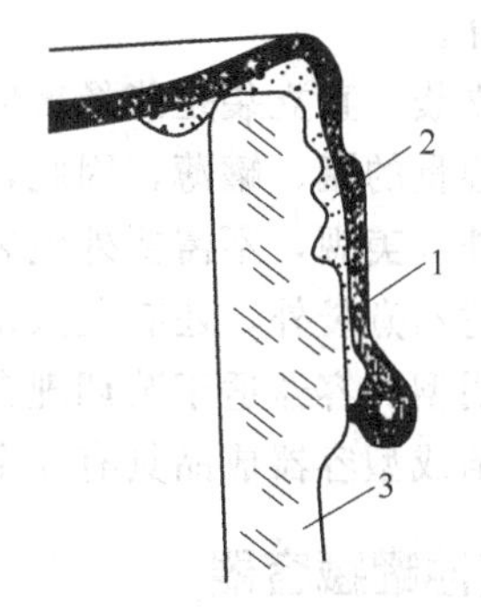

图 2-12 套压旋开式玻璃罐封口结构示意图

1—罐盖；2—垫片；3—玻璃罐身

到加固及耐高温的作用，中层为 9μm 左右的铝箔，具有良好的避光、防透气、防透水性能，内层为 70μm 左右的聚烯烃（改性聚乙烯或聚丙烯），符合食品卫生要求，并能热封。

由于软罐头采用的复合薄膜较薄，因此在杀菌时到达食品要求的温度时间短，可使食品保持一定的色、香、味，携带食用方便，另外空袋面积小，重量轻，可节约储藏面积。由于使用铝箔，外观具有金属光泽，印刷后可增加美观。

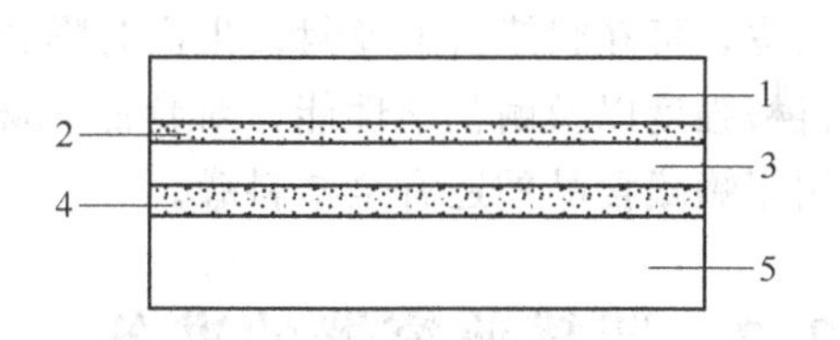

图 2-13 高压杀菌复合塑料薄膜袋各层叠合示意图

1—聚酯薄膜（外层）；2—外层黏合剂；3—铝箔（中层）；4—内层黏合剂；5—聚烯烃薄膜（内层）

软罐头的容器主要是蒸煮袋，可按如下方法分类。

按其材料构成及内容物的保存性可分为透明普通型、透明隔绝型、铝箔隔绝型和高温杀菌用袋。

按其能承受杀菌温度的能力，可分为能耐 121℃杀菌的普通蒸煮袋（RF-F）、能耐 135℃高温的高温蒸煮袋（HRP-F）及能耐 150℃高温的超高温蒸煮袋（URP-F）。

按袋的容量大小可分为 100g 以下的小袋、100～500g 装的一般袋和 1000g 以上的大袋。

按袋的外表形态可分为四方封口的平袋和能竖放的直立袋。

(1) 透明普通型蒸煮袋　透明普通型包装材料是由两层薄膜复合而成的，通常外层采用尼龙或聚酯薄膜，内层是聚丙烯、聚乙烯等聚烯烃薄膜。这种蒸煮袋是半透明性的，不能完全隔绝光、氧、水蒸气，因此影响食品的色、香、味，食品的保存期一般比较短。透明型蒸煮袋可以透视内容物，能诱人食欲，促进消费，同时它可以用微波炉直接加热。

(2) 透明隔绝型蒸煮袋　透明隔绝型包装材料中间夹有高隔绝性聚偏二氯乙烯薄膜。这种高隔绝性聚偏二氯乙烯薄膜具有良好的隔绝性，如由聚酯（12μm）/高隔绝性聚偏二氯乙烯（15μm）/未拉伸聚丙烯（50μm）构成的蒸煮袋，其氧气透过量是 $14mL/m^2$（24h，0.01MPa）。因而，这种类型的蒸煮袋的保存期比普通型的长。

(3) 铝箔隔绝型蒸煮袋　这种类型的蒸煮袋中间都加入了铝箔。做这种袋时，首先把印刷好的聚酯薄膜与铝箔干法复合，然后再和聚乙烯或聚丙烯薄膜复合。较大的包装用四层结构，在铝箔内层再加入一层聚酯或尼龙。

铝箔的加入使这类蒸煮袋成为完全隔绝性的，它不透气、不透光、不透水，因而铝箔袋装食品经杀菌后具有和硬罐头一样长的保存期，保存期在 2 年以上，而且食品的色、香、味也能很好保存。

（4）直立袋　直立袋是能像玻璃瓶、金属罐那样立放的袋。直立袋的优点是实袋平放时的厚度较同容量的瓶、罐薄，因此，加压杀菌的时间短，在提高产量的同时能保证质量。此外，直立袋外表美观，不需要外包装，所以其强度要求比平袋高，大多采用四层结构。

除了上述蒸煮袋外，还有蒸煮杀菌用的成型容器，这种容器也可分为透明型容器和铝箔型容器。透明型的容器适于装调理食品、果酱类、调味类等加工食品，具有3～6个月的保存期；而铝箔成型容器成品具有与金属罐一样的保存期。

2.1.5　其他罐藏容器

食品的罐藏容器还有纸质罐及塑料罐等。纸质罐的罐身是由经过处理的厚纸板制成，不透水，底盖仍用铁皮制成，可以装干燥食品及某些果汁等。带有金属盖的塑料罐适用于果汁、蔬菜汁、果酱、果冻等热装的食品，其重量仅为玻璃罐的10%，像玻璃那样透明，但不像玻璃那样易破碎，耐酸性，具有金属罐头的完整性和玻璃罐的透明性。罐盖采用铝材或铁皮，可在封罐机上卷封，生产时噪音较小。罐身由丙烯腈塑料喷射吹塑成型，具有一定的机械强度以及耐化学性能，对食品风味没有影响，罐壁厚度约0.51～0.64mm。除此之外，用于罐藏食品的还有全塑料罐。

2.2　装罐前容器的准备

目前，用于罐头生产的容器主要有镀锡薄板罐、镀铬薄板罐、铝合金薄板罐、玻璃罐、塑料罐及复合塑料薄膜袋等。装罐前首先要根据食品的种类、特性、产品的规格要求以及有关规定选定合适的容器，然后再按要求进行清洗、消毒、打印等处理。

2.2.1　罐藏容器的清洗和消毒

用来盛装食品的罐藏容器，与食品直接接触，应保证卫生。而容器在加工、运输和储存过程中不可避免会污染一些微生物，附着一些尘埃、污渍，有的还可能残留焊药水等。这些物质的存在都有碍食品卫生。所以在装罐前必须对容器进行清洗和消毒。清洗的方法视容器的种类而定。

（1）金属罐的清洗　用于清洗金属罐的洗罐机种类较多。一般清洗过程是先用热水冲洗，而后再用蒸汽消毒30～60s。

链带式洗罐机主要是采用链带移动金属罐，进罐一端采用喷头从链带下面向罐内喷射热水进行冲洗，其末端则用蒸汽喷头向金属罐喷射蒸汽消毒，取出后倒置沥干。

滑动式洗罐机机身内装有金属条构成的滑道，金属罐在滑道中借本身重力向前移动。开始时罐身横卧滚动，随着滑道结构的改向，逐渐使金属罐倒立滑动，同时开始用喷头冲洗和消毒，然后又随着滑道的改向逐渐再转变成横卧移动滚出洗罐机。

旋转式洗罐机为一种效率高、装置简便和体积小的洗灌机。机身由两个并列连接的圆筒组成，圆筒内各有一个带动金属罐前进的星形轮，两星形轮旋转方向相反，因此金属罐在筒内由于星形轮的带动，成“S”形向前移动，金属罐入口处设有控制器，可以随时控制金属罐的进入，并能控制热水及蒸汽喷头的开关。

（2）玻璃罐（瓶）清洗　有人工清洗和机械清洗。玻璃罐（瓶）壁上的油脂和污物过去常采用具有毛刷的机械刷洗，现在则常用高压水喷洗，有利于清洁卫生。水能与多种污物起作用，使污物吸水膨胀，有利于脱离玻璃壁。为此，清洗时首先用水浸泡，如用热水效果更好，而后再用高压水冲击罐壁，将更有利于清除污物。故清洗机除只采用喷洗法外也常采用浸洗和喷洗相结合的清洗方式。洗瓶时，瓶子先浸入碱液槽浸泡，然后送入喷淋区经两次高压热水冲洗，最后用低压、低温水冲洗后即完成清洗，这种洗瓶机对于新瓶、旧瓶的清洗都适用。

清洗时常需使用洗涤剂才能有效地将有些污物和油污清洗干净。回收的旧瓶常沾有食品碎屑和油脂，需用2%～3%的氢氧化钠溶液，在40～50℃温度下浸泡5～10min，这不但可以将脂肪洗净，同时还能将贴商标的胶水洗去，使瓶的内外都很清洁。若是清洗新瓶，因油污较少，碱液浓度可以低些，可用1%氢氧化钠溶液。洗净的玻璃罐常需再用90～100℃热水进行短时冲洗，以除去碱液并进行补充消毒。也可用蒸汽补充消毒。瓶盖先用温水冲洗，烘干后以75%的酒精消毒。

2.2.2 罐盖的打印或印涂

罐盖在使用前通常还需按要求打印或印涂，以便于罐头保质期的确认和追踪管理，目前一般改为喷墨打印，其内容包括生产日期、产品名称代号、生产企业代号、生产班次等，以便达到食品安全可追溯目的。某些罐头还需打印原料品种、色泽、大中小级别或不同的加工规格代号，其排列方式按有关规定或合同要求排列。

2.3 装罐和预封

2.3.1 装罐

2.3.1.1 装罐的一般要求

食品原料经处理加工后要及时装罐。为保证成品罐头的品质质量，使每一罐中的食品的大小、色泽、形态等基本一致，装罐时必须严格操作，满足以下几点基本要求。

(1) 重量　重量包括净重和固形物重量。净重是指罐头食品重量减去容器重量后所得的重量，包括液态（汤汁）和固态食品。固形物重量是指罐内的固态食品的重量。每一种罐型、每一品种的罐头都有其规定的固形物含量（占罐头理论净重的百分比）。装罐时必须保证称量准确，误差控制在质量标准所允许的范围内（一般每罐净含量允许公差为±3%，出口产品有的要求允许公差为±1%，但整批不得有负公差）。为使重量符合要求，保证称量准确，必须经常校对台称，定期复称。

(2) 质量　罐藏食品要求同一罐内的内容物大小、色泽、形态等基本一致，而食品原料因各种原因往往存在不同程度的差异，如果蔬原料，因生长条件、环境、采收季节等不同而造成形态、色泽、成熟度及大小的差异；各种肉、禽类，因饲养条件、取用部位不同，其质量也不相同。因此在装罐时必须进行合理搭配，并注意大小、色泽、形态等基本一致，这样既保证了产品质量，又能提高原料的利用率，降低成本。

(3) 顶隙　顶隙是指罐内食品的表面与罐盖内表面之间的空隙。对于大多数罐头来说，装罐时需保持适度的顶隙，一般为6～8mm。顶隙的大小影响到罐头的真空度、卷边的密封性、是否发生假胖听（非微生物因素引起的罐头膨胀）或瘪罐、金属罐内壁的腐蚀，以至食品的变色、变质等。若顶隙过小，在加热杀菌时由于罐内食品、气体的膨胀造成罐内压力增加而使容器变形、卷边松弛，甚至产生爆缝（杀菌时由于罐内压力过高所导致的罐身接缝爆裂）、跳盖（玻璃瓶盖与瓶脱离）现象，同时内容物装得过多还造成原料的浪费；若顶隙过大，杀菌冷却后罐头外压大大高于罐内压，易造成瘪罐。此外，顶隙过大，在排气不充分的情况下，罐内残留气体较多，将促进罐内壁的腐蚀和产品的氧化变色、变质，因而装罐时必须留有适度的顶隙。某些对顶隙有特殊要求的罐头产品，应按具体要求执行。

（4）装罐时间控制　经预处理加工合格的半成品要及时装罐，工序间不能积压，否则会因微生物的繁殖而使半成品中微生物数量骤增，甚至使半成品变质，影响杀菌效果，从而影响产品质量。对热灌装产品（如果酱、果汁等）若不及时装罐，保证不了装罐要求的温度，起不到热灌装排气的作用，就将影响成品的真空度。还有的产品则会因半成品的积压使其温度升高，高于工艺要求的温度而使成品出现质量问题。如午餐肉罐头生产时要求装罐时肉糜的温度一般不超过13℃，否则易出现脂肪和胶冻析出的问题。

（5）严格防止夹杂物混入罐内　罐头食品中不得有杂质存在。为此，装罐时要特别重视清洁卫生，保持操作台的整洁，与装罐无关的小工具、手指套、揩布、绳子等不准放在工作台上。同时要严格遵守规章制度，工作服尤其是工作帽必须按要求穿戴整齐，禁止戴手表、戒指、耳环等进行装罐操作，严防夹杂物混入罐内，确保产品质量。

2.3.1.2　装罐的方法

装罐方法分为人工装罐和机械装罐两种。根据产品的性质、形态和要求等不同选用不同的装罐方法。

（1）人工装罐　多用于肉禽类、水产、水果、蔬菜等块状、固体产品的装罐。这些产品的原料质量如成熟度、大小、色泽、形态等差异较大，装罐时要进行挑选，进行合理搭配。目前还主要靠人工完成这种挑选、搭配，按要求排列装罐。

（2）机械装罐　一般用于颗粒状、糜状、流体或半流体等产品的装罐，如午餐肉、果酱、果汁、青豆等多用装罐机装罐。机械装罐速度快，分量均匀，能保证食品卫生，因此能采用机械装罐的应尽量采用。

2.3.1.3　注液（加汤汁）

除了流体食品、糊状、糜状及干制食品外，大多数食品装罐后都要向罐内加注汁液。所加注的汁液视罐头品种的不同而不同，有的加注清水，如清水马蹄；有的加注糖液，如糖水苹果；有的加注盐水，如蘑菇、青豆；有的加注调味液，如红烧猪肉等。罐内汁液的加入不仅能增进食品的风味，提高食品的初温，促进对流传热，提高杀菌效果，而且能排除部分罐内空气，降低加热杀菌时罐内压力，减轻罐内壁的腐蚀，减少内容物的氧化变色和变质。

大多数工厂采用自动注液机或半自动（简易）注液机加注汁液，也有一些仍采用人工加注汁液。

2.3.2　预封

预封是食品装罐后用封罐机的滚轮初步将罐盖的盖钩卷入到罐身翻边的下面，相互钩连而成（见图2-14），其松紧程度以能让罐盖沿罐身自由地回转但不脱开为度，以便排气时使罐内的空气、水蒸气及其他气体自由地从罐内逸出。

热力排气前进行预封，不仅能预防排气时水蒸气落入罐内污染食品，或罐内处在表面的食品直接受高温蒸汽的损伤，更重要的是保持罐内顶隙温度，在罐盖的保护下，避免外界冷

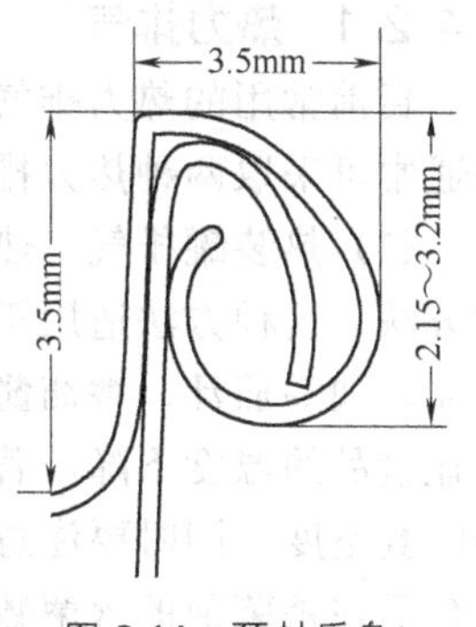

图 2-14 预封后身、盖钩合状态

空气的窜入，以致罐头能在较高温度时封罐，从而提高了罐头的真空度，减轻了“胀听”的可能性，这对樱桃和李子罐头来说特别重要。此外，预封罐排气时可防止受热后食品过度膨胀和汁液外溢。

预封时罐内充满食品汤汁，汤汁在离心力作用下容易外溅。为此，最好能采用滚轮回转式封罐机。如果采用压头或罐身自转式顶封机，转速必须缓慢些，可用式（2-7）进行推算：

$$n=60\frac{\sqrt{H}}{R}(\mathrm{r/min}) \tag{2-7}$$

式中 H——顶隙度，m；

R——罐头内径，m；

n——顶封机转速，r/min。

例：H 为 8～10mm，R 为 50mm，求 n。

$$n=\frac{60\sqrt{0.01}}{0.05}=120(\mathrm{r/min})$$

2.4 排气

2.4.1 排气的目的

排气是食品装罐后密封前将罐内顶隙间的、装罐时带入的和原料组织内的空气尽可能从罐内排除的技术措施，从而使密封后罐头顶隙内形成部分真空的过程。排气的目的可归纳为以下几点。

(1) 阻止需氧菌及霉菌的发育生长。

(2) 防止或减轻因加热杀菌时空气膨胀而使容器变形或破损，尤其是卷边受到压力后，易影响其密封性。

(3) 控制或减轻罐头食品储藏中出现的罐内壁腐蚀。

(4) 避免或减轻食品色、香、味的变化。

(5) 避免维生素和其他营养素遭受破坏。

(6) 有助于避免将假胀罐误认为腐败变质性胀罐。

此外，对于玻璃罐来讲，排气还可以加强金属盖和容器的密合性，即将覆盖在玻璃罐口上的罐盖借大气压力紧压在罐口上，同时还可减轻罐内所产生的内压，减少出现跳盖的可能性。玻璃本身具有透光性，光线会促使残氧破坏食品的风味和营养素，因此，排气也将有利于减弱光线对食品的影响，提高食品的耐贮性。

2.4.2 排气的方法

目前罐头工厂常见的排气方法为热力排气、真空密封排气、喷蒸汽密封排气等。热力排气是使用最早，也是最基本的排气方法，至今仍有不少工厂采用。真空密封排气法是后来才发展起来的，是目前应用最广泛的一种排气方法。喷蒸汽密封排气法是近些年发展的。在我国也已开始采用，但不如前两种普遍。

2.4.2.1 热力排气

目前常用的热力排气方法有热装罐排气和排气箱加热排气两种，对于排气较困难的大型罐通常可采取两种热力排气方式相结合进行，使排气速度更快，排气效果更佳。

(1) 热装罐排气　热装罐排气就是先将食品加热到一定温度，然后立即趁热装罐并密封的方法。这种方法适用于流体、半流体或食品的组织形态不会因加热时的搅拌而遭到破坏的食品，如番茄汁、番茄酱等。采用此法时，必须保证装罐密封时罐内食品的中心温度，决不能让食品的温度下降，若密封时食品的温度低于工艺要求的中心温度，成品罐头就得不到预期的真空度。同时要注意密封后及时杀菌，否则，嗜热性微生物就会在该温度下生长繁殖，使食品在杀菌前的含菌数大大超过预期的菌数而造成杀菌不彻底，严重时使食品在杀菌前就已腐败变质。对于某些含汤汁的食品，如蘑菇等罐头，还可采用预先加热汤汁的方法进行热装罐。此时罐内中心温度一般在80℃左右，以保证装罐后罐头温度达到工艺要求的温度，否则成品罐头也得不到预期的真空度。若遇到装罐后罐内的中心温度低于工艺要求的温度，就需要对装罐后的罐头进行补充加热。

(2) 排气箱加热排气　加热排气就是将装罐后的食品（经预封或不经顶封）送入排气箱。在具有一定温度的排气箱内经一定时间的排气，使罐头中心温度达到工艺要求温度（一般在80℃左右)，罐内空气充分外逸，然后立即趁热密封、杀菌，冷却后罐头就可得到一定的真空度。

加热排气所采用的排气温度和排气时间视罐头的种类、罐型的大小、排气设备的种类、罐内食品的状态等具体情况而定，一般为90～100℃，5～20min，特定罐头的加热排气参数可通过试验确定。

加热排气的设备有链带式排气箱和齿盘式排气箱。链带式排气箱的箱底两侧装有蒸汽喷射管，由阀门调节喷出的蒸汽量，使箱内维持一定的温度。待排气的罐头从排气箱的一端进入排气箱，由链带带动行进，从排气箱的另一端出来。罐头在排气箱通道的时间就是排气处理的时间，这一时间通过调节链带的行进速度进行控制。齿盘式排气箱与链带式排气箱只是输送罐头方式的不同，齿盘式排气箱通过箱内几排齿盘的转动输送罐头。

加热排气能使食品组织内部的空气得到较好的排除，同时能起到部分杀菌的作用，但对于食品的色、香、味等品质多少会有一些不良的影响，而且排气速度慢，热量利用率低。

2.4.2.2 真空密封排气法

这是一种借助于真空封罐机将罐头置于真空封罐机的真空仓内，在抽气的同时进行密封的排气方法。真空密封排气法具有能在短时间内使罐头获得较高的真空度，由于减少了受热环节，能较好地保存维生素和其他营养素，适用于各种罐头的排气，以及封罐机体积小、占地少的优点，所以被各罐头厂广泛使用。但这种排气方法由于排气时间短，故只能排除罐头顶隙部分的空气，食品组织内部的气体则难以抽除，因而对于食品组织内部含气量高的食品，最好在装罐前先对食品进行抽空处理，否则排气效果不理想。采用此法排气时还需严格控制封罐机真空仓的真空度及密封时食品的温度，否则封口时易出现暴溢现象。为获得良好的排气效果，在采用真空密封排气时必须注意以下问题。

(1) 真空仓的真空度、食品密封温度与罐头真空度的关系　罐头的真空度取决于真空封口时真空仓的真空度和罐内的水蒸气分压，而水蒸气分压是随封口时食品温度而变的，食品的温度越高，罐内的水蒸气分压越大。因此，罐头成品的真空度受控于真空封口时真空仓的真空度和食品温度，它随真空封口时真空仓的真空度和食品密封温度的增大而增高。

（2）食品密封温度与真空仓真空度间的关系　真空封口时，必须保证罐头顶隙内的水蒸气分压小于真空仓内的实际压力，否则罐内食品汤汁就会瞬间沸腾，出现食品汤汁外溢的现象。这不仅影响清洁卫生，而且使罐头的净重得不到保证。

按此原则，在实际生产中常根据食品的性质等分别加以确定。可以根据封口食品的汤汁温度，通过有关数据手册等查找该温度下水的饱和蒸汽压值，再根据此值确定封罐真空仓的实际压力；也可以首先确定封罐真空仓的工作压力，再通过有关数据手册查找低于等于该压力值的饱和蒸汽压所对应的温度，该温度就是需要确定的封罐时的食品汤汁温度。

（3）真空封罐时的补充加热　真空封罐时，封罐机真空仓的真空度和罐内食品的温度是控制罐头真空度的基本因素。有时由于某些原因真空封罐机真空仓的真空度只能达到某一程度，此时，要想保证罐头获得最高的真空度就得通过控制食品的温度来实现。

① 真空封罐机的性能不好，真空仓的真空度达不到要求，此时就需要采用补充加热的措施来提高食品的温度，使罐头获得可能达到的最高真空度。

② 真空膨胀系数高的食品也需要补充加热。

真空封口时，有时罐内食品会出现真空膨胀现象。所谓真空膨胀就是食品处于真空环境中后，食品组织细胞间隙内的空气就会膨胀，导致食品的体积膨胀，使罐内汤汁外溢，膨胀的程度常用真空膨胀系数来表示。真空膨胀系数就是真空封口时食品体积的增加量在原食品体积中所占的百分比，即

$$K_{膨}=[(V_2-V_1)/V_1\times100\%] \tag{2-8}$$

式中　V_1——真空封罐前食品体积，m^3；

V_2——真空封罐后食品体积，m^3；

$K_{膨}$——真空膨胀系数。

不同的食品在真空环境中的膨胀情况不同，膨胀显著的，为防止汤汁的外溢，真空封口时真空度不能太高，一般控制在33.3～59.99kPa。在这种情况下，要使罐头得到最高真空度就需补充加热使食品温度升高，排除食品组织中的空气，降低真空膨胀。

③ 真空吸收程度高的食品需要补充加热。

真空封罐后罐内食品常会出现真空度下降的现象，即真空密封的罐头静置20～30min后其真空度会比刚封好时低，这就是真空吸收现象。这是因为在真空封罐机内，在较短的抽气时间内食品组织细胞间隙内的空气未能得到及时排除，以致在密封后逐渐从细胞间隙内向外逸，于是罐内的真空度也就相应降低，有时还可以使罐内真空度在开始杀菌前已达到完全消失的程度。各种食品的真空吸收程度不同，常用真空吸收系数来表示。

$$K_{吸}=(p_{w末}/p_{w始})\times100\% \tag{2-9}$$

式中　$p_{w始}$——真空封口时罐内的真空度；

$p_{w末}$——真空封口后，静置20～30min后的罐内真空度；

$K_{吸}$——真空吸收系数。

对$K_{吸}$高的食品，就需要补充加热。

2.4.2.3 喷蒸汽密封排气法

喷蒸汽密封排气法又称蒸汽喷射排气法，是在封罐的同时向罐头顶隙内喷射具有一定压力的高压蒸汽，用蒸汽驱赶、置换顶隙内的空气，密封、杀菌冷却后顶隙内的蒸汽冷凝而形成一定的真空度。其工作原理见图2-15。

根据排气原理可知，顶隙的大小直接影响罐头的真空度，没有顶隙就不能形成真空度。

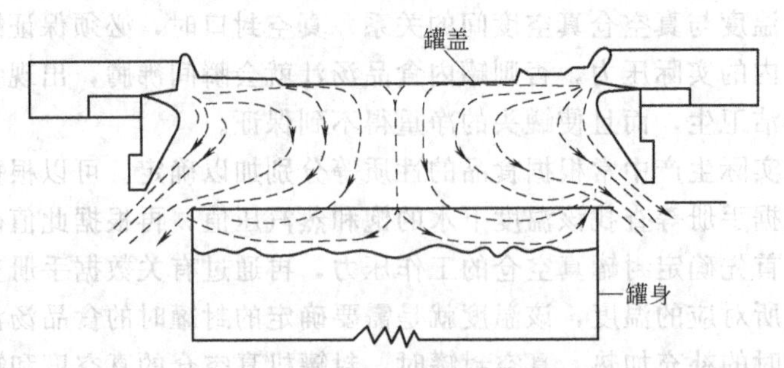

图 2-15 喷蒸汽密封排气工作原理图

顶隙小时，杀菌冷却后罐头的真空度也很低；顶隙较大时，就可以获得较高的真空度。要想获得较高的真空度，就必须确保罐内的顶隙。所以当采用喷蒸汽密封排气时，通常在封罐前增加一道顶隙调整工序，一般以留 8mm 的顶隙为宜。

从喷蒸汽密封排气的工作原理不难看出：采用此法不可能抽除食品组织内部的气体；杀菌冷却后的罐内食品表面是湿润的，所以组织内部气体含量高的食品、表面不允许湿润的食品不适合用此法排气。

2.4.3 各种排气方法的比较

(1) 热力排气的主要缺点是排气箱占地面积大，蒸汽耗费大，和真空封罐相比，卫生情况较差。为了保证生产正常运转，常需检修。但是热力排气对许多罐头食品都适用，并能获得良好的真空度。在高温排气时，热力排气容易使产品品质变劣。热力排气通常适用于液态或半液态食品以及注入糖水或盐水食品等那些容易取得加热效果的食品。若用于鱼类罐头等固态食品，还需要配置特殊的加热设备或长度特别长的排气箱，即使如此，效果仍然不理想。

(2) 真空密封排气法和热力排气法相比，真空封罐设备占地面积小，并能在加热困难的罐头食品内形成较好的真空度。如操作恰当，罐内内容物外溅比较少，故比较清洁卫生，应用广泛。特别对那些鱼肉固态食品和孔隙非常多而汤汁少的蔬菜罐头适用。糖水和盐水多的罐头食品真空封罐时容易在密封室内出现汁液外溅现象。

(3) 蒸汽喷射排气法一般只限于氧溶解量和吸收量极低的一些食品罐头。它的技术关键是罐内是否有足够的顶隙度。和热力排气、真空封罐排气方法相比，控制顶隙度显得特别重要。不论是真空封罐还是蒸汽喷射排气，封罐后所得的真空度均随溶解和吸收于食品中的空气外逸的程度而异，成品真空度很稳定，某些食品的真空度会高一些，而另一些则低一些。为此，它们一般不用于空气吸收量和氧溶解量高的食品罐头的排气。若要获得高而稳定的真空度，则封罐前装罐应合理、密封前应预先将罐内空气排除到最少的程度。为了获得较好的真空度，尤其是喷蒸汽排气，需要和加热排气结合使用，或在封罐前使用真空加汁机预先进行抽气处理。

一般来说，三种排气方法用于多数罐头食品都能形成适度的真空度，且各有优劣。罐头生产企业应根据企业情况、罐头食品种类选用合理的排气方法。

2.4.4 软罐头的排气

软罐头食品装填时容易混入空气，空气的存在会使袋内食品受氧化作用。袋内空气的存在还将影响软罐头的杀菌效果，甚至造成袋的破裂。排气的方法有以下几种。

(1) 真空排气法　当袋内的食品是固体或固液混合体时，采用此法排气较好。真空度的大小根据袋内食品的特性而定，一般固体可采用较高的真空度；固液混装的食品真空度不宜太高。否则易造成袋形凹瘪，或将汁液抽出污染袋口而影响封口强度。一般采用 40.0～53.3kPa 即可。

(2) 蒸汽喷射法　借助装填机上配备的特殊蒸汽喷射装置在封口的同时向袋内喷射蒸汽，用蒸汽驱赶袋内顶隙中的空气而获得良好的排气效果。

(3) 压力排气法　此法是利用机械或手工挤压袋子，迫使袋内空气排除，并立即密封。液态占优势的食品，如咖喱类、茄汁类食品适宜采用此法排气。为获得更好的排气效果，装袋时食品的平均温度不应低于 50℃。

2.4.5 罐头真空度的影响因素

影响排气效果的因素也就是影响罐头的真空度因素，主要有以下几点。

(1) 排气温度和时间　对加热排气而言，排气温度越高，时间越长，最后罐头的真空度也越高。因为温度高，罐头内容物升温快，可以使罐内气体和食品充分受热膨胀，易于排除罐内空气；排气时间长，可以使食品组织内部的气体得以比较充分地排除。

(2) 食品的密封温度　食品的密封温度即封口时罐头食品的温度，也叫密封温度。密封温度与罐头真空度的关系为：罐头的真空度随密封温度的升高而增大，密封温度越高，罐头的真空度也越高。

(3) 罐内顶隙的大小　顶隙是影响罐头真空度的一个重要因素，对于真空密封排气和喷蒸汽密封排气来说，罐头的真空度是随顶隙的增大而增加的，顶隙越大，罐头的真空度越高。而对加热排气而言，顶隙对于罐头真空度的影响随顶隙的大小而异。

(4) 食品原料的种类和新鲜度　各种原料都含有一定的空气，原料种类不同，含气量也不同，同样的条件排气，其排除的程度不一样。尤其是采用真空密封排气和喷蒸汽密封排气时，原料组织内的空气不易排除，杀菌冷却后物料组织中残存的空气在储藏过程中会逐渐释放出来，而使罐头的真空度下降。原料的含气量越高，真空度下降程度越大。原料的新鲜程度也影响罐头的真空度。因为不新鲜的原料的某些组织成分已经发生变化，高温杀菌将促使这些成分的分解而产生各种气体，如含蛋白质的食品分解放出 H_2S、NH_3 等，果蔬类食品产生 CO_2。气体的产生使罐内压力增大，真空度降低。

(5) 食品的酸度　食品中含酸量的高低也影响罐头的真空度。食品的酸度高时，易与金属罐内壁作用而产生氢气，使罐内压力增加，真空度下降。因而对于酸度高的食品最好采用涂料罐，以防止酸对罐内壁的腐蚀，保证罐头真空度。

(6) 外界气温的变化　罐头的真空度是大气压力与罐内实际压力之差。当外界温度升高时，罐内残存气体受热膨胀压力提高，真空度降低。因而外界气温越高，罐头真空度越低。

(7) 外界气压的变化　罐头的真空度还受大气压力的影响。大气压降低，真空度也降低。而大气压又随海拔高度而异，所以说罐头的真空度受海拔高度的影响，海拔越高气压越低，罐头真空度越低，反之亦然。

2.5 密封

罐头食品能够在室温下长期保存主要是罐头经杀菌后完全依赖容器的密封性使食品与外

界隔绝，避免了外界空气及微生物的污染所引起的腐败。罐头容器的密封性则依赖于封罐机和它的操作正确性或可靠性。不论何种包装容器，如果未能获得严密密封，就不能达到长期保存的目的。显然，严格控制密封操作极为重要。罐头密封的方法和要求视容器的种类而异。

2.5.1 金属罐的密封

金属罐的密封是指罐身的翻边和罐盖的钩边在封口机中进行卷封，使罐身和罐盖相互卷合，压紧而形成紧密重叠的卷边的过程。封罐机的种类、形式很多，封罐速度也各不相同，但是它们封口的主要部件基本相同，二重卷边就是在这些部件的协同作用下完成的。为了形成良好的卷边结构，封口的每一个部件都必须符合要求，否则将直接影响二重卷边的质量，影响罐头的密封性能。

2.5.1.1 封罐机封口的主要部件及封口过程

（1）封罐机封口的主要部件　封罐机完成罐头的封口主要靠压头、托盘、头道滚轮和二道滚轮四大部件，在四大部件的协同作用下完成金属罐的封口。

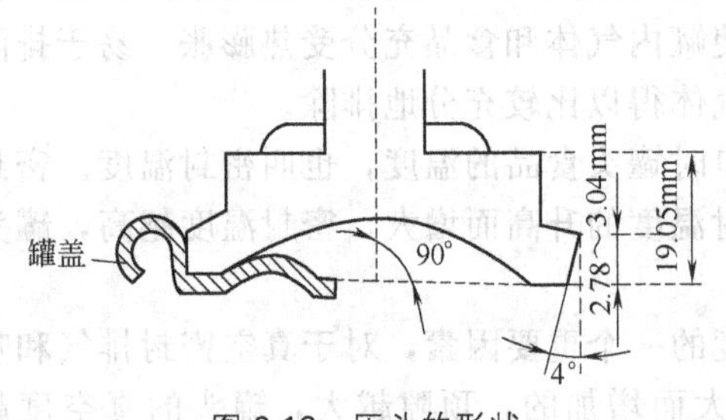

图 2-16　压头的形状

① 压头　压头用来固定罐头，不让罐头在封口时发生任何滑动，以保证卷边质量。压头的形状如图 2-16 所示。压头的尺寸是严格的，误差不允许超过 25.4μm。压头突缘的厚度必须和罐头的埋头度相吻合，压头的中心线和突缘面必须成直角，压头的直径随罐头大小而异。压头必须由耐磨的优质钢材制造以经受滚轮压槽的挤压力。

② 托盘　托盘也叫下压头、升降板，它的作用是托起罐头使压头嵌入罐盖内，并与压头起固定、稳住罐头的作用，避免滑动，以利于卷边封口。

③ 滚轮　滚轮由坚硬耐磨的优质钢材制成，分为头道滚轮和二道滚轮，两者的作用、结构不同。滚轮主要的工作部分转压槽的槽沟曲线示意图如图 2-17 所示，头道滚轮的转压槽沟深，且上部的曲率半径较大，下部的曲率半径较小；二道滚轮的转压槽沟浅，上部的曲率半径较小，下部的曲率半径较大。

头道滚轮的作用是将罐盖的钩边卷入罐身翻边下并相互卷合在一起形成图 2-18 所示结构。二道滚轮的作用是将头道滚轮已卷合好的卷边压紧，形成前面图 2-3 所示的二重卷边

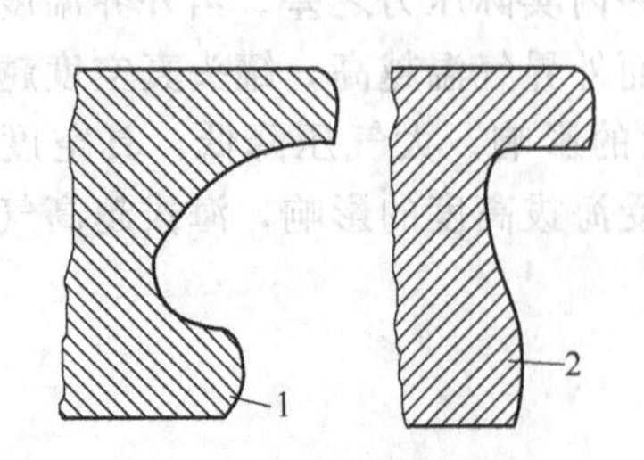

图 2-17　滚轮转压槽的槽沟曲线示意图

1—头道滚轮；2—二道滚轮

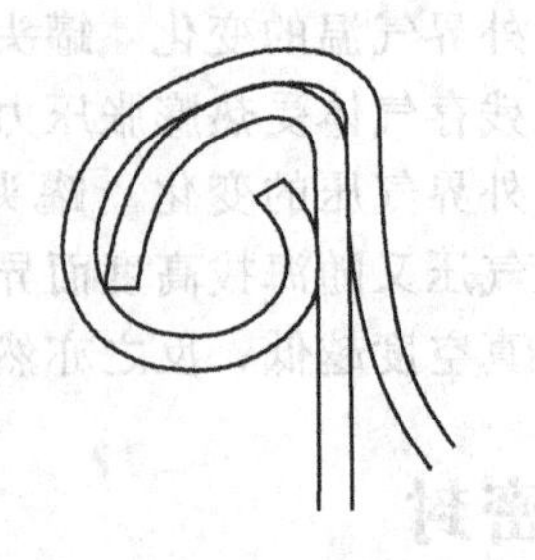
图 2-18　头道卷边的结构

结构。

(2) 二重卷边的形成过程

封口时，罐头进入封罐机作业位置托盘上，托盘即刻上升使压头嵌入罐盖内并固定住罐头，此时罐头与封罐机四部件的相对位置如图 2-19 所示，压头和托盘固定住罐头后，头道滚轮首先工作，围绕罐身作圆周运动和自转运动，同时作径向运动逐渐向罐盖边靠拢紧压，将罐盖盖钩和罐身翻边卷合在一起形成图 2-18 所示卷边，即行退回；紧接着二道滚轮围绕罐身作圆周运动，同时作径向运动逐渐向罐盖边靠拢紧压，将头道滚轮完成的卷边压紧形成图 2-3 所示卷边，随即退出。二重卷边的整个形成过程见图 2-20。

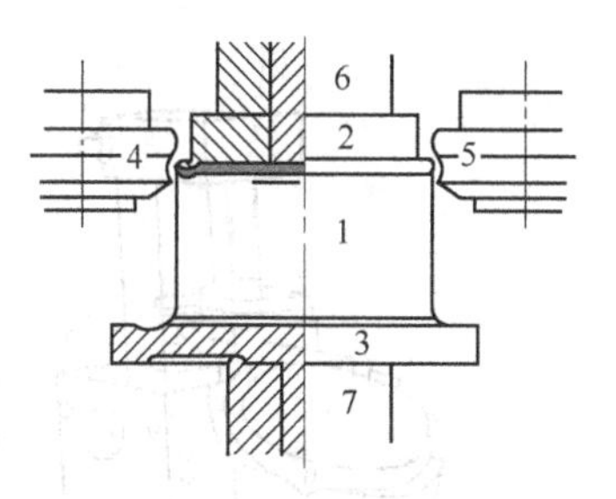

图 2-19 封口时罐头与四部件的相对位置

1—罐头；2—压头；3—托底盘；4—头道滚轮；5—二道滚轮；6—压头主轴；7—转动轴

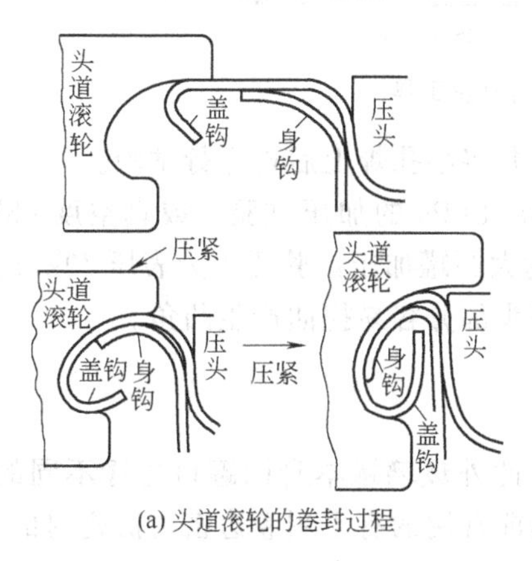

(a) 头道滚轮的卷封过程

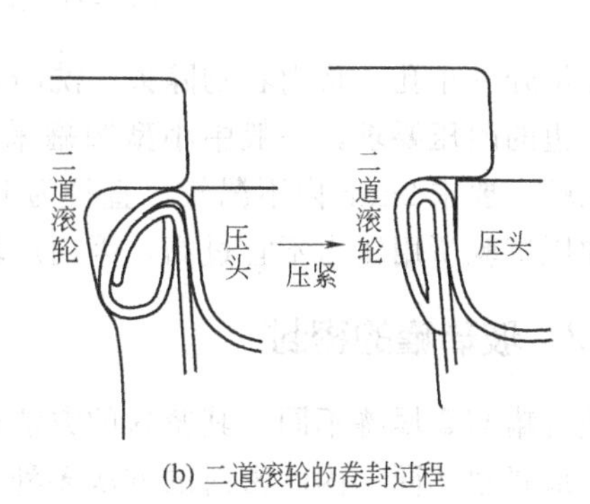

(b) 二道滚轮的卷封过程

图 2-20 二重卷边卷的整个形成过程

2.5.1.2 二重卷边的结构及技术要求

见本章圆罐封底部分。

2.5.1.3 二重卷边的检测

罐头食品生产过程中，通常通过对头道和二道卷边的定时检测来确保卷边良好的密封性。检测卷边所需的工具有卷边投影仪、罐头工业专用的卷边卡尺和卷边测微计（见图 2-21），检测的项目包括卷边的外部检测、内部检测和耐压试验。

(1) 卷边外部检测 卷边外部检测包括目检和计量检测两大项。卷边的外观要求卷边上部平服，下缘光滑，卷边的整个轮廓曲线卷曲适度，卷边宽度一致，无卷边不完全（滑封）、假封（假卷）、大塌边、锐边、快口、牙齿、铁舌、卷边碎裂、双线、挂灰、跳封等因压头或滚轮故障引起的其他缺陷，用肉眼进行观察。罐高、卷边厚度、卷边宽度、埋头度、垂唇度的检测，用图 2-21 所示的专用测量工具测量。

(2) 卷边内部检测

① 卷边内部目检 用肉眼在投影仪的显像屏上或借助于放大镜观察卷边内部空隙情况，包括顶部空隙、上部空隙和下部空隙，观察罐身钩、盖钩的咬合状况及盖钩的皱纹情况。

② 卷边内部计量检测 测定罐身钩、盖钩、叠接长度及叠接率。

(3) 耐压试验 用空罐耐压试验器检测空罐有无泄漏。装有内容物的罐头需先在罐头的

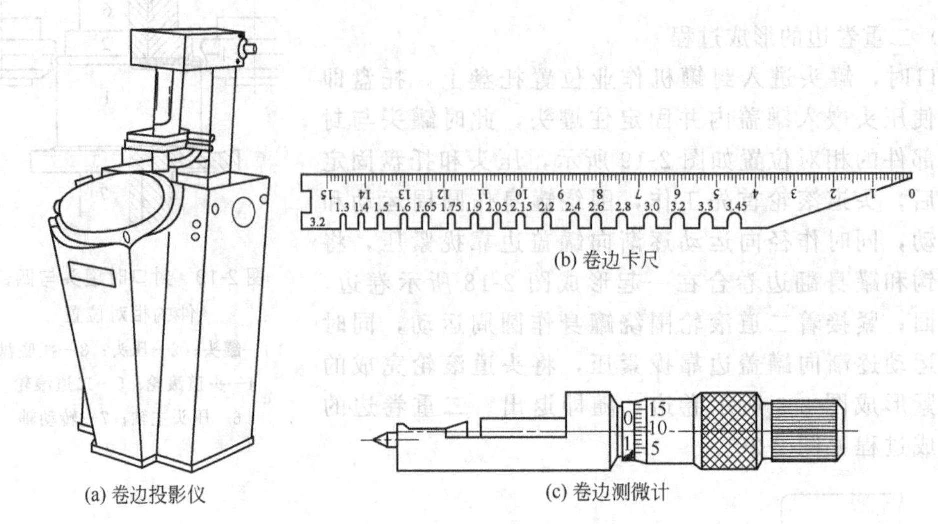

图 2-21　罐头卷边专用测量工具

任何部位开一小孔，将内容物除去，洗净，干燥，并将小孔焊上后再进行试验。

卷边的耐压要求，一般中小型圆罐采用表压为 98kPa 的加压试验，或真空度 68kPa 的减压试验，要求 2min 内不漏气。直径为 153mm 的大圆罐加压试验压力为表压 70kPa。大圆罐的加压试验所用压力不宜过高，因内压较高时埋头部分容易挠曲产生凸角。

2.5.2　玻璃罐的密封

玻璃罐与金属罐不同，其密封的方法也不同。此外玻璃罐本身因罐口边缘不同的造型，罐盖的形式也不同，因此密封的方法多种多样。目前常用的有采用卷边密封法密封的卷封式玻璃瓶、采用旋转式密封法的旋转玻璃瓶和采用压式密封法的套压式玻璃瓶。无论哪一种瓶子、密封方法，都必须具有可靠的密封性能，且要求封口结构简单，开启方便。

(1) 卷封式玻璃瓶的密封　这种瓶子的密封方法与金属罐的密封方法相似，它靠封罐机中的压头、托盘和两个滚轮的协同作用完成卷边封口，但封口的过程和封口结构不同，见图 2-22。

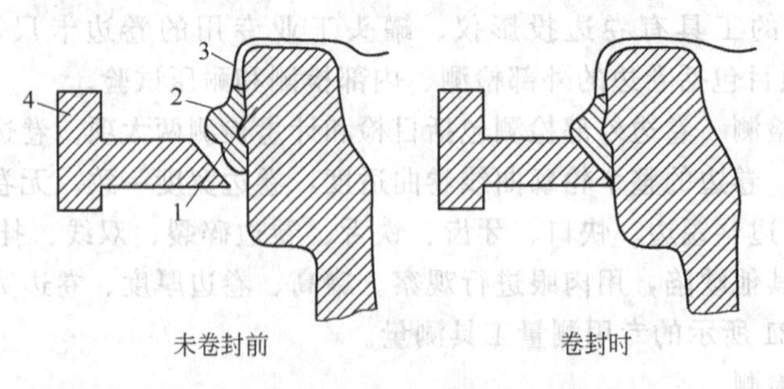

图 2-22　卷封式玻璃瓶的封口过程

1—玻璃罐外凸缘；2—密封胶圈；3—罐盖；4—滚轮

(2) 旋开式玻璃瓶的密封　旋开式玻璃瓶有单螺纹型和多螺纹型，后者是使用最广泛的一种玻璃瓶，它的瓶口上有三条、四条或六条斜螺纹，每两条斜螺纹首尾交错衔接，瓶盖上有相应数量的“爪”，密封时只需将“爪”与斜螺纹始端对准拧紧即完成封口。瓶盖内注有密封胶垫，以保证玻璃瓶的密封性，此密封操作可以由手工或玻璃瓶拧盖机来完成。

(3) 套压式玻璃瓶的密封　该方式密封是靠预先嵌在罐盖边缘上的密封胶圈，密封时用自动封口机来封罐，将盖子套压于罐口上，利用盖边内嵌入的垫料紧密地贴合在玻璃罐口线上以达到密封的目的，见图 2-23。

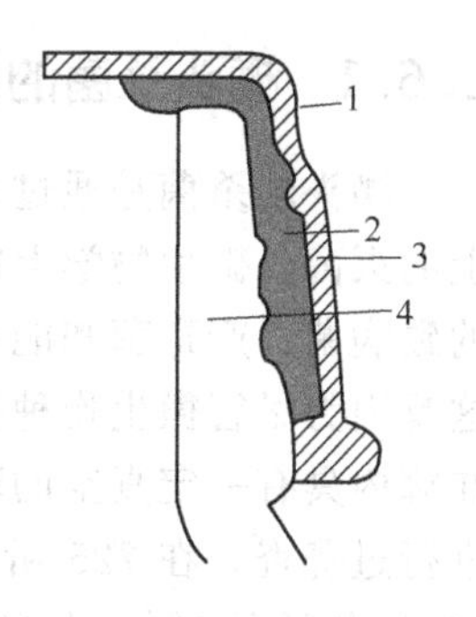

图 2-23　套压式玻璃罐封口剖视图
1—金属盖；2—塑料密封填料；3—玻璃口线；4—玻璃

2.5.3　软罐头的密封

软罐头的密封方法与金属、玻璃罐头的密封方法完全不同，要求复合塑料薄膜边缘上内层薄膜熔合在一起，从而达到密封的目的。通常采用热熔封口。热熔强度取决于复合塑料薄膜袋的材料性质及热熔合时的温度、时间和压力。

2.5.3.1　热熔封口

(1) 电加热密封法　由金属制成的热封棒，表面用聚四氟乙烯布作保护层。通电后热封棒发热到一定温度，袋内层薄膜熔融，加压黏合。为了提高密封强度，热熔密封后再冷压一次。

(2) 脉冲密封法　通过高频电流使加热棒发热密封，时间为 0.3s，自然冷却。这一密封的特点是即使接合面上有少量的水或油附着，热封下仍能密切接合，操作方便，适用性广，其接合强度大，密封强度也胜于其他密封法。这一密封法是目前最普遍的方法。

2.5.3.2　封口的检验

封口是软罐头生产中的重要环节，封口质量直接影响软罐头的品质。因为封口后的软罐头还必须加热杀菌处理，在整个储藏、运输、销售等流通过程中必须保证坚固不漏，其密封性和渗漏率应与金属罐具有相同的标准，所以要严格操作、检验，把好封口质量关。良好的封口必须符合以下 4 项技术检验标准。

(1) 表观检验　用肉眼观察封口，要求封口无皱纹、无污染；封边宽度为 8～10mm；用两手将内容物挤向封边，并加一定压力，封边无裂缝渗漏现象。

(2) 熔合试验　良好的封口熔合后，内层的封口表面必须完全结合成一体。

(3) 破裂试验　破裂试验可以检验出封口最薄弱部分。试验分为耐内压力强度（也称爆破强度）和耐外压力强度（也称静压力强度）试验两种。

(4) 拉力试验　可分为静态拉力试验及动态拉力试验两种。静态拉力试验是用一种万能拉力测试器，测试破坏每一个样品封口总宽度所需要的拉力。动态拉力试验是将封口条试样放入杀菌锅中 121℃、30min 杀菌，观察拉力强度。

2.6　杀菌与冷却

杀菌是罐头生产过程中的重要环节，是决定罐藏食品保存期限的关键。因为罐藏食品的原料大都来自农副产品，不可避免会污染许多微生物，这些微生物有的能使食品成分分解变质，有的能使人体中毒，轻者引起疾病，重者造成死亡，在原料经过预处理、装罐、排气、密封后，必须进行杀菌。

2.6.1 罐头杀菌的目的和要求

罐头的杀菌是通过加热等手段杀灭罐内食品中的微生物，但罐头的杀菌不同于微生物学上的灭菌。微生物学上的灭菌是指绝对无菌，而罐头的杀菌只是杀灭罐藏食品中能引起疾病的致病菌、产毒菌和能在罐内环境中生长引起食品变败的腐败菌，并不要求达到绝对无菌。这是因为尽管微生物种类很多，但并不是每一种微生物都能在所有的罐头中生长，如需氧菌在罐内具有一定真空的环境中，其生命活动会受到抑制。曾有人对日本市场销售的罐头食品进行过普查，在725听（罐）肉、鱼、蔬菜和水果罐头中发现有活菌存在的各占20%、10%、8%和3%。大多数罐头中出现的细菌为需氧性芽孢菌，因为罐内的缺氧环境抑制了其生长，这些带活菌的罐头并未出现有腐败变质的迹象。此外，如果罐头杀菌要达到绝对无菌的程度，那么杀菌的温度与时间就要大大增加，这将影响食品的品质，使食品的色、香、味和营养价值、组织形态都有所下降。所以对于罐头食品的杀菌只要求杀灭致病菌和能引起罐内食品变败的腐败菌，这种杀菌称之为“商业灭菌”。罐头在杀菌的同时也破坏了食品中酶的活性，从而保证罐头食品在保存期内不发生腐败变质。此外，罐头的加热杀菌还具有一定的烹调作用，能增进风味，软化组织，使杀菌与烹煮同步完成。

2.6.2 罐头食品中的微生物

罐藏食品中的微生物种类很多，但杀灭的对象主要是致病菌和腐败菌。在致病菌中危害最大的是肉毒梭状芽孢杆菌，其耐热性很强，其芽孢要在100℃、6h或120℃、4min的加热条件下才能被杀死，而且这种菌在食品中出现的几率较高，所以常以肉毒梭状芽孢杆菌的芽孢作为pH值大于4.6的低酸性食品杀菌的对象菌。

腐败菌是能引起食品腐败变质的各种微生物的总称，种类也很多。各种腐败菌都有其不同的生活习性，导致不同食品的各种类型的腐败变质。例如，嗜热脂肪芽孢杆菌常出现在蘑菇、青豆和红烧肉等pH值高于4.6的食品中；凝结芽孢杆菌常出现在番茄及番茄制品等pH值低于4.6的食品中，若不予杀灭就会引起这些食品的平盖酸败（由于微生物产酸不产气）。各类罐头食品中常见的腐败菌及其习性见表2-4。

表2-4 按pH值分类的罐头食品中常见的腐败菌及其习性

食品pH值范围	腐败菌温度习性	腐败菌类型	罐头食品腐败类型	腐败特征	抗热性能	常见腐败对象
低酸性和中酸性食品（pH值在4.5以上）	嗜热菌	嗜热脂肪芽孢杆菌	平盖酸败	产酸（乳酸、甲酸、醋酸），不产气或产微量气体，不胀罐，食品有酸味	$D_{121.1℃}=4.0\sim50min$ $Z=10℃$	青豆、青刀豆、芦笋、蘑菇、红烧肉、猪肝酱、卤猪舌
		嗜热解糖梭状芽孢杆菌	高温缺氧发酵	产气（CO_2+H_2），不产气（H_2S），胀罐，产酸（酪酸），食品有酪酸味	$D_{121.1℃}=30\sim40min$ （偶尔达50min）	芦笋、蘑菇、蛤
		致黑梭状芽孢杆菌	致黑（或硫臭）腐败	产气（H_2S），平盖或轻胖听，有硫臭味，食品和罐壁有黑色沉淀物	$D_{121.1℃}=20\sim30min$	青豆、玉米

续表

食品pH值范围	腐败菌温度习性	腐败菌类型	罐头食品腐败类型	腐败特征	抗热性能	常见腐败对象
低酸性和中酸性食品（pH值在4.5以上）	嗜温菌	肉毒杆菌A型和B型	缺氧腐败	产毒素，产酸（酪酸），产气（H_2S），胀罐，食品有酪酸味	$D_{121.1℃}=6\sim12s$（或0.1～0.2min）	肉类、肠制品、油鱼、青刀豆、芦笋、青豆、蘑菇
		生芽孢梭状芽孢菌P.A.3679		不产毒素，产酸，产气（H_2S），明显胀罐，有臭味	$D_{121.1℃}=6\sim40s$（或0.1～1.5min）	肉类、鱼类（不常见）
酸性食品（pH值在3.5～4.5）	嗜温菌	耐热芽孢杆菌（或凝结芽孢杆菌）	平盖酸败	产酸（乳酸），不产气，不胀罐，变味	$D_{121.1℃}=1\sim4s$（或0.01～0.07min）	番茄及番茄制品（番茄汁）
		巴氏固氮梭状芽孢杆菌	缺氧发酵	产酸（酪酸），产气（CO_2+H_2），胀罐，有酪酸味	$D_{121.1℃}=6\sim30s$（或0.1～0.5min）	菠萝、番茄
		酪酸梭状芽孢杆菌				整番茄
		多黏芽孢杆菌	发酵变质	产酸，产气，也产丙酮和酒精，胀罐	$D_{121.1℃}=6\sim30s$（或0.1～0.5min）	水果及其制品（桃、番茄）
		软化芽孢杆菌				
高酸性食品（pH值在3.7以下）	非芽孢嗜温菌	乳酸菌明串珠菌	发酵变质	产酸（乳酸），产气（CO_2），胀罐	$D_{65.5℃}=0.5\sim1.0min$	水果、梨、水果（黏质）
		酵母		产酒精，产气（CO_2），有的食品表面形成膜状物		果汁、酸渍食品
		霉菌（一般）		食品表面上长霉菌	$D_{90℃}=1\sim2min$	果酱、糖浆水果
		纯黄丝衣霉、雪白丝衣霉		分解果胶至果实瓦解，发酵产生CO_2，胀罐		水果

2.6.3 影响罐头热杀菌的因素

影响罐头加热杀菌的因素可以从两大方面考虑，一是影响微生物耐热性的因素，对于目前普遍采用的温度低于125℃的杀菌条件来说，能影响微生物耐热性的那些因素也就会影响罐头的杀菌效果；二是影响罐头传热的因素，因为罐头的热杀菌是一传热的过程，影响热传递的速度的因素就直接影响罐头的杀菌。

2.6.3.1 影响微生物耐热性的因素

微生物的耐热性随其种类、菌株、数量、所处环境及热处理条件等的不同而异。就罐头的热杀菌而言，微生物的耐热性主要受下列因素的影响。

（1）食品在杀菌前的污染情况　食品从原料进厂到装罐密封，不可避免地会遭受到各种微生物的污染。所污染的微生物的种类和数量与原料状况、运输条件、工厂卫生、生产操作工艺条件以及操作人员个人卫生等密切相关。

① 污染微生物的种类　食品中污染的微生物种类很多，微生物的种类不同，其耐热性有明显不同。即使同一种细菌，菌株不同，其耐热性也有较大差异。一般说，非芽孢菌、霉菌、酵母菌以及芽孢菌的营养细胞的耐热性较低。营养细胞在70～80℃下加热，很短时间便可杀死。细菌

芽孢的耐热性很强，其中又以嗜热菌的芽孢为最强，厌氧菌的芽孢次之，需氧菌芽孢最弱。同一种芽孢的耐热性又因热处理前的菌龄、生产条件等的不同而不同。例如同一菌株芽孢由加热处理后残存芽孢再形成的新生芽孢的耐热性就比原芽孢的耐热性强。霉菌中只有少数几种具有较高的耐热性，如纯黄丝衣霉菌能耐80℃、39min的加热处理，这种霉菌的孢子在糖水类水果罐头中经100℃、15min加热处理仍能生存下来，酵母菌的耐热性比霉菌低。

② 污染微生物的数量　微生物的耐热性还与微生物的数量密切相关。杀菌前食品中所污染的菌数越多，其耐热性越强，在同温度下所需的致死时间就越长。表2-5是肉毒杆菌芽孢的数量与致死时间的关系。

对于一种对象菌来说，在规定的温度下，细菌死灭的数量与杀菌时间之间存在着对数关系，用数学式表达为：

$$\ln b=-kt+\ln a \quad 或 \quad b=a/e^{kt} \tag{2-10}$$

式中　t——杀菌时间，s；

k——细菌死灭速率常数，1/s；

a——杀菌前的菌浓度，个/mL；

b——经 t 时间杀菌后存活的菌浓度，个/mL。

表2-5　肉毒杆菌芽孢的数量与致死时间的关系

芽孢数量/个	100℃杀菌时间/min	芽孢数量/个	100℃杀菌时间/min	芽孢数量/个	100℃杀菌时间/min
72000000000	240	32000000	110	16000	50
1640000000	125	650000	82	328	40

从上式可以看出，在相同的杀菌条件下（温度和时间为定值时），对于某一种特定的菌来说，b 就取决于 a，污染越严重 a 越大，残存量 b 也就越大。有人用184g蘑菇罐头进行实验，具有不同芽孢浓度的罐头杀菌后的酸败情况见表2-6。从表中数据可以看出，罐头的酸败率随着罐头所含芽孢数量的增加而增加。因此，罐头生产过程中的卫生情况就显得非常重要，也直接影响杀菌效果。

表2-6　184g蘑菇罐头经杀菌保温后的酸败情况

杀菌条件	凝结芽孢杆菌芽孢浓度					
	5.8个/g		63.6个/g		527个/g	
	酸败罐/试验罐	酸败率/%	酸败罐/试验罐	酸败率/%	酸败罐/试验罐	酸败率/%
10～20min，121℃	18/30	60	24/30	80	28/28	100
10～25min，121℃	4/31	13	24/30	80	30/30	100
10～30min，121℃	0/26	0	24/30	80	30/30	100

（2）食品的酸度（pH值）　食品的酸度对微生物耐热性的影响很大。对于绝大多数微生物来说，在pH值中性范围内耐热性最强，pH值升高或降低都可以减弱微生物的耐热性。特别是在偏向酸性时，促使微生物耐热性减弱作用更为明显。根据Bigelow等1920年的研究，好气菌的芽孢在pH4.6的酸性培养基中，121℃、2min就可杀死，而在pH6.1的培养基中则需要9min才能杀死。酸度不同，对微生物耐热性的影响程度不同。鱼制品中肉毒杆菌芽孢在不同温度下致死时间的缩短幅度随pH值的降低而增大，在pH5～7时，耐热性差异不太大，时间缩短幅度不大，而当pH值降至3.5时，芽孢的耐热性显著降低，即芽孢的

致死时间随着 pH 值的降低而大幅度缩短（见图 2-24）。

表 2-7　肉毒杆菌芽孢在不同 pH 值时的致死条件

品　种	pH 值	致死时间/min				
		90℃	95℃	100℃	110℃	115℃
玉米	6.45	555	465	255	30	15
菠菜	5.10	510	345	225	20	10
四季豆	5.10	510	345	225	20	10
南瓜	4.21	195	120	45	15	10
梨	3.75	135	75	30	10	5
桃	3.6	60	20			

表 2-7 为肉毒杆菌在不同 pH 值的各种果蔬中其芽孢致死条件。从上表中可以看出，同一微生物在同一杀菌温度下，随着 pH 值的下降，杀菌时间可以大大缩短。以上结果都表明食品的酸度越高，pH 值越低，微生物及其芽孢的耐热性越弱。酸使微生物耐热性减弱的程度随酸的种类而异，一般认为乳酸对微生物的抑制作用最强，苹果酸次之，柠檬酸稍弱。罐头食品中常使用的酸是柠檬酸。

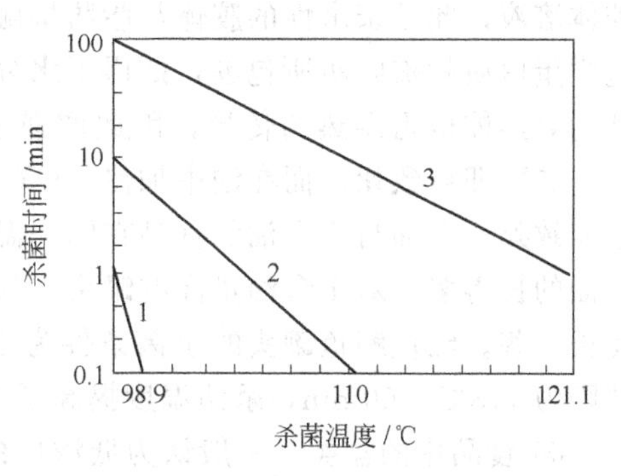

图 2-24　pH 值与芽孢致死时间的关系

1—pH3.5；2—pH4.5；3—pH5～7

由于食品的酸度对微生物及其芽孢的耐热性的影响十分显著，所以食品酸度与微生物耐热性这一关系在罐头杀菌的实际应用中具有相当重要的意义。酸度高的食品与酸度低的食品相比杀菌温度可低一些，杀菌时间短一些。所以在罐头生产中常根据食品的 pH 值将其分为酸性食品和低酸性食品两大类，一般以 pH4.6 为分界线，pH<4.6 的为酸性食品，pH≥4.6 的为低酸性食品。低酸性食品一般应采用高温高压杀菌，即杀菌温度高于 100℃；酸性食品则可采用常压杀菌，即杀菌温度不超过 100℃。部分罐头食品的 pH 值见表 2-8，由此可以判断食品的杀菌温度。

表 2-8　部分罐头食品的 pH 值

食品名称	pH 值	食品名称	pH 值	食品名称	pH 值
柠檬汁	2.4	巴梨(洋梨)	4.1	金枪鱼	5.9
甜酸渍品	2.7	番茄	4.3	鳕鱼	6.0
葡萄汁	3.2	番茄汁	4.3	鲳鱼	6.0
葡萄柚汁	3.2	番茄酱	4.4	小牛肉	6.0
苹果	3.4	无花果	5.0	猪肉	6.1
蓝莓	3.4	南瓜	5.1	炼乳	6.1
黑莓	3.5	甘薯	5.2	乳糜状玉米	6.1
红酸樱桃	3.5	胡萝卜	5.2	青豆(阿拉斯加)	6.2
菠萝汁	3.5	青刀豆	5.4	青豆(皱皮种)	6.2
苹果沙司	3.6	甜菜	5.4	香肠	6.2
橙汁	3.7	菠菜	5.4	鸡	6.2
桃	3.8	芦笋(绿)	5.5	盐水玉米	6.3
李	3.8	芦笋(白)	5.5	鲑鱼	6.4
杏	3.9	黄豆猪肉	5.6	蟹肉	6.8
酸渍新鲜黄瓜	3.9	马铃薯	5.6	牛奶	6.8
紫褐樱桃	4.0	蘑菇	5.8	熟肉橄榄	6.9

（3）食品的化学成分　食品中含有糖、酸、脂肪、蛋白质、盐分等成分，除了上述的酸对微生物耐热性有重大影响外，其他成分对微生物的耐热性也有不同程度的影响。

① 糖　许多学者认为糖有增强微生物耐热性的作用。糖的浓度越高，杀灭微生物芽孢所需的时间越长。糖对微生物芽孢的这一保护作用一般认为是由于糖吸收了微生物细胞中的水分，导致了细胞内原生质脱水，影响了蛋白质的凝固速度，从而增强了细胞的耐热性。例如，大肠杆菌在70℃加热时，在10%的糖液中致死时间比无糖溶液增加5min，而浓度提高到30%时致死时间要增加30min。但砂糖的浓度增加到一定程度时，由于造成了高渗透压的环境而又具有了抑制微生物生长的作用。

② 食品中的脂肪　脂肪能增强微生物的耐热性，这是因为细菌的细胞是一种蛋白质的胶体溶液，此种亲水性的胶体与脂肪接触时，蛋白质与脂肪两相间很快形成一层凝结薄膜，这样蛋白质就被脂肪所包围，妨碍了水分的渗入，造成蛋白质凝固的困难；同时脂肪又是不良的导热体也阻碍热的传导，因此增强了微生物的耐热性。例如，大肠杆菌在水中加热至60～65℃即可致死，而在油中加热100℃下经30min才能杀灭，即使在109℃下也需10min才能致死。含油与不含油的食品在同一温度下杀灭酵母菌所需的时间也不同，含油的要比不含油的长得多。对于含油量高的罐头，如油浸鱼类罐头等，其杀菌温度应高一些或杀菌时间要长一些。红烧鲭鱼罐头的杀菌条件为115℃、60min，而同罐型的油浸鲭鱼罐头的杀菌条件则为118℃、60min，杀菌温度提高了3℃。

③ 食品中的盐类　一般认为低浓度的食盐对微生物的耐热性有保护作用，高浓度的食盐对微生物的耐热性有削弱的作用。这是因为低浓度食盐的渗透作用吸收了微生物细胞中的部分水分，使蛋白质凝固困难从而增强了微生物的耐热性。高浓度食盐的高渗透压造成微生物细胞中蛋白质大量脱水变性导致微生物死亡；食盐中的Na^+、K^+、Ca^{2+}和Mg^{2+}等金属离子对微生物有致毒作用；食盐还能降低食品中的水分活度（a_w），使微生物可利用的水减少，新陈代谢减弱。因此，高浓度的食盐有削弱微生物耐热性的作用。通常认为食盐浓度在4%以下时能增强微生物的耐热性，浓度为4%时对微生物耐热性的影响甚微，当浓度高于10%时，微生物的耐热性则随着盐浓度的增加而明显降低。

④ 蛋白质　食品中的蛋白质在一定的低含量范围内对微生物的耐热性有保护作用，例如有的细菌芽孢在2%的明胶介质中加热，其耐热性比不加明胶时增强2倍。高浓度的蛋白质对微生物的耐热性影响极小。

⑤ 食品中的植物杀菌素　某些植物的汁液和它所分泌出的挥发性物质对微生物具有抑制和杀灭的作用，这种具有抑制和杀菌作用的物质称之为植物杀菌素。植物杀菌素的抑菌和杀菌作用因植物的种类、生长期及器官部位等而不同。例如红辣洋葱的成熟鳞茎汁比甜辣洋葱鳞茎汁有更高的活性，经红辣洋葱鳞茎汁作用后的芽孢残存率为4%，而经甜辣洋葱鳞茎汁作用后的芽孢残存为17%。

含有植物杀菌素的蔬菜和调味料很多，如番茄、辣椒、胡萝卜、芹菜、洋葱、大葱、萝卜、大黄、胡椒、丁香、茴香、芥籽和花椒等。如果在罐头食品杀菌前加入适量的具有杀菌素的蔬菜或调料，可以降低罐头食品中微生物的污染率，就可以使杀菌条件适当降低。如葱烤鱼的杀菌条件就要比同规格清蒸鱼的低。

（4）罐头的杀菌温度　罐头的杀菌温度与微生物的致死时间有着密切的关系，因为对于某一浓度的微生物来说，它们的致死条件是由温度和时间决定的。试验证明，微生物的热致死时间随杀菌温度的提高而呈指数关系缩短。

2.6.3.2 影响罐头传热的因素

在罐头的加热杀菌过程中，热量传递的速度受食品的物理性质、罐藏容器的物理性质、食品的初温、杀菌锅的形式、杀菌温度等因素的影响。

(1) 罐内食品的物理性质　与传热有关的食品物理特性主要有形状、大小、浓度、黏度、密度等，食品的这些性质不同，传热的方式就不同，传热速度自然也不同。

热的传递有传导、对流和辐射三种，罐头加热时的传热方式主要是传导和对流两种式。传热的方式不同，罐内热交换速度最慢一点（常称其为冷点）的位置就不同。传导传热时罐头的冷点在罐头的几何中心，对流传热的罐头的冷点在罐头中心轴上离罐底约 20～40mm 处（见图 2-25）。对流传热的速度比传导传热快，冷点温度的变化也较快，因此加热杀菌需要的时间较短；传导传热速度较慢，冷点温度的变化也慢，故需要较长的热杀菌时间。

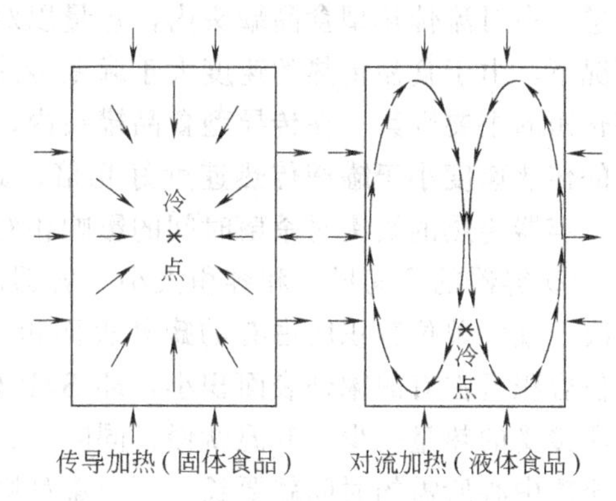

图 2-25　罐头传热的冷点

① 流体食品　这类食品的黏度和浓度不大，如果汁、肉汤、清汤类罐头等。加热杀菌时产生对流，传热速度较快。罐头中心温度（在实际罐头生产中，常把冷点温度通称为罐头中心温度）很快地上升达到杀菌温度。

② 半流体食品　这类食品（如番茄酱、果酱等罐头）虽非固体，但由于浓度大，黏度高，流动性很差，在杀菌时很难产生对流，或对流很小，主要靠传导传热，这类罐头中心温度上升较慢。

某些半流体食品在杀菌受热的过程中，一些性质发生改变，如黏度变化等，从而导致传热方法改变。有的在杀菌过程中黏度变大，流动性减小，传热的方式由开始的对流转变为传导；而有的则相反，这些罐头的传热曲线呈折线型，传热速度随多种因素而变。

③ 固体食品　这类食品呈固态或高黏度状态，如红烧类、糜状类、果酱类、整竹笋等，加热杀菌时不可能形成对流，主要靠传导传热，传热速度很慢，罐头中心温度上升很慢。

④ 流体和固体混装食品　这类罐头食品中既有流体又有固体，传热情况较为复杂，如糖水水果罐头、清渍类蔬菜罐头等。这类罐头加热杀菌时传导和对流同时存在。一般来说，颗粒、条形、小块形食品在杀菌时罐内液体容易流动，以对流为主，传热速度比大粒、大块形的快。层片装食品（如菠萝旋片罐头）的传热比竖条装食品（如芦笋罐头）的慢。

(2) 罐藏容器的物理性质

① 容器材料的物理性质和厚度　罐头加热杀菌时，热量从罐外向罐内食品传递，罐藏容器的热阻自然要影响传热速度。容器的热阻 σ 取决于罐壁的厚度 δ 和热导率 λ，它们的关系式为 $\sigma=\delta/\lambda$，可见罐壁厚度的增加和热导率的减小都将使热阻增大。罐头生产常用的镀锡薄板罐和玻璃罐的罐壁厚度、热导率及其热阻见表 2-9。

表 2-9　镀锡薄板罐和玻璃罐的罐壁厚度、热导率及其热阻

容　器	厚度/mm	热导率 λ/[W/(m·K)]	热阻 σ/(W/K)
镀锡罐	0.24～0.36	602.5～677.8	3.98～5.98
玻璃罐	2～6	7.531～12.05	2.66～7.97

表中数据表明，玻璃罐罐壁厚度较铁罐大，热导率较铁罐小，热阻较铁罐大得多，所以镀锡薄板罐的传热速度要比玻璃罐大得多。铝罐的罐壁厚度与镀锡薄板罐相近，但它的热导率约为 203.53W/(m·K)，所以铝罐的热阻比镀锡薄板罐小。

需要指出的是，容器的热阻对整个杀菌效果的影响还与罐内食品的传热方式有关。加热杀菌时，热量的传递是加热介质首先把热量传递给罐壁，然后以导热方式通过罐壁再向罐内传递。在对流传热型食品罐头内，热量以对流方式从罐壁传递到内部，传热速度快。在这种情况下，由于食品传热的速度大于罐壁传热的速度，所以罐壁的传热速度是决定加热杀菌时间长短的主要因素。在传导型食品罐头内，热量以导热方式从罐壁传递到罐的几何中心，食品的传热速度小于罐壁传热速度好几倍，此时加热杀菌所需时间的长短取决于食品的导热性，容器传热的快慢对杀菌时间的影响相对就小，成为次要因素。

② 容器的几何尺寸和容积大小　容器的大小对传热速度和加热时间也有影响，其影响取决于罐头单位容积所占有的罐外表面积（S/V 值）及罐壁至罐中心的距离。罐型大，其单位容积所占有的罐外表面积小，即 S/V 值小，单位容积的受热面积小，单位时间单位容积所接受的热量就少，升温就慢；同时，大型罐的罐表面至罐中心的距离大，热量由罐壁传递至罐中心所需的时间就要长。而小罐型则相反。

(3) 罐内食品的初温　罐内食品的初温是指杀菌开始时，也即杀菌锅开始加热升温时罐内食品的温度。根据 FDA 的要求，加热开始时，每一锅杀菌的罐头其初温以其中第一个密封完的罐头的温度为计算标准。一般说，初温越高，初温与杀菌温度之间的温差越小，罐中心加热到杀菌温度所需要的时间越短，这对于传导传热型的罐头来说尤其重要。从理论计算的结果得知，冷装食品比热装食品加热时间要增加 20%左右。因此，传导型传热的罐头保证初温对于增强杀菌效果极为重要，而对流传热型的影响小。

(4) 杀菌锅的形式和罐头在杀菌锅中的位置　目前，我国罐头工厂多采用静止式杀菌锅，即罐头在杀菌时静止于锅内。静止式杀菌锅又分为立式和卧式两类。传热介质在锅内的流动情况不同，立式杀菌锅传热介质流动较卧式杀菌锅相对均匀。杀菌锅内各部位的罐头由于传热介质的流动情况不同而传热效果相差较大，尤其是远离蒸汽进口的罐头，传热较慢。如果杀菌锅内的空气没有排除净，存在“空气袋”，那么处于“空气袋”内的罐头，传热效果就更差。所以，静止式杀菌必须充分排净杀菌锅内的空气，使锅内温度分布均匀，以保证各位置上罐头的杀菌效果。

罐头工厂除使用静止式杀菌锅外，还使用回转式或旋转式杀菌锅。这类杀菌锅由于罐头在杀菌过程中处于不断的转动状态，罐内食品易形成搅拌和对流，故传热效果较静止式杀菌要好得多。回转式杀菌的杀菌效果对于导热-对流结合型的食品及流动性差的食品，如糖水水果、番茄酱罐头等更为明显。表 2-10 为 3kg 装茄汁黄豆采用静止杀菌和回转杀菌的比较。有人用番茄酱罐头做实验也得出相似的结果，见表 2-11。这说明回转杀菌的传热速度比静止杀菌要快得多。

表 2-10　茄汁黄豆静止杀菌和回转杀菌的比较

杀菌温度/℃	杀菌方式	达到预定罐内温度所需时间/min			
		107℃	110℃	113℃	116℃
116℃	静止	200	235	300	—
	回转,4r/min	12	13.5	17	—
121℃	静止	165	190	220	260
	回转,4r/min	10	11.5	13	16

表 2-11 番茄罐头的传热实验结果

杀菌温度/℃	转动情况	达到预定罐头中心温度所需时间/min			
		107.2℃	111℃	112.7℃	115.5℃
115.5	不转	200	235	30	—
121.1	不转	160	190	220	260
115.5	30r/min	9	10.5	12.5	—
115.5	4r/min	12	13.5	17	—
121.1	4r/min	10	11.5	13	—

回转杀菌时，杀菌锅回转的速度也将影响传热的效果。对于黏稠食品来说，回转时的搅拌作用是由于罐内顶隙空间在罐头中发生位移而实现的。只有转速适当时，才能起到搅拌作用。如果转速太慢，不论罐头转到什么位置，罐头顶隙始终处在最上端，这样就起不到搅拌作用；如果转速太快，则产生离心力，这样罐头顶隙始终处在最里边一端，同样也起不到搅拌作用。因此转速过慢或过快都起不到促进传热的作用。

对于块状、颗粒状食品来说，回转时能使罐内食品颗粒或块在液体中移动，而起到搅拌作用。一般说，水果罐头以采用 11r/min 的转速为适宜；但大块食品的转速宜慢，利用大块食品自身的重力在液体中起落，促进对流。小颗粒食品，如玉米、青豆等，则采用高转速为宜，转速快使颗粒能较快地移动，从而提高传热速度。玉米罐头的回转杀菌实验结果见表 2-12。对于像午餐肉等无法流动的食品来说，回转杀菌并没有意义。

表 2-12 玉米罐头的回转杀菌实验结果

转　速 /(r/min)	罐头中心到达杀菌温度所需时间/min	转　速 /(r/min)	罐头中心到达杀菌温度所需时间/min
0	90	66	15
10	70	100	10
25	50		

选用回转转速时，不仅要考虑传热速度，还应注意食品的特性，以保证食品品质。对娇嫩食品，转速不宜太快，否则容易破坏食品原有的形状。

(5) 罐头的杀菌温度　杀菌温度是指杀菌时规定杀菌锅应达到并保持的温度。杀菌温度越高，杀菌温度与罐内食品温度之差越小，热的穿透作用越强，食品温度上升越快。由表 2-10 数据可知，杀菌温度提高，罐内温度到达预定温度的时间就缩短。杀菌温度由 116℃提高到 121℃，罐内食品到达 113℃所需的时间由 300min 缩短到 220min。

2.6.4 罐头热杀菌的工艺条件

2.6.4.1 罐头杀菌条件的表示方法

罐头热杀菌过程的工艺条件主要是温度、时间和反压力三项因素，罐头厂通常用“杀菌公式”的形式来表示，即把杀菌的温度、时间及所采用的反压力排列成公式的形式，但不存在运算的关系。一般的杀菌公式为：

$$\frac{\tau_1-\tau_2-\tau_3}{t}p \qquad (2\text{-}11)$$

式中　τ_1——升温时间，表示杀菌锅内的介质由初温升高到规定的杀菌温度时所需要的时间，蒸汽杀菌时就是指从进蒸汽开始到达到规定的杀菌温度时的时间；热水浴杀菌就是指通入蒸汽开始加热热水至水温达到规定的杀菌温度时的时间，min；

τ_2——恒温杀菌时间，即杀菌锅内的热介质达到规定的杀菌温度后在该温度下所持续的杀菌时间，min；

τ_3——降温时间，表示恒温杀菌结束后、杀菌锅内的热介质由杀菌温度下降到开锅出罐时的温度所需要的时间，min；

t——规定的杀菌（锅）温度，不是指罐头的中心温度，即杀菌过程中杀菌锅达到的最高温度，℃；

p——反压冷却时杀菌锅内应采用的反压力，一般 0.12～0.13MPa。

τ_1 一般为 10min 左右，τ_3 为 10～20min，τ_1 和 τ_3 小些为好，即快速升温和快速降温，有利于食品的色、香、味、形和营养价值。但有时受到条件的限制，如锅炉蒸汽压力不足，则需延长升温时间；或冷却时罐头易胖听、破损等，也不允许过快降温。确定杀菌工艺的主要任务就是要确定 τ_2 和 t，而最重要的就是要确定 τ_2，要求杀菌公式在防止腐败的前提下尽量缩短杀菌时间。既能防止腐败，又能尽量保护品质。

下面是现有成熟的杀菌公式：

午餐肉 10min-60min-10min/121℃，反压力 0.12MPa

蘑菇罐头 10min-30min-10min/121℃

橘子罐头 5min-15min-5min/100℃

2.6.4.2 罐头杀菌条件的确定

（1）实际杀菌 F 值　指某一杀菌条件下的总的杀菌效果。通常是把不同温度下的杀菌时间折算成 121℃的杀菌时间，即相当于 121℃的杀菌时间，用 $F_{实}$ 表示。特别注意：它不是指工人实际操作所花时间，它是一个理论上折算过的时间。为了帮助理解和记忆，请看下面的例题。

例：某罐头 110℃杀菌 10min，115℃杀菌 20min，121℃杀菌 30min。工人实际杀菌操作时间等于（或大于）60min，实际杀菌 F 值并不等于 60min。

$F_{实}=10\times L_1+20\times L_2+30\times L_3$，$L$ 为不同温度下的折算系数。L_1 小于 L_2，二者均小于 1。由于 121℃不存在折算问题，因此，L_3 就是 1，$F_{实}$ 肯定小于 60min。由此可见，实际杀菌 F 值不是工厂杀菌过程的总时间之和。

例：蘑菇罐头 100℃杀菌 90min，120℃杀菌 10min，哪个杀菌强度大？折算成相当于 121℃的杀菌时间，再比较。即：$90\times L_{100}$ 和 $10\times L_{120}$ 比较，只要找到折算系数就可以比较了。

（2）安全杀菌 F 值　在某一恒定温度（121℃）下杀灭一定数量的微生物或者芽孢所需的加热时间。它被作为判别某一杀菌条件合理性的标准值，也称标准 F 值，用 $F_{安}$ 表示。$F_{安}$ 表示满足罐头腐败率要求所需的杀菌时间（121℃），例如，某罐头 $F_{安}=30$min，通常表示罐头要求在 121℃杀菌 30min。每种罐头要求的标准杀菌时间（通常 121℃为标准温度），就像其他食品标准一样，拿来作为参照，判断是否合格、是否满足要求。同时也是确定杀菌公式中恒温时间 τ_2 的主要依据。

$F_{实}$ 和 $F_{安}$ 的配合应用，$F_{实}$ 等于或略大于 $F_{安}$，杀菌合理。$F_{实}$ 小于 $F_{安}$，杀菌不足，未达到标准，必须延长杀菌时间。$F_{实}$ 远大于 $F_{安}$，杀菌过度，超标准杀菌，影响色、香、味、形和营养价值，要求缩短杀菌时间。通过这种比较和反复的调整，就可找到合适的 τ_2。

（3）安全杀菌 F 值的计算

① 确定杀菌温度 t　罐头 pH 值大于 4.6，一般采用 121℃杀菌，极少数低于 115℃杀菌。罐头 pH 值小于 4.6，一般 100℃杀菌，极少数低于 85℃杀菌。实践中可用 pH 计检测，根据经验也可以粗略地估计，比如，甜橙汁是酸性，肉是偏中性。也可加柠檬酸适当降低某些罐头 pH 值。

② 选择对象菌　耐热性强并具有代表性的腐败菌是杀菌的重点对象，这些菌在罐头中经常出现、危害最大；只要杀灭它们，其他腐败菌、致病菌、酶也被杀灭或失活。经过微生物检测，选定了罐头杀菌的对象菌，知道了罐头食品中所污染的对象菌的菌数及对象菌的耐热性参数 D 值，就可按下面微生物热力致死速率曲线的公式计算安全杀菌 F 值。下面以 121℃标准温度讲解，因为高温杀菌情况更具代表性、人们更为关注。

$$F_{安}=D(\lg a-\lg b) \tag{2-12}$$

式中　$F_{安}$——通常指 t 温度（121℃）下标准杀菌时间，即要求的杀菌时间，min；

a——每罐对象菌数（单位体积原始活菌数），个/罐（个/mL）；

b——残存活菌数/罐头的允许腐败率，当残存活菌数小于 1 时，它与罐头的腐败率是相等的（残存活菌数为 1%，表示每个罐头中有 1%个活菌，这是不合乎逻辑的。但从概率的角度理解，100 个罐头中有 1 个罐头存在一个活菌，就会发生腐败，即腐败率 1%。同理，残存活菌数为 1‰，从概率的角度理解，表示 1000 个罐头中有 1 个罐头存在一个活菌，就会发生腐败，即腐败率 1‰），个/罐；

D——通常指 t 温度（121℃）下杀灭 90%的微生物所需杀菌时间，是微生物耐热的特征参数，D 值越大耐热性越强，常在右下角标明具体试验温度，min。

由微生物实验获取 D 值，常见的 D 值可查阅表 2-4 或相关手册。为了帮助理解和记忆，请看例题。

例：已知蘑菇罐头对象菌 $D_{121}=4\text{min}$，欲在 121℃下把对象菌杀灭 99.9%，问需多长杀菌时间？如果使对象菌减少为原来的 0.01%，问需多长杀菌时间？

第一个 D 值，杀灭 90%；第二个 D 值，杀灭 9%（10%中的 90%）；第三个 D 值，杀灭 0.9%（1%中的 90%）；第四个 D 值，杀灭 0.09%（0.1%中的 90%）。

答案：12min，16min。

下面是 $F_{安}$ 的计算典型例子。

例：某厂生产 425g 蘑菇罐头，根据工厂的卫生条件及原料的污染情况，通过微生物的检测，选择以嗜热脂肪芽孢杆菌为对象菌，并设内容物在杀菌前含嗜热脂肪芽孢杆菌菌数不超过 2 个/克。经 121℃杀菌、保温、储藏后，允许腐败率为 0.5‰以下，问在此条件下蘑菇罐头的安全杀菌 F 值为多大？

解：查表 2-4 得知嗜热脂肪芽孢杆菌在蘑菇罐头中的耐热性参数 $D_{121}=4.00\text{min}$。

杀菌前对象菌的菌数：$a=425$（g/罐）$\times 2$（个/g）$=850$（个/罐）

允许腐败率：$b=5/10000=5\times10^{-4}$

$$F_{安}=D_{121}(\lg a-\lg b)=4\times(\lg 850-\lg 5\times10^{-4})$$
$$=4\times(2.9294-0.699+4)=24.92\text{min}$$

由此得到了蘑菇罐头在 121℃需要杀菌的标准时间为 24.92min。

（4）实际杀菌 F 值的计算——求和法　为计算 $F_{实}$ 值必须先测出杀菌过程中罐头中心温度的变化数据。一般用罐头中心温度测定仪测定。根据罐头的中心温度计算 $F_{实}$，把不同温度下的杀菌时间折算成121℃的杀菌时间，然后相加起来。

$$F_{实}=t_1\times L_1+t_2\times L_2+t_3\times L_3+\cdots \tag{2-13}$$

L 为致死率值，某温度下的实际杀菌时间折算为121℃杀菌时间的折算系数，下面就来解决 L 致死率，即折算系数的问题。

L 可由热力致死时间式（2-14）计算得到，也可在表2-13中查到。

$$L=10^{(t-121)/Z} \tag{2-14}$$

式中 t——罐头杀菌过程中某一时间的中心温度，不是指杀菌锅内温度，℃；

Z——对象菌的另一耐热性特征参数（如嗜热脂肪芽孢杆菌 $Z=10$℃)，℃。

在一定温度下杀灭罐头中全部对象菌所需时间为热力致死时间，热力致死时间变化10倍所需要的温度变化即为 Z 值。通常121℃下的热力致死时间用 F 表示，右下角注明温度。凡不是注明 $F_{实}$、$F_{安}$，均指热力致死时间。

表2-13　$F_{121}=1$min 时各致死温度的致死率值（各温度下杀菌时间的折算系数 L）

t/℃	Z/℃										
	7.0	7.5	8.0	8.5	9.0	9.5	10.0	10.5	11.0	11.5	12.0
91.0	0.000	0.000	0.000	0.000	0.000	0.001	0.001	0.001	0.002	0.002	0.003
92.0	0.000	0.000	0.000	0.000	0.001	0.001	0.001	0.002	0.002	0.003	0.004
93.0	0.000	0.000	0.000	0.001	0.001	0.001	0.002	0.002	0.003	0.004	0.005
94.0	0.000	0.000	0.000	0.001	0.001	0.001	0.002	0.003	0.004	0.004	0.006
95.0	0.000	0.000	0.001	0.001	0.001	0.002	0.003	0.003	0.004	0.005	0.007
96.0	0.000	0.000	0.001	0.001	0.002	0.002	0.003	0.004	0.005	0.007	0.008
97.0	0.000	0.001	0.001	0.002	0.002	0.003	0.004	0.005	0.007	0.008	0.010
98.0	0.000	0.001	0.001	0.002	0.003	0.004	0.005	0.006	0.008	0.012	0.012
99.0	0.000	0.001	0.002	0.003	0.004	0.005	0.006	0.008	0.010	0.012	0.014
100.0	0.001	0.002	0.002	0.003	0.005	0.006	0.008	0.010	0.012	0.015	0.018
101.0	0.001	0.002	0.003	0.004	0.006	0.008	0.010	0.012	0.015	0.018	0.022
102.0	0.002	0.003	0.004	0.006	0.008	0.010	0.013	0.016	0.019	0.022	0.026
103.0	0.003	0.004	0.006	0.008	0.010	0.013	0.016	0.019	0.023	0.027	0.032
104.0	0.004	0.005	0.007	0.010	0.013	0.016	0.020	0.024	0.028	0.033	0.038
105.0	0.005	0.007	0.010	0.013	0.017	0.021	0.025	0.030	0.035	0.041	0.046
105.5	0.006	0.009	0.012	0.015	0.019	0.023	0.028	0.033	0.039	0.045	0.051
106.0	0.007	0.010	0.013	0.017	0.022	0.026	0.032	0.037	0.043	0.050	0.056
106.5	0.008	0.012	0.015	0.020	0.024	0.030	0.035	0.042	0.043	0.056	0.062
107.0	0.010	0.014	0.018	0.023	0.028	0.034	0.040	0.046	0.053	0.061	0.068
107.5	0.012	0.016	0.021	0.026	0.032	0.038	0.045	0.052	0.059	0.067	0.075
108.0	0.014	0.018	0.024	0.030	0.036	0.043	0.050	0.058	0.068	0.074	0.083
108.5	0.016	0.022	0.027	0.034	0.041	0.048	0.056	0.064	0.073	0.082	0.091
109.0	0.019	0.025	0.032	0.039	0.046	0.055	0.063	0.072	0.081	0.090	0.100
109.5	0.023	0.029	0.037	0.044	0.053	0.062	0.071	0.080	0.090	0.100	0.110
110.0	0.027	0.034	0.042	0.051	0.060	0.070	0.079	0.089	0.100	0.111	0.121
110.2	0.029	0.036	0.045	0.054	0.063	0.073	0.083	0.094	0.104	0.115	0.126
110.4	0.031	0.039	0.047	0.057	0.066	0.077	0.087	0.098	0.109	0.120	0.131
110.6	0.033	0.041	0.050	0.060	0.070	0.080	0.091	0.102	0.113	0.125	0.136
110.8	0.035	0.044	0.053	0.063	0.074	0.084	0.095	0.107	0.118	0.130	0.141
111.0	0.037	0.046	0.056	0.067	0.077	0.089	0.100	0.112	0.123	0.135	0.147

续表

t/℃	Z/℃										
	7.0	7.5	8.0	8.5	9.0	9.5	10.0	10.5	11.0	11.5	12.0
111.2	0.040	0.049	0.060	0.070	0.081	0.093	0.105	0.117	0.129	0.141	0.153
111.4	0.043	0.052	0.063	0.074	0.086	0.098	0.110	0.122	0.134	0.146	0.158
111.6	0.045	0.056	0.069	0.078	0.090	0.102	0.116	0.127	0.140	0.152	0.165
111.8	0.048	0.059	0.071	0.083	0.095	0.108	0.120	0.133	0.146	0.158	0.171
112.0	0.052	0.063	0.075	0.087	0.100	0.113	0.126	0.139	0.152	0.165	0.178
112.2	0.055	0.067	0.079	0.092	0.105	0.118	0.132	0.145	0.158	0.172	0.185
112.4	0.059	0.071	0.084	0.097	0.111	0.124	0.138	0.152	0.165	0.179	0.192
112.6	0.063	0.076	0.088	0.103	0.117	0.131	0.145	0.158	0.172	0.186	0.200
112.8	0.067	0.083	0.094	0.108	0.123	0.137	0.151	0.169	0.180	0.194	0.207
113.0	0.072	0.086	0.100	0.115	0.129	0.144	0.158	0.173	0.187	0.202	0.215
113.2	0.077	0.091	0.106	0.121	0.136	0.151	0.166	0.181	0.195	0.210	0.224
113.4	0.082	0.097	0.112	0.128	0.143	0.158	0.174	0.189	0.204	0.218	0.233
113.6	0.088	0.103	0.119	0.135	0.151	0.168	0.182	0.197	0.212	0.227	0.242
113.8	0.094	0.110	0.126	0.142	0.158	0.176	0.191	0.206	0.222	0.237	0.251
114.0	0.100	0.117	0.133	0.150	0.167	0.183	0.200	0.215	0.231	0.246	0.261
114.2	0.107	0.124	0.141	0.158	0.176	0.192	0.209	0.225	0.241	0.250	0.271
114.4	0.114	0.132	0.150	0.167	0.185	0.202	0.219	0.235	0.251	0.267	0.282
114.6	0.122	0.140	0.158	0.177	0.194	0.212	0.229	0.246	0.262	0.278	0.293
114.8	0.130	0.149	0.168	0.186	0.205	0.223	0.240	0.257	0.273	0.289	0.304
115.0	0.139	0.158	0.179	0.197	0.215	0.234	0.251	0.268	0.285	0.301	0.316
115.2	0.148	0.169	0.188	0.208	0.227	0.245	0.263	0.280	0.297	0.313	0.329
115.4	0.158	0.179	0.200	0.219	0.239	0.257	0.275	0.293	0.310	0.326	0.341
115.6	0.169	0.191	0.211	0.232	0.251	0.270	0.288	0.306	0.323	0.339	0.355
115.8	0.181	0.203	0.224	0.244	0.264	0.284	0.302	0.320	0.337	0.353	0.369
116.0	0.193	0.215	0.237	0.258	0.278	0.298	0.316	0.334	0.351	0.367	0.383
116.2	0.206	0.229	0.251	0.272	0.292	0.312	0.331	0.349	0.366	0.382	0.393
116.4	0.220	0.244	0.266	0.268	0.308	0.328	0.347	0.365	0.382	0.398	0.414
116.6	0.235	0.259	0.282	0.304	0.324	0.344	0.363	0.381	0.398	0.414	0.430
116.8	0.261	0.275	0.299	0.320	0.341	0.361	0.380	0.393	0.415	0.431	0.447
117.0	0.268	0.293	0.316	0.338	0.359	0.379	0.398	0.416	0.433	0.449	0.464
117.2	0.287	0.311	0.335	0.357	0.378	0.398	0.417	0.435	0.451	0.467	0.482
117.4	0.306	0.331	0.355	0.377	0.398	0.418	0.437	0.454	0.471	0.486	0.501
117.6	0.327	0.352	0.376	0.398	0.419	0.439	0.457	0.474	0.481	0.506	0.521
117.8	0.349	0.374	0.398	0.420	0.441	0.460	0.479	0.496	0.512	0.527	0.541
118.0	0.327	0.398	0.422	0.444	0.464	0.483	0.501	0.518	0.534	0.548	0.562
118.2	0.398	0.423	0.447	0.468	0.489	0.507	0.525	0.541	0.556	0.571	0.584
118.4	0.425	0.450	0.473	0.494	0.514	0.532	0.550	0.565	0.580	0.594	0.607
118.6	0.454	0.479	0.501	0.522	0.541	0.559	0.575	0.591	0.605	0.618	0.631
118.8	0.485	0.509	0.531	0.561	0.570	0.587	0.603	0.617	0.631	0.644	0.656
119.0	0.518	0.541	0.562	0.582	0.599	0.616	0.631	0.645	0.658	0.670	0.681
119.2	0.553	0.575	0.596	0.615	0.631	0.646	0.661	0.674	0.686	0.697	0.708
119.4	0.591	0.612	0.631	0.648	0.664	0.679	0.692	0.704	0.715	0.726	0.736

续表

t/℃	Z/℃										
	7.0	7.5	8.0	8.5	9.0	9.5	10.0	10.5	11.0	11.5	12.0
119.6	0.637	0.651	0.668	0.684	0.699	0.712	0.724	0.736	0.746	0.756	0.764
119.8	0.674	0.692	0.708	0.722	0.736	0.748	0.759	0.769	0.778	0.786	0.794
120.0	0.720	0.736	0.750	0.762	0.774	0.785	0.794	0.803	0.811	0.819	0.825
120.2	0.769	0.782	0.794	0.805	0.815	0.824	0.832	0.839	0.846	0.852	0.858
120.4	0.827	0.832	0.841	0.850	0.858	0.865	0.871	0.877	0.882	0.887	0.891
120.6	0.877	0.884	0.891	0.897	0.902	0.908	0.902	0.916	0.920	0.923	0.926
120.8	0.936	0.940	0.944	0.947	0.950	0.953	0.955	0.957	0.959	0.961	0.962
121.0	1.000	1.000	1.000	1.000	1.000	1.000	1.000	1.000	1.000	1.000	1.000
121.2	1.068	1.063	1.059	1.056	1.053	1.050	1.047	1.045	1.043	1.041	1.039
121.4	1.141	1.131	1.122	1.114	1.108	1.102	1.096	1.092	1.087	1.083	1.080
121.6	1.218	1.202	1.189	1.176	1.166	1.157	1.148	1.141	1.134	1.127	1.122
121.8	1.301	1.278	1.259	1.141	1.227	1.214	1.202	1.192	1.484	1.174	1.166
122.0	1.389	1.359	1.334	1.299	1.292	1.274	1.259	1.245	1.232	1.222	1.212
122.2	1.484	1.445	1.413	1.384	1.359	1.338	1.318	1.301	1.286	1.272	1.259
122.4	1.585	1.537	1.496	1.461	1.436	1.404	1.380	1.359	1.341	1.324	1.308
122.6	1.693	1.634	1.585	1.542	1.506	1.473	1.445	1.420	1.398	1.378	1.359
122.8	1.808	1.738	1.679	1.628	1.584	1.547	1.541	1.484	1.458	1.434	1.413
123.0	1.931	1.848	1.773	1.719	1.668	1.624	1.585	1.551	1.520	1.492	1.468
123.2	2.062	1.965	1.884	1.815	1.756	1.704	1.660	1.620	1.585	1.553	1.525
123.4	2.202	2.089	1.955	1.916	1.848	1.789	1.738	1.693	1.652	1.617	1.585
123.6	2.352	2.222	2.113	2.022	1.945	1.878	1.820	1.769	1.723	1.683	1.647
123.8	2.512	2.362	2.239	2.135	2.046	1.971	1.905	1.848	1.777	1.752	1.711
124.0	2.683	2.512	2.371	2.245	2.154	2.069	1.995	1.931	1.874	1.823	1.778
124.2	2.865	2.671	2.512	2.379	2.268	2.172	2.189	2.017	1.954	1.898	1.848
124.4	3.060	2.840	2.661	2.512	2.387	2.280	2.219	2.108	2.037	1.975	1.920
124.6	3.268	3.020	2.818	2.652	2.512	2.393	2.291	2.202	2.125	2.056	1.995
124.8	3.490	3.211	2.985	2.799	2.644	2.512	2.399	2.301	2.215	2.140	2.073
125.0	3.728	3.415	2.162	2.955	2.783	2.637	2.512	2.404	2.310	2.228	2.154
125.2	3.981	3.631	3.350	3.120	2.929	2.768	2.630	2.512	2.401	2.318	2.239
125.4	4.252	3.861	3.548	3.293	3.082	2.905	2.754	2.625	2.512	2.413	2.326
125.6	4.541	4.105	3.785	3.477	3.244	3.049	2.884	2.742	2.619	2.512	2.417
125.8	4.850	4.365	3.981	3.670	3.414	3.201	3.020	2.865	2.731	2.615	2.512
126.0	5.179	4.462	4.217	3.875	3.594	3.359	3.162	2.994	2.848	2.721	2.610

例 1： 对象菌 $Z=10℃$，$F_{121}=10\text{min}$，求以下各温度的热力致死时间？

$F_{131}=?$ min，$F_{141}=?$ min，$F_{111}=?$ min，$F_{101}=?$ min。

对 Z 值反过来理解，温度变化 1 个 Z 值热力致死时间将变化10 倍。从 F 的右下角温度看，它们分别是上升了 1个和 2个 Z 值、下降了1个和 2个 Z 值。因此，上面 F 值应该分别在 121℃ 的基础上下降 10 倍和 100 倍、上升 10 倍和 100 倍，即 1min、0.1min、100min、1000min。

解决 L 致死率（折算系数）的取值问题。

例 2： 蘑菇罐头 110℃杀菌 10min，115℃杀菌 20min，121℃杀菌 30min。工人实际杀菌

操作时间等于 60min，实际杀菌 F 值并不等于 60min。

$$F_{实}=10\times L_1+20\times L_2+30\times L_3$$

$$L_1=10^{(110-121)/10}=0.079\quad L_2=10^{(115-121)/10}=0.251\quad L_3=10^{(121-121)/10}=1$$

$$F_{实}=10\times 0.079+20\times 0.251+30\times 1=35.81\text{min}$$

由此可见，实际杀菌 F 值不是工厂杀菌过程的总时间之和。

例：蘑菇罐头 100℃杀菌 90min，或 120℃杀菌 10min，哪个杀菌强度大？

折算成相当于 121℃的杀菌时间，再比较。

$90\times L_{100}$ 和 $10\times L_{120}$ 比较：

$$L_{100}=10^{(100-121)/10}=0.008\quad L_{120}=10^{(120-121)/10}=0.794$$

$$90\times L_{100}=90\times 0.008=0.72\text{min}\quad 10\times L_{120}=10\times 0.794=7.94\text{min}$$

由此可见，后者杀菌强度大得多，可能与大家的估计相反。同时说明，该高温杀菌的罐头，100℃杀菌基本没有效果，生产上一定要注意。

（5）实际杀菌 F 值的计算举例　某厂生产 425g 蘑菇罐头，根据前面计算的 $F_{安}$（24.92min）制订的两个杀菌式为 10min—23min—10min/121℃和 10min—25min—10min/121℃，分别进行杀菌试验，并测得罐头中心温度的变化数据如表 2-14，试问所拟杀菌条件是否合理？

蘑菇罐头选择嗜热脂肪芽孢杆菌为对象菌，$Z=10$℃，根据已经测定的不同时间的中心温度，代入公式 $L=10^{(t-121)/Z}$ 计算。每个中心温度都对应一个 L 值，计算后填入 L 值这一列对应位置，$F_{实}$ 这一列表示对应 3min 折算成 121℃的杀菌时间。

表 2-14　蘑菇罐头杀菌试验罐头中心温度的变化

杀菌公式 1		$\frac{10\text{min}—23\text{min}—10\text{min}}{121℃}$		杀菌公式 2		$\frac{10\text{min}—25\text{min}—10\text{min}}{121℃}$	
时间/min	中心温度/℃	L 值	$F_{实}$/min	时间/min	中心温度/℃	L 值	$F_{实}$/min
0	47.9	0	—	0	50	0	—
3	84.5	0	$3\times L_1$	3	80	0	$3\times L_1$
6	104.7	0.023	$3\times L_2$	6	104	0.02	$3\times L_2$
9	119	0.631	$3\times L_3$	9	118.5	0.56	$3\times L_3$
12	120	0.794	$3\times L_4$	12	120	0.794	$3\times L_4$
15	121	1.00	$3\times L_5$	15	121	1.00	$3\times L_5$
18	121	1.00	$3\times L_6$	18	121	1.00	$3\times L_6$
21	121.2	1.047	$3\times L_7$	21	120.5	0.89	$3\times L_7$
24	121	1.00	$3\times L_8$	24	121	1.00	$3\times L_8$
27	120	0.794	$3\times L_9$	27	120.7	0.93	$3\times L_9$
30	120.5	0.891	$3\times L_{10}$	30	120.7	0.93	$3\times L_{10}$
33	121	1.00	$3\times L_{11}$	33	121	1.00	$3\times L_{11}$
36	115	0.251	$3\times L_1$	36	120.5	0.89	$3\times L_1$
39	108	0.050	$3\times L_{12}$	39	115	0.251	$3\times L_{12}$
42	99	0.006	$3\times L_{13}$	42	109	0.063	$3\times L_{13}$
45	80	0	$3\times L_{14}$	45	101	0.01	$3\times L_{14}$
$\Sigma F_{实}=3(0+0+0.023+0.631+0.794+1+\cdots)=25.5\text{min}$				48	85	0	$3\times L_{15}$
				$\Sigma F_{实}=3(0+0+0.02+0.56+0.794+1+\cdots)=28.1\text{min}$			

杀菌公式 1，$F_{实}$ 略大于 $F_{安}$，杀菌合理。恒温杀菌时间只有 23min，但整个杀菌过程相当于 121℃实际杀菌时间 25.5min，多 2.5min 由升温和降温折算得到。工厂实际杀菌过程时间近 50min，加上罐头进锅出锅时间，工人完成一个轮回的操作至少要 1h。杀菌公式 2，

$F_{实}$大于$F_{安}$，杀菌过度，超标准杀菌，影响产品色、香、味、形和营养价值，要求缩短恒温杀菌时间。通过这种方式来调整恒温杀菌时间，由此找到了τ_2。本题测定中心温度的间隔时间为3min，间隔越小$F_{实}$越准确，但计算会更加麻烦。目前，一些工厂采用计算机控制杀菌，中心温度的记录、$F_{实}$的积分计算全由计算机完成，当$F_{实}$等于或略大于$F_{安}$时，自动结束杀菌工序，不需要我们手工来计算，并且得到的$F_{实}$更准确，杀菌时间更合理。

2.6.4.3 罐头（热）杀菌时罐内外压力的平衡

(1) 罐头杀菌时影响罐内压力变化的因素

① 罐头食品的性质、温度等的影响　食品组织中含有气体，在加热过程中从食品组织中释放出来，使罐内压力增高。气体逸出量与食品的性质（如成熟度、新鲜度、含气量等）、预热处理温度及杀菌温度有关。例如青豌豆，不经预热处理时每百克青豌豆中逸出的气体为17cm^3，经预热处理时每百克青豌豆中逸出的气体为2.7cm^3，相差6倍多，这种不经预热处理的青豌豆在加热杀菌时所产生的罐内压力自然就大。食品中溶解的气体因温度的升高而溶解度降低，部分气体从食品中逸出。例如，空气由20℃增至100℃，其溶解度减小1倍，因而一部分空气就要释放出来，罐内压力随着这些空气的释放而增大。

罐内食品在加热时膨胀，体积增大，使罐内顶隙减小而引起罐内压力增加。罐内食品体积膨胀的程度与食品的性质有关，食品中干物质含量越少，其体积增加量越接近于水的体积增加量，压力增加不多；干物质含量高的食品其体积因加热膨胀而引起罐内压力增大的变化较多。

罐内食品的体积膨胀与食品的初温和杀菌温度有关。杀菌温度越高，食品的体积膨胀越大，罐内压力的增加量也就越多。当其他条件一定时、食品的体积膨胀度和食品的初温成反比。食品的初温和杀菌温度与食品体积膨胀度的关系见表2-15。

从表2-15结果可以看出，食品的初温越高，膨胀度越小。通过提高罐内食品的初温就可降低罐头在杀菌过程中产生的过大的内压力。食品的体积膨胀度可按下列公式计算：

$$Y=V''_{食}/V'_{食}=m\rho'/m\rho''=\rho'/\rho'' \tag{2-15}$$

式中　Y——食品膨胀度；

$V'_{食}$——密封温度时罐内食品的体积，cm^3；

$V''_{食}$——杀菌温度时罐内食品的体积，cm^3；

ρ'——密封温度时罐内食品的密度，g/cm^3；

ρ''——杀菌温度时罐内食品的密度，g/cm^3；

m——罐内食品的质量，g。

表2-15　食品的初温和杀菌温度与食品体积膨胀度的关系

杀菌温度/℃	罐头食品的初温/℃								
	50	55	60	65	70	75	80	85	90
	食品膨胀度								
100	1.032	1.029	1.027	1.023	1.020	1.018	1.014	1.011	1.008
105	1.041	1.034	1.030	1.027	1.024	1.022	1.018	1.015	1.012
110	1.050	1.039	1.034	1.031	1.028	1.025	1.022	1.019	1.015
115	1.055	1.042	1.038	1.035	1.034	1.030	1.027	1.023	1.019
120	1.058	1.045	1.048	1.040	1.037	1.034	1.031	1.027	1.024

② 罐头容器性质的影响　加热杀菌时，空罐体积由于其材料的受热膨胀而增加。空罐

体积的增加量随材料种类的不同、温度的不同而不同。对于金属罐来说，空罐体积的变化还与容器的尺寸、罐盖的形状和厚度有关，与罐内外压力差的大小有关。不同型号的罐头在罐内外压力变化时罐内容积的变化情况见表2-16和图2-26。

表2-16 镀锡薄板罐体积增加量（ΔV）的变化

空罐直径/mm	罐内外压力差 $\Delta P\times10^{-4}$/Pa							
	3.92	7.85	9.81	11.77	13.73	15.69	17.5	19.61
	$\Delta V/mm^3$							
72.8	9.1	13.57	15.43	17.291	19.15	21.00	22.87	23.76
74.1	11.5	15.4	16.96	19.14	21.00	23.1	25.00	26.94
83.4	15.5	20.12	22.88	25.56	28.24	30.91	33.60	36.90
99.0	23.1	37.15	41.81	46.47	51.13	55.79	60.45	65.00
155.1	161.00	239.99	263.92	287.95	311.78	335.71	359.64	380.0
215.1	320.00	400.00	432.00	464.00	500.00	533.00	565.00	598.0

表2-16中数据表明，在罐内外压力差相同时，空罐体积增加量随空罐直径的增大而增大；当空罐直径不变时，罐内外压力差越大，空罐体积增加量也越大。

容器的体积膨胀程度用X表示，可用下式计算得到：

$$X=V''/V'=(V'+\Delta V)/V' \qquad (2\text{-}16)$$

式中 X——容器体积膨胀度；

V''——杀菌温度时的容器体积，cm^3；

V'——密封温度时的容器体积，cm^3；

ΔV——杀菌温度时空罐体积的增量（$\Delta V=V''-V'$），cm^3。

在加热杀菌时，镀锡薄板罐的X值始终大于1，X值的变化范围在1.034～1.127之间。玻璃罐其罐身热膨胀系数较铁罐小得多，罐盖又不允许像铁罐那样外凸，因而在杀菌时其容积变化很小，一般视X为1。由于玻璃罐的X为1，同时玻璃罐该密封处的强度又比铁罐二重卷边的小，所以加热杀菌时就容易产生跳盖现象，为此必须采用相应的措施，以防止跳盖或玻璃罐炸裂。

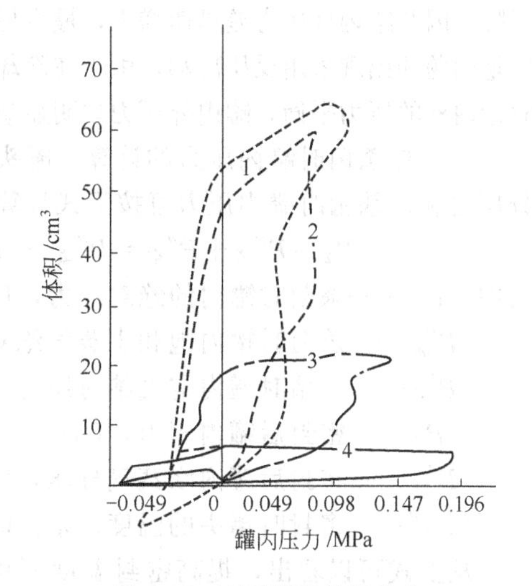

图2-26 不同型号的罐头在压力影响下罐体积变化曲线

1—ϕ99cm×h122cm；2—ϕ99cm×h33cm；3—ϕ73cm×h148cm；4—ϕ56cm×h47cm

③ 罐头顶隙的影响 加热杀菌时罐内产生的压力与罐头顶隙的大小也有一定的关系，而顶隙的大小又与食品的装填度（$f=V_{食}/V$）有关。食品的装填度是根据产品要求和食品的性质预先制定的，一般产品的装填度为0.85～0.95。装填度越大，顶隙越小，热杀菌时罐内的压力也就越大。

顶隙对罐内压力的影响程度还与食品的膨胀度、容器的膨胀度有关。若食品膨胀度Y值小而容器膨胀度X值大，那么顶隙对罐内压力的影响就小；反之则大。通常用密封时的顶隙体积V_1和杀菌时的顶隙体积V_2之比来表示Y值、X值和f_1值对罐内压力的影响。密封时的顶隙体积V_1和杀菌时的顶隙体积V_2之比值可用下式计算：

$$V_1/V_2=1-f_1(X-Yf_1) \tag{2-17}$$

式中 f_1——密封时食品的装填度；

V_1/V_2——密封时顶隙体积与杀菌时顶隙体积之比；

X——容器体积膨胀度。

V_1/V_2值越小，加热杀菌时罐内压力增加量越小；反之，则罐内压力增加量越大。

④ 杀菌和冷却过程的影响　罐头在热杀菌时由于受热罐内食品膨胀，食品组织中空气释放、部分水分汽化等造成罐内压力增大，从而造成空罐容器变形，变形程度主要取决于罐内外压力差。在整个杀菌过程中的升温、恒温、降温冷却三个阶段，罐内外压力差不同。在升温阶段，尽管罐内压力由于罐内食品、气体受热膨胀，水蒸气分压提高而迅速上升，但此阶段杀菌锅内加热蒸汽压力也在迅速上升，所以罐内外压力差并不大，对容器的变形影响也就不大。恒温阶段，杀菌锅内杀菌温度保持不变，其压力也基本保持不变，此时罐内食品及气体稳定仍在继续上升，罐内压力也就继续上升，罐内外压力之差随之增大。到冷却阶段，杀菌锅内的温度与压力因蒸气阀的关闭和冷却用水的通入而迅速下降，而罐内压力只是缓慢下降，因此罐内外压力差迅速增大，最容易出现容器变形损坏及玻璃罐跳盖等现象，为减少这一质量问题的出现采用反压冷却，由于在冷却时向杀菌锅内通入了一定的压缩冷空气，维持了冷却时罐内外的压力平衡，罐内外压力差明显减少，这样就有效地避免了罐头的变形和损坏。

(2) 热杀菌时罐内压力的计算　罐头加热杀菌时，罐内压力实际为罐内蒸汽分压和空气分压之和。杀菌时罐内压力可按下式计算：

$$P_2=P''_{蒸}+P''_{空}=P''_{蒸}+(P_1-P'_{蒸})[(1-f_1/X-Yf_1)\times t''/t'] \tag{2-18}$$

式中 P_2——杀菌时罐内的绝对压力，Pa；

$P''_{蒸}$——杀菌时罐内饱和水蒸气绝对压力，Pa；

$P''_{空}$——杀菌时罐内空气绝对压力，Pa；

P_1——密封后罐内压力，Pa；

$P'_{蒸}$——密封后罐内水蒸气分压，Pa；

t'、t''——密封时罐头的温度、杀菌时罐头的温度，℃。

从上式可以看出，提高密封温度 t' 可使 $P'_{蒸}$ 增大，使 t''/t' 值减小。要使 $(1-f_1/X-Yf_1)$ 值减小，对于镀锡薄板来说有两种情况，当罐中食品的膨胀度 $Y<X$ 时，可以增加食品的装填度 f_1。当 $Y>X$ 时，则应减小 f_1。

玻璃罐内压力的计算与镀锡薄板罐基本一样，但玻璃罐的体积膨胀程度很小，故玻璃罐内压力的计算公式为：

$$P_2=P''_{蒸}+P''_{空}=P''_{蒸}+(P_1-P'_{蒸})[(1-f_1/X-Yf_1)\times t''/t'] \tag{2-19}$$

玻璃罐由于其容器的 $X=1$，而食品的 $Y>1$，即 $X<Y$，因而杀菌时玻璃罐内顶隙逐渐减少，罐内压力则随之增高。在这样的情况下只有降低食品的装填度，才能不致使罐内压力上升过高。

(3) 杀菌锅的反压力　罐头在加热杀菌过程中，罐内压力增大，出现罐内外压力差；当罐内外压力差达到某一程度时，就会引起罐头容器的变形、跳盖等现象。这一引起变形和跳盖的罐内外压力差称之为临界压力差，用 $\Delta P_{临}$ 表示。为防止罐头产生变形和跳盖而设置的一个小于临界压力差的罐内外压力差称之为允许压力差，用 $\Delta P_{允}$ 表示。镀锡薄板罐的临界压力差和允许压力差与罐头直径、铁皮厚度、底盖形式等因素有关。玻璃罐的允许压力差为零，即要求罐内压力等于罐外压力。但在实际过程中即使罐内外温度相等，由于罐内顶隙存在部分空气，而会使罐内压力大于罐外压力。为了避免容器的变形和跳盖，常在杀菌冷却时向罐内通入一定的压缩空气来补充压力，以平衡罐内外压力，这部分补充压力称之为反压力。

杀菌锅内反压力的大小以使杀菌锅内总压力（蒸汽压力与补充压力之和）等于或稍大于罐内压力与允许压力差 $\Delta P_{允}$ 的差为好，即：

$$P_{锅}=P_{锅蒸}+P_{反}\geqslant P_{2}-\Delta P_{允}$$

因而杀菌锅内应补充的空气压力 $P_{反}$ 为：

$$P_{反}=P_{2}-P_{锅蒸}-\Delta P_{允} \tag{2-20}$$

反压杀菌冷却时所补充的压缩空气应使杀菌锅内压力恒定，一直维持到镀锡罐内压力降到大气压$+\Delta P_{允}$，玻璃罐内压力降到常压时才可停止供给压缩空气。

2.6.5 罐头热杀菌方法与装置

罐头加热杀菌的方法很多，根据其原料品种的不同，包装容器的不同等采用不同的杀菌方法。罐头的杀菌可以在装罐前进行，也可以在装罐密封后进行。装罐前进行杀菌，即所谓的无菌装罐，需先将待装罐的食品和容器均进行杀菌处理，然后在无菌的环境下装罐，密封。

我国各罐头厂普遍采用的是装罐密封后杀菌。罐头的杀菌根据各种食品对温度的要求分为常压杀菌（杀菌温度不超过100℃）、高温高压杀菌（杀菌温度高于100℃而低于125℃）和超高温杀菌（杀菌温度在125℃以上）三大类，依具体条件确定杀菌工艺，选用杀菌设备。

2.6.5.1 高压杀菌锅的分类及特点

从控制方式上可分为四种。手动控制型：所有阀门和水泵均由手动控制，包括加水、升温、保温、降温等工序；电气半自动控制型：压力由电接点压力表控制，温度由传感器（PT100）和进口温控仪控制（精度为±1℃），降温过程由人工操作；电脑半自动控制型：采用PLC和文本显示器将采集的压力传感器信号和温度信号进行处理，可以储存杀菌工艺，控制精度高，温控可达±0.3℃；电脑全自动控制型：全部过程都有PLC和触摸屏控制，可以储存杀菌工艺，操作工只需按启动按钮即可，杀菌完毕后自动报警，温控精度可达±0.1℃。在杀菌锅上安装了可配置测量F值的计算功能，所有灭菌数据，包括灭菌条件，F值时间-温度曲线，时间-压力曲线等均可通过数据处理软件处理后予以保存或打印，便于以后的生产管理。目前，杀菌锅将配合罐头工业自动化的发展趋势，促进杀菌锅设备总体水平提高，发展多功能、高效率、低能耗的杀菌锅设备，而杀菌锅机械技术也正朝着以下几个趋势发展：机电一体化、机械功能多元化、控制智能化、结构运动高精度化，基于电脑的智能型食品杀菌锅将成为主流。

从杀菌方式上分为三种。热水循环式杀菌：杀菌时锅内食品全部被热水浸泡，这种方式热分布比较均匀，目前在罐藏食品杀菌中非常普遍；蒸汽式杀菌：食品装到锅里后不是先加水，而是直接进蒸汽升温，由于在杀菌过程中锅内存在空气会出现冷点，所以这种方式热分布不是最均匀；淋水式杀菌：这种方式是采用喷嘴或喷淋管将热水喷到食品上，杀菌过程是通过装设在杀菌锅内两侧或顶部的喷嘴中，喷射出雾状的波浪形热水至食品表面，所以不但温度均匀无死角，而且升温和冷却迅速，能全面、快速、稳定的对锅内产品进行杀菌，特别适合软包装食品的杀菌。

从罐体结构上可分为以下几类。

双层杀菌锅：如图 2-27 所示的双层式水浴杀菌锅，上锅是热水锅，下锅是杀菌锅。利用双锅热水循环进行杀菌，热水锅事先将热水加热到灭菌要求温度，再进入杀菌锅进行杀菌，从而缩短了灭菌时间，提高了工作效率。罐内温度均匀稳定，利用热水循环、浸泡式杀菌，在杀菌过程中，杀菌锅内的循环水呈上、下不断切换，保证了杀菌锅内从升温、保温到降温，任意点的热分布均一，有效杜绝了杀菌过程中出现的死角现象。蒸汽冷凝水回收系统可直接回收换热器在加热过程中产生的冷凝水，并作为灭菌用的循环水，从而降低了能源的消耗。

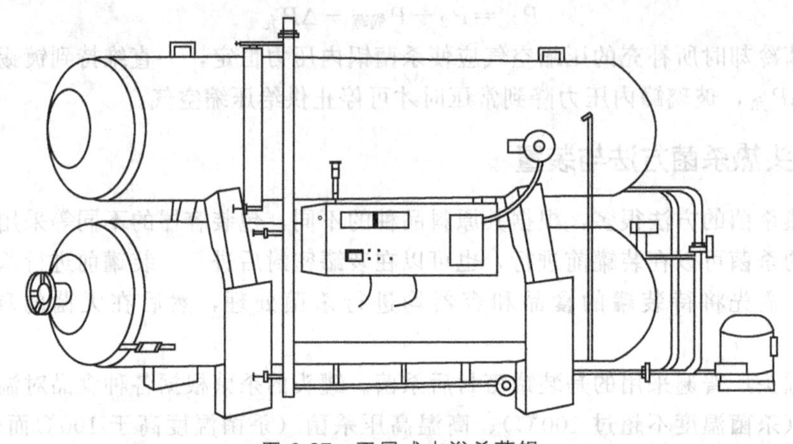

图 2-27　双层式水浴杀菌锅

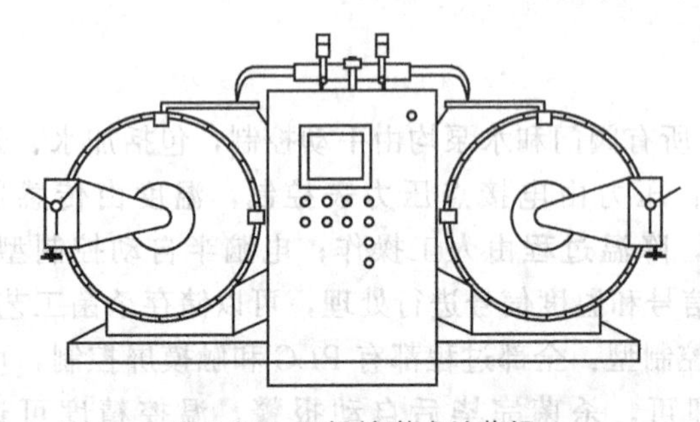

图 2-28　双锅并联式杀菌锅

双锅并联式杀菌锅　如图 2-28 所示的双锅并联式杀菌锅，由两个杀菌锅并联而成，属于热水循环式静止杀菌，均一的水流交换方式，温度均一，无死角。两台锅交替使用相当于一台锅容积的热水，杀菌起始温度高、升温快。杀菌用的热水在两个锅之间交替工作且在密闭的高压状况，几乎没有散失热水中储存的热量，节约了能源。采用双罐热水循环进行杀菌，杀菌模式为先将热水加热到要求温度，从而缩短了灭菌时间，提高了工作效率。把一个锅内注满水，在注水锅内升温至所需温度，关闭升温阀门。启动水泵，用大口径流量管道把热水抽到另一锅内进行直接杀菌。此时，另外的空锅可装货，准备杀菌。双锅交替使用，节省时间，节约蒸汽能源，提高工作效率，升温速度快，锅内温度均匀，杀菌彻底，能够达到产品保质期。

三锅并联式杀菌锅　如图 2-29 所示，该种杀菌锅由三个锅组成，属于双层和双锅式杀菌锅的升级换代产品，具有双层和双锅的优点。左右各一个杀菌锅，共用一个上方的热水锅。一锅内的食品杀菌完后，在另一锅在杀菌时可先将高温处理水注入杀菌罐内，减少处理水和热量的损耗，减少等待时间，比双层杀菌釜提高一倍产能，两个杀菌锅也可同时工作。循环水泵将杀菌罐内杀菌水不断循环，迅速加热到指定温度，进入保温杀菌状态，并使锅内温度均一。降温冷水直接进入锅内，快速降温。杀菌水经过预热，杀菌温度起点高，缩短了杀菌时间，保护了产品品质。

回转式杀菌锅　回转式杀菌器是内筒运动型杀菌设备，在杀菌过程中罐头随着杀菌锅的内筒不断地转动。转动的方式有两种，一种是做上下翻动旋转，另一种是做滚动式转动。罐内食品的转动加速了热的传递，缩短了杀菌时间，也改善了食品的品质，特别是以对流为主的罐头食品效果更显著。回转式杀菌器根据放入罐头的连续程度不同可分为批量式和连续式两种。批量式回转杀菌器的热源是处于高压下的蒸汽或水；连续式回转杀菌器能连续地传递罐头，同时使罐头旋转，适合于多种液态食品的杀菌，属于较先进的杀菌装置。

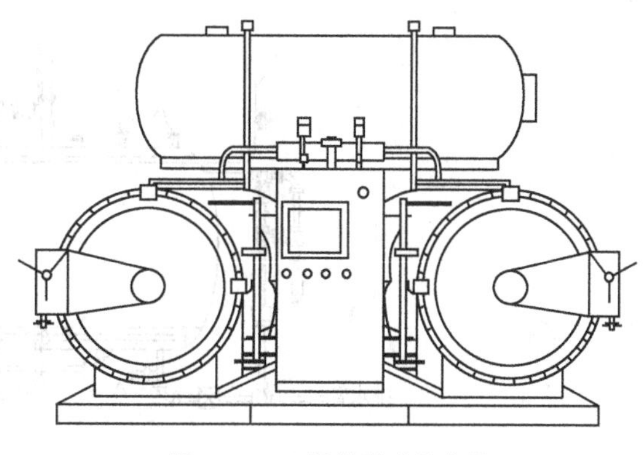

图 2-29　三锅并联式杀菌锅

2.6.5.2 间歇式高压杀菌锅

静止间歇式杀菌技术与设备因杀菌压力的不同而分为静止高压杀菌和静止常压杀菌两种。静止高压杀菌是肉、禽、水产及部分蔬菜等低酸性罐头食品所采用的杀菌方法，根据其热源的不同又分为高压蒸汽杀菌和高压水浴杀菌。这类杀菌涉及的设备与操作技术较为复杂，在产业化应用中一直都非常普遍，因此，属于杀菌工序的重点与难点内容。

(1) 高压蒸汽杀菌　大多数低酸性金属罐头常采用高压蒸汽杀菌。其主要杀菌设备为静止高压杀菌锅，通常是批量式操作，并以不搅动的立式或卧式密闭高压容器进行。这种高压容器一般用厚度为 6.5mm 以上的钢板制成，其耐压程度至少能达到 0.196MPa。

合理的杀菌装置是保证杀菌操作完善的必要条件。对于高压蒸汽杀菌来说，蒸汽供应量应足以使杀菌锅在一定的时间内加热到杀菌温度，并使锅内热分布均匀；空气的排放量应该保证在杀菌锅加热到杀菌温度时能将锅内的空气全部排放干净；在杀菌锅内冷却罐头时，冷却水的供应量应足以使罐头在一定时间内获得均匀而又充分的冷却。图 2-30 和图 2-31 分别为常用的立式和卧式高压蒸汽杀菌锅的装置图。这种高压蒸汽杀菌方式更适合传统的马口铁包装的罐头食品。

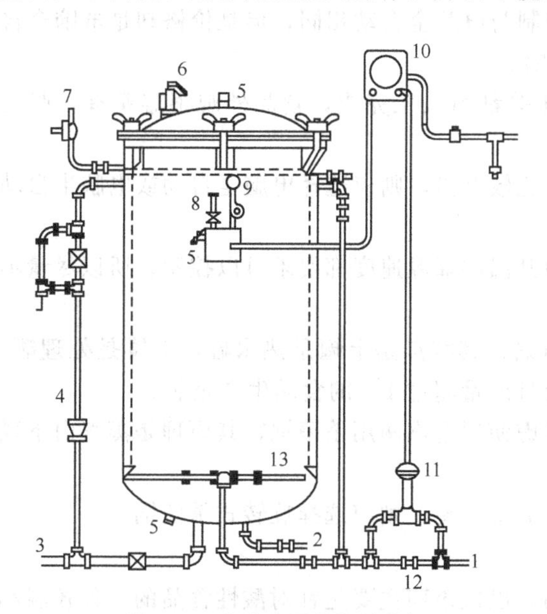

图 2-30　立式高压蒸汽杀菌锅

1—蒸汽管；2—水管；3—排水管；4—溢流管；5—排气阀；6—安全阀；7—压缩空气管；8—温度计；9—压力表；10—温度记录控制仪；11—自动蒸汽控制阀；12—支管；13—蒸汽散布管

(2) 高压水浴杀菌　高压水浴杀菌就是将罐头投入水中进行加压杀菌。一般低酸性、大直径罐、扁形罐和玻璃罐常采用此法杀菌，因为用此法较易平衡罐内外压力，可防止罐头的变形、跳盖，从而保证产品质量。高压水浴杀菌的主要设备也是高压杀菌锅，其形式虽与高压蒸汽杀菌相似，但它们的装置、

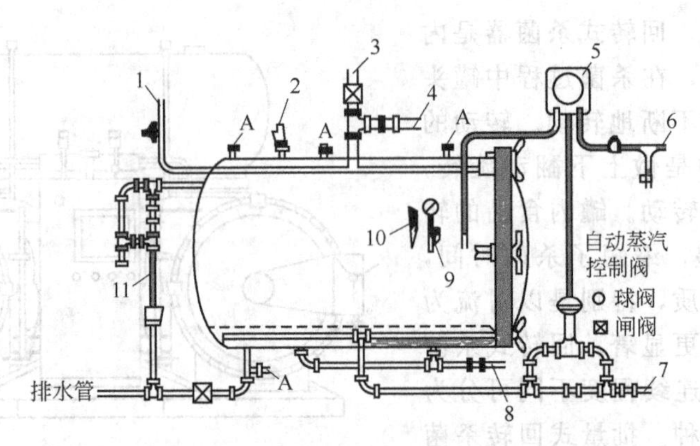

图 2-31 卧式高压蒸汽杀菌锅

1,6—空气管；2—安全阀；3—排气阀；4,8—水管；5—温度记录控制仪；
7—蒸汽管；9—压力表；10—温度计；11—溢流管；A—泄汽阀

方法和操作却有所不同。根据企业需求，杀菌锅可以配置蒸汽与水浴杀菌两套程序，便于企业根据需要选用。水浴杀菌为了节能降耗、提高生产效率，目前已经逐渐演变为多锅类型，并快速得到工业化应用。这种杀菌方式更适合软包装、玻璃瓶等罐藏食品，杀菌冷却时更易控制，可减少包装的爆裂等现象。

2.6.5.3 高压杀菌锅的选择原则

(1) 主要从控温精度和热分布均匀性上进行选择，若产品要求温度很严格，尤其是出口产品，因为要求热分布很均匀，所以应尽量选择电脑全自动杀菌锅。

(2) 电脑半自动杀菌锅温度控制、压力控制与电脑全自动相同，但是价格却是电脑全自动的 1/3。一般要求可以选择电脑半自动杀菌锅。

(3) 手动杀菌锅杀菌难度高，控温和控压等都由人工完成，食品外观很难掌握，胀罐(袋) 和破碎率高。

(4) 若产品是含气包装或者产品外观要求比较严格，则应选择电脑全自动或电脑半自动杀菌锅。

(5) 若产品是玻璃瓶或马口铁罐装，因为升温和降温速度都要求可以控制，所以尽量不应选择双层杀菌锅。

(6) 若从节约能源考虑，可选择双层杀菌锅，其特点是上罐是热水罐，下罐是处理罐，上罐的热水重复使用，可节约大量蒸汽，适合日产量超过 10t 的食品生产企业。

(7) 若产量较小或者没有锅炉，则可以考虑使用电汽两用杀菌锅，其原理是蒸汽由下罐电加热产生，上罐灭菌。

(8) 若产品黏稠度很高，杀菌过程中产品需要旋转，则应选择旋转式杀菌锅。

2.6.5.4 常压杀菌

常压杀菌中最常用的杀菌方式是巴氏杀菌，巴氏杀菌主要是针对酸性食品的一种较温和的热处理，通常其热处理温度低于水的沸点。由于杀菌强度较低而限制了产品的保存期，因此常与其他控制微生物生长繁殖的方法联合使用。如巴氏杀菌牛奶被储藏在家用冰箱中（冷藏方法）7d 或更长时间不会发生明显变味，但若储藏在室温条件下，1d 或 2d 内就会腐败。根据杀菌方式与杀菌设备的不同，可将常压杀菌分为静止常压杀菌和连续常压杀菌两种。

(1) 静止常压杀菌　常用于水果等酸性罐头食品的杀菌。最简单最常用的是常压沸水浴杀菌。批量式沸水浴杀菌设备一般采用立式敞口杀菌锅或长方形杀菌车（槽），杀菌操作较为简单，但必须注意实际的沸点温度，并保证在恒温杀菌过程中杀菌温度的恒定。

(2) 连续常压杀菌　连续常压杀菌同样有高压和常压之分，必须配以相应的杀菌设备。常用的连续杀菌设备主要有：常压连续杀菌器常以水为加热介质，多采用沸水，在常压下进行连续杀菌。杀菌时，罐头由输送带送入连续作用的杀菌器内进行杀菌，杀菌时间通过调节输送带的速度来控制，按杀菌工艺要求达到时间后，罐头由输送带送入冷却水区进行冷却，整个杀菌过程连续进行。我国现有的常压连续沸水杀菌器有单层、三层和五层几种，特别适合于半成品要求不能久搁的罐头（如荔枝）杀菌。

2.6.5.5　超高温杀菌

超高温杀菌（UHT 杀菌）加热灭菌条件为 130～150℃，0.5～15s。用 UHT 灭菌法处理不仅可以杀灭食品中全部微生物，而且可以使食品的物理化学变化降低到最低程度。UHT 灭菌后的食品必须用玻璃瓶或纸容器进行无菌包装。

用于 UHT 灭菌的装置可分为直接加热和间接加热两种方式。直接加热方式又分为两种，一种是将高压饱和蒸汽直接喷入食品中，另一种是将食品直接喷入与灭菌温度、压力相同的饱和蒸汽中。间接加热方式可分为板式、管式和刮板式。刮板式多用于甜点等高黏度制品的灭菌。

2.6.5.6　热杀菌罐头的冷却

(1) 冷却的目的　罐头加热杀菌结束后应迅速进行冷却，因为热杀菌结束后的罐内食品仍处于高温状态，仍然受热的作用，如不立即冷却，罐内食品会因长时间的热作用而造成色泽、风味、质地及形态等的变化，使食品品质下降；同时，不急速冷却，较长时间处于高温下，还会加速罐内壁的腐蚀作用，特别是对含酸高的食品来说；较长时间的热作用为嗜热性微生物的生长繁殖创造了条件。对于海产罐头食品来说，急速冷却能有效地防止磷酸铵镁结晶的产生。冷却的速度越快，对食品的品质越有利。

(2) 冷却的方法　罐头冷却的方法根据所需压力的大小可分为加压冷却和常压冷却两种。

① 加压冷却　加压冷却也就是反压冷却。杀菌结束后的罐头必须在杀菌锅内再维持一定压力的情况下冷却，主要用于一些在高温高压杀菌，特别是高压蒸汽杀菌后容器易变形、损坏的罐头。通常是杀菌结束关闭蒸汽阀后，在通入冷却水的同时通入一定的压缩空气，对冷却水和压缩空气协调配合进入非常重要，以维持罐内外的压力平衡，直至罐内压力和外界大气压相接近方可撤去反压。此时罐头可继续在杀菌锅冷却，也可从锅中取出在冷却池中进一步冷却。

② 常压冷却　常压冷却主要用于常压杀菌的罐头和部分高压杀菌的罐头。罐头可在杀菌锅内冷却，也可在冷却池中冷却，可以泡在流动的冷却水中浸冷，也可采用喷淋冷却。喷淋冷却效果较好，因为喷淋冷却的水滴遇到高温的罐头时受热而汽化，所需的汽化潜热使罐头内容物的热量很快散失。罐头除了用冷却水进行冷却外，还可用空气冷却，但冷却速度慢，除特殊要求外，一般不用空气冷却法。

(3) 冷却时应注意的问题　罐头冷却所需要的时间随食品的种类、罐头大小、杀菌温度、冷却水温等因素而异。但无论采用什么方法，罐头必须冷透，一般要求冷却到 38～40℃。以不烫手为宜。此时罐头尚有一定的余热，以蒸发罐头表面的水膜，防止罐头生锈。用水冷却罐头时，要特别注意冷却用水的卫生。因为罐头食品在生产过程中难免受到碰撞和摩擦，有时在罐身卷边和接缝处会产生肉眼看不见的缺陷，这种罐头在冷却时因食品内容物收缩，罐内压力降低，逐渐形成真空，此时冷却水就会在罐内外压差的作用下进入罐内，并因冷却水质差而引起罐头腐败变质。一般要求冷却用水必须符合饮用水标准，必要时可进行氯化处理（加漂白粉消毒），处理后的冷却用水的游离氯含量控制在3～5mg/kg，漂白粉使用量一般在0.1%以下。而消毒用水一般添加量为0.1%～0.4%，相当于添加有效氯250～1000mg/kg。

玻璃瓶罐头应采用分段冷却，并严格控制每段的温差，防止玻璃罐炸裂。若将杀菌后的罐头直接吊进冷水中，不仅玻璃罐遇冷水炸裂，固态食品及汤汁也全部混进水池子里。

2.6.6 杀菌理论的实践应用

问题：某人工养蛇场欲开发清炖蛇肉罐头，请拟订杀菌工艺条件？

按照以上杀菌理论：通过微生物检测，找到对象菌数量及其D值、Z值，求出$F_{安}$，再与$F_{实}$比较并不断调整，最后得出合理的杀菌公式，但此方案在实践中很难实施。由于很多罐头杀菌条件资料已经存在，可以查阅类似罐头杀菌条件作为资料参考；对于新品种，可以根据杀菌理论及经验，估计的经验原则如下：

(1) 高酸性食品　杀菌温度85～100℃、恒温时间10～30min，如酸性饮料采用85℃、15min。

(2) 植物/蔬菜罐头　杀菌温度115～121℃、恒温时间15～30min，如蛋白饮料采用121℃、15min。

(3) 动物性罐头　杀菌温度115～121℃、恒温时间50～90min。

以上三类杀菌条件具体取值还可根据下列情况予以修正，保质期可达2～3年。

① 大罐偏上限，难煮的偏上限，固体的偏上限，酸度大偏下限，易软烂的偏下限。

② 121℃、100℃是两个标准的杀菌温度，经常采用。

③ 鉴于高温热杀菌对食品色、香、味的影响，现在发达国家普遍流行趋势为保证品质，缩短保藏时间，比如只要求0.5～1年，协同冷链等其他保藏方法，高压杀菌时间可以缩短30%～50%，如有的肉禽类产品杀菌时间只有20～30min。

杀菌锅的反压力的估计：只有pH值偏中性的罐头，需要高温杀菌（大于100℃），才可能不需要反压冷却。一般玻璃瓶、马口铁大罐、软罐头特别需要反压冷却，冷却时采用压缩空气保持压力表读数0.12～0.15MPa，在实践中试验一下就可以了，杀菌冷却胀罐就说明反压不足。马口铁小罐一般需要反压较低，甚至可以不要反压；杀菌温度不到121℃的罐头，一般需要反压相对较低。

按照以上杀菌理论的经验原则，鉴于蛇肉属于动物性罐头，应该高温杀菌、但容易软烂；同时考虑到清炖蛇肉罐头应该以品尝、喝汤（对流传热）为主，不应成为主菜，蛇肉毕竟不可能太多，清炖蛇肉罐头应采用马口铁小罐包装，可以不要反压冷却。根据上面的分析，取下限的条件较多，因此，该杀菌条件初步拟订如下：

$$\frac{10\text{min}-55\text{min}-10\text{min}}{118℃}$$

在实践中做一些杀菌保温实验对恒温时间进行微调，如试验下列恒温时间，如果前两个恒温时间会引起腐败，则选择55min再进行试验；若恒温时间51min会引起腐败，则选择恒温时间53min。

~~45min、50min、~~ 55min、60min、65min

↓

~~51min、~~ 53min、55min、57min

↓

53min

最后，清炖蛇肉罐头的杀菌公式确定为：

$$\frac{10min-53min-10min}{118℃}$$

3 食品的低温保藏

食品的低温保藏即降低食品温度，并维持低温水平或冰冻状态，阻止或延缓它们的腐败变质，从而达到远途运输和短期或长期储藏目的的过程。

食品的腐败变质主要是由于微生物的生命活动和食品中的酶所催化进行的生物化学反应所造成的。微生物的生命活动和酶的作用都与温度密切相关，随着温度的降低，微生物的活动和酶的活力都受到抑制。特别是在食品冻结时，生成的冰晶体使微生物细胞受到破坏，微生物丧失活力不能繁殖，甚至死亡；同时酶的活性受到严重抑制，其他反应（如氧化反应等）也随温度的降低而显著减慢。因此，低温条件下，食品可以长期储藏而不会腐败变质。

利用低温保藏食品是人类在实践中所取得的成就。早在古代，人们就懂得了用天然降温的方法延缓食品的腐败变质，如利用天然冰、山洞、地窖及地下水降温，这些方法在那些没有人工制冷的地区至今仍在使用。1875 年人工制冷的出现为大量易腐食品较长期的储藏、运输创造了良好条件。随后冷藏库、冷藏车和冷藏船相继出现，并成为储运食物原料和易腐食品的重要手段，从而可以调剂市场、平衡供销、合理安排生产、调整加工季节，并对食品质量起到了保证作用。

3.1 低温防腐的基本原理

3.1.1 低温对酶活性的影响

酶是有生命机体组织内的一种特殊蛋白质，负有生物催化剂的使命。酶的活性和温度有密切的关系。大多数酶的适宜作用温度为 30～40℃，动物体内的酶需稍高的温度，植物体内的酶需稍低的温度。在最适温度点，温度升高或降低，酶的活性均下降（图 3-1）。

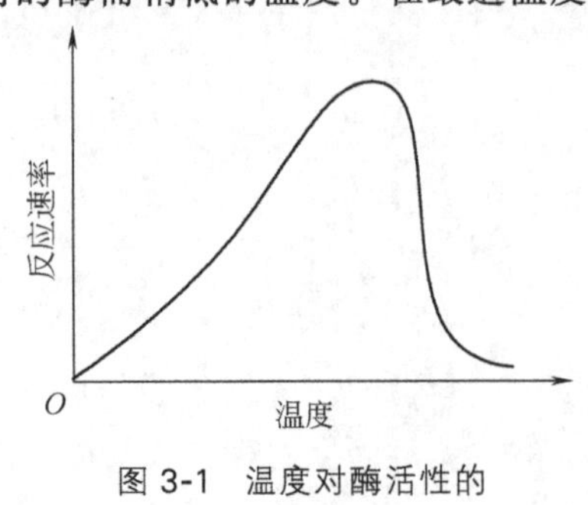

图 3-1 温度对酶活性的影响示意图

酶的活性与温度的关系常用温度系数 Q_{10} 来衡量：

$$Q_{10}=K_2/K_1 \tag{3-1}$$

式中 Q_{10}——温度每增加 10℃时，酶活性变化前后酶的反应速率比值；

K_1——温度 t℃时，酶的反应速率；

K_2——温度增加到 $(t+10)$℃时，酶的反应速率。

大多数酶促反应的 Q_{10} 值在 2～3 范围内。这就是说在最适温度点以下，温度每下降 10℃，酶活性就会削弱 1/3～1/2 倍。果蔬的呼吸是在酶的作用下进行的，呼吸速率的高低反映了酶的活性，表 3-1、表 3-2 是部分果蔬呼吸速率的 Q_{10} 值。从表中可以看出，多数果蔬的 Q_{10} 为 2～3，而在 0～10℃范围内，温度对呼吸速率影响较大。

表 3-1　水果呼吸速率的温度系数 Q_{10}

种类	Q_{10}				
	0～10℃	11～21℃	16.6～26.6℃	22.2～32.2℃	33.3～43.3℃
草莓	3.45	2.10	2.20		
桃子	4.10	3.15	2.25		
柠檬	3.95	1.70	1.95	2.00	
橘子	3.30	1.80	1.55	1.60	
葡萄	3.35	2.00	1.45	1.65	2.50

表 3-2　蔬菜呼吸速率的温度系数 Q_{10}

种类	Q_{10}	
	0.5～10.0℃	10.0～24.0℃
芦笋	3.7	2.5
豌豆	3.9	2.0
豆角	5.1	2.5
菠菜	3.2	2.6
辣椒	2.8	2.3
胡萝卜	3.3	1.9
莴苣	1.6	2.0
番茄	2.0	2.3
黄瓜	4.2	1.9
马铃薯	2.1	2.2

低温虽然能显著降低酶的活性，但不能使酶完全失活，在长期的冷藏过程中，酶的作用仍可引起食品的变质。即使是温度低于－18℃时，酶的催化作用也未停止，只是进行得非常缓慢而已。例如，脂肪酶在－30℃下仍具有活性，脂肪分解酶在－20℃下仍能引起脂肪水解。因此，在长时间的低温储藏下，食品的风味和营养等仍会受到影响。商业上一般采用－18℃作为冻藏温度，实践证明，在此温度下对于多数食品在数周至数月内保藏是安全可行的。当食品解冻后，随着温度的升高，酶的活性恢复，甚至比原来活性更高，会加速食品的变质。

基质浓度和酶浓度对催化反应速率影响也很大。例如，在食品冻结时，当温度降至－5～－1℃时，有时会呈现其催化反应速率比高温时快的现象，其原因是在这个温度区间，食品中的水分有 80%变成了冰，而未冻结溶液的基质浓度和酶浓度都相应增加。因此，快速通过这个冰晶生成带不但能减少冰晶体对食品的机械损伤，同时也能减少酶对食品的催化作用。

为了防止上述变化对食品品质的影响，某些食品在冻结前通常采用短时间的预煮方法进行酶的钝化处理。

3.1.2　低温对微生物的影响

任何微生物都有其适宜的生长活动温度范围，具有最适、最高和最低生长温度（表

3-3)。温度对微生物的生长、繁殖影响很大，温度越低，它们的生长与繁殖速率也越低（表3-4，图3-2）。

表 3-3　微生物的生长温度

类群	最低生长温度/℃	最适生长温度/℃	最高生长温度/℃	举例
嗜冷微生物	−10～5	10～20	20～40	水和冷库中的微生物
嗜温微生物	10～15	25～40	40～50	腐败菌、病原菌
嗜热微生物	40～45	55～75	60～80	温泉、堆肥中微生物

表 3-4　不同温度下微生物繁殖时间

温度/℃	繁殖时间/h	温度/℃	繁殖时间/h
33	0.5	5	6
22	1	2	10
12	2	0	20
10	3	−3	60

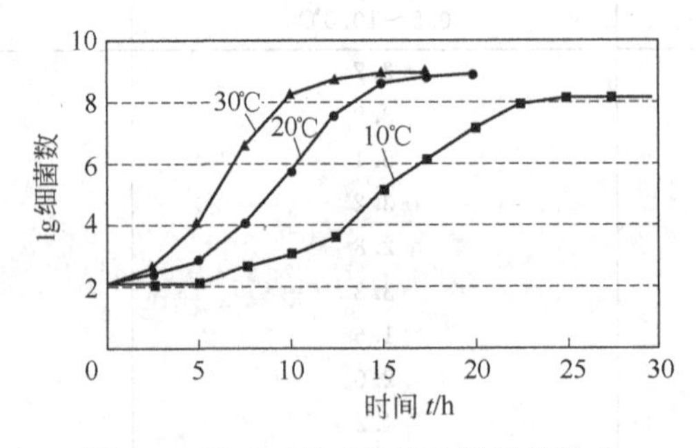

图 3-2　温度对微生物繁殖数量的影响

大多数腐败菌最适宜的繁殖温度为25～37℃，低于25℃，繁殖速度就逐渐减缓。当温度处于其最低生长温度时，绝大多数微生物的新陈代谢已减弱到极低的程度，呈休眠状态。微生物对低温有较强的抵抗力，特别是在形成孢子的情况下抵抗力更强。某些微生物（如霉菌、酵母菌）耐低温能力很强，其最低生长温度低于0℃，有的甚至可低达−8℃（如荧光杆菌的最低生长温度为−8.9℃）。再进一步降温时，就会导致微生物死亡，不过在低温下，其死亡速率比在高温下缓慢得多。微生物对低温的抵抗力因菌种、菌龄、培养基、污染量和冻结等条件而有所不同。

另外，长期处于低温下的微生物能产生新的适应性，这对冷冻保藏是不利的。这种微生物对低温的适应性可以从微生物生长时出现的滞后期缩短的情况加以判断（表3-5）。滞后期一般是微生物接种培养后观察到有生长现象出现时所需的时间。

3.1.3　低温对其他变质因素的影响

引起食品变质的因素除了微生物及酶促反应外，还有其他一些因素的影响。其中较典型的例子是油脂的酸败，油脂与空气直接接触，发生氧化反应，生成醛、酮、酸、内酯、醚等物质；并且油脂本身黏度增加，相对密度增加，出现令人不愉快的“哈喇”味。此外，维生素C被氧化成脱氢维生素，继续分解，生成二酮古乐糖酸，失去维生素C的生理作用；番茄红素是由8个异戊二烯结合而成，由于其中存在较多的共轭双键，易氧化；胡萝卜素类也有类似的反应等等。

表 3-5 微生物生长的适应性

菌种和食品	在下述各温度中出现可见生长现象的时间/d				
	−5℃	−2℃	0℃	2℃	5℃
灰绿葡萄孢(*Botrytis cinerea Pers*)					
新鲜蛇莓	—	25	17	17	7
来自蔬菜储藏库(6℃)的胡萝卜	—	18	10	10	6
来自蔬菜储藏库(6℃)的卷心菜	42	17	11	11	6
−5℃温度中培养 8 代后适应菌	7	—	—	—	—
蜡叶芽枝霉(*Cladosporun herloarum L.*)					
冻蛇莓和醋栗	—	20	20	35	—
冻梨	19	6	6	6	—
羊肉	18	18	18	16	—
−5℃温度中培养 3 代后适应菌	12	—	—	—	—

无论是细菌、霉菌、酵母菌等微生物引起的食品变质，还是由酶以及其他因素引起的变质，在低温的环境下，可以延缓、减弱它们的作用，从而达到储藏的目的。值得注意的是，低温并不能完全抑制它们的作用，即使在冻结点以下的低温，食品经过长期储藏，其质量仍然有所下降。因此，采用的储藏温度与食品的储藏寿命密切相关。

3.2 食品的冷藏

3.2.1 冷藏食品物料的选择和前处理

对于冷藏的植物性食品物料的选择应特别注意原料的成熟度和新鲜度。植物性食品物料采收后仍具有生命力，有继续成熟的过程，低温可以延缓这一继续成熟过程。一般而言，达到采收成熟度的果实，采收后果实的成熟度愈低，储藏寿命愈长；原料越新鲜，储藏时间愈长。此外，冷藏的植物性食品物料还应无机械伤、无病虫害；同一批冷藏的食品物料的成熟度、个体大小等应尽量均匀一致；同种果蔬的不同品种的耐藏性不一样，应选择耐藏品种进行储藏。

动物性食品物料一般应选择动物屠宰或捕获后的新鲜状态进行冷藏。

食品物料冷藏前的处理对保证冷藏食品的质量非常重要。植物性食品的前处理包括：挑选、去杂、分级和包装等。动物性食品物料在冷藏前需要清洗、去除血污以及其他一些在捕获和屠宰过程中带来的污染物，同时降低原料中初始微生物数量，以延长储藏期。

3.2.2 预冷或冷却

预冷是指在储藏运输之前将食品冷却到冷藏温度，从而及时地抑制食品中微生物的生长、繁殖和生化反应速率，以较好地保持原有产品品质，延长食品储藏期的一种措施。为了及时地控制食品物料的品质变化，延长其冷藏期，应在植物性食品采收后、动物性食品捕获或屠宰后尽快地进行冷却。例如，从牧场得到的新鲜牛奶在运送到加工厂之前应先进行冷却。由于微生物的活动和酶的作用，新鲜食品的变质速率是很快的。有许多例子可以证明只要在收获或屠宰与冷藏之间有数小时的延缓，就会出现显著的变质现象。特别是某些采收后仍具有代谢活性的水果、蔬菜，不仅进行呼吸放热，而且代谢物会从一种形式转化为另一种形式。如采摘后24h冷却的梨，在0℃下储藏5周不腐烂，而采收后经96h才冷却的梨，在0℃下储藏5周就有30%的梨腐烂。甜玉米甜度的丧失是代谢物从一种形式转化为另一种形式的一个典型例子（表3-6）。在0℃下，甜玉米能把本身所含糖分代谢至一定程度，以致在1d内丧失8.1%，在4d内丧失22%。然而，糖分在20℃下的丧失规律为1d内丧失25.6%，在炎热的夏天还要远远超过此数值。显然，推延冷却就会导致食品品质的下降。

表3-6　甜玉米糖分在储藏过程中的丧失

储藏时间/h	不同储藏温度下总糖分损失/%	
	0℃	20℃
24	8.1	25.6
48	14.5	45.7
72	18.0	55.5
96	22.0	62.1

易腐食品冷却的理想做法是从收获或屠宰开始冷却，然后在运输、销售、储藏过程中均保持在低温环境中。特别是那些组织娇嫩、呼吸强度高的蔬菜（如叶菜类、青花菜、芦笋等）和具呼吸跃变高峰型的蔬菜（如番茄），采后要即时、快速预冷。

冷却可以通过传导、对流、辐射或蒸发冷却来达到目的。辐射冷却在食品加工中占有一定地位，例如巧克力和糖果生产中的冷却隧道通常采用辐射冷却。不过，在一般食品的冷却中它的应用要受到一定的限制。当产品的几何形状适合与固体冷却器件接触时，可以采用热传导方式。例如，有规则形状的家畜肉片或鱼肉片可以用板式冷却器来冷却。大多数食品是靠对流或对流与传导相结合的方式来进行冷却的。冷却剂既可以直接与产品（固体食品）接触，也可以通过热交换器与食品（液体食品）进行间接地接触，以除去产品中的热量。冷却方式的选择主要取决于产品的类型，即液体食品、固体食品或半固体食品。

3.2.2.1　固体食品的冷却

(1) 空气冷却法　适合固体食品冷却的方法很多，最经常使用的方法是空气冷却法。空气冷却法分自然通风冷却和强制通风冷却。

自然通风冷却是最简单易行的一种方式，常用于采收后的果蔬预冷，即将采收后的果蔬放在阴凉通风的地方，使产品所带的田间热散去。这种方法冷却的时间较长，而且难以达到产品所需要的预冷温度，但是在没有更好的预冷条件时，自然降温冷却仍然不失为一种有效的方法。

强制通风冷却即让低温空气流经包装食品或未包装食品的表面，将产品散发的热量带走，以达到冷却的目的。强制通风冷却可先用冰块或机械制冷使空气降温，然后用冷风机将被冷却的空气从风道吹出，在冷却间或冷藏间中循环，吸收食品中的热量，促使其降温。其工艺效果主要取决于空气的温度、相对湿度和流速等因素，工艺条件的选择根据食品的种类、有无包装、是否干缩、是否需要快速冷却等来确定。

空气冷却法的使用范围很广，常用于冷却果蔬、鲜蛋、乳品以及畜禽肉等冷藏、冻藏食品的预冷处理。特别是青花菜、绿叶类蔬菜等经浸水后品质易受影响的蔬菜产品，适宜于用空气冷却法。

果蔬的空气冷却可在冷藏库的冷却间内进行。水果、蔬菜冷却初期空气流速一般在1～2m/s，末期在1m/s以下，空气相对湿度一般控制在85%～95%之间。根据水果、蔬菜等品种的不同，将其冷却至各自适宜的冷藏温度，然后将冷却后的水果、蔬菜移至冷藏间进行冷藏。

畜肉的空气冷却方法是在冷却间内完成的，冷却空气温度控制在0℃左右，风速在0.5～1.5m/s之间，为了减少干耗，风速不宜超过2m/s，相对湿度控制在90%～98%之间，冷却终了，胴体后腿肌肉最厚部位中心的温度应达4℃以下，整个冷却过程可在24h内完成。

禽肉一般冷却工艺要求空气温度2～3℃，相对湿度约80%～85%，风速约1.0～1.2m/s，经7h左右可使禽胴体温度降至5℃以下。若适当降低温度，提高风速，冷却时间可缩至4h左右。

鲜蛋冷却应在专用的冷却间内完成。蛋箱码成留有通风道的堆垛，在冷却开始时冷空气温度与蛋体温度相差不能太大，一般低于蛋体温度2～3℃，随后每隔1～2h将冷却间空气温度降低1℃左右，冷却间空气相对湿度在75%～85%之间，流速在0.3～0.5m/s范围内。通常情况下经过24h的冷却，蛋体温度可达1～3℃。

另外，个体较小的食品也常放在金属传送带上吹风冷却，进行连续化操作。对于未包装食品，采用空气冷却时会产生较大的干耗损失。

(2) 冷水冷却法　冷水冷却法是用冷水喷淋产品或将产品浸泡在冷却水（淡水或海水）中，使产品降温的一种冷却方式。冷却水的温度一般在0℃左右，冷却水的降温可采用机械制冷或碎冰降温。喷水冷却多用于鱼类、家禽，有时也用于水果、蔬菜和包装食品的冷却。简单易行的水冷法是将水果、蔬菜和包装食品浸渍在0～2℃的冷水中。如所用冷水是静止的，其冷却效率较低，而采取流水漂荡、喷淋或浸喷相结合则效果较好。冷却水可循环使用，但必须加入少量次氯酸盐消毒，以消除微生物或某些个体食品对其他食品的污染。

盐水用做冷却介质不宜和一般食品直接接触，因为即使只有微量盐分渗入食品内就会带来咸味和苦味，只可用于间接接触的冷却。但在乳酪加工厂里，将乳酪直接浸没在冷却的盐水中进行冷却是常用的方法；用海水冷却鱼类，特别是在远洋作业的渔轮上，采用降温后的无污染低温海水冷却鱼类，不仅冷却速度快，鱼体冷却均匀，而且成本也可降低。

冷水和冷空气相比有较高的传热系数，可以大大缩短冷却时间，而不会产生干耗，费用也低。然而，并不是所有的食品都可以直接与冷水或其他冷媒接触。适合采用水冷法冷却的蔬菜有甜瓜、甜玉米、胡萝卜、菜豆、番茄、茄子和黄瓜等。直接浸没式冷却系统可以是间歇式的，也可以是连续式操作的。

(3) 冰冷却法　冰冷却法是在装有蔬菜、水果、鱼、畜禽肉等的包装容器中直接放入冰块使产品降温的冷却方法。目前，应用较多的是在产品上层或中间放入装有碎冰的冰袋与食品一起运输。但冰冷法只适用于那些与冰接触后不会产生伤害的产品，如某些叶菜类、花椰菜、青花菜、胡萝卜、竹笋、荔枝、桂圆、鱼、畜禽胴体等。

当冰块和食品接触时，冰的融化可以直接从食品中吸取大量热量使食品迅速冷却（其相变潜热为334.9kJ/kg)，所以，冰是一种比用冷水更有效的良好预冷介质。融冰时温度恒定不变，用冰块冷却时食品温度不可能低于0℃。碎冰冷却法特别适宜于鱼类的冷却，它不仅能使鱼冷却、湿润、有光泽，而且不会发生干耗现象。

为了提高冰冷却法的效果，要将大块的冰细碎，使冰与食品的接触面积增大，并及时排出冰融化成的水。对海上的渔获物进行冰冷却时，一般可采用碎冰和水冰两种方式。

① 碎冰冷却（干式冷却） 该法要求在船舱底部和四周先添加碎冰，然后再一层冰一层鱼装舱，这样鱼体温度可降至1℃，一般可保鲜7～10d不变质。

② 水冰冷却（湿式冷却） 先将海水预冷到1.5℃，送入船舱或泡沫塑料箱中，再加入鱼和冰，要求冰完全将鱼浸没，用冰量一般是鱼与冰之比为2∶1或3∶1。水冰冷却法易于操作、用冰量少，冷却效果好，但鱼在冰水中浸泡时间过长，易引起鱼肉变软、变白，因此该法主要用于鱼类的临时保鲜。

(4) 真空冷却法　真空冷却也叫减压冷却，是把食品物料放在可以调节空气压力的密闭容器中，使产品表面的水分在真空负压下迅速蒸发，带走大量汽化潜热，从而使食品冷却的方法。真空冷却法降温速度快、冷却均匀，30min内可以使蔬菜的温度从30℃左右降至0～5℃，而其他方法需要约30h。真空冷却法适用于叶菜类，对葱蒜类、花菜类、豆类和蘑菇类等也可应用，某些水果和甜玉米也可用此方法预冷。但对果菜、根菜等表面积小、组织致密的蔬菜不大适宜。每千克蔬菜为获得本身预期冷却效果需要蒸发掉的水分量很少，不会影响蔬菜新鲜饱满的外观。叶菜具有较大的表面积，实际操作中，只要减少产品总质量的1%，就能使叶菜温度下降6℃。此外，通常的做法是先将食品原料湿润，为蒸发提供较多的水分，再进行抽空冷却操作。这样，既加快了降温速度，又减少了植物组织内水分损失，从而减少了原料的干耗。真空冷却法的缺点是食品干耗大、能耗大，设备投资和操作费用都较高，除非食品预冷的处理量很大和设备使用期限长，否则使用此方法并不经济。在国外一般都用在离冷库较远的蔬菜产地。

3.2.2.2 液体食品的冷却

大多数液体食品的冷却采用热交换器，热量的传递通过热交换器两面的液体对流和金属壁的传导作用进行。热传递系数取决于对流和传导的情况。

应用于液体食品冷却的热交换器可以是板式、套管式、刮板式，或者是盘管冷却器。最常见的类型是板框式。在板框式热交换器的设计中，许多板片被堆集在框架上，板片之间保留一定的空间，由橡胶垫片进行流体的导流。被冷却的液体和冷媒分别流经相隔的板片。这类换热器热交换面积大、占地面积小，具有能量守恒或能量回收的特点，通过对冷、热流体不同流动过程的安排可以达到节省能量的目的。

3.2.3 食品冷藏工艺

传统冷藏法是用空气作为冷却介质来维持冷藏库的低温，在冷藏过程中，冷空气以自然对流或强制对流的方式与食品接触。食品冷藏的工艺效果主要决定于储藏温度、空气湿度和空气流速等。这些工艺条件可随食品种类、储藏期的长短和有无包装而异。表3-7给出了一些食品的适宜冷藏工艺条件。若食品的储藏期短，对冷藏工艺条件的要求可以适当降低；若储藏期长，则要严格遵守这些冷藏工艺条件。

3.2.3.1 储藏温度

储藏温度是冷藏工艺条件中最重要的因素。储藏温度不仅是指冷藏库内空气温度，更为重要的是指食品温度。食品的储藏期是储藏温度的函数，在保证食品不至于冻结的情况下，冷藏温度越接近冻结温度，则储藏期越长。因此，选择各种食品的冷藏温度时，了解食品的冻结温度极其重要。例如：过去储藏葡萄所采用的储藏温度为1.1℃，自从发现其冻结温度为－2.2℃以后普遍采用更低一些的储藏温度，使其储藏期延长了两个月。有些食品对储藏温度特别敏感，如果温度高于或低于某一临界温度，常会有冷藏病害出现。

表 3-7 部分食品的冷藏工艺条件

品名	最适条件		储藏期/d	冻结温度/℃
	温度/℃	湿度/%		
橘子	3.3～8.9	85～90	21～56	−1.3
葡萄柚	14.4～15.6	85～90	28～42	−2.0
柠檬	14.4～15.6	85～90	7～42	−1.1
酸橙	8.9～10.0	85～90	42～56	−1.4
苹果	−2.3～4.4	90	90～240	−1.6
西洋梨	−1.1～0.6	90～95	60～210	−1.5
桃子	−0.6～0	90	14～28	−1.6
杏	−0.6～0	90	7～14	−0.9
李子	0.6～0	90～95	14～28	−1.0
油桃	0.6～0	90	14～28	−0.8
樱桃	1.1～0.6	90～95	14～21	−0.9
葡萄(欧洲系)	−1.1～0.6	90～95	90～180	−1.8
葡萄(美国系)	−0.6～0	85	14～56	−2.2
柿子	−1.1	90	90～120	−1.3
杨梅	0	90～95	5～7	−2.2
西瓜	7.2～10.0	85～90	21～28	−0.9
香蕉(完熟)	15～20	90～95	2～4	−0.9
木瓜	13.3～14.4	85	7～21	−0.8
菠萝	7.2	85～90	14～28	−0.9
番茄(绿熟)	7.2～12.8	85～90	7～21	−1.1
番茄(完熟)	12.8～21.1	85～90	4～7	−0.6
黄瓜	7.2～10.0	85～90	10～14	−0.5
茄子	7.7～10.0	90～95	7	−0.5
青椒	7.2～10.0	90	2～3	−0.8
青豌豆	7.2～10.0	90～95	7～21	−0.7
扁豆	0	90～95	7～10	−0.6
菜花	0	90～95	14～28	0.6
白菜	0	90～95	60	−0.8
莴苣	0	90～95	14～21	—
菠菜	0	95	10～14	−0.2
芹菜	0	90～95	60～90	−0.3
胡萝卜	0	90～95	120～150	−0.5
土豆(春收)	12.8	65	60～90	—
土豆(秋收)	10.0～12.8	70～75	150～400	−0.8
蘑菇	10.0	90	3～4	−0.6
牛肉	3.3～4.4	90	21	−0.6
猪肉	−1.1～0	85～90	3～7	0.9
羊肉	0～1.1	85～90	5～12	−2.2～1.7
家禽	−2.2～1.1	85～90	10	−2.2～1.7
腌肉	−2.2	80～85	180	−1.7
肠制品(鲜)	−0.5～0	85～90	7	−2.8
肠制品(烟熏)	1.6～4.4	70～75	6～8	−3.3
鲜鱼	0～1.1	90～95	5～20	−3.9
蛋类	0.5～4.4	85～90	270	−1.0～2.0
全蛋粉	−1.7～0.5	尽可能低	180	−0.56
蛋黄粉	1.7	尽可能低	180	—
奶油	7.2	85～90	270	

在冷藏过程中，冷藏室内温度应严格控制，减小其波动幅度和次数。任何温度变化都有可能对食品造成不良后果，因而冷藏库应具有良好的绝热层，配置合适的制冷设备。温度的稳定对于维持冷藏室内的相对湿度也极为重要。冷藏室内温度波动，会引起空气中水分在食品表面凝结，并导致发霉。

3.2.3.2 空气相对湿度及其流速

冷藏室内空气的相对湿度对食品的耐藏性有直接的影响，冷藏室内空气既不宜过于干燥，也不宜过于潮湿。如果空气过于潮湿，低温的食品表面与高湿空气相遇，就会有水分冷凝在其表面上，导致食品容易发霉、腐烂。如空气的相对湿度过低，食品水分又会迅速蒸发，并出现萎缩。食品的种类不同，其适宜的相对湿度也不相同。冷藏时，大多数水果适宜的相对湿度为 85%～90%；绿叶蔬菜、根菜类蔬菜以及脆质蔬菜适宜的相对湿度可高至 90%～95%，而坚果在 70%相对湿度下比较合适；干态颗粒食品如乳粉、蛋粉及吸湿性强的食品（如果干等）宜在非常干燥的空气（相对湿度 50%以下）中储藏。

冷藏室内空气流速也极为重要，一般冷藏室内的空气应保持一定的流速以保持室内温度的均匀和进行空气循环。空气流速越大，食品表面附近的空气不断更新，水分的扩散系数增大，食品水分的蒸发率也就相应增大。如空气流速增加 1 倍，则食品水分的损失将增大 1/3。在空气湿度较低的情况下，空气流速将对食品干耗产生严重的影响。只有相对湿度较高而空气流速较低时，才会使水分的损耗降到最低程度，但是，过高的相对湿度对食品品质并不一定有利。所以，空气流速的确定原则是及时将食品所产生的热量（如生化反应热或呼吸热和外界渗入室内的热量）带走，保证室内温度均匀分布，同时将冷藏食品脱水干耗现象降到最低程度。冷藏食品若覆有保护层，室内的相对湿度和空气流速则不再成为影响因素。如分割肉冷藏时常用塑料袋包装，或在其表面上喷涂不透蒸汽的保护层；苹果、柑橘、西红柿等果蔬也常采用涂膜剂进行处理，以减少其水分蒸发，并增添光泽。

3.2.4 食品在冷藏过程中的质量变化

食品在冷藏过程中会发生一系列变化，其变化程度与食品的种类、成分、食品的冷却、冷藏条件密切相关。除了肉类在冷却过程中的成熟作用有助于提高肉的品质，以及果蔬的后熟可以增加产品风味外，其他变化均会引起食品品质的下降。研究和掌握这些变化及其规律将有助于改进食品冷却、冷藏的工艺，以避免和减少冷藏过程中食品品质的下降。

3.2.4.1 水分蒸发

食品在冷却、冷藏过程中，不仅温度下降，而且当冷空气中水分的蒸汽压低于食品表面水分蒸汽压时，食品表面的水分就会向外蒸发，使食品失水干燥。失水干燥会导致食品质量损失（俗称干耗），也会导致食品的品质恶化。水分在新鲜果蔬中占有较大比重（水果含水分 85%～90%，蔬菜含水分 90%～95%），是维持果蔬正常生理活动和新鲜品质的必要条件。水果、蔬菜失去水分不仅会导致重量减少，造成直接的经济损失，而且使果实失去新鲜饱满的外观；当减重达到 5%时，会出现明显的凋萎现象，影响其柔嫩性和抗病性。鸡蛋在冷藏过程中失去水分会造成气室增大、质量减轻、品质下降。肉类食品在冷藏过程中如果发生干耗，除导致质量减轻外，肉的表面还会形成干燥皮膜，肉色也发生变化。

食品在冷却、冷藏中所发生的干耗与食品的种类、食品和冷却空气的温差、空气的湿度和流速及冷却、冷藏的时间有着密切的关系。水果、蔬菜类食品在冷藏过程中，由于表皮成分、厚度及内部组织结构不同，水分蒸发情况存在很大差别。一般情况是蔬菜比水果易蒸发，叶菜类比果菜类易蒸发，果皮的胶质、蜡质层较厚的品种水分不易蒸发，表皮皮孔较多的果蔬水分容易蒸发。如杨梅、蘑菇、叶菜类食品原料在冷藏过程中，水分蒸发较快，苹果、柑橘、柿子、梨、马铃薯、洋葱等在冷却、冷藏过程中水分蒸发较慢。果蔬的成熟度也会影响水分的蒸发，一般未成熟的果蔬蒸发量大，随着成熟度的增大，蒸发也逐渐减少。肉类水分蒸发量与肉的种类、单位质量表面积的大小、表面形状、脂肪含量等有关。

一般来说，在冷却冷藏的初期食品水分蒸发的速率较大。例如，冷却肉在冷藏初期的水分蒸发较大，第一天干耗一般在0.3%～0.4%范围内，以后逐渐缩小，到第三天干耗降至0.1%～0.2%。

3.2.4.2 冷害

有些水果、蔬菜在冷却、冷藏过程中的温度虽未低于其冻结点，但当储温低于某一温度界限时，这些水果、蔬菜的正常的生理机能就会因受到障碍而失去平衡，引起一系列生理病害，这种由于低温造成的生理病害现象称为冷害。

冷害有各种现象，最明显的症状是组织内部变褐和表皮出现干缩、凹陷斑纹等。像荔枝的果皮变黑、鸭梨的黑心病、马铃薯的发甜现象都属于低温伤害。有些水果、蔬菜在冷藏后从外观上看不出冷害的现象，但如果再放到常温下，却不能正常的成熟，这也是一种冷害。如绿熟的西红柿保鲜温度为10℃，若低于这个温度，西红柿就失去后熟力，不能由绿变红。一些果蔬发生低温冷害的临界温度及病害的症状见表3-8。

表3-8 一些果蔬的低温冷害的临界温度及病害的症状

种类	冷害病临界温度/℃	低温冷害病症状
苹果	2.2～2.3	内部褐变、褐心、湿裂，表皮出现软虎皮病
香蕉	11.7～13.3	出现褐色皮下条纹，表皮浅灰色到深灰色，延迟成熟甚至不能成熟，成熟后中央胎座硬化，品质下降
葡萄柚	无常值	外果皮出现凹陷斑纹、凹陷区细胞很少突出，相当均匀的褐变
柠檬(绿熟)	10.0～11.6	外果皮出现凹陷斑纹、退绿慢，细胞比周围色深，有红褐色斑点，果瓣囊膜变褐色
荔枝		果皮变黑
芒果	10.0～12.3	果皮变黑，不能正常成熟
番木瓜	10	果皮出现凹陷斑纹，果肉成水渍状
菠萝	6.1	变软，后熟不良，失去香味
橄榄	7.2	果皮变褐或暗灰色，果肉成水渍状，果蒂枯萎或易脱落，风味不正常，内部褐变
橘子	2.8	变软、褐变
青豆	7.2	变软、变色
黄瓜	7.2	表皮凹陷及水渍斑点、腐烂
茄子	7.7	表皮烧斑、褐变、腐烂
甜瓜	7.2～10.0	表皮凹陷斑点、后熟不良
西瓜	4.4	变软、不良气味
青辣椒	7.2	表皮凹陷斑点、变软、种子发生褐变
马铃薯	3.4～4.4	褐变、糖分增加、干化
南瓜	10.0	腐烂加快
甘薯	12.8	表皮凹陷斑点、变软、内部变色、腐烂加快
青豆角	7.2～10.0	表皮凹陷斑点、褐变

导致冷害发生的因素很多，主要与果蔬的种类、储藏温度和时间有关。热带和亚热带果蔬由于系统发育处于高温的气候环境中，对低温较敏感，因此在低温储藏中易遭受冷害。温带果蔬的一些种类也会发生低温病害，寒带地区的果蔬耐低温的能力要强些。同一种类果蔬，不同的品种和冷却、冷藏条件引起低温冷害病的临界温度也会发生一些波动，不同种类的果蔬对低温冷害病的易感性的大小也不同。另外，发生低温冷害病的程度与所采用的温度低于其冷害临界温度的程度和时间长短也有关。采用的冷藏温度较其临界温度低得越多，冷害发生的情况就越严重。水果、蔬菜冷害的出现需要一定的时间，如果果蔬在冷害临界温度下经历的时间较短，即使温度低于临界温度也不会出现冷害。冷害现象出现最早的品种是香蕉，只需要几个小时，冷害就会发生；像黄瓜、茄子这类品种一般需要10～14d。

3.2.4.3 后熟作用

为了获得较长的储藏期，水果和蔬菜在尚未完全成熟时就进行采收，然后在低温下储藏或运输，在储藏和运输的过程中果蔬逐渐成熟。这种在采收后向成熟转化的过程称为后熟。

在低温冷藏期间，果蔬在呼吸作用下逐渐转向成熟，其组织成分和组织形态会发生一系列的变化，主要表现为可溶性糖含量升高、糖酸比例趋于协调、可溶性果胶含量增加、果实香味变得浓郁、颜色变红或变艳、硬度下降等一系列成熟特征。为了较长时间地储藏果蔬，应当控制其后熟能力。果实种类、品种和储藏条件对其后熟速度均有影响。

温度会直接影响果蔬的后熟，适宜的储藏温度可以将其有效推迟。但应根据不同品种选择最佳储藏温度，既要防止冷害的发生，又不能产生高温病害，否则果蔬会失去后熟能力。例如，香蕉的最适储藏温度是15～20℃，在30℃时会产生高温病害，12℃以下又会出现冷害。未成熟的果蔬风味较差，对于低温冷藏的有呼吸高峰的水果（如香蕉、猕猴桃等）在销售、加工之前可以对其进行人为控制的催熟，以满足适时的加工或鲜货上市需要。

3.2.4.4 移臭和串味

食品冷藏时，大多数食品都需要单独的储藏室以提供各自适宜的储存条件，实际上这很难做到。有时要储存的食品品种较多而数量不多，一般会将这些食品混合储存。各种食品的气味不尽相同，这样在混合储藏过程中就会有串味的问题。对于那些在冷藏中容易放出或吸收气味的食品，即使储藏期很短，也不宜将它们一起存放。例如，大蒜的臭味非常强烈，如将其与苹果等水果一起存放，则苹果会带上大蒜的臭味；梨和苹果与土豆冷藏在一起，会使梨或苹果产生土腥味；柑橘或苹果不能与肉、蛋、牛奶冷藏在一起，否则将互相串味。串味会引起食品原有的风味发生变化，因此，凡是气味相互影响的食品应分开储藏或包装后进行储藏。另外，冷藏库长期使用后会有一种特有的冷藏臭，也会转移给冷藏食品，应即时清理。

3.2.4.5 肉的成熟

刚屠宰后动物的肉是柔软的，并具有很高的持水性，经过一段时间的放置，肉质会变得粗硬，持水性大大降低。继续延长放置时间，尸僵开始缓解，肉的硬度降低，保水性有所恢复，使肉变得柔软、多汁，风味得到改善，这个变化过程称为肉的成熟。肉成熟的速度与温度有关。温度低（0～4℃），肉成熟的时间长，但肉质好，耐储藏；高温（20℃以上）下肉成熟时间虽短，但肉质差，易腐败。动物的种类不同，成熟作用的重要性也不同。对牛、绵羊、野禽等肉类成熟作用十分重要，成熟其对肉质软化与风味增加有显著的效果。

3.2.4.6 寒冷收缩

畜禽屠宰后在未出现僵直前如果进行快速冷却，肌肉会发生显著收缩，以后即使经过成熟过程，肉质也不会十分软化，这种现象叫寒冷收缩。肉类在冷却时若发生寒冷收缩，其肉质变硬、嫩度差，如果再经冻结，在解冻后会出现大量的汁液流失。一般来说，牛肉在宰后10h内，pH值降到6.2以前，肉温降到8℃以下，就容易发生寒冷收缩。但这些温度与时间未必是固定的，成牛与小牛，或者同一头牛的不同部位都有差异。成牛出现寒冷收缩的温度是8℃以下，而小牛则是4℃以下。

3.2.4.7 脂肪的氧化

冷却、冷藏过程中，食品所含油脂会发生水解、脂肪酸的氧化、聚合等复杂变化，导致食品风味变差，味道恶化，出现变色、酸败、发黏等现象。

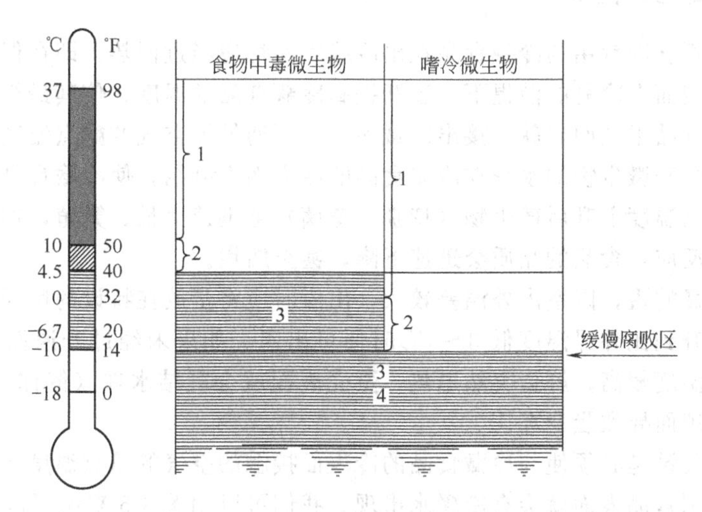

图3-3 食品中毒细菌与低温细菌的繁殖温度区域

1—生长迅速温区；2—某些菌缓慢生长温区；3—停止生长温区；4—缓慢死亡，但很少全部死亡温区

3.2.4.8 微生物的增殖

在冷却储藏的温度下，微生物特别是低温细菌的繁殖和分解作用并没有充分被抑制，只是速率变得缓慢些，低温细菌的增殖会导致食品发生腐败变质。低温细菌的生长、繁殖温度区域如图3-3所示。

低温细菌的繁殖在0℃以下变得缓慢，但如果要停止繁殖，一般来说温度需降到−10℃以下，个别低温细菌在−40℃的低温条件下仍有繁殖能力。随着温度变化，鱼肉（鳕鱼）上低温细菌（无芽孢杆菌）的繁殖情况如图3-4所示。

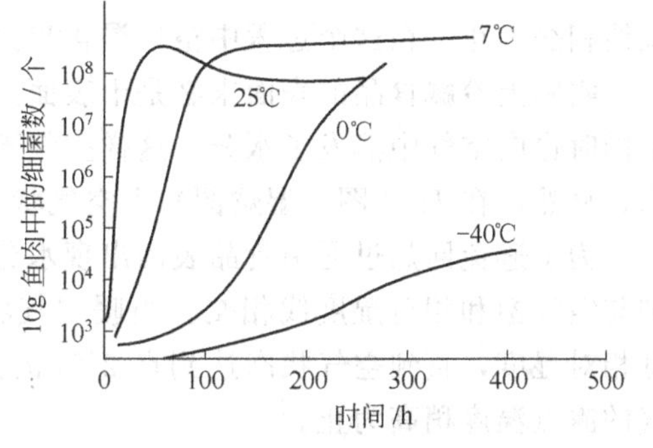

图3-4 水中不同温度鳕鱼细菌（无芽孢杆菌）的繁殖

3.2.4.9 食品在冷却、冷藏中的其他变化

食品在冷却、冷藏中还可能发生淀粉的老化、风味物质的丧失、红肉色泽的变化、鱼组织软化和出现淌液、营养成分的损耗（表3-9）、

变色等其他一些不良变化。

表 3-9 部分蔬菜冷藏过程中维生素 C 的损耗

种类	储藏时间/d	储藏温度/℃	维生素 C 的损耗/%
芦笋	1	1.7	5
	7	0	50
青刀豆	1	7.8	10
	4	7.8	20
菠菜	2	1.1	5
	3	0	5

3.2.5 冷藏食品的回热

出冷藏库后不立即食用的冷藏食品在出冷藏库前均应经过回热，即在保证空气中的水分不会在冷藏食品表面上冷凝的前提下，逐渐提高冷藏食品的温度，使其最终与外界空气温度一致。如果冷藏食品不经回热就直接出冷藏库，当所遇外界空气的露点温度高于其表面温度时，就会有带灰尘和微生物的水分在冷藏食品的冷表面上凝结，使冷藏食品受到污染。在湿条件下，冷藏食品温度上升后微生物（特别是霉菌）会迅速生长、繁殖，加上由于温度的上升而加速的生化反应，食品的品质会迅速下降，甚至腐烂。

例如：经冷藏的蛋，因室内外温差较大，出库时应将蛋放在特设的房间，使蛋的温度逐渐回升，当蛋温升到比外界温度低 3～4℃时便可出库。如果未经过升温而直接出库，由于蛋温较低，外界温度较高，鲜蛋突然退热，蛋壳表面就会凝结水珠（俗称“出汗”），容易造成微生物的繁殖而导致蛋变坏。

回热的技术关键是必须使与冷藏食品的冷表面接触的空气的露点温度始终低于冷藏食品的表面温度，否则食品表面就会有冷凝水出现。我们可以用图 3-5 来说明这个问题。

设和冷藏食品表面相接触的空气状态在图 3-5 上为点 4（温度、湿含量分别为 T_4、d_2），若它与温度为 T_1 的食品干表面接触，则空气状态会由 4 沿 d_2 等湿线下降，并与 T_1 等温线相交于点 1，相应的温度也由 T_4 变为 T_1；此时，空气的相对湿度只有 80%左右，空气中的水分不会出现冷凝。如果上述空气与温度为 T_2 的食品干表面相接触，则空气温度就会继续降至食品温度 T_2，在此过程中空气仍然不会有水分冷凝下来；此时，食品表面的空气处于饱和状态（相对湿度 100%），也就是说 T_2 为该空气状态的露点温度。若食品干表面的温度更低为 T_3，则空气温度会从 T_2 沿饱和相对湿度线（$\phi=100\%$）下降到与 T_3 等温线相交为止，在这个过程中空气湿含量由 d_2 下降到 d_3，食品表面有冷凝水出现。

实际上冷藏食品的表面未必是干表面。在回热过程中，食品在吸收暖空气所提供的热量的同时也向空气中蒸发了水分，这样空气不仅温度下降，而且湿含量也增加了，如图 3-6 所示，显然，在 H-d 图（湿焓图）上空气状态沿 $1''\rightarrow 2'$变化。

为了避免回热过程中食品表面出现水分的冷凝，在实际操作中我们不能让温度一直下降到与空气饱和相对湿度线相交。当暖空气状态降至 $2'$时，就需重新加热，提高其温度，降低相对湿度，直到空气状态达到点 $2''$为止。这样循环往复，直到食品温度上升到比外界空气的露点温度稍高为止。

暖空气的相对湿度不宜过高，也不宜过低。相对湿度过高，空气中的水分容易出现冷凝现象；相对湿度过低，容易引起回热过程中食品的干缩。回热时食品物料出现干缩，不仅影

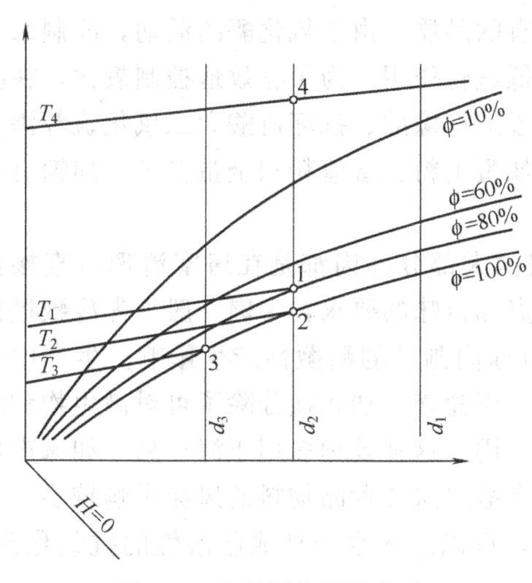

图 3-5 食品干表面温度对空气状态变化的影响

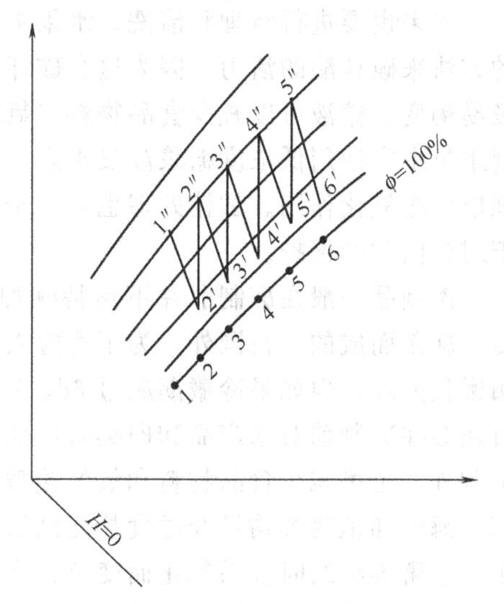

图 3-6 冷藏食品回热时空气状态在H-d图上的变化示意图

响食品物料的外观，而且会加剧氧化作用。

3.3 食品的冷冻保藏

食品冻藏就是采用缓冻或速冻方法先将食品冻结，而后再在能保持食品冻结状态的温度下储藏的保藏方法。常用的储藏温度为（－23～－12)℃，以－18℃为最适用。储藏冻藏食品的冷库常称之为低温冷库或冻库。冻藏适用于长期储藏，储存期短的可达数日，长的可以年计。常见的冻藏食品有经过初加工的新鲜果蔬、果汁、浆果、肉、禽、水产品和去壳蛋等，还有不少加工品，如面包、点心、冰淇淋，以及品种繁多的预煮和特种食品、膳食用菜肴等。合理冻结和储藏的食品在大小、形状、质地、色泽和风味方面一般不会发生明显的变化，而且还能保持原始的新鲜状态，因此，冻藏是易腐食品长期储藏的重要保藏方法。

3.3.1 冷冻食品物料的选择和前处理

任何冻制食品最后的品质及其耐藏性决定于：①原料的成分和性质；②原料的严格选用、处理和加工；③冻结方法；④储藏的情况。

(1) 冷冻食品物料的选择　只有新鲜优质原材料才能供冻制之用。

对于水果、蔬菜来说，应选用适宜于冻制的品种，并在成熟度最高时采收。此外，为了避免酶和微生物活动引起不良变化，采收后应尽快冻制。

(2) 冷冻食品物料的前处理　蔬菜原料冻制前首先应进行清洗、除杂，以清除表面上的尘土、昆虫、汁液等杂质，减少微生物的污染。由于低温并不能破坏酶，为了提高冻制蔬菜的耐藏性，还需要将其在100℃热水或蒸汽中进行预煮。预煮时间随蔬菜种类、性质而异，常以过氧化酶活性被破坏的程度作为确定所需时间的依据。预煮同时也杀灭了大量的微生物，但仍有不少嗜热细菌残留下来，为了阻止这些残存细菌的腐败活动，预煮后应立即将原料冷却到10℃以下。

水果也要进行清理和清洗。水果中酶性变质比蔬菜还要严重些，可是水果不宜采用预煮的方法来破坏酶的活力，因为这会破坏新鲜水果原有的品质。由于氧化酶的活动，冻制水果极易褐变。糖液可以减少食品物料与氧的接触，降低氧化作用。为了有效地控制氧化，在冻制水果中常使用低浓度糖浆浸没水果，有时还另外添加柠檬酸、抗坏血酸和二氧化硫等添加剂以延缓氧化作用。加糖处理也可用于一些蛋品，如蛋黄粉、蛋清粉和全蛋粉等，加糖有利于对蛋白质的保护。

肉制品一般在冻制前并不需特殊加工处理，我国大部分冻肉都是在屠宰清理后直接预冷、冻制而成的。在国外，为了适应人们的烹调特点和口味的要求，牛肉一般须先冷藏进行酶嫩化处理，但如果冷藏期超过 6d、7d 以上，会对冻肉制品的耐藏性产生影响。生产中有时还会在冻制前对水产品和肉类采用加盐处理，类似于盐腌。加入盐分除了可对微生物和酶抑制外，也可减少食品物料和氧的接触，降低氧化作用。这种处理多用于海产品，如海产鱼卵、海藻和植物等均可经过食盐腌制后进行冻结，食盐对这类食品物料的风味影响较小。对于虾、蟹等冻结时容易氧化而变色、变味的水产品，可以加入水溶性或脂溶性的抗氧化剂，以减少水溶性物质（如酪氨酸）或脂质的氧化。

对于家禽来说，试验表明，如屠宰后 12～24h 内冻结，其肉质要比屠宰后立即冻结有更好的嫩度；如屠宰后超过 24h 才冻结，则肉的嫩度无明显改善，储藏期却反而缩短。

对于液态食品，如乳、果汁等，不经浓缩而进行冻结时会产生大量的冰结晶，使未冻结液体的浓度增加，导致蛋白质等物质的变性、沉淀等不良后果。浓缩后液态食品的冻结点大大降低，冻结时结晶的水分量减少，对胶体物质的影响小，解冻后容易复原。

为了减少食品物料在冻结过程和冻藏过程中的氧化、水分蒸发和微生物污染等，在冻结前还常常采用不透气的包装材料对食品物料进行包装。

3.3.2 食品的冻结

冻结是食品冻藏前的必经阶段，也是生产冻制品的关键阶段，冻结技术对冻制品的质量和耐藏性有很大的影响。

食品的冻结或冻制就是运用现代冷冻技术，在尽可能短的时间内将食品温度降低到共冻结点（即冰点）以下预期的冻藏温度，使食品中所含的全部或大部分水分随着食品内部热量的外散形成冰晶体，以减少生命活动和生化变化所必需的液态水分，并便于运用更低的储藏温度抑制微生物活动和高度减缓食品的生化变化，从而保证食品在冷藏过程中的稳定性。此外，冻结技术也常用于特殊食品的制造，如冰淇淋、冷冻脱水食品及食品水分的分离和溶液的浓缩（如浓缩果汁）等。

水的冰点就是水和冰之间处于平衡状态时的温度，此时，水与冰的蒸汽压相等。如果水有较大的蒸汽压，水就会向形成冰晶体方向转化，反之，冰的蒸汽压较大时，冰向融化成水的方向转化，直至两者的蒸汽压相等为止。水和冰的蒸汽压之和就是水冰混合物的总蒸汽压，它取决于温度的高低。温度愈低，总蒸汽压也愈低。水冰处于平衡时若在水中溶入像糖一类非挥发性溶质，则糖液的蒸汽压就会下降，冰的蒸汽压将大于水的蒸汽压，此时，如果温度维持不变，冰块就会消失即转化为水。如果降低温度促使冰的蒸汽压下降，直至再次建立溶液和冰间的相互平衡，那么冰就不再消失，即它的温度达到了和溶液浓度相适应的新的冻结点。

根据拉乌尔（Raoult）第二法则，水溶液冰点降低与溶质的浓度成正比，每增加 1mol/L

浓度，溶液冰点下降1.86℃。食品内的水分不是纯水而是含有有机物及无机物的溶液，这些物质包括盐类、糖类、酸类以及更复杂的有机分子（如蛋白质），还有微量的气体。因此，食品要降到0℃以下才产生冰晶，此冰晶开始出现的温度即所谓的冻结点。由于食品种类、死后条件、肌浆浓度等不同，故各种食品的冻结点是不相同的。一般食品的冻结点为−3～−0.6℃（奶制品除外）。表3-10为几种食品的冻结点。

表3-10 几种食品的冻结点

品种	冻结点/℃	含水量/%	品种	冻结点/℃	含水量/%
牛肉	−1.7～−0.6	71.6	干酪	−8	55
猪肉	−2.8	60	葡萄	−2.2	81.5
鱼肉	−2～−0.6	70～85	苹果	−2	87.9
蛋白	−0.45	89	青豆	−1.1	73.4
蛋黄	−0.65	49.5	橘子	−2.2	88.1
牛奶	−0.5	88.6	香蕉	−3.4	75.5
黄油	−1.8～−1	15			

3.3.3 食品的冻结规律和水分冻结量

不论是固体还是液体，冻结时水分不会全部立即从液态转变成为固态。如将一杯液体食品放入冻结室内，杯壁附近的液体会首先冻结，而且最初完全是自由水分形成冰晶体。随着冰晶体的不断形成，未冻结食品中的无机盐类、蛋白质、乳糖和脂肪等含量相应地增加，随着冻结不断进行，冻结温度不断下降，含有溶质的溶液也就随之不断冻结，未冻结溶液的浓度也随之增浓，此现象叫冻结浓缩现象。液态食品、固态食品的水分冻结规律均如此。

现以含盐（NaCl）的水溶液为例，说明冻结过程中溶液的温度和浓度的变化关系。图3-7是NaCl-水二元溶液相图的左半部分（即低浓度部分）。A点代表在标准大气压（1atm=101kPa）下纯水的冰点，即273.15K；E点是低共熔点（eutectic point），是液相和两种固相的三相共存点。曲线AE反映了溶液冰点降低的性质。设溶液的初始质量分数为ω_1，由室温T_m开始被冷却。在液相区，其温度降低，但浓度不变，即沿垂直直线a_1b_1下行；当温度降到了T_{b_1}时（$T_{b_1}<T_A$，其差值决定于溶液的初始浓度），溶液中开始析出固相的冰，从此，体系的物系点就进入了ABE的固液两相共存区。固相冰的状态用AB线（质量分数为0）上的点来表示，液相的状态用AE线上的点表示。对两相共存的体系进行降温，由于固相冰的不断析出，使剩余液相溶液的质量分数不断提高，冰点不断降低，直至低共熔点E后，全部剩余的液相成固态，成为共熔体。

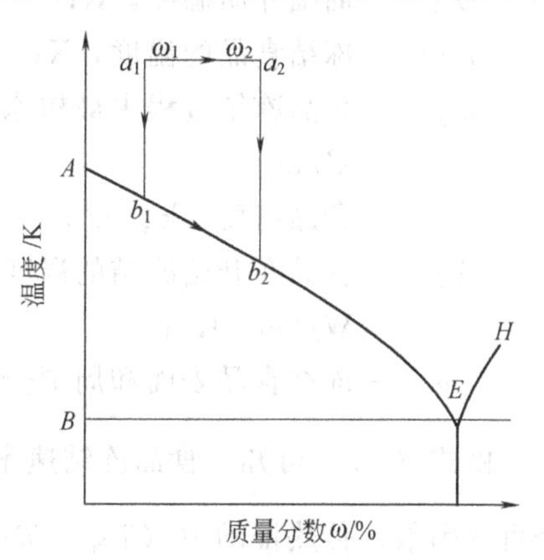

图3-7 NaCl-水二元溶液的冻结曲线

若在室温T_m下，溶液的初始质量分数由ω_1提高到ω_2，则溶液中液相部分的状态变化就沿着a_2b_2E的曲线进行。

上述讨论的是在一般的降温速率时所发生的均匀

冻结情况。如果初始浓度较大，且降温速率极高，溶液来不及析出冰，溶液温度被降至T_E，甚至低于了T_E，就可能使溶液非晶态固化。表3-11是一些水果、蔬菜和果汁的初始冻结温度。

表 3-11　一些水果、蔬菜和果汁的初始冻结温度

食品材料	水的质量分数/%	初始冻结温度/%	食品材料	水的质量分数/%	初始冻结温度/℃
苹果汁	87.2	−1.44	草莓	89.3	−0.89
浓缩苹果汁	49.8	−11.33	草莓汁	91.7	−0.89
胡萝卜	87.5	−1.11	甜樱桃	77.0	−2.61
橘汁	89.0	−1.17	苹果酱	92.9	−0.72
菠菜	90.2	0.56			

水分冻结量（ω）通常是指食品冻结时其水分转化成冰晶体的形成量，也就是一定温度时形成的冰晶体质量（$G_冰$）与在同一温度时食品内所含水分（$G_水$）和冰晶体（$G_冰$）的总质量之比，或冰晶体质量占食品中水分总含量的比例，即：

$$\omega=\frac{G_冰}{G_水+G_冰} \tag{3-2}$$

冻结前，水分结冰量的数值为零；冻结过程中，它是随着温度下降而逐渐增长的，当温度降到低共熔点或更低些时，水分冻结量达到最高值，等于1.0，即食品内全部水分形成冰晶体。

3.3.4　影响冻结速率的因素

冻结速率有两种不同的表达方式：冰晶体形成速率和界面位移速度。“冰晶体的形成速率”就是在物体任何单位容积内或任意点上单位时间内的水分冻结量（$d\omega/dt$）。

界面位移速率就是食品内未冻结层和冻结层间的分界面在单位时间内从物体表面向中心位移的距离。界面位移速率的计算式表示如下：

$$\frac{dX}{d\tau}=\frac{3.6(T_冻-T_0)}{\left(\dfrac{X}{\lambda_T}+\dfrac{1}{\alpha}\right)q_冻\rho} \tag{3-3}$$

式中　X——从食品表面到分界面的冻结层厚度，m；

τ——形成X冻结层厚度所需的冻结时间，h；

T_0——周围介质温度，K；

$T_冻$——冻结食品的温度，K；

$q_冻$——食品冻结过程中最初冻结温度和冻结终温间单位质量食品所放出的全部热量，kJ/kg；

ρ——食品密度，kg/m³；

λ_T——食品在开始冻结的温度和冻结终温间的平均温度条件下冻结食品的导热系数，W/(m·K)；

α——冻结食品表面和周围介质间的对流导热系数，W/(m²·K)。

由式（3-3）可知，食品冻结速率取决于传热推动力（$T_冻-T_0$）和热阻总值$\frac{X}{\lambda_T}+\frac{1}{\alpha}$两个可变因数。传热推动力（$T_冻-T_0$）与冻结速率成正比。热阻总值与空气流速、食品厚度、系统几何特性，以及食品成分等一些因素有关，它和冻结速率成反比。

3.3.4.1 食品成分的影响

冻结对食品的导热性影响很大。冰的导热性［2.324W/(m·K)］比水的导热性［0.604W/(m·K)］约大4倍，因而，食品冻结时其导热性会迅速增加。

食品成分对导热性也有影响，食品成分不同，导热性也不相同。如果其他条件不变，导热性愈强，则冻结速度愈快。由于水的导热性大于脂肪的导热性［0.15W/(m·K)］，而脂肪的导热性又大于空气的导热性［0.066W/(m·K)］，因而，含空气和脂肪较多的食品冻结时，冻结速率比较缓慢。即使食品的化学成分完全相同，结构不同，同样也有可能对冻结速率产生影响。如水和油的含量各为50%的食品，其乳化液有油悬浮在水中和水悬浮在油中两种情况，前者以水为连续相而后者以油为连续相。水的导热性比油好，因而，冻结时前者冻结速率比后者快。

3.3.4.2 非食品成分的影响

(1) 传热介质　传热介质与食品间温度差越大，冻结速度愈快。例如，在隧道式冻结设备内，如将空气温度从－18℃下降到－29℃，小块片状食品的冻结时间可由40min缩短到20min左右；如采用液氮喷淋冻结时，液氮温度为－196℃，冻结时间可以缩短到2min以下。但是，随着冻结设备温度的下降，传热介质对冻结速率的影响减小，当温度下降到低于－46℃时可以很明显地观察到这种现象。

实际上，现在采用的传热介质温度一般为－40～－30℃。若选用过低的传热介质温度，则需要比较复杂的机械制冷设备，为制冷而消耗的能量也将显著增加，经济上并不划算。

(2) 空气或制冷剂循环的速率　空气或制冷剂循环的速率愈快，冻结速率愈快。如在－18℃静止的空气中，水果和小块鱼片等小型食品的冻结时间大约需要3h，若将空气流速增加到1.25m/s，冻结时间将下降到1h左右，如空气流速再进一步增加到5m/s，则冻结时间也将进一步缩短到40min左右。

这是因为：①加速冷空气或其他流动制冷剂的流动，能加速带走食品表面的热量，即加速排除食品附近的已吸收热量的制冷剂或传热介质，保持传热介质和食品间较大的温差；②加速冷空气或其他流动制冷剂的流动，能提高传热系数α。

(3) 食品的厚度　食品愈厚，食品的冻结速率愈慢。这是因为食品愈厚，热阻愈大（传热阻力：$1/K=1/\alpha+x/\lambda$）。值得注意的是随着食品厚度的增大，对流传热系数或空气流速对冻结速率的影响也将减小。只有食品较薄时它的冻结速率才会随着空气流速的加大或对流传热系数的增大而显著增快。当食品厚度增加到20cm时，即使再增大对流传热系数，实际效果也不明显。这种关系在表3-12中反应得很清楚。

表3-12　冻结速率和食品厚度及冻结工艺间的关系

α/[W/(m²·K)]	下列各冻结层厚度(x)条件下的冻结速率$\frac{dx}{d\tau}\times10^3$/(m/h)					$\frac{x}{\tau}$
	0m	0.01m	0.05m	0.10m	0.20m	
11.5	4.16	3.79	2.78	2.08	1.39	1.67
23.2	8.32	6.95	4.16	2.78	1.66	2.08
58.1	20.8	13.95	5.95	3.48	1.90	2.45
116.2	41.6	20.9	6.95	3.79	1.99	2.61
1162.2	416	37.9	8.18	4.13	2.08	2.76
2606.6	1040	40.0	8.27	4.15	2.08	2.77

注：本表以$\Delta t=25$℃，$q_{冻}=251.16$kJ/kg，$\rho=1000$kW/m³和$\lambda_T=1.16$W/(m·K)为条件，按式(3-3)计算所得。

（4）冷冻系统的几何特性　系统的几何特性包括了制冷剂和食品紧密接触程度、搅拌情况、连续冷却和冻结系统中循环空气的流向与食品走向间相互关系（如顺流或逆流）以及制冷面与呈一定结构状态的食品的接触方向等一些因素。分割肉的脂肪层及肌肉呈定向排列，与脂肪层及肌肉界面平行的方向和垂直的方向的导热率是不相同的。设备的制冷表面和肉块相互接触时，它和脂肪层及肌肉界面处于平行还是垂直的方向，会影响冻结的速率。食品和冷却介质间紧密接触程度高，有利于传热，冻结速率快。如果在冻结过程中，对制冷剂或传热介质加以搅拌，则冷冻速率更快。

3.3.5　冻结对食品品质的影响

冻结食品时如操作处理不当会引起食品组织瓦解、质地改变、乳化液被破坏、蛋白质胶体变性以及其他一些物理化学变化。因此，合理控制冻制对食品品质的影响是保证冻制食品品质的重要条件，冻制对食品品质的影响大致有下列几个方面。

3.3.5.1　冻结对食品体积的影响

一般说来，食品物料在冻结后会发生体积膨胀，膨胀的程度与食品中的水分和气体含量有关。液态食品（如牛奶）冻结时体积膨胀较严重，而液体和冰块都无压缩性，瓶装液体食品冻结时由于食品体积增大常会引起跳盖或玻璃瓶爆裂的现象。因而，在使用玻璃瓶或塑料瓶等硬质容器装液态食品时，必须为冻结时的容积增长留有余地。

3.3.5.2　冻结对溶质重新分布的影响

冻结使溶液中的溶质按几何梯级重新分布，愈到中心浓度愈浓。

在冻结开始时，物料内的水分理论上是以纯水的形式形成冰结晶，原来水中溶解的组分会转移到冻结层表面附近的溶液中，使其浓度增加，与远离冻结层的溶液之间形成了浓度差和渗透压力差。在浓度差的推动下，溶质不断向食品中部位移，而溶剂则在渗透压力差影响下，逐渐向冻结层附近溶液浓度较高的方向推进。随着冻结过程的进行，即冻结层厚度的增加，溶液或液态食品内不断地进行着扩散平衡。同时由于食品温度不断下降，冻结点与食品温度相等的低浓度溶液不断被冻结，未冻结层内溶质浓度不断增大从而使冻结溶液内的溶质按几何梯级重新分布。

因扩散作用是在溶液或液态食品开始冻结后才发生的，冻结层分界面的位移必然先于溶质的扩散。因此，溶质在冻结溶液内的重新分布完全决定于分界面位移速度（$dx_{冻}/dt$）和溶质扩散速率（$dx_{扩}/dt$）的对比关系。分界面位移速率快，那些尚处于原来状态的水分全部形成了冰晶体，则溶质分布均匀。值得注意的是，即使冻结层分界面高速位移也难使冻结溶液内溶质分布完全均匀，而缓慢的位移也很难会使最初形成的冰晶体内达到完全脱盐的程度。

冷冻浓缩即是利用上述冻结规律来浓缩果汁等一类具有热敏性物质的新技术。由于浓缩过程中溶液水分的排除不是用加热蒸发的方法，而是靠从溶液到冰晶的相际传递，所以可避免芳香物质因加热所造成的挥发损失和热敏性物质的变性、分解，所生产的产品可以很好地保持原有的风味和营养。

3.3.5.3　冰晶体对食品的危害性

动、植物组织构成的固态食品（如鱼、肉和果蔬等）都是由娇嫩细胞壁或细胞膜包围住的细胞所构成。在所有的细胞内都有胶质状原生质存在。水分则存在于原生质或细胞间隙中，或呈结合状态或呈游离状态。在一般情况下，细胞内溶液的浓度总要和细胞外溶液的浓度基本相同，即保持内外等渗的条件。冻结过程中温度降低到食品冻结点时，那些和亲水胶体结合较弱、存在于低浓度溶液内的部分水分（主要是处于细胞间隙内的水分）就会首先形成冰晶体；从而引起冰晶体附近的溶液浓度升高，即胞外溶液的浓度上升，高于胞内溶液的浓度；此时，胞内水分就有透过细胞膜向外渗透，达到新平衡的趋势。在缓慢冻结的情况下，细胞内的水分不断穿过细胞膜向外渗透，以致细胞收缩，过度脱水。如果水的渗透率很高，细胞壁可能被撕裂和折损。同时，冰晶体对细胞产生挤压，且细胞和肌纤维内汁液形成的水蒸气压大于冰晶体的蒸汽压，导致水分向细胞外扩散，并围绕在冰晶体的周围。结果随着食品温度不断下降，存在于细胞与细胞间隙内的冰晶体就不断地增大（直至它的温度下降到足以使细胞内部所有汁液转化成冰晶体为止），从而破坏了食品组织，使其失去了复原性。冻结速率愈缓慢，水分重新分布愈显著，冰晶体对食品的危害性越严重。

冻结过程中食品冻结速率愈快，水分重新分布的现象也就愈不显著。因为速冻时组织内的热量迅速向外扩散，温度迅速下降到能使那些尚处于纤维内或细胞内的水分或汁液，特别是那些尚处于原来状态的水分全部形成了冰晶体，因此，所形成的冰晶体积小、数量多，分布也比较均匀，有可能在最大程度上保证冻制食品的品质质量。有些食品本身虽非细胞构成，但冰晶体的形成对其品质同样会有影响。例如，像奶油那样的乳胶体，像冰淇淋那样的冻结泡沫体。

奶油的脂肪为连续相而水分为分散相。奶油冻结时分散的水滴就会越过奶油层聚合在一起形成冰晶体，因此，奶油解冻后就会出现水孔和脱水的现象。缓冻制成的冰淇淋不仅因形成大粒冰晶体而质地粗糙，不像速冻制成的那样细腻，而且冰晶体将破坏冰淇淋内的气泡，使其在部分解冻时或在储藏过程中出现容积缩小的现象。

3.3.5.4 浓缩的危害性

大多数冻藏食品，只有在全部或几乎全部冻结的情况下才能保持成品的良好品质。食品内如尚有未冻结核心或部分冻结区存在就极易出现色泽、质地和胶体性质等方面的变质现象。未冻结核心或部分冻结区的高浓度溶液是造成部分冻结食品变质的主要原因。由于浓缩区水分少，可溶性物质浓度高，可能会导致很多危害，举例说明如下。

(1) 溶液中若有溶质结晶或沉淀，那么其质地就会出现沙粒感。

(2) 在高浓度的溶液中若仍有溶质未沉淀出来，蛋白质就会因盐析而变性。

(3) 有些溶质属酸性，浓缩会引起 pH 值下降，当 pH 值下降到蛋白质的等电点（溶解度最低点）时，会导致蛋白质凝固。

(4) 胶体悬浮液中阴、阳离子处于微妙的平衡状态中，其中有些离子还是维护悬浮液中胶质体的重要离子。如这些离子的浓度增加或沉淀，会对悬浮液内的平衡产生干扰作用。

(5) 食品内部存在着气体成分，当水分形成冰晶体时溶液内的气体的浓度也同时增加，可能导致气体过饱和，最后从溶液中挤出。

(6) 如果食品微小范围内溶质的浓度增加，会引起相邻的组织脱水。解冻后这种转移水分难以全部复原，组织也难以恢复原有的饱满度。

3.3.6 速冻与缓冻

3.3.6.1 冻结速率对食品的影响

冻结的速率除了可以用前述的冰晶体形成速率、冻结界面位移速率来表达外，还可以用食品中心温度下降所需的时间将冻结过程划分为快速冻结和缓慢冻结。食品的中心温度从-1℃下降至-5℃所需的时间（即通过最大冰晶生成区的时间），在30min以内，属于快速冻结，超过30min则属于缓慢冻结。一般认为，在30min内通过-5～-1℃的温度区域所冻结形成的冰晶，对食品组织影响最小，尤其是果蔬组织质地比较脆嫩，冻结速率要求更快。当然，食品的种类、形状和包装等情况不尽相同，冻结速率完全按这种方法划分对某些食品并不十分可靠。

食品材料的冻结过程可能造成食品材料微观结构的重大变化，变化的程度主要取决于冰晶生长的位置，而这又取决于冻结速率和食品组织的水渗透速率。一般来说冻结速率快，食品中心温度通过-5～-1℃温区的时间短，冰层向内伸展的速率比水分移动速率快，细胞内的水来不及渗透出来就被冷冻形成冰晶，细胞内外均形成数量多而体积小的冰晶，冰晶分布接近新鲜物料中原来水分的分布状态。如冻结速率慢，由于细胞外的溶液浓度较低，首先就在那里产生冰晶，水分在开始时即多向这些冰晶移动，形成了较大的冰晶体，造成冰晶体分布不均匀。

冰晶体粗大，细胞组织易受损伤，甚至被锐利的冰晶体戳破，导致食品结构的损伤。在冷冻食品解冻时，受损结构不能恢复，造成细胞内容物外流。此外，食品内细胞壁的破裂很可能会加快食品中的其他反应，对食品的品质特性产生不良影响。

冻结时间短，允许盐分扩散和分离出水分以形成纯冰的时间也随之缩短；而且，食品物料迅速从未冻结状态转化成冻结状态，浓缩的溶质和食品组织、胶体以及各种成分相互接触的时间也显著减少，浓缩带来的危害也随之下降到最低的程度。

同时，速冻能将食品温度迅速降低到微生物生长活动温度以下，并将酶的活性降低到很低的程度，能及时地阻止冻结过程中微生物和酶对食品品质的影响。

必须认识到，冻结速率过快，也会对食品质量产生不良影响。如果冻结速率过快，会在食品结构内的短距离中形成大的温度梯度，从而产生张力，导致结构的破裂，这些变化对食品质构产生不良影响，应该尽量避免。

3.3.6.2 缓冻方法

食品放在绝热的低温室内（室温一般为-40～-18℃，常用温度为-29～-23℃），并在“静态”的空气中进行冻结的方法就是缓冻方法。所谓的“静态”并不是绝对的静态，冻结室内的空气实际上以对流的方式进行着循环。为了改善冷空气循环，有时在冷冻室内也装有风扇或空气扩散器，以使空气缓慢流动。

这种冻结方法费用低，冻结速率慢。冻结所需的时间大约为3～72h，视食品物料及其包装的大小、堆放情况以及冻结的工艺条件而异。这是目前唯一的一种缓慢冻结方法。

可用此法冻结的食品物料包括牛肉、猪肉（半胴体）、箱装的家禽、盘装整条鱼、大容器或桶装水果、5kg包装的蛋品（蛋白、蛋黄、全蛋）等。

3.3.6.3 速冻方法

速冻的方法一般按冷冻所用的介质及其与食品物料的接触方式分为鼓风冻结法、间接接触冻结法和直接接触冻结法三类，每一种方法又包括了多种冻结装置（表3-13）。

（1）鼓风冻结法　鼓风冻结法（air-blast freezing）冷冻所用的介质也是低温空气，但采用鼓风的方法使空气强制流动并和食品物料充分接触，促使食品快速散热，达到提高冻结速率、缩短冻结时间的目的。冻结所用的空气温度一般为-46～-29℃，空气的流速在10～15m/s。鼓风冻结可以采用搁架式冻结装置、隧道式冻结装置、螺旋式冻结装置、流化

表 3-13 速冻方法分类

速冻方法	冻结装置
鼓风冻结法	搁架式冻结装置、隧道式冻结装置(推车式、传送带式、吊篮式)、螺旋式冻结装置、流化床式冻结装置(斜床式、一段带式、二段带式、往复振动式)
间接接触冻结法	平板式冻结装置(卧式、立式)、回转式冻结装置、钢带式冻结装置
直接接触冻结法	制冷剂接触式(液氮、液态 CO_2、R_{12}等)、载冷剂接触式

床式冻结装置等设备。鼓风冻结法中空气的流动方向可以和食品物料总体的运动方向相同（顺流），也可以相反（逆流）；空气可在食品的上面流过，也可在食品的下面流过，还可以流经食品堆层。不管采用哪种接触方式，保证空气流通，并使之与食品所有部分都能密切接触是技术的关键。

搁架式冻结装置属于间歇操作装置。采用输送带隧道冻结时，食品物料被置于输送带上进入冻结隧道冻结，可以实现连续操作，适用于大量包装或散装食品物料的快速冻结。输送带也可以做成螺旋式以减小设备的体积。输送带上还可以带有通气的小孔，以便使空气从输送带下的小孔吹向食品物料，这样在冻结颗粒状的散装食品物料（如豆类蔬菜、切成小块的果蔬等）时，颗粒状的食品物料可以被冷风吹起而悬浮于输送带上空，使空气和食品物料能更好地接触，这种方法又被称为流化床式冻结（fluid bedfreezing）。散装的颗粒状食品物料可以通过流化床式冻结装置实现快速冻结，冻结时间一般只需要几分钟，产品是单个颗粒而不互相冻成一团，冻品的质量好，分装和销售都比较方便，因此，又常称之为单体快速冻结（individual quick freezing，IQF）。

(2) 间接接触冻结法　即用制冷剂或低温介质冷却的金属板和食品密切接触，使食品冻结的方法，其传热的方式为热传导（图 3-8）。冻结效率跟金属板与食品物料接触的状态有关。常用的间接接触冻结装置有平板式冻结装置、钢带式冻结装置、回转式冻结装置。

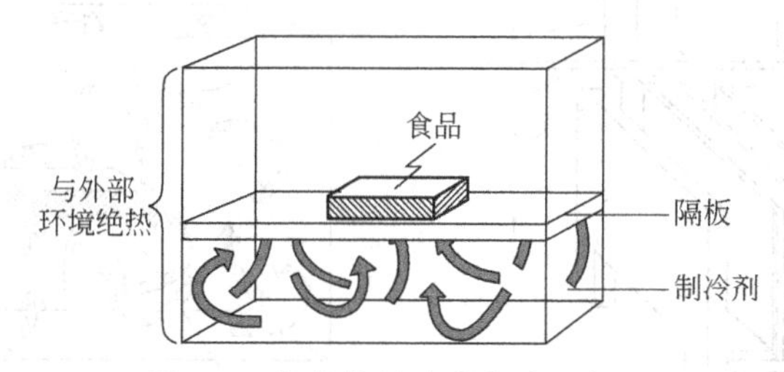

图 3-8　间接接触冷冻方式示意图

板式冻结法（plate freezing）是最常见的间接接触冻结法。该法将食品放在各层金属板之间，并借助油压系统使平板与食品紧密接触，空心金属平板的通道内流动着低温介质（氨、氟利昂或盐水），由于金属平板有良好的导热性能，被夹紧的食品可被迅速冻结。板式冻结法可用于冻结未包装和用塑料袋、玻璃纸或纸盒包装的食品物料。外形规整的食品物料由于和金属板接触较为紧密，冻结效果较好。冻结时间取决于制冷剂的温度、包装的大小、相互密切接触的程度和食品物料的种类等。厚度为 3.8～5.0cm 的包装食品的冻结时间一般在 1～2h。该法也可用于生产机制冰块。

与食品物料接触的金属板可以是卧式的（图 3-9），也可以是立式的（图 3-10）。卧式平板冻结装置主要用于分割肉、肉制品、鱼片、虾及其他小包装食品物料的快速冻结，立式平板冻结装置最适合散装冻结无包装的块状食品物料，如整鱼、剔骨肉和内脏等，但也可用于包装产品。立式装置，不用储存和整理货盘，大大节省了占用的空间。

平板式冻结装置对厚度小于 50mm 的食品来说，冻结快、干耗小，冻品质量高；在相同的冻结温度下，它的蒸发温度可比鼓风式冻结装置提高 5～8℃，而且不用配置风机，电耗比鼓风式减少 30%～50%；工人可在常温下工作，改善了劳动条件；设备占地少，节约了土建费用，建设周期也比较短。但对于厚度超过 90mm 以上的食品不能使用，对于未实现自动化装卸的装置来说仍需较大的劳动强度。

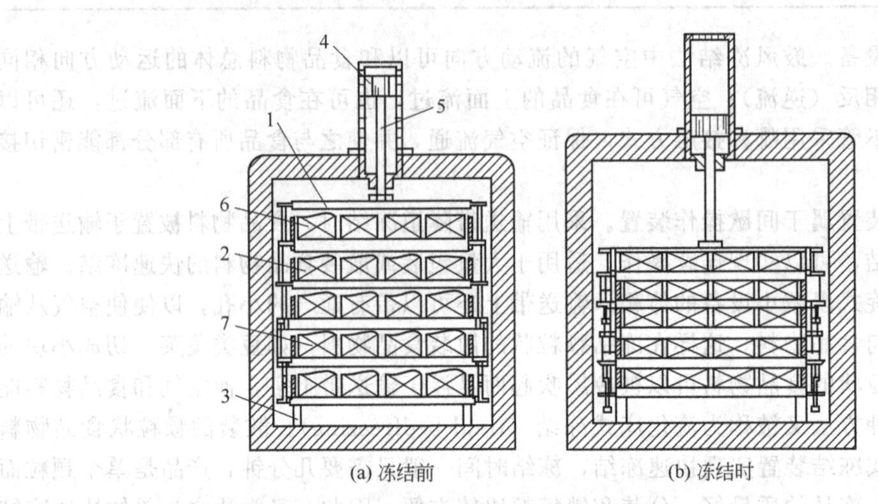

图 3-9 卧式平板冻结装置

1—冷却板；2—螺栓；3—底栓；4—活塞；5—水压升降机；
6—包装食品；7—板架

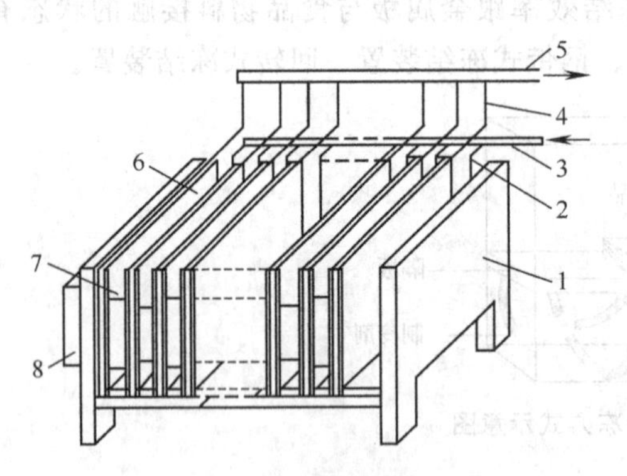

图 3-10 立式平板冻结装置

1—机架；2，4—橡胶软管；3—供液管；5—吸入管；
6—冻结平板；7—定距螺杆；8—液压装置

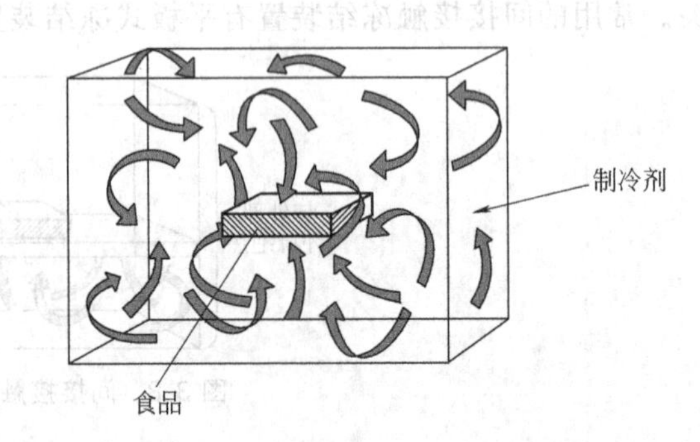

图 3-11 直接接触冷冻方式示意图

此外，还有回转式或钢带式，分别是用金属回转筒和钢输送带作为和食品物料接触的部分，具有可连续操作、物料干耗小等特点。

(3) 直接接触冻结法 直接接触冻结法又称为液体冻结法 (liquid freezing)，即用低温介质或超低温制冷剂直接浸泡、喷淋包装或散态食品，使之冻结的方法。图 3-11 是直接接触冻结方式的示意图，在这类方式中食品表面与冷冻介质之间没有屏障。

与未包装食品接触的介质要求无毒、纯度高、清洁、无异味、无外来色素或漂白作用，和食品物料接触后也不能改变食品物料原有的成分和性质。用于冻结包装食品的介质必须无毒，并对包装材料无腐蚀作用。常用的低温介质有氯化钠、蔗糖、甘油和丙二醇水溶液，常用的超低温制冷剂有液氨、CO_2 和 R_{12}。使用低温介质时，应控制低温介质的浓度，使其冻结点在足够低的温度以下。盐水可能对未包装食品物料的风味有影响，因而，目前盐水直接接触冻结主要以用于海鱼、海虾的冻结。盐水的特点是黏度小、比热容大、价格便宜，但其腐蚀性大，使用时应加入一定量的防腐剂。糖液可用于冻结水果。甘油、丙二醇都可能影响食品物料的风味，一般不适用于冻结未包装的食品物料。

直接接触冻结法传热效率很高、冻结速度极快、冻结食品物料的质量高、干耗小。

浸渍冻结装置是将物品直接和温度很低的冷媒接触，从而实现快速冻结的一种装置。图 3-12 是连续式盐水冻结器，鱼从进料口同冷盐水一起经进料管进入冻结器的底部，经冻结后鱼体相对密度减轻而上浮，随盐水流到冻结器上部，由出料机将鱼送至滑道，在这里鱼和盐水分离，冻好的鱼由出料口排出；经滑道分离鱼后，盐水进入除鳞器，除去鳞片等杂物后的盐水进入盐水蒸发器再冷却，由盐水蒸发器制得的冷盐水经盐水泵输送至进料口，经进料管进入冻结器，与鱼换热后盐水升温，由冻结器上部溢出，再进入滑道，如此反复循环。在该装置中，液态低温介质能与形态不规则的食品如鱼、虾、蘑菇等密切接触，冻结速率很快，若对低温液体再加以搅拌，则冻结速率还可进一步提高；在浸渍过程中，食品和空气接触时间少，适用于冻结易氧化食品。只是在冻结未包装食品时，在渗透压的作用下，食品内汁液会向介质渗出，以致介质污染和浓度降低，并导致低温介质冻结温度上升。

图 3-13 是喷淋式液氮冻结装置。装置外形呈隧道状，中间是不锈钢丝制的网状传送带，

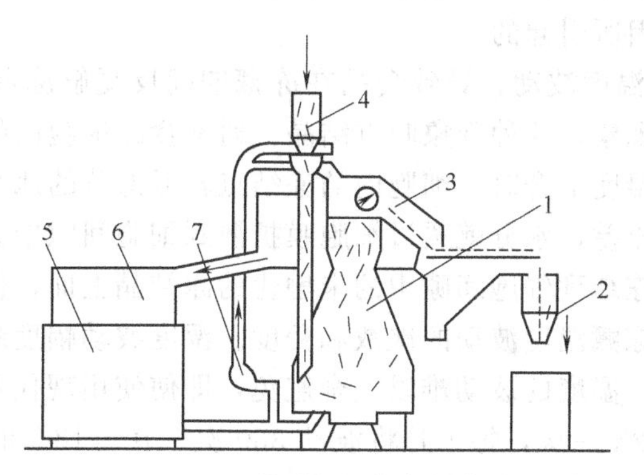

图 3-12 连续式盐水冻结器

1—冻结器；2—冻鱼出料口；3—滑道（分离器）；
4—进料口；5—盐水蒸发器；6—除鳞器；7—盐水泵

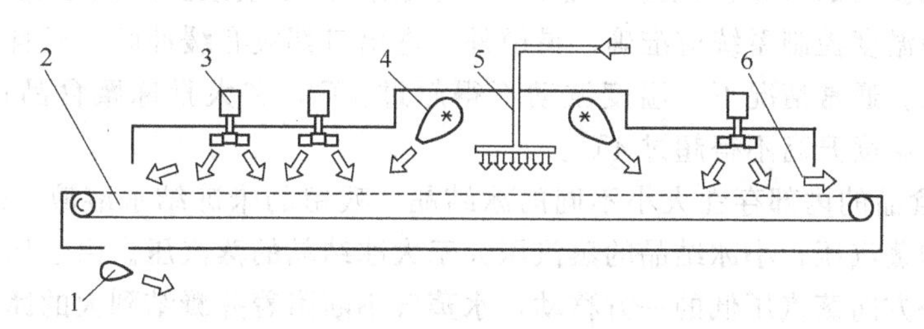

图 3-13 喷淋式液氮冻结装置

1—风机；2—进料口；3—搅拌风机；4—风机；5—液氮喷雾器；6—出料口

食品随传送带在隧道内依次经过预冷区、冻结区、均温区、冻结完成后到出口处。液氮由室外引入冻结区进行喷淋冻结。食品由预冷区进入冻结区，即与喷淋的－196℃液氮接触，瞬时即被冻结，因为短时间内，食品表面与中心的瞬时温差很大。为使食品温度分布均匀，食品由冻结区进入均温区数分钟。为了避免由于食品表面与中心温差过大所造成的食品龟裂，食品的厚度一般应小于 10cm。液氮冻结装置结构简单、使用寿命长，可实现超快速冻结，而且食品几乎不发生干耗、变色，很适宜于冻结个体小的食品，主要存在的问题是液氮的成本高。

3.3.7 冻制食品的储藏和解冻

冻制食品储藏的任务就是尽一切可能阻止食品中各种变化，以达到长期储藏的目的。储藏过程中食品品质变化取决于食品的种类和状态、冻藏工艺过程和工艺条件的正确性以及储藏时间等。

3.3.7.1 食品在冻藏中的变化

（1）冻藏食品的冰结晶成长　刚生产出来的冻结食品，它的冰结晶大小不是全部均匀一致的。在冻藏过程中，微细的冰结晶会逐渐减少、消失，而大的冰结晶逐渐成长变得更大，食品中整个冰结晶数目也大大减少，这种现象称为冰结晶成长。冰结晶的长大会严重破坏食品的组织结构，使冻藏食品受到像缓慢冻结那样的伤害，解冻后液汁流失增加，食品的风味和营养价值都下降。

冰结晶的成长是由于冰结晶周围的水或水蒸气向冰结晶移动，附着并冻结在它上面。这主要是由于两方面的原因所引起的。

① 由于冻藏室内的温度波动，导致食品在冻藏期间反复解冻和再冻结后出现冰结晶的体积增大、数目减少的现象，这种现象叫重结晶。通常食品细胞内的水分冻结点比细胞外的水分冻结点低，当冻藏温度上升时，细胞内的冻结点较低部分的冰结晶首先融化，由于液相与固相之间存在水蒸气压差，水分就透过细胞膜扩散到细胞间隙中去。当温度又下降时，这些外渗的水分就附着并冻结到细胞间隙中的未融化的冰结晶上面，使冰结晶长大。重结晶的程度取决于单位时间内冻藏温度波动的次数和程度。温度波动幅度越大，波动次数越多，则重结晶的现象就越严重。温度的波动难以完全避免，即使使用现代化的温度控制系统。冻藏室的温度波动一般大约 2h 一次，每个月将波动 360 次。在－18℃的冻藏室内，温度波动范围即使只有 3℃之差，对食品的品质仍然会有损害。

冻藏过程中由于制冷设备的非连续运转，以及冷库的进出料等影响，使冷库的温度并非恒定地保持在某固定值，会产生一定的波动。过大的温度波动会加剧重结晶现象，使冰结晶增大，影响冻藏食品的质量。因此，应采取一些措施，尽量减少冻藏过程中冷库的温度波动。除了冷库的温度控制系统应准确、灵敏外，进出口都应有缓冲间，而且每次食品物料的进出量不能太大。通常情况下，温度波动不得超过 1℃，在大批冻藏食品进出冻藏室过程中，冻藏室内的温度升高不得超过 4℃。

② 在冻结食品的内部存在大小不同的冰结晶、残留的未冻结水溶液。通常液体的蒸汽压大于冰结晶的蒸汽压，小冰结晶的蒸汽压大于大冰结晶的蒸汽压。由于压差的存在，水分由蒸汽压高的一方向蒸汽压低的一方移动，水蒸气不断附着并凝结到大的冰结晶上面，使大冰结晶越长越大，而小冰晶逐渐减少、消失。

冻藏食品一般要储藏较长的时间，而冻结食品内部冰结晶的大小又不可能全部均匀一致，因此，即使在正常的冻藏条件下，食品内部的冰结晶仍会发生长大的情况。表 3-14 为冻藏时间对冰结晶大小的影响。

表 3-14 冻藏时间对冰结晶大小的影响

冻藏时间/d	冰结晶的直径/μm	解冻后肉的组织状态	冻藏时间/d	冰结晶的直径/μm	解冻后肉的组织状态
刚冻结	70	完全回复	30	125	略有回复
7	84	完全回复	45	140	略有回复
14	115	组织不规则	60	160	未能回复

为了防止冻藏过程中因冰结晶成长给冻结食品带来的不良影响，我们应采用低温快速冻结方式，使食品中 90%的水分在原位置变成极微细而均匀的冰晶，并使食品中水分冻结率高、残留液相少，以减少冻藏中冰结晶的成长；同时，冻藏温度要尽量低，并保持库温稳定，特别要避免－18℃以上温度的波动。

有一些被称为增稠剂的食品添加剂，如琼脂、明胶等，能改善食品的物理性质、增加食品的黏稠性，赋予食品柔滑适口性。在冷冻食品中，利用这些增稠剂吸附水分的作用，可作为稳定剂以降低冰晶的成长速率。例如，在冰淇淋中，添加稳定剂能阻止冰淇淋内的冰晶生长、防止油水相分离、提高膨胀率、减慢融化、从而使冰淇淋具有柔软、疏松和细腻的品质。

(2) 冻藏食品的干耗和冻结烧　在冻藏过程中，若冻结食品表面的蒸汽压高于周围环境空气的蒸汽压，冻藏食品内的水分会直接从固态以冰结晶升华的方式进入周围的空气中，从而造成干耗。

开始时仅仅是在冻藏食品的表面层发生冰结晶升华，一段时间后，食品表面就会出现多孔干化层。随着冻藏时间的延长，多孔干化层会不断地深入食品内部，同时多孔干化层会被空气充满，使食品受到强烈的氧化。在氧的作用下，食品中的脂肪发生酸败，食品表面发黄变色，食品的色、香、味和营养价值都变差。这种由于干耗所引起的品质变差现象称为冻结烧。

导致冻藏食品干耗的关键性因素是外界传入冻藏室内的热量和冻藏室内的空气对流。当外界向冻藏室传入热量后，冻藏室内壁附近的空气温度上升，相对湿度下降。在冻藏室内壁附近的空气和冷却排管附近空气温度差的作用下，空气形成自然对流。食品表面的水分吸收了传递来的热量，在蒸汽压差或湿含量差的作用下，向周围的空气中蒸发，从而增加了空气的热含量和湿含量，这些空气和冷却排管接触，其所含的部分水分就会在冷却排管的表面冷凝、结霜，同时放出热量。这样，这些空气又成为低温、低湿的空气，再次与室内壁、冻藏食品进行热、湿交换。

干耗的影响因素很多，包括外界传入冻藏室内的热量（与季节、储藏室的大小、绝热层等因素有关）、空气对流速率及其热力学性质、室内装载量、室内空气温度与冷却排管内制冷剂蒸发温度的温差、食品种类、食品大小和形状、货物堆放方式和位置等等。冻藏库的隔热效果不好、空气温度变动剧烈、冷却排管表面与库内空气温度差太大、收储了内部温度高的冻结食品、库内空气流动速率太快等都会使冻结食品的干耗加剧。表 3-15～表 3-17 及图 3-14、图 3-15 分别表达了季节和地区、冻藏温度、空气的相对湿度、室内货物堆放量和堆放的紧密度对干耗量的影响。

表 3-15 季节和地区与牛肉干耗定额的关系

牛肉	储藏温度为－18～－15℃，储藏期为一个月时的自然干耗定额/%							
	北方季度				南方季度			
	Ⅰ	Ⅱ	Ⅲ	Ⅳ	Ⅰ	Ⅱ	Ⅲ	Ⅳ
上等肥肉	0.04	0.15	0.22	0.09	0.12	0.21	0.26	0.19
中等肥肉	0.05	0.28	0.28	0.12	0.15	0.24	0.33	0.23
下等肥肉	0.07	0.36	0.36	0.15	0.20	0.34	0.42	0.30

表 3-16 自然对流条件下相对湿度为 85%～90%时冻藏温度和冻肉干缩量的关系

冻藏温度/℃	冻肉干缩量/%			
	冻藏 1 个月	冻藏 2 个月	冻藏 3 个月	冻藏 4 个月
－8	0.73	1.24	1.71	2.47
－12	0.45	0.7	0.90	1.22
－18	0.34	0.62	0.86	1.10

表 3-17 不同相对湿度对冻肉自然损耗量的关系

相对湿度/%	自然损耗/%	相对湿度/%	自然损耗/%
90 以上	0.02	76～80	0.11
86～90	0.03	71～75	0.14
81～85	0.09		

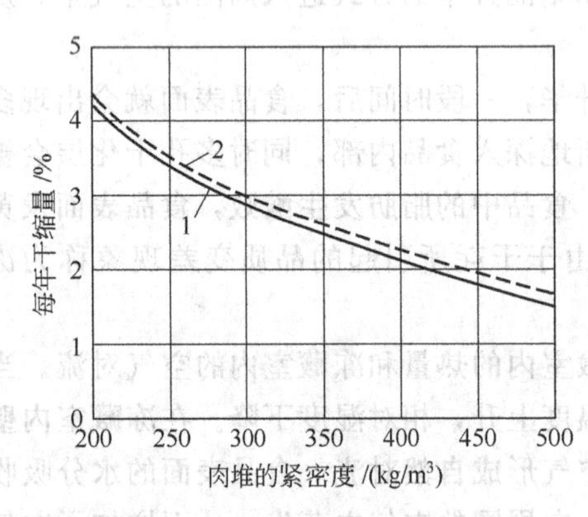

图 3-14 肉堆紧密度对干缩的影响

1—牛肉；2—羊肉

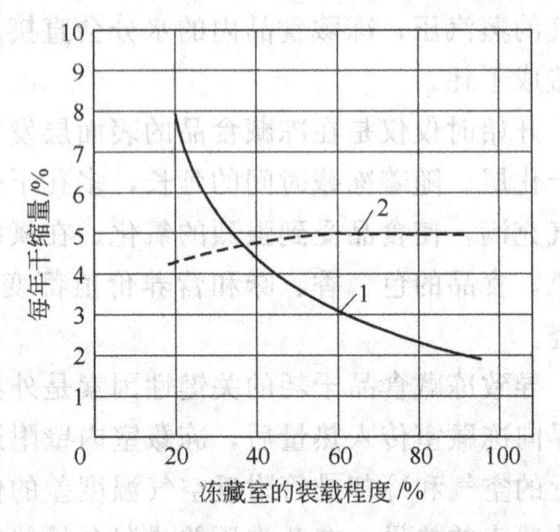

图 3-15 冻藏室内装载量对干缩量的影响

1—相对干缩量（单位为%）；2—绝对干缩量（单位为吨）

冻藏食品的冻结烧是由冻藏食品内的冰结晶升华引起的，因此减少冻藏食品干耗量的同时可降低冻藏食品的冻结烧程度。采用较低的冻藏温度（一般不高于－18℃）、包冰衣或密封包装等隔氧措施及在包冰衣的水中加入抗氧化剂（如抗坏血酸、生育酚）均可有效地防止或降低冻藏食品的冻结烧。

(3) 冻藏食品的化学变化 凡是在常温下能够发生的食品化学变化，在长期的冻藏过程中都会发生，只是进行的速度十分缓慢而已，如蛋白质变性、食品的变色、变味等。食品在冻藏过程中出现的变色、变味等化学变化，许多都是与氧的存在和酶的活性相关的。

多脂肪鱼类如带鱼、沙丁鱼、大马哈鱼等，在冻藏过程中会发生黄褐变。这主要是由于鱼体中高度不饱和脂肪酸易被空气中的氧所氧化，经过一系列的反应后，最终生成醛、醇、酮，从而导致鱼类发生变色。

红色的金枪鱼肉和牲畜肉在冻藏过程中会发生褐变，主要是因为肉类中2价铁离子的肌红蛋白和氧合肌红蛋白被氧化生成含有3价铁离子的氧化肌红蛋白（高铁肌红蛋白）而呈褐色。

箭鱼肉在冻藏过程中有时会发生绿变。这是由于鱼类鲜度降低时会产生硫化氢，硫化氢与肌肉中的肌红蛋白、血液中的血红蛋白起反应，生成绿色的硫肌红蛋白和硫血红蛋白的缘故。

虾类在冻藏过程中发生黑变，主要原因是氧化酶（酚酶）在低温下仍有一定的活性，使酪氨酸变成黑色素。多酚氧化酶在虾的血液中活性最大，其他部位也存在，可用去除外壳、头、内脏、洗去血液或加热钝化酶的活性等方法处理后再冻结；也可采用真空包装冻藏或先用水溶性抗氧化剂溶液浸渍后冻结，再用此溶液包冰衣冻藏的方法来减少氧化。

有些无漂烫处理的果蔬在冻结和冻藏期间，果蔬组织中会累积羰基化合物和乙醇等物质，产生挥发性异味。此外，速冻蔬菜在冻结前应进行热烫处理，若热烫处理不够，叶绿素形成脱镁叶绿素，在冻藏过程中蔬菜颜色会由绿色变成黄褐色。这种变色是由于未被钝化的多酚氧化酶、叶绿素酶或过氧化物酶所引起的。

3.3.7.2 冻结食品的冻藏

（1）冻藏温度　冷冻食品食用时的品质除了受到冻结过程的影响外，还受储藏条件的影响。虽然食品质量的变化随着冻藏温度的降低而减小，但保持质量要权衡成本。在冻结过程中，要将食品的温度降到更低水平必须采用高制冷能力的冷冻系统，此外，保持较低储藏温度也增加了冷冻食品储藏的费用。

从保证冻藏食品品质的角度看，冻藏温度一般要低于−10℃才能有效地抑制微生物的生长和繁殖；而要有效地控制酶反应，温度必须降低到−18℃以下。通常认为，−12℃是食品冻藏的安全温度，−18℃以下则能较好地抑制酶的活力、降低化学反应速率，更好地保持食品的品质。因此，食品短期冻藏的适宜温度为−18～−12℃，长期冻藏的适宜温度为−23～−18℃，这是对产品品质、储藏期及储运费用等因素进行全面综合考虑的结果。我国目前对冻结食品采用的冻藏温度大多为−18℃。在国际上，食品冻藏温度目前趋向于更低的温度。

果蔬冻藏的温度愈低，冻藏过程中果蔬品质愈稳定。经过热烫处理的果蔬，多数可在−18℃下跨季度冻藏，少数果蔬（如蘑菇）必须在−25℃以下才能实现跨季度冻藏。为提高经济效益，降低冻藏成本，广泛采用的冻藏温度仍是−18℃。表3-18是国际制冷学会推荐的部分果蔬的冻藏条件。

表3-18　部分果蔬的冻藏条件

速冻果蔬种类	冻藏期/月			速冻果蔬种类	冻藏期/月		
	−18℃	−25℃	−30℃		−18℃	−25℃	−30℃
加糖的桃、杏、樱桃	12	>18	>24	花椰菜	15	24	>24
不加糖的草莓	12	>18	>24	甘蓝	15	24	>24
加糖的草莓	18	>24	>24	甜玉米棒	12	18	>24
柑橘或其他果汁	24	>24	>24	豌豆	18	>24	>24
豆角	18	>24	>24	菠菜	18	>24	>24
胡萝卜	18	>24	>24				

畜禽肉冻藏库内的空气温度一般为－20～－18℃，相对湿度95%～100%。如果是长期储藏，冻藏的温度应更低些。目前，许多国家的冻藏温度向更低的温度（－30～－28℃）发展，冻藏的温度越低，储藏期越长。表3-19反映了畜肉冻藏温度和冻藏期的关系。

表3-19 畜肉的冻藏温度和冻藏期

畜肉种类	冻藏期/月					
	－12℃	－15℃	－18℃	－23℃	－25℃	－30℃
牛胴体	5～8	6～9	12		18	24
羊胴体	3～6		9	6～10	12	24
猪胴体	2		4～6	8～12	12	15

鱼在冻藏前应包冰衣或包装处理。冰衣的厚度一般在1～3mm。鱼的冻藏期与鱼的脂肪含量有很大关系，多脂鱼（如鲭鱼、大马哈鱼、鲱鱼、鳟鱼等）在－18℃下仅能储藏2～3个月；而少脂鱼（如鳕鱼、比目鱼、黑线鳕、鲈鱼、绿鳕等）在－18℃下能储藏4个月。多脂鱼的冻藏温度一般在－29℃以下，少脂鱼在－23～－18℃，而部分肌肉呈红色的鱼的冻藏温度应低于－30℃。

（2）冻结食品的T.T.T概念　流通过程中冻藏食品的品质主要取决于：原料固有的品质、冻结前后的处理和包装、冻结方式、流通中各个环节所经历的温度和时间。不同的食品物料、冻藏温度，其储藏期有所不同。冻藏的食品物料如果用作食品加工的原辅材料，其冻藏过程往往是在同一条件下完成；而作为商品销售的冻藏食品，在到达消费者手中之前，要经历生产、运输、储藏、销售等冷链（cold chain）环节。不同环节的冻藏条件可能有所不同，其储藏期要综合考虑各个环节的情况而确定，为此出现了冷链中的T.T.T概念。冷链是指从食品的生产到运输、销售等各个环节组成的一个完整的低温物流体系。冻结食品的T.T.T（time-temperature-tolerance）即冻结食品的可接受性与冻藏温度、冻藏时间的关系，用以衡量在冷链中食品的品质变化，并可根据不同环节及条件下冻藏食品品质的下降情况，确定食品在整个冷链中的储藏期限。

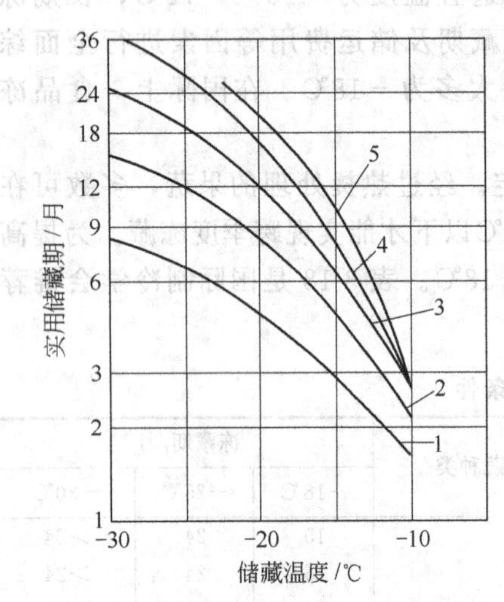

图3-16　冻结食品的T.T.T曲线

1—多脂肪鱼和炸仔鸡；2—少脂肪鱼；3—四季豆和汤菜；4—青豆和草莓；5—木梅

冻藏食品的“T.T.T”研究常用感官评价（organoleptic test）配合理化指标来测定，通过感官评价能感知食品品质的变化。

采用科学的感官鉴定方法将某冻藏温度下的冻结食品与在－40℃下冻藏的食品相比较，若感官鉴定组有70%的成员能识别出这两者之间的品质差异，此时，冻结食品所经历的冻藏时间称为高品质寿命（high quality life，简写为HQL）。实际上，感官鉴定组对冻藏食品的感官评定常常把条件稍作放宽，使用实用储藏期（practical storage life，简写为PSL）的概念。实用储藏期是指冻藏食品仍保持着对一般消费者或作为加工原料使用无妨的感官品质指标的最长冻藏时间。

大多数冻结食品的品质稳定性或实用储藏期是随着冻藏温度的降低而呈指数关系增大，如图 3-16 所示。

假定某冻结食品在某一冻藏温度下的实用储藏期（PSL）为 A 天，那么在此温度下，该冻结食品每天的品质下降量为 $1/A$。当冻品在该温度下实际储藏了 B 天时，则该冻结食品的品质下降量为 $\frac{1}{A}\times B$。若该冻结食品在不同的冻藏温度下储藏了若干不同的时间，则该冻结食品的累计品质下降量为 $\sum_{i=1}^{n}\frac{1}{A_i}\times B_i$。

例如某冻结食品从生产到消费共经历了五个阶段的储藏，其品质下降量的计算如表 3-20 所示。从表中可以看出，该冻结食品从生产到消费所经历的五个不同阶段的温度和时间，累计品质下降量率为 0.4409，这说明该冻结食品还有 0.5591 的剩余冻藏性。如累计品质下降量超过 1 时，说明该冻结食品已失去商品价值，不能再食用了。

表 3-20　某冻结食品在流通期间温度、时间与品质的关系

阶段	储藏温度/℃	PSL/d	每天品质下降率	储藏时间/d	品质降低量
生产者保管	−25	365	0.0027	100	0.27
运输	−20	150	0.0067	2	0.0134
零售商保管	−24	340	0.0029	15	0.0435
搬运	−10	67	0.0149	1/5	0.003
消费者保管	−18	135	0.0074	15	0.111
累计				132.2	0.4409

综上所述，冻结食品从生产到消费的时间长短并不能说明冻结食品的质量。从 T. T. T 概念可知，如果将冻结食品处于不适宜的温度下流通，冻结食品的质量会很快下降。因此，与罐头食品不同，冻结食品不能以生产日期作为品质判断的依据。为了使冻结食品的优秀品质一直持续到消费者手中，就必须使冻结食品从生产到消费之间的各个环节处于适当的低温状态下。

3.3.7.3 冻制食品的解冻

解冻是大多数冻结食品在消费前或进一步加工前必经的步骤（冰淇淋、雪糕和冰棒等例外），是使冻藏食品回温、冰晶体融化、恢复食品原有新鲜状态和特性的过程。

从某种意义上讲，解冻实际上是冻结的逆过程，但解冻所需时间比冻结时间长。因为解冻时冻结品处在温度比它高的介质中，其外层首先被融化，供热过程必须先通过这个已融化的液体层；而在冻结过程中，食品外层首先被冻结，吸热过程通过的是冻结层。表 3-21 列出了冰和水一些热物理性质的数据，由表可知冰的比热容只有水的一半，热导率却为水的 4 倍。因此，冻结过程的传热条件要比解冻过程好得多。在解冻过程中，很难达到高的复温速率，且解冻速率随着解冻的进行而逐渐下降，这和冻结过程恰好相反。

表 3-21　0℃水和冰的某些热物理性质的比较

物理量	密度/(kg/m³)	比热容/[kJ/(kg·K)]	热导率/[W/(m·K)]	热扩散率/(m/s)
冰	917	2.120	2.324	11.5×10^{-7}
水	1000	4.218	0.604	1.33×10^{-7}

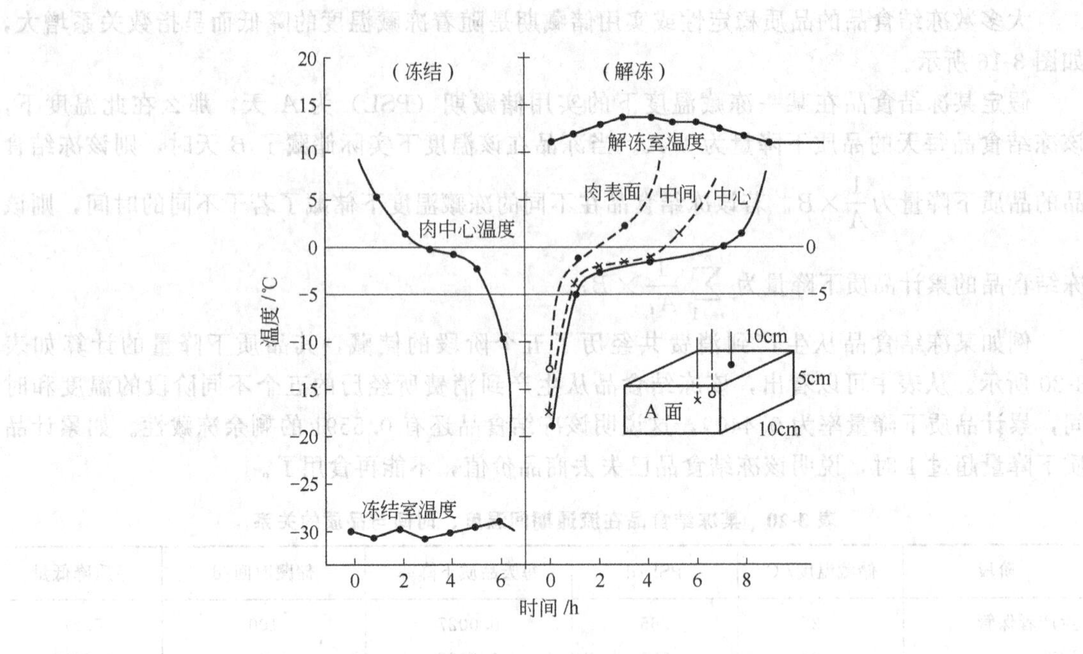

图 3-17　某肉类食品的冻结和解冻曲线

○—肉表面深 1cm；×—肉中间深 2.5cm；距 A 面 2.5cm；

●—肉中心深 2.5cm；距 A 面 5cm

从图 3-17 可以看出，肉类食品的冻结曲线与其解冻曲线有相似之处，即在－5～－1℃的冰结晶最大生成带，肉中心的温度变化都比较缓慢。不同的是在食品与传热介质之间的温度差、对流传热系数和食品的厚度都相同的情况下，在解冻过程中肉中心温度通过－5～－1℃温度区的速率比冻结过程缓慢得多。

此外，在冻结过程中，人们可以将低温介质温度降得很低以增大它与食品材料的温度差，从而加强传热、提高冷却速率。可是在解冻过程中，高温介质温度却受到食品材料的限制，否则将导致组织破坏。为避免表面首先解冻的食品被微生物污染和变质，解冻的温度梯度也远小于冻结的温度梯度。所以融化过程的热控制要比冻结过程更为困难。

解冻状态可分为半解冻和完全解冻。用做加工原料的冻品，半解冻状态（即中心温度－5℃）就可以了，以能用刀切断为准，此时食品的汁液流失较少。解冻介质的温度不宜过高，一般不超过 10～15℃。但是对蔬菜类食品如青豆、玉米等，为了防止淀粉老化，宜采用蒸汽、沸水、热油等高温解冻，并且煮熟。冻结前经过加热烹调等处理的方便食品，快速解冻的效果比缓慢解冻的好。大多数水果供生食之用，因此冻结水果不宜采用沸煮解冻法。一般冻结水果只有在正好全解冻时，食用质量最佳。小型包装的速冻食品如速冻水饺等的解冻，常和烹调加工结合在一起同时进行。

(1) 解冻的方法　解冻方法很多，常用的方法有：空气或水以对流换热方式对食品解冻、电解冻、真空、加压解冻或上述几种方式的组合解冻。

① 空气解冻　空气解冻法（air thawing）是一种最简便的解冻方法，多用于畜胴体。它依靠空气把热量传递给冻品，使冻品升温、解冻。不需要特殊设备，适用于任何大小和形状的食品，不消耗能源，最为经济。该法解冻缓慢，如用风机使空气流动能使解冻时间缩短，但会引起食品干耗，且受空气中灰尘、蚊蝇、微生物污染的机会较多。解冻常在一定的

装置中进行，通过改变空气的温度、相对湿度、风速、风向达到不同的解冻工艺要求。一般空气温度为14～15℃，相对湿度为95%～98%，风速2m/s以下。风向分水平、垂直或可换向送风。

② 水解冻　水解冻法（water thawing）是把冻结食品浸渍在静止水、流动水中或采用喷淋水的方法进行解冻的方法。由于水导热系数远大于空气，故水解冻法解冻速率快，解冻时间明显缩短，为空气解冻的1/5～1/4（若使水流动，可达1/10），而且避免了质量损失。但存在食品中的可溶性物质流失、食品吸水后膨胀、食品被解冻水中的微生物污染等问题。因此，适用于带皮或有包装的食品的解冻。

③ 电解冻　电解冻包括不同频率的电解冻和高压静电解冻。不同频率的电解冻包括低频（50～60Hz）、高频（1～50MHz）和微波（915MHz或2450MHz）解冻。

低频解冻（electrical resistance thawing）是将冻结食品视为电阻，利用电流通过电阻时产生的热使冰融化。由于冻结食品是电路中的一部分，因此，要求食品表面平整，内部成分均匀，否则会出现接触不良或局部过热现象。一般情况下，先利用空气解冻或水解冻，使冻结食品表面温度升高到－10℃左右，然后再进行低频解冻。这种组合解冻工艺不但可以改善电极板与食品的接触状态，同时还可以减少随后解冻中的微生物繁殖。

高频（dielectric thawing）和微波解冻（microwave thawing）是在交变电场作用下，利用冻结食品中的极性基团，尤其是水分子随交变电场变化而旋转的性质，相互碰撞，产生摩擦热使食品解冻。利用这种方法解冻能够达到较快的解冻速率和较均匀的温度分布，解冻时间一般只需真空解冻的20%，但成本较高。

高压静电强化解冻（电压5000～10^5V；功率30～40W）是一种有开发应用前景的解冻新技术。高压静电解冻法即用高压电场作用于冰冻的食品物料，电能转变成热能将食品物料加热解冻的方法。这种方法在解冻质量和解冻时间上远优于空气解冻和水解冻，解冻后，肉的温度较低（约－3℃）；在解冻控制和解冻生产量上又优于微波解冻和真空解冻。

④ 真空解冻（vacuum-steam thawing）　真空解冻法是英国Torry研究所发明的一种解冻方法。水在真空室中沸腾时形成的水蒸气遇到温度更低的冻结食品时就在其表面凝结成水珠，蒸气凝结时所放出的潜热，被冷冻品吸收，使冻品温度升高而解冻。这种方法适用于鱼、鱼片、各种果蔬、肉、蛋、浓缩状食品。这种解冻方法比空气解冻法提高效率2～3倍；食品在该装置内解冻可以减少或避免食品的氧化变质，解冻后汁液流失也少。但解冻食品外观不佳，且成本高。

⑤ 加压空气解冻　加压空气解冻是根据压力升高，冰点下降的原理，在铁制的容器内，通入压缩空气，使食品在同样解冻介质温度下易于融化。该法解冻时间短，解冻品质好。

单独使用某种方法进行解冻时往往存在一定的缺点，如将上述一些方法进行组合使用，可以起到扬长避短的作用。如在采用加压空气解冻时，在容器内使空气流动，风速在1～1.5m/s，这样就把加压空气解冻和空气解冻组合起来。由于压力和风速使表面的传热状态改善，缩短了冻结时间，如对冷冻鱼糜解冻速率可达温度为25℃的空气解冻的5倍。又如，将微波解冻与空气解冻相结合，可以防止微波解冻时容易出现的局部过热，避免食品温度不均匀。

(2) 解冻过程中食品品质的变化　大部分食品冻结时，水分或多或少会从细胞内向细胞间隙转移。在解冻过程中，随着温度的上升，细胞内冻结点较低的冰结晶首先融化，然后细胞间隙内冻结点较高的冰结晶才融化。由于细胞外的溶液浓度比细胞内低，水分会逐渐向细胞内渗透，并且按照细胞亲水胶质体的可逆程度重新吸收。解冻应尽可能使冻结食品的水分恢复到冻结前的分布状态，若解冻不当，极易出现严重的食品汁液流失，这是因为在冻结和冻藏过程中冻结食品发生了一系列变化：首先，细胞受到冰晶体的损害，显著降低了它们原有的持水能力；其次，蛋白质的溶胀力受到了损害、食品的组织结构和介质的 pH 值发生了一定程度变化、复杂的大分子有机物质有一部分分解为较为简单的和持水能力较弱的物质。

冻结食品解冻时的汁液流失量与诸多因素有关，归纳起来大致有以下四个方面。

① 冻结速率　快速冻结的食品解冻时汁液流失量比缓慢冻结的食品少。有试验表明，在−8℃、−20℃和−43℃三种不同温度的空气中冻结的肉块，同在 20℃的空气中解冻，肉汁损耗量分别占原质量的 11%、6%和 3%。

② 冻藏的温度　冻藏温度对解冻时的汁液流失量也有影响，冻藏温度越低，解冻时汁液的流失越少。例如，在−20℃下冻结的肉块分别在−1.5～−1℃，−9～−3℃和−19℃的不同温度下冻藏 3d，然后在空气中缓慢解冻，肉汁的损耗量分别为原质量的 12%～17%，8%和 3%。这主要是因为在较高的冻藏温度下，细胞间隙中冰晶体成长的速率较快，形成的冰晶颗粒较大，对细胞的破坏作用较为严重；若在较低温度下冻藏，冰晶体成长的速率较慢，对细胞的损伤不像较高温度时那样严重，且食品中发生的生物化学变化也较慢，持水力较强的物质得以较好的保留，解冻时汁液流失就较少。

③ 食品的种类及成熟度　动物组织一般不像植物组织那样易受到冻结和解冻的损害。在植物性食品中，水果最易受到冻结的损害，蔬菜次之；在动物性食品中，冻鱼解冻时的汁液流失量比畜、禽大，而家禽肉比起牲畜肉易受冻结的损害。成熟度不同，动植物食品的 pH 值不同。在等电点时，蛋白质胶体的稳定性最差，对水的亲和力最弱，如果解冻时生鲜食品的 pH 值正处于蛋白质等电点的附近，则汁液的流失就较大。

④ 解冻的速率　传统的观点认为解冻速率对汁液的流失同样会有影响，解冻速率越慢，回复到纤维中去的水分越多，汁液流失就越少。因为细胞间隙中的水分向细胞内转移和蛋白质胶体对水分的吸附是一个缓慢的过程，需要有一定的时间才能完成。缓慢解冻可使冰晶体融化速率与水分移转及被吸附的速率相协调，使食品组织能最大限度地恢复其原来的水分分布状态，而不至于因全部冰结晶同时解冻而造成汁液大量外流。

然而食品解冻时最浓的溶液最先解冻，缓慢解冻时食品和高浓度溶液的接触时间就增长，从而加强了浓缩带来的危害；同时，长时间的缓慢升温还会带来诸如微生物活动、酶促反应和氧化反应、淀粉老化等一系列不利影响，因此缓慢解冻也存在着对食品品质不利的因素。

最近有科学研究者通过显微镜观察，发现冷冻细胞吸水过程是极快的，所以目前解冻方法已倾向快速解冻。现在国内外已成功地对不少冻结食品采用了快速解冻技术，不但缩短了解冻时间，而且缩短了微生物增殖的时间，如高频和微波解冻方法等。有实验证明，对 13.6kg 的大包装全蛋冻品采用 21.1℃的空气解冻和流水解冻所需的解冻时间分别为 36h 和 12h，对应的微生物增量分别为 750%和 300%，而采用微波加热解冻所需的解冻时间仅为 15min，微生物几乎没有增长。

食品解冻时，由于温度的升高以及空气中的水分在冻结食品冷表面上的凝结会加剧微生物的生长与繁殖，加速生化变化，而且这些变化远比未冻结食品强烈得多。这主要是由于食品冻结后，食品的组织结构在不同程度上受到冰结晶的破坏，这为微生物向食品的内部入侵提供了方便。食品解冻时的温度越高，微生物越容易生长、活动并导致食品的腐败变质。因此，在解冻过程中应设法将微生物活动和食品的品质变化降低到最缓慢的程度。为此，必须尽一切可能降低冻结食品的污染程度，并且在缓慢解冻时尽可能采用较低的解冻温度。

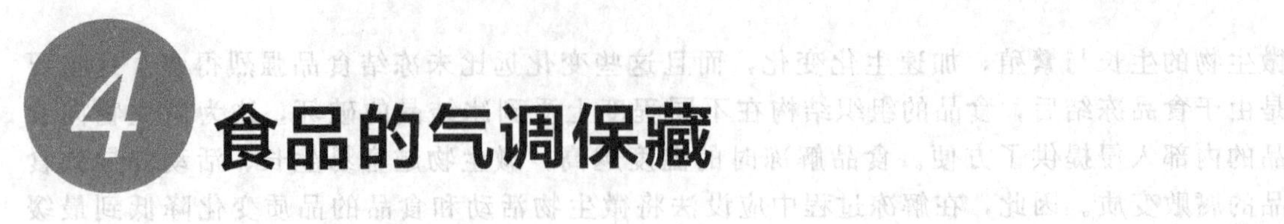

4 食品的气调保藏

随着消费者对新鲜、健康、方便、无添加剂食品需求的日益增加，对食品的保鲜技术提出了更高要求。气调保藏技术不仅应用于水果蔬菜的保鲜，已广泛应用于各类食品的保鲜包装。气调保藏是指通过调整和控制食品储藏环境的气体成分和比例以及环境的温度和湿度来延长食品的储藏寿命和货架期的一种技术。在一定的封闭体系内，通过各种调节方式得到不同于正常大气组成的调节气体，来抑制食品本身引起食品劣变的生理生化过程或抑制作用于食品的微生物活动过程。

4.1 概述

气调保藏国外又称 MAP 或 CAP，国内称气调包装或置换气体包装、充气包装。是采用具有气体阻隔性能的包装材料包装食品，根据实际需求将一定比例 O_2、CO_2、N_2 混合气体充入包装内，防止食品在物理、化学、生物等方面发生质量下降或减缓质量下降的速度，从而延长食品货架期，提升食品价值。

该技术最早应用于果蔬，法国科学家首先研究了空气对苹果成熟的影响，于 1821 年发表了研究成果，获得了科学院物理奖。1860 年英国建立了一座气密性较高的储藏库，储藏苹果库温不超过 1℃，试验结果表明苹果质量良好。1916 年英国的凯德和韦斯德两人对苹果进行气调保藏，在冷藏的基础上调节气体成分，试验成功。1930 年，美国研发人员发现，放在密封冷藏库里的苹果和梨的呼吸活动降低了库房内 O_2 的含量，增加 CO_2 含量，明显降低水果呼吸速度，使保鲜期达到 6 个月，冷藏保鲜期延长了 1 倍，1950 年这种利用呼吸自身气调的储藏方式在美国各地得到很大发展。

气调保藏作为一种食品包装技术，已有较长的历史，早在 12 世纪初期，从新西兰用船将新鲜的牛肉运到英国时，就通过增加车厢或库房里 CO_2 和降低 O_2 来运输或储藏鲜肉。1970 年，丹麦 Irma 零售连锁链在哥本哈根配送中心集中生产鲜肉气调包装，首次成功地供应整个丹麦。1980 年英国真空包装和气调包装约占欧洲食品包装市场的一半，约有 38%以上的新鲜红肉采用气调包装。21 世纪以来，美国和加拿大约 80%的牛肉销售由肉类包装生产商以分割肉真空包装形式供应给零售商、旅馆、餐馆和机关食堂；在英国目前所有食品零售连锁店都销售气调包装的食品；在法国，占新鲜食品市场很大部分的面包采用气调包装；在德国气调包装开始应用于方便面、比萨和鲜切蔬菜；在意大利约有 10%的腌肉和 72%馅饼应用气调包装。

我国历史上就有将水果等放在竹节、瓦缸或地窖中储藏的记载。唐朝杨贵妃千里品荔枝的故事，就是将荔枝装在竹节里，千里迢迢运至长安。还有民间的窖藏、埋藏，都是类似的普通气调保藏。我国对气调保藏研究始于70年代后期，1978年在北京建成第一座50吨的实验性气调库。我国在20世纪90年代后期开始研究开发食品气调包装设备，上海肉类加工企业引进国外气调包装设备开发新鲜猪肉气调包装市场，为我国食品气调包装产品打开了市场。21世纪以来研究者在食品气调包装的研究与市场应用方面进行了大量的实践和研究，已进入了一个新的发展时期。

4.2 气调保藏的原理

4.2.1 气调保藏常用的保护气体

国内外常用的保护气体是CO_2、O_2、N_2三种。CO_2是一种抑制细菌生长繁殖的抑菌气体剂。它的最佳抑菌作用在细菌繁殖曲线的滞后期阶段，在低温下易溶解于水和脂肪，对大多数需氧菌有抑菌效果，但对厌氧菌和酵母菌无效，通常抑制细菌的最低浓度为30%。O_2能抑制厌氧菌的生长繁殖，保持新鲜猪、牛、羊肉的红色色泽，保持新鲜果蔬新陈代谢需氧呼吸。N_2为惰性气体，与食品不起作用，仅作为混合气体的充填气体。

4.2.2 气调保藏常用的包装材料

4.2.2.1 不同气体对材料的渗透性

气调包装材料要求对气体及水蒸气具有高阻隔性，气调包装系统的设计不仅要考虑包装内气体浓度，还要考虑包装材料的透气性。材料透气性的差异与材料高分子的聚集状态（结晶性）、聚合物结构对气体的扩散性和溶解性、采用添加剂的影响等因素有关。但是不同的气体对同种材料的渗透性也不相同，对同种材料而言，一般是N_2的透过性最小，O_2稍大一些，CO_2的最大，这与气体分子的大小（动力学直径）以及气体分子的形状有关。分子的动力学直径越小，在聚合物中扩散越容易、扩散系数越大。但气体分子直径的大小并不是决定渗透性的唯一因素，因为渗透性还与气体在聚合物中的溶解度有关。另外分子的形状也能影响渗透性，有研究表明，长条形分子的扩散能力和渗透能力最强，而且分子形状的微小变化会引起渗透性的很大变化。

4.2.2.2 选择合适的气调包装材料

要对产品进行气调包装，就必须根据产品的特性进行包装材料透气性的合理选择。一般用于气调包装的气体是O_2、CO_2、N_2的混合气体，或是O_2、CO_2的混合气体，因此在选择气调包装材料时必须对材料的O_2透过性、CO_2透过性、N_2透过性进行精确测试，才能达到理想的效果。目前透气性测试方法有压差法和等压法两大类。等压法设备测试对象单一，目前仅能检测材料的O_2透过性或者CO_2透过性；压差法设备对测试气体没有选择性，可以进行O_2、CO_2、N_2等常规气体的测试。

气调包装常用的包装材料有聚烯烃类（聚乙烯PE和聚丙烯PP），乙烯基聚合物（乙烯-醋酸乙烯共聚EVA，聚偏乙烯PVC，聚偏二氯乙烯共聚PVDC，乙烯-乙烯醇共聚EVOH），聚苯乙烯（PS），聚酰胺（PA），聚酯（PET）。

选用包装材料应注意包装盒应采用高阻隔材质，盒装膜根据不同产品特性因物而异；包装盒应在透湿、透氧、透光方面高效阻隔；包装膜应具备的共性是防雾化、透光率降到最低值，透气率不同的产品选择不同特性的膜。

4.2.3 气调保藏的基本原理

食品的变质主要是由食品自身生理生化过程、微生物的生长、食品成分的氧化或褐变等引起的，与食品储藏的环境气体有密切的关系，特别与 O_2 和 CO_2 有关。呼吸作用、脂肪氧化、酶促褐变、好氧微生物生长活动都需要一定的 O_2 存在。同时，许多食品的变质过程要释放出 CO_2，CO_2 对于许多微生物有抑制作用。因此，各种气调手段都以这两种气体作为调节对象。气调技术的核心正是将食品周围的气体调节成与正常大气相比含有低 O_2 浓度和高 CO_2 浓度的气体，配合适当的温度条件，来延长食品的寿命。

在传统的食品保藏技术中，食品作为被控对象物，处于被动地位。但在气调保鲜系统中，食品完全暴露在调节气体中，在大多数情况下，食品对系统也起着一定的积极作用，主要表现在食品通过自身的生理生化活动来调整环境气体。例如，食品的呼吸作用会使环境气体的含 O_2 量降低，而使 CO_2 的含量升高。

调节气体的组成不同于正常大气。与正常大气相比，调节气体一般是低 O_2 高 CO_2 分压的气体、高 O_2 高 CO_2 分压的气体、100%的纯 N_2 或是组成不变而总压降低（即不同程度的真空状态下）的气体等。理想的调节气体状态可由不同的方式建立，既可以由人工建立，也可以通过被气调产品的生理活动自发建立。

封闭体系的大小和形式有多种，可以大到一个气调库房，小到一个包装盒。其功能是保持调节气体的相对稳定，但调节好的环境气体成分由于受气调产品生命活动的影响，浓度会发生改变。封闭层必须具有使过高浓度的气体成分经它排向大气、需要的气体经它由大气进入的功能。显然，有些封闭层，如库房的墙体等，自身是气密性的，因此必须在这一类封闭层上附设调气的装置。但薄膜材料因其具有透气性，用来作封闭层，只要其透气能力和对不同气体透气率比例适当，自身就可以起气调作用。

气调系统一般都要求将产品维持在较低的温度下，这样才能使气调保鲜措施发挥最大的作用。

4.2.4 气调保藏对鲜活食品生理活动的影响

（1）抑制鲜活食品的呼吸作用　果蔬等鲜活食品通过呼吸作用，维持自身的生命活力、抵御微生物入侵。但呼吸作用需要不断消耗呼吸底物，使果蔬的营养成分、质量、外观和风味发生不可逆转的变化，这不仅降低了果蔬的食用品质，而且使其组织逐渐衰老，影响耐藏性和抗病性。呼吸强度的大小可以判定呼吸的快慢程度。呼吸强度指每小时每千克鲜重的果蔬放出 CO_2 或吸收 O_2 的量，单位是 mg(mL)/(kg·h)。呼吸强度大，说明呼吸旺盛，组织体内的营养物质消耗得快，加速其成熟衰老，产品寿命短，储藏期就短。因此，可以采取各种措施抑制果蔬的呼吸作用，使其在维持正常生命活动、保证抗病能力的前提下，将呼吸强度降低到最低水平，最低限度地消耗自身体内的营养，以达到延长保鲜储藏期，提高储藏效果的目的。

实验证明，降低 O_2 和提高 CO_2 的浓度能够降低果蔬的呼吸强度，并推迟其呼吸高峰的出现。O_2 对呼吸强度的抑制必须降到7%以下浓度时才起作用，但不宜低于2%，否则易出现中毒现象。CO_2 对呼吸的抑制作用是浓度越高，抑制作用越强。在 CO_2 浓度为5%的气体中呼吸强度可下降到70%，如果降 O_2 和提高 CO_2 浓度同时进行，对果蔬呼吸的抑制作用更为显著，例如，在5%O_2和5%CO_2浓度组合中，苹果的呼吸强度会降到38%。不同O_2和CO_2浓度的配比条件对果蔬的呼吸作用的抑制程度是不同的。在3.3℃下储藏时，气体组分对苹果呼吸强度的影响情况如表4-1所示。

表4-1 苹果在3.3℃低温储藏时气体组分对呼吸强度的影响

气体 CO_2%∶O_2%	呼吸强度/[mg/(kg·h)]		气体 CO_2%∶O_2%	呼吸强度/[mg/(kg·h)]	
	CO_2	O_2		CO_2	O_2
0∶21	100	100	10∶10	40	60
0∶10	84	80	5∶16	50	60
0∶5	70	63	5∶5	38	49
0∶(2～3)	63	52	5∶3	32	40
0∶1.5	39	—	5∶1.5	25	29

具有呼吸高峰型的果实在储藏中如降低O_2或提高CO_2浓度，都可延迟其呼吸高峰的出现，并能降低呼吸高峰顶点的呼吸强度，甚至不出现呼吸高峰。低O_2和高CO_2同时作用会取得更明显的效果。

但O_2浓度过低或CO_2浓度过高都会导致鲜活食品产生生理病害。鲜活食品的呼吸作用随空气中O_2含量下降而下降，释放出的CO_2也随之减少。当CO_2释放量降到一个最低点后又会增加起来，这是因为发生了缺O_2呼吸的结果。当CO_2释放量达到最低点时，空气中O_2的浓度称为O_2的临界浓度。鲜活食品储藏时，如O_2降到临界浓度以下时就会发生缺O_2呼吸，即O_2浓度过低。这不仅会比有O_2呼吸消耗更多的营养成分，而且还会产生乙醇，造成鲜活食品的生理病害，严重时则导致食品腐烂。O_2的临界浓度随着鲜活食品的种类、品种不同而异，大部分果蔬在1%～3%，而一些热带、亚热带产的果蔬可高达5%～10%。部分果蔬O_2的临界浓度如表4-2所示。

表4-2 部分果蔬的O_2临界浓度（体积分数）

食品种类	O_2临界浓度/%	食品种类	O_2临界浓度/%	食品种类	O_2临界浓度/%
蘑菇	1	花椰菜	2	胡萝卜	3
大蒜	1	甜瓜	2	番茄	3
洋葱	1	苹果	2	黄瓜	3
木兰花椰菜	1	洋梨	2	甜椒	3
萝卜	2	木瓜	2	朝鲜蓟	3
莴苣	2	橄榄	2	青豌豆	5
芹菜	2	草莓	2	柑橘	5
菜豆	2	油桃	2	鳄梨	5
苦苣	2	杏	2	甘薯	7
荚豆	2	桃	2	芒果	9.2
甜玉米	2	李子	2	马铃薯	10
甘蓝	2	柿子	3	芦笋	10
芥蓝	2	樱桃	3	坚果类	0

各类果蔬对高CO_2的浓度都有一定的适应性。超过这个适应性，如CO_2浓度过高，会使鲜活食品内积累大量琥珀酸，导致果实褐变、黑心等生理病害发生，其严重程度与果实的成熟度、储藏温度、储藏期、高CO_2浓度、施加时间长短以及空气成分组成有关。部分果蔬对CO_2忍耐浓度如表4-3所示。

表 4-3 部分果蔬对 CO_2 忍耐浓度（体积分数）

食品	CO_2 忍耐浓度/%	食品	CO_2 忍耐浓度/%	食品	CO_2 忍耐浓度/%
莴苣	1	花椰菜	5	樱桃	10
苹果	2	茄子	5	草莓	20
芹菜	2	菜豆	7	无花果	20
甘薯	2	甜椒	5	菠菜	20
香蕉	3	青洋葱	10	甜菜	20
胡萝卜	3	黄瓜	10	蘑菇	20
柿子	5	洋葱	10	马铃薯	10
芒果	5	大蒜	10	韭菜	10

(2) 抑制鲜活食品的新陈代谢　鲜活食品呼吸代谢过程中的底物主要是其中的营养成分，如糖类、有机酸、蛋白质和脂肪等，经过一系列氧化还原反应而被逐步降解，并释放出大量的呼吸热。在有 O_2 呼吸情况下，呼吸底物被彻底氧化为 CO_2 和 H_2O；而在缺 O_2 情况下，则被降解为 CO_2、乙醇、乙醛和乳酸等低分子物质。由于气调冷藏抑制了鲜活食品呼吸作用，减少了呼吸底物的消耗，因而可以减少生物体内营养成分的损失。

生物体内有机物质生化反应所引起的降解都需要在特定酶系的催化下发生，气调采取了低 O_2 和高 CO_2 的条件，抑制酶的活性，从而延缓了某些有机物质的分解过程。例如，低 O_2 可以抑制叶绿素的降解，达到食品保绿的目的；减少抗坏血酸的损失，提高食品的营养价值；降低不溶性果胶物质的减少速度，增大食品的脆硬度。高 CO_2 则能降低蛋白质和色素的合成作用，抑制叶绿素的合成和果实脱绿，减少挥发性物质的产生和果胶物质的分解，从而推迟成熟到来和减慢衰老速度。

(3) 抑制果蔬乙烯的生成和作用　乙烯在植物体内是一种含量很低的生长激素，它能促进果实的生长和成熟，并能大大加快产品的后熟和衰老。通常情况下，植物在某些生长阶段，如种子发芽、果实成熟、叶子黄化时都能产生乙烯，外界因子也能诱发乙烯的产生，如吲哚乙酸（IAA）、机械损伤、冷害、干旱和水淹等，乙烯产生的速率与植物的生长阶段、组织不同有关，生长点和处于呼吸高峰的果实产生的乙烯就较多。

果蔬内乙烯的产生过程是：由甲硫氨酸（蛋氨酸，MET）→*s*-腺苷酰蛋氨酸（SAW）→1-氨基环丙烷-1-羧酸（ACC）→乙烯。如果能抑制果蔬组织细胞中乙烯的生成或减弱乙烯对成熟的促进作用，就可以推迟果蔬呼吸高峰的出现，延缓果蔬的后熟及衰老。

根据乙烯的合成过程，从 ACC 到乙烯这一步是需 O_2 过程。低 O_2 或缺 O_2 情况可以抑制 ACC 向乙烯的转化，从而抑制乙烯的生成，而且低 O_2 还可减弱乙烯对新陈代谢的刺激作用。低浓度 CO_2 会促进 ACC 向乙烯的转化，而高浓度 CO_2 则可抑制乙烯的形成，同时还可延缓乙烯对果蔬成熟的促进作用，干扰芳香类物质的合成及挥发。所以，在低 O_2、高 CO_2 和低温的共同作用下，可以抑制乙烯的生成，并减弱乙烯对成熟的刺激作用，抑制由乙烯所引起的生理作用（如叶绿素的降解、果实的退绿和成熟、蛋白质的合成、组织器官的脱落和开裂、呼吸跃变和储藏物质的水解等），从而延缓果蔬的后熟和衰老进程。

4.2.5 气调保藏对鲜活食品成分变化的影响

当储藏期较长时食品中的脂肪在 O_2 作用下容易发生自动氧化作用，降解为醛、酮和酸等低分子化合物，导致食品发生脂肪酸败。而气调冷藏采用低 O_2、充 N_2 等方法，可抑制食品的脂肪氧化酸败。这不仅防止了食品因脂肪酸败所产生的异味，而且也防止了色泽改变，同时减少了脂溶性维生素的损失。

O_2 还可使食品中多种成分发生氧化反应，如抗坏血酸、半胱氨酸、芳香环等。食品成分的氧化不仅降低了食品的营养价值，还会产生过氧化类脂物等有毒物质，同时还会使食品的色、香、味的品质变差。而采用气调保藏可以避免或减轻这些变化，并且有利于食品质量的稳定性。

4.2.6 气调保藏对微生物生长繁殖的影响

低 O_2 环境可抑制好气性微生物生长繁殖，在 O_2 浓度低于 2%的环境中，葡萄孢菌、青霉菌的生长减弱、发育受阻，甚至停止生长。葡萄孢菌在 1% O_2 浓度下不能在寄主内形成孢子，根霉在 0.5% CO_2 下不能产生成熟的孢子囊，但根霉菌丝可以在无氧条件下生存，若气体组成恢复正常后又可继续生长。另外，O_2 的浓度还和某些果蔬的病害发展有关，如苹果的虎皮病会随 O_2 浓度的下降而减轻。

高浓度的 CO_2 也能较强抑制储藏果蔬中的某些微生物生长繁殖，当 CO_2 在 10.4%时，葡萄孢菌、青霉菌、根霉的菌丝生长和孢子形成都会受到抑制。但某些霉菌，如麦霉即使在 90% CO_2 浓度下仍能继续发育；少数真菌在 CO_2 浓度增加时反而有利于孢子萌发，如高 CO_2 浓度可刺激白地霉菌的生长；还有些细菌、酵母菌可将 CO_2 作为所需的碳素来源。值得注意的是 CO_2 如过高会对果蔬组织产生毒害作用，如若处理不当，对果蔬的伤害作用会高于对抑制微生物的作用，因此，单靠增加 CO_2 或降低 O_2 浓度来抑制微生物的生长繁殖是不行的，必须根据果蔬的不同特性，选择适当低温和相对湿度及 O_2 和 CO_2 浓度的适当比例，在保持果蔬正常代谢基础上采取综合防治措施，才能抑制其微生物的生长繁殖，并延缓后熟进程，增大硬度，有效地保持果蔬完好率，降低储藏腐烂率。

对于肉类、鱼类产品，提高环境 CO_2 浓度也能抑制腐败微生物的生长，而且随着 CO_2 浓度的进一步提高，这种作用会增强。具体使用浓度决定于产品的品种、初始含菌量、储藏温度、其他气体含量以及要求的保鲜期限。通常，要使 CO_2 在气调保鲜中发挥抑菌作用，其浓度必须控制在 20%以上。

4.3 气调保藏的条件

气调保鲜技术的关键是调节气体。此外，在选择调节气体组成与浓度的同时，还必须考虑温度和相对湿度这两个在食品保藏技术中十分重要的控制条件。

4.3.1 调节气体

调节气体组成的选择与被气调食品的种类、品种、储藏期要求、气调系统的封闭形式、温度条件等多方面的因素有关。因此，适宜的调节气体的组成与浓度必须经过试验才能确定。

4.3.1.1 O_2 含量对气调保藏的影响

(1) 低 O_2 浓度对果蔬类产品可产生降低呼吸强度和基质氧化损耗、延缓成熟过程、抑制叶绿素降解、减少乙烯产生、降低抗坏血酸损失、改变不饱和脂肪酸比例、延缓不溶性果胶物质减少速度等效应。因此，通常的果蔬气调的做法是使调节气体的 O_2 含量低于正常大气的含量。然而，O_2 含量并非越低越好，O_2 浓度过低，也会引起不良的效应。因此，各种水果蔬菜，在一定的条件（如温度、CO_2 浓度等）下，一般都有一个 O_2 含量下限值（即造成对产品产生生理危机前的最低浓度）。这个下限值在不同产品之间存在着很大的差异，选择调节气体控制指标时必须区别对待。用于果蔬气调的 O_2 含量水平多控制在3%左右，而 N_2 含量控制在92%～95%之间。

（2）对于新鲜的动物性食品，调节气体的 O_2 含量需区别对待。气调保鲜猪、牛、羊肉生鲜肉类时，在高 O_2 环境下可保持肉色鲜红，在缺 O_2 环境下还原为淡紫色的肌红蛋白。而对于不含肌红蛋白（或含肌红蛋白，但热处理加工过）的动物产品，则尽量使 O_2 含量降低，如用100%的 N_2 将处理过的瘦肉进行充气包装。

（3）对于以抑制真菌为目的的气调处理，则 O_2 的浓度要降低到1%以下才有效。

4.3.1.2 CO_2含量对气调保藏的影响

高浓度 CO_2 对于果蔬一般会产生下列效应：降低导致成熟的合成反应（蛋白质、色素的合成）；抑制某些酶的活动（如琥珀酸脱氢酶，细胞色素氧化酶）；减少挥发性物质的产生；干扰有机酸的代谢；减弱果胶物质的分解；抑制叶绿素的合成和果实的脱绿；改变各种糖的比例。然而，过高的 CO_2 含量，也会产生不良效应。不同的水果蔬菜耐受 CO_2 的上限值存在着很大的差异，必须区别对待。通常用于水果气调的 CO_2 含量控制在2%～3%，蔬菜控制在2.5%～5.5%。

熟肉类、鱼类、鸡鸭产品的气调保鲜主要要求防腐。高浓度的 CO_2 可以明显抑制腐败微生物的生长，而且这种抑菌效果会随 CO_2 浓度升高而增强。具体的浓度要视产品的品种、初始含菌量水平、储藏温度、其他气体浓度条件的配合情况，以及要求的保鲜期限而定。一般要使 CO_2 在气调保鲜中发挥抑菌作用，其浓度必须控制在20%以上。保护气体由 CO_2 和 N_2 组成时，禽肉用 CO_2：N_2 比为50%～70%：50%～30%的混合气体进行气调包装，在0～4℃下的货架期可达14d。

4.3.1.3 O_2 和 CO_2 的配合对气调保藏的影响

O_2 和 CO_2 浓度比例的合理选择对于果蔬类产品的保鲜很重要。因为这类产品以消耗 O_2 释放 CO_2 为特征的呼吸作用会随时改变已经形成了的 O_2 和 CO_2 的浓度比例，同时，各种果蔬在一定条件下都有一个能承受的 O_2 浓度下限和 CO_2 浓度上限。因此，在气调保藏中，选择合适的气体配合比例是气调操作管理中的关键点。

根据 O_2 和 CO_2 的配合比例，目前应用的有三种方式。

（1）O_2 和 CO_2 体积总和约为21%　植物器官一般在正常生活中主要以糖为底物进行有氧呼吸，呼吸商约等于1。所以，将产品储藏在 O_2 和 CO_2 体积总和约为21%的密闭容器内，其呼吸消耗的 O_2 与释放的 CO_2 体积大约相等，即 O_2 和 CO_2 体积之和仍近于21%。封闭后经过一定时间，当 O_2 分压降至要求指标时，CO_2 分压也就上升达到了要求的指标。因空气中 O_2 含量约21%，CO_2 约0.03%，所以在以后的管理中也只需要定期连续地使封闭器内排出一定体积的气体，同时充入等体积的新鲜空气，就可以稳定地维持这个配合比例。这是气调保藏法发展初期常应用的指标。它的缺点是 O_2 浓度较高（>10%）、CO_2 浓度较低时，不能充分发挥气调保藏的优越性；O_2 浓度较低（<10%）时，可能因 CO_2 过高而招致生理损害。通常将 O_2 和 CO_2 控制相接近的指标（两者各约10%，有时 CO_2 稍高于 O_2），简称为高 O_2 高 CO_2 指标，这种配合效果终究不如低 O_2 低 CO_2 好。虽然如此，这种方法因其设备和管理简单，在条件受限制的地方仍是值得应用的。

（2）O_2 和 CO_2 体积总和低于21%　O_2 和 CO_2 的含量都比较低，两者体积总和不到

21%。这是目前国内外广泛采用的配合方式，效果要比两者体积总和约为21%的方式好得多。习惯上把气体含量在2%～5%范围的称低指标，5%～8%范围的称中指标。大多数果蔬都适宜储存在低O_2低CO_2的环境下，但这种配合方式在操作管理上较麻烦，所需设备也较复杂。

(3) 单指标　双指标需要同时控制O_2和CO_2的含量。有时为了简化管理手续，或者因为有的作物对CO_2很敏感，可以只控制O_2的含量，CO_2全部用吸收剂吸收掉。由于无CO_2存在时，O_2影响植物呼吸的阈值约为7%，选择的O_2含量指标必须低于这个水平，才能有效地抑制呼吸强度。对于大多数果蔬来说，这种方式的效果不如O_2和CO_2体积总和低于21%的方式好，但比总和约为21%方式要优越些，操作也比较简单，比较容易推广普及。

4.3.1.4 其他气体对气调保藏的影响

CO气体也是一种抑制果蔬成熟的气体。肉类产品包装中加入CO，可以保持肌肉的颜色不退去，还具有一定的抑菌效果。由于CO是一种毒性气体，尽管在气调方面的效果好，但在使用上一直受到严格限制。

乙烯不利于果蔬保鲜，在气调保藏过程中却会因果蔬的代谢活动而积累。因此，通常的做法是将乙烯从气调系统中及时驱除，以延长果蔬的保鲜期。

N_2是一种惰性气体，在气调中使用主要作为填充气体。

4.3.2 温度

降低温度可以减缓细胞的呼吸强度，抑制微生物生长。因此，气调技术也强调低温条件的配合。至于具体的温度，要根据气调的具体对象而定。

(1) 果蔬类产品气调的温度控制　对于果蔬类产品来说，采取气调措施，即使温度较高也能收到较好的储藏效果。如绿色番茄在20～28℃进行气调保藏的效果，与在10～13℃下普通空气中储藏效果相仿。正因为气调保藏法可以采用较高的储藏温度以避免产品发生冷害，而又能达到保持质量、延长储藏的目的，所以对热带、亚热带果蔬来说特别有意义。但是，也不能由此认为进行气调保藏就可以忽视温度控制。实际上只有适宜的气体组成与适宜的温度配合，才能充分发挥气调保藏的效果。例如，在不同的温度条件下气调保藏黄瓜30d，结果在10～13℃下，绿色好瓜率为95%；在20℃下，绿色好瓜率仅为25%，其余的为半绿或完全变黄，但没有烂瓜；在5～7℃下，虽然全部保持绿色，却有70%发生冷害病和腐烂。

果蔬产品一般都有一个最适冷藏温度，在这类产品的气调过程中，选择的温度通常要比普通空气冷藏温度高1～3℃。因为这些植物组织在0℃附近的低温下对CO_2很敏感，容易发生CO_2伤害，在稍高的温度下，可以避免这种伤害。

水果类的气调控制温度，除香蕉、柑橘等较高外，一般选在0～3.5℃的范围。蔬菜的气调温度控制点应高一些。

(2) 新鲜动物产品气调的温度控制　对于新鲜的动物产品，气调的主要好处是可以在非冻结状态下延长它们的货架寿命。尽管多数的试验报道指出，温度对高浓度CO_2条件下的这类产品的气调效应（抑制微生物的效应）没有显著的影响，但从安全的角度出发，气调的温度还是应尽量地低为宜。至于温度的下限，应以不影响这类产品以“新鲜状态”的质地出现在货架上为度。

4.3.3 相对湿度

在气调保藏中，保持较高的相对湿度可以避免果蔬中的水分过多的散失，因而可使果蔬机体保持新鲜壮实的状态，保持较强的抗病力。对于水果，调节气体的相对湿度控制范围一般为 90%～93%，蔬菜为 90%～95%。但也要防止因湿度过高而出现结露现象。

动物产品，一般没有对于调节气体相对湿度进行专门控制要求。不过，选用的包装材料应该有很好的水分阻隔性，这样才能保持这类产品的新鲜外观。

4.4 气调保藏的方法

4.4.1 气调方法

4.4.1.1 自然降 O_2 法

(1) 自然呼吸降 O_2 法　又称普通气调冷藏，即 MA (modified atmosphere) 储藏，指的是靠果蔬自身的呼吸作用来降低 O_2 的含量和增加 CO_2 的浓度。

当空气中的 O_2 减少到要求的含量范围后，要加以调节并控制在需要的范围内。在储存初期，果蔬呼吸强度较高，产生过多的 CO_2，可用 CO_2 吸附剂来吸收，或利用塑料薄膜对气体的渗透性来排除，或用 CO_2 洗涤器来消除，以减少对果蔬的生理病害。这种方法操作简单、成本低、容易推广。特别适用于库房气密性好，储藏的果蔬为一次整进整出的情况。但是其降 O_2 速度慢，一般为 20d，中途不能打开库门进货或出货。此外，由于呼吸强度、储藏环境的温度均高，故前期气调效果较差，如不注意消毒防腐，难以避免微生物对果蔬的危害。

(2) 气体通过交换法　即利用聚乙烯塑料薄膜透气性能好、化学性质稳定、耐低温、密封性好、符合卫生要求、价格便宜的优点，将新鲜果蔬放入聚乙烯薄膜内密封保藏。由于果蔬自身呼吸作用，这时，在薄膜内产生两个作用，一是气体成分发生改变，二是薄膜内外出现压差。于是，在压差的作用下气体从分压高的一侧向低的一侧移动，而这种移动都是通过薄膜进行内外交换。

4.4.1.2 快速降 O_2 法

快速降 O_2 法 (controlled atmosphere，简称 CA 储藏) 指的是在气调保藏期间，选用的调节气体的浓度一直保持恒定的管理。该法是用机械在库外制取所需的人工气体后送入冷藏库内，它有两种形式。

(1) 机械冲洗式气调冷藏　把库外气体通过冲洗式 N_2 发生器，加入助燃剂使空气中 O_2 燃烧来减少 O_2，从而产生一定成分的人工气体 (O_2 为 2%～3%，CO_2 为 1%～2%，N_2 为 95%～97%) 送入冷藏库内，把库内原有的气体冲出来，直到库内 O_2 达到所要求的含量为止，过多的 CO_2 气体可用 CO_2 洗涤器除去。该法对库房气密性要求不高，但运转费用较大，故一般不采用。

(2) 机械循环式气调冷藏　把库内气体借助助燃剂在 N_2 发生器燃烧后加以逆循环再送入冷藏库内，以造成低 O_2 和高 CO_2 环境 (O_2 为 1%～3%，CO_2 为 3%～5%)。该法较冲洗式经济，降 O_2 速度快，库房也不需高气密，中途还可以打开库门存取食品，然后又能迅速建立所需的气体组成，所以这种方法应用较广泛。

快速降 O_2 法与自然降 O_2 法相比有下列优点。

① 降 O_2 速度快，储藏效果好。尤其对不耐储藏的果蔬更加显著。如草莓，自然降 O_2 储藏 2～3d，就有腐烂的；而用快速降 O_2 可储藏 15d 以上，且果实新鲜、优质。

② 及时排除库内乙烯，推迟果蔬的后熟作用，同时可防止因冷藏而使果蔬产生的中毒性病害。库房气密性要求不高，减少了建筑费用。快速降 O_2 法要求的气密性不像自然降 O_2 法那样高，只要 2d 的漏气量为一次换气量就可以。而自然降 O_2 法则要求在 50d 内漏气量为一次换气量。由于要求气密性低，可将普通的高温库改造成 CA 储藏，这样气密结构所需的经费就可以减少。

4.4.1.3 混合除 O_2 法（又称半自然降 O_2 法）

（1）充 N_2 自然除 O_2 法　这种方法是自然降 O_2 法与快速降 O_2 法相结合的一种方法。实践证明，采用快速降 O_2 法把 O_2 含量从 21%降到 10%较容易，而从 10%降到 5%就要耗费较多的 N_2，大约是前者的两倍，成本较高。因此，先采用快速降 O_2 法向冷藏库内充 N_2，使 O_2 迅速降至 10%左右，然后再依靠果蔬的自身呼吸作用使 O_2 的含量进一步下降，CO_2 含量逐渐增多，直到规定的空气组成范围后，再根据气体成分的变化进行调节控制。

（2）充 CO_2 自然降 O_2 法　它是在果蔬进入塑料薄膜帐密封后，充入一定量的 CO_2，再依靠果蔬本身的呼吸作用及添加消石灰，使 O_2 和 CO_2 同步下降。这样，利用充入 CO_2 来抵消储藏初期高 O_2 的不利条件，因而效果明显，优于自然降 O_2 法而接近快速降 O_2 法。

混合降 O_2 法使果蔬储藏在开始阶段 O_2 下降快，控制了果蔬呼吸作用，防止了像草莓那样易腐产品的腐烂，因此，混合降 O_2 法比自然降 O_2 法优越；此法在果蔬储藏中后期又靠果蔬的固有呼吸自然降 O_2，所以比快速降 O_2 法成本低。

4.4.1.4 减压降 O_2 法

又称低压气调冷藏法或真空冷藏法，是气调冷藏的进一步发展。减压降 O_2 原理就是采用降低气压来使 O_2 的浓度降低，从而控制果蔬组织自身气体的交换及储藏环境内的气体成分，有效地抑制果蔬的成熟、衰老过程，以延长储藏期，达到保鲜的目的。

一般的果蔬冷藏法，由于没有经常换气，使有害气体慢慢积蓄，这是造成果蔬品质降低的一个原因。之所以不换气，主要是从冷藏成本来考虑的。但在低压下，换气成本低，相对湿度高，可以促进气体的交换。同时，减压使容器或储藏库内空气的含量降低，例如，气压减到 10.13kPa 时，空气的含量也随之相应降低原来的 1/10，则容器或库内的 O_2 含量也减少到原来的 1/10，这样就获得了气调保藏的低 O_2 条件。在低 O_2 情况下，果蔬组织内部呼吸强度降低，抑制了代谢活动，同时，也就减少了果蔬组织内部的乙烯的生物合成及含量，起到延缓成熟的作用。抽空后冷藏库内水分蒸发吸热，使室内温度也下降。所以减压降 O_2 法实际上是降 O_2 和不断地把乙烯等催熟气体从库内抽出，并补充高湿低压新鲜空气。因而能显著减慢果蔬的成熟衰老过程，延长储藏期，保鲜质量很高。

4.4.2 气调保藏的方法

4.4.2.1 气调冷藏库及设备

气调冷藏库是以冷藏库房作为封闭体，主要用于大宗新鲜果蔬长期储藏的大型气调保藏系统。由于储藏容量大，所以一般在管理方面自动化程度也高。气调冷藏库主要由库房、制冷系统、气体发生系统、气体净化系统、压力平衡装置等组成，见图 4-1。

（1）气调冷藏库的冷藏系统，基本与机械冷藏库相同，但要求有更高的气密性，防止漏

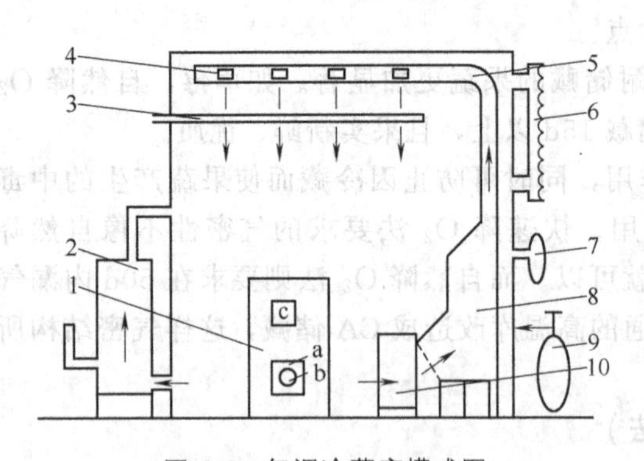

图 4-1 气调冷藏库模式图

a—气密筒；b—气密孔；c—检测窗（观察用）

1—气密门；2—吸收装置；3—加热装置；4—冷气出口；5—冷风管；6—呼吸袋；7—气体分析装置；8—冷风机；9—N_2 发生器；10—空气净化器

气，确保库内气体组成的稳定。为提高库房的气密性，可在四壁内侧和天地板加衬金属薄板或不透气的塑料板，或涂喷塑料层，避免一切漏缝；库门、观察窗和各种通过墙壁的管道也都要有气密构造。整个库房还应能经受一定的压力（正压和负压）。

一个气调保藏库在同一时间只能保持一种气体组成和温湿度，且不宜经常启闭。所以，整座气调库通常是分隔成若干可以单独调节管理的储藏室，每个储藏室容积不大，只储藏一种产品，并且最好是整批出入。

气调冷藏库的冷风系统有两种：一种是将冷风机安排在密封库内，库房内的空气直接受到冷风机的冷却循环，这是最常用而有效的体系；另一种是将气调密封库安排在常规的冷库内。密封库的内壁由镀锌钢板、铝板或塑料薄膜构成。通过对气密库内整个外表面的冷却，使其降温。

（2）气体发生系统　常用的气体发生系统的基本组成如图 4-2 所示。工作原理是利用某些燃料气体，如丙烷或天然气，将来自气调库的混合气体中的 O_2 在燃烧炉内烧成 CO_2。燃烧后得到的气体经冷却和净化后，主要成分是 N_2，混合有少量残留的 O_2 及燃烧后生成的 CO_2。由于库内空气不断地循环通过燃烧炉，因而库内的 O_2 不断降低而达到所要求的浓度。

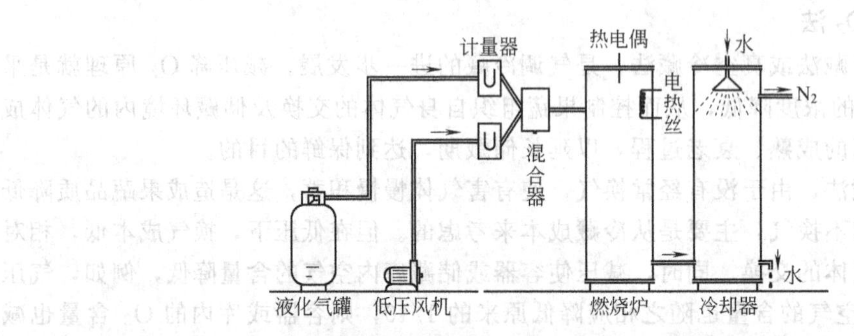

图 4-2 常用的气体发生系统的基本组成

① 燃烧炉　燃烧炉用耐热合金制造，主要由两部分构成，顶部是装满特殊催化剂的圆筒状容器，底部是一个管式热交换器。为防止热损失，燃烧炉加以适当的隔热。燃烧炉中的电热器是在系统开始工作时用来加热催化剂用的，当达到要求的燃烧温度时，电热器会自动停止加热。此后，预热由热交换器来完成。电热器只是偶尔开动以校正燃烧温度。

② 气体混合装置　气体混合部分主要由低压风机、气体调节器、计量器、混合器和供气管路构成。利用风机，可将来自气调库的气体和燃料气体在此装置得到比例稳定的混合。对气体调节器的调整可以提供需要的低 O_2 调节气体条件。

③ 气体冷却器　热空气进入冷却器向上流动和通过填充物向下流动的冷水相遇，空气在塔内同时得到冷却和加湿。来自燃烧炉的高温混合气体，通过直接接触式冷却，可以有效地冷却到常温（一般比水温高 1～2℃）。

（3）气体净化系统　气调保藏时封闭器内过多的 CO_2 和果蔬产品自身释放的某些挥发

性物质，如乙烯和芳香酯类，在库内积累会产生有害影响。这些物质，可以用气体净化系统清除掉。这种气体净化系统去除的是 CO_2 等气体成分，所以又称为气体洗涤器或 CO_2 吸附器。CO_2 气体洗涤器一般有三种：①碱式气体洗涤器，这种系统主要是一个吸收液的喷淋系统。用鼓风机引气调库内的空气流经4%～5%碱液喷淋层，使空气中的 CO_2 为 NaOH 所吸收，净化后的空气重新回到储藏库。控制气流速度，可以保持库内稳定的 CO_2 含量。②水式气体洗涤器，利用低温水吸收 CO_2 气体。③干式气体洗涤器，干式净化器内放置的是固体吸收剂，气调库内的气体流经吸收剂周围的孔隙，CO_2 被吸除，然后再回流入库内。由于固体吸收剂工作一段时期后会被所吸收的气体所饱和，需要用新鲜空气洗脱再生后才能继续使用，因此出现了将两个净化器并联起来的组合。这样在一只净化器工作的同时，另一只净化器得到再生。由此交替地切换使用，以使气体净化系统保持连续工作状态。

常用的吸收剂是消石灰或活性炭。活性炭可以同时吸收 CO_2、乙烯和其他挥发物。如用消石灰作吸收剂，只能吸除 CO_2，在这种场合下，可用吸附有溴的活性炭或用泡沫、砖块等作载体吸附饱和高锰酸钾液吸除乙烯，对芳香酯类物可用矿物油或蜡作吸收剂。

(4) 其他设备

① 湿度调节系统　气调冷藏库对于多数果蔬来说，相对湿度常会过低。这是因为冷藏系统的冷却管不断结霜所致。可以从两个方面来解决这一问题。一方面是提高冷却管的温度，缩小它与储藏库温的温差（有的仅保持5℃的温差），以减小冷却管的结霜程度。这就要求加强储藏库的绝缘性能并尽量减少库内的其他热源。另一方面是在库内设加湿器，可在库内喷水（雾），气体净化器出来的净化空气可以在回库以前通过加湿器加湿，以提高空气的湿度。

② 气体循环系统　气体发生和净化时均需进行气体循环，有时还要对库内空气作内部循环，使储藏库内各部位的温度和气体成分趋于更加均匀一致。气体循环系统由风机和进出气管道组成。

③ O_2 和 CO_2 分析及记录仪器　储藏期间要经常测定空气中 O_2 和 CO_2 的含量，以便超过指标范围时及时予以调整。

④ 压力平衡装置　气调保藏库内常常会发生气压变化，正压、负压都有可能出现。如吸除 CO_2 时，库内就会出现负压。为保证库房的气密性，还需在房体上配置压力平衡装置。常见的用于气调库房的压力平衡装置有气压袋和水封装置。

气压袋常用软质不透气的聚乙烯制作，体积约为储藏室容积的1%～2%，设在储藏室的外面，用管子与室内连通。室内气压发生变化时，袋子膨胀或收缩，因而可以始终保持室内外气压平衡。

水封装置，当库内正压超过一定值时，库内空气通过水封溢出；当库内负压超过一定值时，库外空气通过水封进入库内，自动调整库内外压力差，使之不超过一定的值。当库内需要增加 O_2 的含量时，可除去水封装置底部的帽子，库外空气可以由此通道进入库内。

4.4.2.2 薄膜封闭层气调方法

气调保鲜技术随着塑料薄膜业的发展出现了生机。自60年代以来，国内外对塑料薄膜封闭气调法开展了广泛地研究，目前已达到实用阶段，并继续向自动调气的方向发展。用薄膜材料作气调用的封闭层，具有灵活性大、使用方便、成本低等优点，可以克服气调冷藏库建筑设备复杂、成本高、灵活性小等不利普遍采用的缺点。此法适合于大宗果蔬的长期气调储存。

（1）垛封法　这种方法主要适用于果蔬的储藏。储藏产品用漏空通气的容器装盛，码成垛。垛底先垫衬底薄膜，其上放垫木，使盛果蔬的容器垫空。每一容器的上下四周也都酌留通气孔隙。码好的垛用塑料帐子罩住，帐子和垫底薄膜的四边互相重叠卷起并埋入垛四周的沟中，或用土、砖等物压紧。也可用活动菜架装菜，整架封闭。密封帐都是0.1～0.2mm厚的聚乙烯或聚氯乙烯薄膜做成。封闭垛码成长方形，每垛储藏量一般为500～1000kg，也有5000kg以上的情况，视产品种类，储藏期长短以及中途需开垛挑选产品而定。储藏期间需要开垛检查者容量不宜过大，并且检查完毕后应立即重新封闭，不使产品在空气中长久暴露。

由于这种大帐所用的塑料薄膜一般没有透气性，所以没有自动调气功能。因此，为了充气及垛内气体循环，塑料封闭帐的两端设置袖形袋口（也用薄膜制成），袖形袋还可供取样检查之用，平时将袋口扎住不使漏气。帐子上还设有抽取分析气样和充入气体消毒剂用的管子，平时也把管口塞住。为防止帐顶和四壁薄膜上的凝结水浸润储藏产品，应使封闭帐悬空，不要贴近菜垛，也可在菜垛顶部与帐顶之间加衬一层吸水物。为了去除过多的CO_2，常用消石灰作为CO_2吸收剂。如果是控制O_2单指标，可以直接把消石灰撒在垛内底部。这样，在一段时间内可使垛内的CO_2维持在1%以下；待到消石灰将失效时，CO_2上升，这时便添加新鲜消石灰。如果是控制总和低于21%的双指标，则应每天向垛内撒入少量的消石灰，使正好吸收掉一天内产品呼吸释放的CO_2，这样才能使垛内的CO_2含量稳定在一定的指标范围内。也可以用充入N_2的方法来稀释CO_2，垛封气调法也可采用与气调冷藏同样的各种方式进行除O_2和调气。

（2）硅胶窗薄膜封闭法　这种方式于1963年首先在法国问世。用0.15～0.18mm厚的聚乙烯薄膜做成方底的封闭袋，并装嵌上一定面积的硅橡胶气体交换窗。将装盛水果、蔬菜的容器按一定方式堆叠在垫板上，成一个大箱，将整个大箱放在袋内，扎口封闭。现法国应用的有数种规格的硅窗薄膜集装封闭袋，其中CA-500型底边为1.3m×1.3m，高2.7m，可装果实500～800kg，因产品种类和储藏温度而异；CA-1000型底边同上，高4.5m，装量1000～1400kg。这种封闭的集装袋，可用铲车搬运并可在冷藏库内码叠起来。

硅橡胶是一种有机硅高分子聚合物，用硅橡胶制成的薄膜具有透气性高，并且CO_2与O_2透气比大的特性。它的薄膜对CO_2和O_2的渗透系数要比聚乙烯膜大200～300倍，比聚氯乙烯大的更多。硅橡胶膜透过CO_2的速度为O_2的6倍，为N_2的12倍；对乙烯和一些芳香物质也有较大的透性。因而，用硅橡胶膜做成气体交换窗，镶嵌在气调库的墙上或封闭薄膜上，可以使封闭器内部的高分压CO_2向外渗透，外部的O_2向内渗透，从而能起到保持容器内气体组成比例相对稳定的自动调气作用。因此，这种方法很适合于果蔬的气调保藏或运输。

用硅橡胶膜做气体交换窗，其主封闭体与硅橡胶窗的面积比决定于产品的种类、品种、成熟度、单位容积的储量、储藏温度、要求的气体组成、储藏温度等许多因素。根据法国科学家的研究表明，CA-500型硅窗聚乙烯膜集装箱封闭袋，硅窗面积为0.31m^2，用以储金帅苹果，0℃时可储800kg，2～3℃时储700kg，5℃时储600kg，10℃时储500kg。近年来我国一些单位也做了一些研究，综合上海和北京的试验结果，储藏番茄需要的硅窗（国产压延膜，厚0.1mm）面积，10～13℃时约为0.5～0.7m^2，22～26℃时约为1.5～2.3m^2。

（3）气调包装法　气调包装是气调技术最有发展前途的一个方面。气调包装保鲜的特点是以小包装形式将产品封闭在塑料袋（或盒）内；袋内（或盒内）的环境气体或者是封闭时提供的，或者是封闭后靠内部产品呼吸作用自发调整形成的；封闭后袋内适宜的气体状态一般不再由人为方式进行维持管理，对于较大包装体，在储藏期间也可以用人为方式进行换气管理。气调包装适用的食品种类更广。因为气调包装的体积一般不大，许多本来就要用适当包装形式出售的零售食品，都可以应用气调包装技术，以延长食品的货架寿命。

4.5 气调包装在食品包装中的应用

4.5.1 CO_2 在食品包装中的应用

瑞典一公司推出采用充满 100%CO_2 气体的包装袋、容器、储藏室来储藏肉类。高浓度的 CO_2 能阻碍需氧细菌与霉菌等微生物的繁殖，延长微生物增长的停滞期及指数增长期，起防腐防霉作用。该法能使猪肉不需冷冻处理可保存 120d，如再加压处理，储藏时间更长。

美国专家采用新技术，用 CO_2 生产塑料包装材料。即使用特殊的催化剂，将 CO_2 和环氧乙烷（或环氧丙烷）等量混合，制成新的塑料包装材料，其特点具有玻璃般的透明度和不通气性，类似聚碳酸酯和聚酰胺树脂，在 240℃温度下完全分解成气体，有生物分解性，不会污染环境与土壤等特点。

我国已研究成功利用纳米技术，高效催化 CO_2 合成可降解塑料。即利用 CO_2 制取塑料的催化剂“粉碎”到纳米级，实现催化分子与 CO_2 聚合，使每克催化剂催化 130g 左右的 CO_2，合成含 42%CO_2 的新包装材料。其作为降解性优异的环保材料，应用前景广阔。

4.5.2 N_2 在食品包装中的应用

氮气（N_2）是理想的惰性气体，在食品包装中有特有作用，不与食品起化学反应且不被食品吸收，能减少包装内的含氧量，极大地抑制细菌、霉菌等微生物的生长繁殖，减缓食品的氧化变质及腐变，从而使食品保鲜。充 N_2 包装食品还能很好地防止食品的挤压破碎、食品黏结或缩成一团，保持食品的几何形状、干、脆、色、香味等优点。目前充 N_2 包装正快速取代传统的真空包装，已应用于油炸薯片及薯条、油烹调食品等。受到消费者特别是儿童、青年的喜爱，充氮包装可望应用于更多的食品包装。

美国应用 N_2 增加薄铝材料的饮料罐强度，在饮料装罐前，将 N_2 溶解在饮料中；在饮料罐密封后，N_2 就从饮料中释放出来，对罐壁形成一种压力，使饮料罐相当于一个充气罐，从而增加了饮料罐强度，效果显著。该罐装饮料在运输、堆放中或在货架上都不会造成破损，也不影响饮料品质。此法也可用于聚酯类塑料制成的饮料包装。

N_2 应用时必须重视 N_2 的纯度与质量。通过膜分离或变压吸附方式从压缩空气中将其分离出的 N_2 纯度可达 99.9%以上。食品包装中使用的 N_2 纯度必须达到纯氮级（即安全级）。

4.5.3 复合气体在食品包装中的应用

复合气调保鲜包装所用的气调保鲜气体一般由 CO_2、N_2、O_2 及少量特种气体组成。复合气体组成配比根据食品种类、保藏要求及包装材料进行恰当选择而达到包装食品保鲜质量高、营养成分保持好、能真正达到原有性状、延缓保鲜货架期的效果。复合气调保鲜包装在国内外已广泛应用。

(1) 生鲜鱼虾的气调包装　新鲜水产及海产鱼类的变质主要有细菌使鱼肉的氧化三甲胺分解释放出腐败味的三甲胺、鱼肉脂肪氧化酸败、鱼体内酶降解鱼肉变软、鱼体表面细菌(需氧性大肠杆菌、厌氧性梭状芽孢杆菌)产生中毒毒素，危及人体健康。用于鱼类气调包装的 CO_2 气体浓度高于 50%，抑制需氧细菌、霉菌生长又不会使鱼肉渗出；O_2 浓度 10%～15%抑制厌氧菌繁殖。鱼的鳃和内脏含大量细菌，在包装前需清除、清洗及消毒液处理。由于 CO_2 易渗出塑料薄膜，因此鱼类气调包装的包装材料需用对气体阻隔性高的复合塑料薄膜，在 0～4℃温度下可保持 15～30d。英国金枪鱼采用 35%～45% CO_2 和 55%～65% N_2 气体保鲜包装货架期 6d。虾的变质主要由微生物引起，其内在酶作用导致虾变黑。采用气调包装可对草虾保鲜。先将虾浸泡在 100mg/L 溶菌酶和 1.25%亚硫酸氢钠的保鲜液中处理后，采用 40%的 CO_2 和 60%的 N_2 混合气体灌充气调包装袋内，其保质期较对照样品延长 22d，是对照样品保质期的 6.5 倍。

(2) 禽畜生鲜肉类气调包装　生鲜肉类气调保鲜包装可分为两类，一类是猪、牛、羊肉，肉呈红色又称红肉包装，要求既保持鲜肉红色色泽又能防腐保鲜；另一类是鸡鸭等家禽肉，可称为白肉包装，只要求防腐保鲜。生鲜猪、羊、牛的肉的气调保鲜的气体由 O_2 和 CO_2 组成，根据肉种类不同，气体组成分各异。猪肉气调包装的气体组成为 60%～70%O_2 和 30%～40%的 CO_2，于 0～4℃的货架期一般 7～10d (包括宰杀后在 0～4℃温度下冷却 24h 使 ATP 活性物质失去、质地变得有柔软及香味、适口性好的冷却猪肉)。家禽肉气调包装主要是防腐保鲜，保鲜用气体由 CO_2 和 N_2 组成，禽肉用 50%～70%CO_2 和 50%～30% O_2 包装在 0～4℃的货架期达 14d。生鲜肉类包装材料也要求使用对气体有高阻隔性的复合塑料包装材料。

(3) 熟肉制品类气调包装　熟肉食品气调保鲜包装首先要求有优质的原材料，更要严格控制加工工艺及加工过程的卫生。如美国农业部熟牛肉包装的巴氏杀菌标准，要求食品的中心温度达到 71.1℃并保持 7.3s。熟食品烹调后立即需要真空快速冷却和分切成薄片后包装，如果这阶段的加工卫生条件差，如空气有病原菌和刀具与操作人员消毒不足等，都会使食品再次受到污染，残留细菌增殖就难从通过气调保鲜包装来延长货架期。熟食品气调保鲜包装是依靠 CO_2 抑制大多数需氧菌和真菌生长繁殖曲线的滞后期，而 CO_2 最有效抑制数很低(约 100～200 个/g)，因此，熟食品包装前细菌污染数愈少，气调保鲜包装抑菌效果愈好，货架期愈长。一般通过真空快速冷却，用 25%～35% CO_2，75%～35% N_2 气调保鲜包装，在超市冷藏陈列柜的货架期可达 40～60d。

(4) 烘烤食品与熟食制品的气调保鲜包装　烘烤食品包括糕点、蛋糕、饼干、面包等，主要成分为淀粉。由细菌、霉菌等引起的腐变、脂肪氧化引起的酸败、淀粉分子结构老化硬变等造成食品变质。应用于这类食品气调保鲜包装的气体由 CO_2 及 N_2 组成。不含奶油的蛋糕在常温下保鲜 20～30d，月饼、布丁蛋糕采用高阻隔性复合膜常温下保鲜期可达 60～90d。微波菜肴、豆制品充入 CO_2 和 N_2 能有效抑止大肠菌群繁殖。在常温 20～25℃下保鲜 5～12d，经 85～90℃调理杀菌后常温下保鲜 30d 左右，在 0～4℃冷藏温度下保鲜 60～90d。

气调包装也适用于净菜保鲜。净菜又称切割果蔬、半处理加工果蔬，为迎合上班族的新兴食品加工产品，有安全、新鲜、营养、方便等特点，但经切割后易褐变。采用气调包装降低 O_2 含量能最大限度延长货架期。例如美国的莴苣丝以 1%～3%的 O_2、5%～6%的 CO_2 和 90%N_2 阻止褐变。气调保鲜包装还适用于去皮和切片的苹果、马铃薯、叶菜类蔬菜等果蔬保鲜。

4.6 新型气调保鲜包装在食品中的应用

新型气调包装发展已有近10年的历史，作为新鲜产品保质、保鲜的一个重要手段，新型气调包装具有很大的市场潜力，包括高O_2气调、Ar和N_2O作为混合气体等。

(1) 高O_2气调包装　1995年，据英国坎普顿和乔里伍德食品研究协会（CCFRA）对新鲜的热带水果和冰山莴苣进行高O_2气调包装，结果证实高O_2气调能克服低O_2气调的众多缺点，在抑制酶促褐变，厌氧菌发酵及微生物生长方面尤其有效。高O_2气调可有效阻止水分及香气损失和湿处理阶段微生物的进入。高O_2气调能抑制好氧及厌氧微生物的原因：认为有活性的氧自由基能损害细胞大分子，从而当氧压超过细胞的保护系统时抑制微生物的生长。多酚氧化酶（PPO）是鲜活食品切口表面发生褐变的主要原因，PPO催化多酚物质的氧化为无色的醌，醌随后聚集成黑色物质。高O_2能导致底物抑制PPO或者大量无色的醌能反馈抑制PPO活性。因为缺少生理学机理及可能存在安全性问题，目前还没有被商业化应用。

(2) Ar和N_2O混合气调包装　Ar和N_2O被认为是新颖的混合调节气体，欧盟允许其在食品中应用。与N_2O相比，Ar能更有效抑制易变质食品中酶的活力，抑制微生物生长及不利的化学反应。有报道Ar和N_2O能通过抑制霉菌生长，减少乙烯释放量，延缓感官质量的下降来延长货架期。

5 食品的干藏

食品干藏是指将食品的水分降低至足以使食品能在常温下长期保存而不发生腐败变质的水平，并保持这一低水平的食品保藏过程。

食品干藏起源于自然现象，人们发现谷物干燥失去大部分水分后不易变坏。同样，其他一些物质干燥后也不易腐烂，如棉花、木材等。干藏在历史上曾是最主要的食品保藏手段，当时没有现代化的机器设备，一直到今天我们在生活中仍大量采用干藏这一既经济又实用的储藏手段，如谷物、麦片、肉禽类、鱼等的干藏。

采用干藏的方法保存食品，必须对食品进行干制，使食品失去大量的水分。而延长食品保藏期并不是食品干制的唯一目的，食品干制后失去大量水分，使食品的重量大大减少、液体食品变为固体食品，食品的体积也会减小（冷冻升华干燥等除外），这使得食品的储运费用减少，储藏、运输和使用变得比较方便。此外，由于食品经过干制后，其口感、风味发生变化，还可产生新的食品产品，如葡萄干、薯干等。

有些脱水过程，如油炸、炒制花生、烤肉、烤制面包等，由于存在其他实质性的变化，这些变化的重要性远胜于对干制的要求，因此，不属于食品干制的范畴。蒸发与浓缩过程也可以使食品失去部分水分，但由于其产品水分含量较高，不能在常温下长期储藏，也不属于干制的范畴。

此外，干藏还经常被用于与其他的保藏手段（如烟熏、盐渍、化学保藏等）相结合，以便更加延长食品的保质。

5.1 干藏原理

5.1.1 水分和微生物的关系——水分活度

5.1.1.1 水的作用及水分活度

微生物细胞在整个生命活动过程中需要不断地从细胞外摄取营养物质，并向外界排出代谢产物，这些都需要水作为溶剂或传递介质通过细胞壁来进行。因此，水是微生物生长活动的必需物质。也就是说微生物只能在有水溶液存在的介质中才能生长，在纯水或完全干燥的环境中难以生长。介质中水溶液的浓度只要处于0%～100%之间就会有微生物生长，但浓度不同时，生长的微生物种类不同。

细菌、酵母只有在含水量达30%以上的食品中才生长。而霉菌在水分低至12%以下甚至5%时还能生长，有时水分即使低至2%，若温度特别适宜，霉菌也可能生长。所以通常引起干制品腐败变质的微生物是霉菌。

严格地说，影响食品保质期的并不是水分的总量，而是水分中的有效水分，即能为微生物、生化反应和化学反应所利用的水分。这种可参与反应的水与水分活度α_w有关。水分活度（α_w）的定义为食品表面测定的蒸汽压（p_w）与相同温度下纯水的饱和蒸汽压（p_w°）之比，如式（5-1）所示。这个定义仅适合于热力学平衡下的理想溶液。由于大多数食品不符合理想溶液的假设，依据蒸汽压测量计算出的水分活度仅仅是一个近似值。

$$a_w=\frac{p_w}{p_w^\circ} \tag{5-1}$$

5.1.1.2 影响水分活度的因素

（1）温度　由水分活度的计算公式我们可以看出，食品的水分活度与水分的蒸汽压有关，而温度不同时，水分的蒸汽压是不相同的，因此，同一食品处于不同温度时，其水分活度是不同的。

（2）环境　食品与周围的环境之间是不断地进行着物质传递扩散过程的，食品中的水分不断地向周围环境扩散，同时，环境中的水分也不断地冷凝下来，进入食品中。

$$\text{空气的相对湿度}\ \Phi=\frac{p_v}{p_w^\circ}\times 100\% \tag{5-2}$$

式中　p_v——空气中水蒸气的分压，Pa。

当食品周围空气的相对湿度$\Phi<(\alpha_w\times 100\%)$时，食品中水分向空气中蒸发的速率大于空气中水分冷凝进入食品的速率，其宏观表现为物质失去水分被干燥。

当食品周围空气的相对湿度$\Phi>(\alpha_w\times 100\%)$时，食品中水分向空气中蒸发的速率小于空气中水分冷凝进入食品的速率，其结果表现为食品吸湿。

综上所述，食品与周围环境最终会达到平衡状态，即$\Phi=(\alpha_w\times 100\%)$。此时，水分向空气中蒸发的速率与空气中水分冷凝的速率相等，食品既不被干燥，也不吸湿，食品水分含量恒定不变。物质的水分活度就是通过测定与之达到动态平衡的空气的相对湿度所测得的。由此可知，食品的水分活度与它所处的环境有关。

（3）物质自身特性　根据拉乌尔定律，当溶液为理想溶液时：

$$p_w=p_w^\circ\frac{n_w}{n_w+n_z}=p_w^\circ x_w \tag{5-3}$$

式中　n_w——溶剂（水）的量，mol；

n_z——溶质的量，mol。

对于理想溶液：　$\alpha_w=x_w$

对于非理想溶液：　$\alpha_w=\gamma_w x_w$

式中　γ_w——活度系数；

x_w——溶剂的摩尔分数。

实际上，理想溶液是不存在的。溶液偏离理想的程度越小，γ_w越大，$\gamma_w\rightarrow 1$；溶液偏离理想的程度越大，$\gamma_w\rightarrow 0$。电解质溶液偏离理想的程度大，非电解质溶液偏离理想的程度小。非电解质溶液浓度越小越接近于理想溶液，浓度越大越偏离理想溶液。

5.1.1.3 最低水分活度

微生物是影响食品储藏稳定性的重要因素之一，要保证食品的质量，最基本的一点就是要防止微生物在食品上的生长和繁殖。任何一种微生物都有其适宜生长的水分活度范围，这个范围的下限称为最低水分活度，即当水分活度低于这个极限值时，该种微生物就不能生长、代谢和繁殖，最终可能导致死亡。在食品储藏过程中，如果能有效地控制水分活度，就能抑制或控制食品中微生物的生长。

各种微生物的最低水分活度如表5-1所示。若通过脱水或向食物中加入亲水剂（如糖、甘油或盐），使α_w降低到低于这些值，微生物的生长即被抑制。但是，这些添加剂的加入不应影响食品的气味、口味或者其他品质指标。因为即使为使α_w降低0.1所需要的可溶性添加剂数量也是非常大的，因而要降低高湿含量食品的α_w，脱水就成为特别有吸引力的方法。新鲜食品的α_w大多在0.99以上，对各种微生物均适宜，但最先导致牛乳、蛋、鱼、肉等低酸性食品腐败的是细菌。大多数细菌在真α_w降至0.91以下时停止生长，大多数霉菌在α_w降至0.8以下停止生长。尽管有一些适合在干燥条件下生长的真菌可在α_w为0.65左右生长，但一般把0.70～0.75的α_w作为微生物生长的下限。

表5-1　各种微生物的最低水分活度

最低水分活度	微　生　物
0.98	在肉上产生黏液的微生物
0.97	假单胞菌、杆状菌、仙人掌孢子
0.91～0.95	沙门氏杆菌属、肉毒梭状芽孢杆菌、沙雷氏杆菌、乳酸杆菌属、足球菌、部分霉菌和酵母
0.87～0.91	假丝酵母、球拟酵母、汉逊酵母、小球菌
0.80～0.87	大多数霉菌(产毒素的青霉)、大多数酵母、金黄色葡萄球菌
0.75～0.80	大多数嗜盐细菌、产毒素的曲霉
0.65～0.75	嗜旱霉菌、二孢酵母
0.60～0.65	耐渗酵母和旱生霉菌
0.60以下	微生物不能繁殖

多数引起食物腐败的革兰阴性菌的最低α_w值为0.95，革兰阳性菌为0.90；对于金黄色葡萄球菌来说，厌氧情况下其最低为0.9，在空气中则为0.86。环境条件会影响微生物生长所需的水分活度。一般而言，环境条件越差（如营养物质缺乏，pH值、O_2、压力及温度等不适宜），微生物能够生长的α_w下限越高。

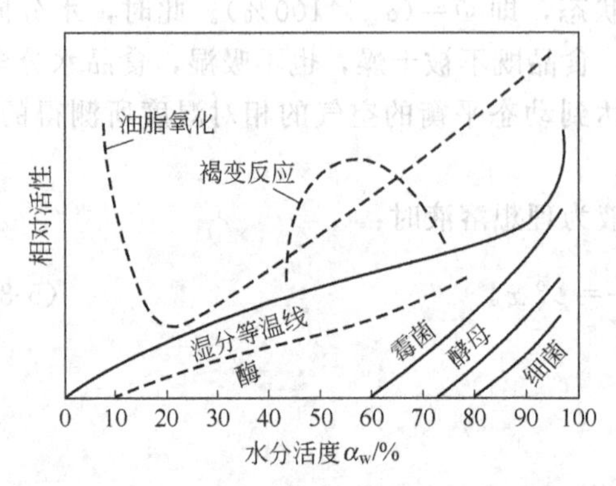

图5-1　食品中变质速率与水分活度的函数关系

微生物会产生对低α_w值的适应性，特别是α_w的降低是通过添加水活性物质而不是通过水的结晶（如冷冻食品）或脱水来实现的情况下更是如此。另外，当有甘油存在时，某些微生物能在较低α_w值情况下生长、繁殖及形成孢子，其最低的α_w值比添加NaCl或蔗糖时要低得多，这一点对于中等湿度食品很有意义。

图5-1表示的是在食品系统中作为α_w函数的降解反应速率的一般特性。除了经常发生在$\alpha_w>0.7$时的微生物破坏以外，氧化、非酶褐变（美拉德反应）以及酶反应甚至会发生在很低的干燥环境中。因此，实验室或者小型试验对确定此类破坏不会在我们所挑选的干燥过程中发生是十分必要的，因为这种破坏通常是无法预测的。

5.1.2　干制对微生物的影响

严格地讲，干制并不能将微生物全部杀死。干制过程中，食品及其污染的微生物均同时脱水，干制后，微生物就长期处于休眠状态，环境一旦适宜，微生物又会重新吸湿恢复活动。尤其自然干燥、冷冻升华干燥、真空干燥这样一些干燥温度较低的干制方法更是难以杀死微生物，事实上我们往往把冷冻升华干燥用于一些微生物干粉制品的制备，如活性干酵母、活性乳酸菌干粉等。因此，若干制品污染有致病菌、寄生虫时，因它们能忍受不良环境，就有对人体健康构成威胁的可能，应在干制前先行杀灭。

微生物虽然能忍受干制品中的不良环境，具有一定的抗干能力，但在干藏过程中微生物的总数会慢慢下降，这是因为微生物发生了“生理干燥现象”。即微生物长期处于干燥环境，周围环境的溶液浓度高于微生物内部溶液浓度，微生物细胞内的水分通过细胞膜向外渗透，最终导致细胞内水分量减少，微生物生命活动减弱，微生物不仅不能繁殖，甚至会死亡。干制品复水后，只有残存的微生物能复苏再次生长。

微生物的耐旱能力随菌种及生长期的不同而异。例如，葡萄球菌、肠道杆菌、结核杆菌在干燥状态下能保持活力几周到几个月，乳酸菌能保持活力几个月至一年以上；干酵母保存活力可达两年之久；干燥状态下的细菌芽孢、菌核、厚膜孢子、分生孢子可存活一年以上；黑曲霉菌孢子则能存活达 6～10 年以上。

5.1.3 干制对酶的影响

食品中含有其固有的酶，酶同样需要有水分才具有活性。随着食品中水分含量的降低，酶的活性也随之下降；然而随着水分的减少，酶与基质的浓度同时增加，酶促反应随它们的增浓而加速。所以，在低水分干制品中，酶仍会缓慢活动，时间一长，仍有使食品品质恶化或变质的可能。只有当干制品的水分含量在 1% 以下时，酶才会完全失活。但对绝大多数食品来说，如将水分降至 1% 以下，会影响其风味和复水性。因此，在干制食品之前，常常设法使酶钝化、失活。

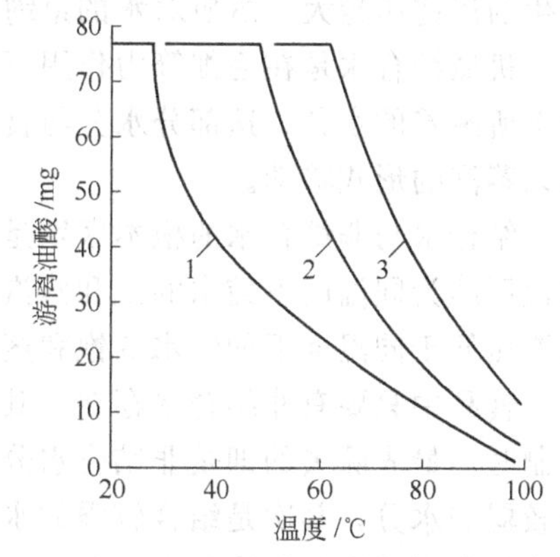

图 5-2 脂酶活性与水分活度的关系
1—水分含量 23%；2—水分含量 17%；3—水分含量 10%

酶的钝化方法有湿热法、干热法和化学法。实验表明，酶的热稳定性与水分活度之间存在着一定的关系，如图 5-2 所示。从图中可看出，将黑麦放在不同温度下加热时，其所含脂酶的起始失活温度随水分含量而异，水分含量越高，酶的起始失活温度越低。即酶在较高的水分活度环境中更容易发生热失活。因此，为了控制干制品中酶的活动，通常采用湿热或化学钝化法处理，使酶失去活性。

5.2 食品干制的基本原理

5.2.1 食品中的水分

大多数食品是毛细管多孔体，在它们的微孔中含有液体、空气和蒸汽。尽管气体占的容积很大，但气体的质量比固形物间架和液体要小得多，因此，在干燥技术中，把含湿物体看作是由绝干物质和水分所组成。

由于毛细管多孔体间架具有亲水特性，毛细管壁和孔可以结合气体（蒸汽）、脂肪和液体，而且这种结合是相当牢固的，水分在干燥过程中的迁移机制比经典流体力学中研究的液体过滤要复杂得多。水分同物体的结合和水分中存在的溶质可以极大地影响水分的物理特性和其他性质，特别是沸点和冰点。

通常只是简单地将水分分为结合水分与非结合水分两大类。非结合水分呈游离状态或只是机械地附着于固体表面或颗粒堆积层的大空隙中（不存在毛细管力）。按水分与物料间架间的结合形式可将物料中的水分划分为：化学结合水分、物理化学结合水分、机械结合水分。

所谓化学结合水分是指按照一定的比例，牢固地与物质结合在一起的水分，只有化学反应才能将其与物质之间分开的水分。一般情况下，食品干燥不能除去这部分水分。

物理化学结合水即不按一定量比与物质结合的水分。这部分水分包括如下三部分。

① 吸附结合水分，即在物料胶体微粒内外表面力场范围内，因分子间吸引力而被吸附的水分。这种吸附力随着水分子层的增加而减弱。干制时与胶体微粒结合的最外层吸附结合水分比第一层吸附结合水分容易除去，但即使是这样，也需要消耗大量的热量。

② 结构结合水分，即胶体溶液形成凝胶体时，保留在胶体内部的那部分水分，受到胶体结构的束缚，表现出来的蒸汽压很低。如山楂糕、果冻内的水分。

③ 渗透结合水分，指溶液或胶体溶液中借着渗透压所保持的水分。溶液的浓度越高，产生的渗透压越大，溶质对水的束缚越强，干燥时水分越难除去。

机械结合水是在毛细管力作用下充满在毛细管中的水分以及物料外表面上在表面张力作用下所附着的水分。这部分水分与食品物料的结合力最弱，在干燥时既能以液体形式移动又能以蒸汽的形式移动。

结合水与非结合水的根本区别是其表现的蒸汽压不同。非结合水的性质与纯水相同，其蒸汽压即为同温度下纯水的饱和蒸汽压。结合水分因化学和物理化学力的存在，所表现出的蒸汽压低于同温度下的纯水的饱和蒸汽压。

食品中只要有非结合水存在，其表面测得的蒸汽压都将是纯水的饱和蒸汽压，食品脱水干制时，最先除去的即是非结合水分。当水分减少，非结合水不存在时，被除去的首先是结合较弱的水分，其次是结合较强的水分，因而其表面的蒸汽压也逐渐下降。所有能被指定状态空气带走的水分称为自由水分。不能为指定状态空气带走的水分则称为平衡水分，即当食品与空气中的水分达到动态平衡时，物料中所含的水分，这是在指定空气条件下物料被干燥的极限。

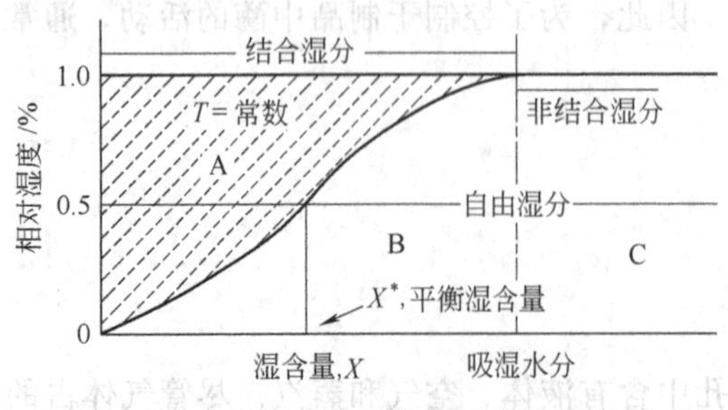

图 5-3 食品平衡水分和相对湿度的关系

结合水分与非结合水分，平衡水分与自由水分是两个不同的概念范畴。水分结合与否与固体物质本身的性质有关，与空气的状态无关；而平衡水分与自由水分除了与物质本身的性质有关外，还与接触的空气状态有关，也就是说，通过改变空气的状态，平衡水分与自由水分可以相互转换。

在恒定空气条件下，某食品在干制或吸湿过程中水分状态的变化可以在食品平衡水分和相对湿度的关系图中有所反映，如图 5-3 所示。

当食品所处环境的空气中水蒸气分压高于食品表面水蒸气分压时，脱水干制品就会从空气中吸湿，直至制品的水分含量等于该空气状态对应的平衡水分为止。这个吸湿过程所处的区域范围称为吸湿区，即图5-3中A区。如果食品所处的空气环境达到湿饱和，则干制品能从空气中吸取的水分量达到最大值，此时的食品平衡水分称为吸湿水分，此时，食品表面的蒸汽压与空气中的水分分压相同，等于该温度下纯水的饱和蒸汽压。温度不同，纯水的饱和蒸汽压是不同的，因此，食品的吸湿水分也随空气温度而异。

通常食品的水分含量是不会超过其吸湿水分的，只有当食品直接与水接触时，它的水分含量才会超过吸湿水分，呈潮湿状态。这部分超过吸湿水分的食品水分称为湿润水分，即非结合水分。干制过程中食品水分从湿润水分下降到和空气状态相对应的平衡水分时所失去的水分为蒸发水分，所处的区域则为脱水干制区，即图中的B区和C区。而食品水分从吸湿水分下降到空气状态所对应的平衡水分所处的区域范围则称为去湿区，即图中B区。

5.2.2 食品干制过程的特性

食品干制时，通常是以空气为干燥介质的。在稳定空气流中食品干制过程的特性可由干燥曲线、干燥速率曲线及食品温度曲线来描述。

干燥曲线的食品含水量（$W_{食}$）与干燥时间（τ）之间的关系曲线。干燥速率曲线是干制过程中的干燥速率（$dW_{食}/d\tau$）与干燥时间（τ）之间的关系曲线。食品温度曲线则是干制过程中干制温度（$t_{食}$）和干制时间（τ）之间的曲线。

潮湿固态食品干燥过程中的干燥曲线、干燥速率曲线及食品温度曲线如图5-4所示。

通过对图的分析，可对干燥过程中各阶段的特点有所认识。食品不同，曲线的形状因水分和物料结合形式、水分扩散历程、物料结构及形状大小不同而异，但这些曲线的主要特征是一致的。归纳起来食品的干制过程可分为干燥初期、恒速干燥阶段和降速干燥三个阶段。

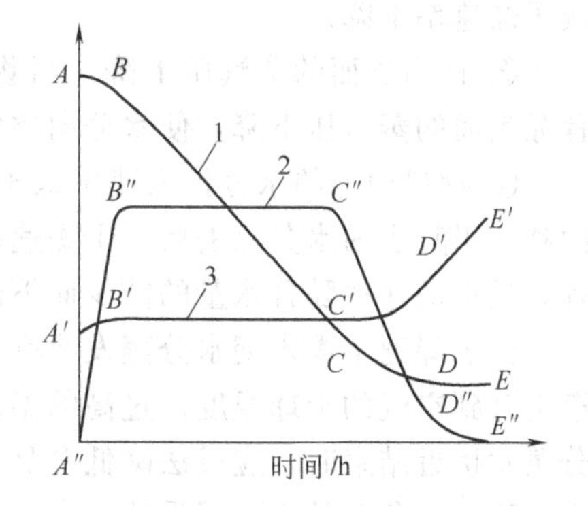

图5-4 食品干制过程曲线示意图
1—干燥曲线；2—干燥速率曲线；3—食品温度曲线

(1) 干燥初期　干燥初期（图中AB段）实质上是被干燥食品的一个预热阶段。在干燥初期，食品温度迅速上升至与空气温度、湿度相对应的湿球温度，食品所含水分量沿曲线逐渐下降，干燥速率从零至最高值。这一阶段持续的时间长短取决于物料的厚度。

(2) 恒速干燥阶段　在恒速干燥阶段（图中BC段），干燥速率（$dW_{食}/d\tau$）恒定不变，食品含水量（$W_{食}$）随干燥时间的延长而直线下降。在这个阶段，因食品接受的热量全部消耗于水分蒸发，食品温度（$t_{食}$）不随时间的变化而变化，维持在空气状态对应的湿球温度。因此，即使在高温下容易变质、破坏的物料，在这个干燥阶段内也可采用较高的空气温度来加速水分的蒸发。

恒速阶段持续的长短与食品含非结合水分的多少及食品内部水分扩散情况有关，若食品含非结合水分较多、食品内部水分扩散速率等于或大于食品表面水分蒸发或外部水分扩散速率，则食品表面能始终维持湿润状态，恒速阶段可继续维持。若食品内部水分扩散小于食品表面水分蒸发或外部水分扩散速率，则食品表面很快干燥，恒速阶段结束。

然而，许多食品和农产品根本没有恒速干燥阶段，因为内部的湿热传递速率决定了物料外表面的蒸发速率。

(3) 降速干燥阶段 食品干制到某一水分，即所谓的第一临界水分时，干燥速率减慢，进入降速干燥阶段（图中 *CDE* 段）。在此干燥阶段中，由于水分自物料内部向表面转移的速率低于物料表面水分的汽化速率，因此物料表面逐渐变干，汽化表面向内移动，食品温度（$t_{食}$）会不断上升，升至加热空气的干球温度为止；食品含水量（$W_{食}$）的下降逐渐减慢，并按渐近线向平衡水分靠拢；食品干燥速率（$dW_{食}/d\tau$）会迅速下降，当 $W_{食}=W_{平衡}$ 时，食品干燥速率（$dW_{食}/d\tau$）等于零。

临界水分含量与物料本身的结构、分散程度有关，也受干燥介质条件（空气的流速、温度、湿度）的影响。物料分散越细，临界水分含量越低；恒速干燥阶段的干燥速率越高，临界水分含量越高，即降速阶段越早开始。

在降速阶段，干燥速率的变化与物料的性质及其内部结构有关。降速的原因大致有如下几个方面。

① 实际汽化表面减小。随着干燥的进行，由于多孔性物质外表面水分的不均匀分布，局部表面的非结合水已先除去而成为“干区”。此时，虽然物料表面的蒸汽压未变，水分由物料表面向空气中扩散的扩散系数也未改变，但水分汽化表面减少了。当多孔性物料全部表面都成为“干区”后，水分的汽化面逐渐由物料外表向物料中心移动，汽化表面继续减少。随着汽化表面的减少，以物料全部表面计算的干燥速率也就下降。

② 传热、传质途径增长。随着汽化表面的内移，传热、传质途径增长，阻力增大，造成干燥速率下降。

③ 食品表面的蒸汽压下降。当物料中非结合水被除尽，所汽化的是各种结合水分时，食品表面的蒸汽压下降，使水分向空气中扩散的推动力下降，干燥速率也随之降低。

④ 物料内部的水分扩散速率低于水分的汽化速率。对于非多孔性物料，蒸发面不可能内移，当其表面水分除去后，干燥速率取决于固体内部的水分扩散。内扩散是一个很慢的过程，且扩散速率随含水量的减少而下降。

由于降速干燥末期水分蒸发速率下降，蒸发对食品表面的冷却作用减弱，食品温度会逐渐上升到空气的干球温度。过高的温度会影响干燥食品的品质，因此在干燥末期食品表面水分蒸发接近结束时，应设法降低食品表面水分蒸发率，使它能和逐步降低了的内部水分扩散率一致，以免食品表面层受热过度，导致不良后果。为此可通过降低空气温度和流速、提高空气相对湿度进行控制。同时还要注意食品温度的控制，以免它的温度上升过高，故而干燥末期最好将接触食品的干燥介质温度降低，使食品温度上升到干球温度时不致超出导致品质变化的极限温度（一般为 90℃），此为导致糖分焦化的极限温度。

5.2.3 干制过程中的湿热传递及其影响因素

任何一种干燥方法的干燥过程其实质都是传热传质的过程，即外界将热量传递给食品，食品中的水分因获得汽化潜热而蒸发，从而导致水分含量不断降低的过程。传热速率越快，水分蒸发的速率也快，但传热与水分蒸发的最佳操作条件并不总是一致的。比如，用两块加热平板紧压食品，可以使加热面与受热体紧密接触，这有利于热量的传递，却阻碍了水分的蒸发，干燥速率减慢。而我们干燥的最终目的是使食品失去水分，在进行干制方法设计时必须同时考虑湿传递和热传递，简称湿热传递。湿热传递过程的特性和规律就是食品干制的机理。

5.2.3.1 影响湿热传递的因素

(1) 物料的颗粒大小 为了提高干燥速率，通常在干制前将大块的食品分割成小块或薄片。食品被分割成小块或薄片后，它与加热介质的接触表面积增大，水分向外蒸发扩散的面积也增大了，食品的传热和传质速率同时加快。此外，食品被分割成小块或薄片后，也缩短了热量向食品中心传递和水分从食品中心外移的距离。

(2) 干燥介质的温度 根据传热速率方程式：

$$Q = K_{传热} A \Delta t \tag{5-4}$$

式中 Q——传热速率，W；

$K_{传热}$——传热系数，W/(m² · ℃)；

A——传热面积，m²；

Δt——温度差，℃。

可知，可以通过增大 Δt 的办法可提高传热速率。传热介质与食品之间的温度差越大，热量向食品传递的速率越快，因而水分蒸发的速率加快。但是，当加热介质为空气时，单纯提高空气的温度，其作用有限。原因是食品水分向外蒸发时，会在其周围形成湿饱和空气层，若不及时排除，将阻碍食品内部水分进一步外逸。此时，空气的相对湿度和流速的影响非常显著。

(3) 空气流速 当以空气为加热介质和干燥介质时，加速空气的流速可以加快干燥的速率。因为空气的流速增快，可以增加干燥空气与食品接触的频率，及时移走食品表面附近的湿饱和空气，以免阻止食品内部水分进一步向空气中扩散，且能够使食品表面附近的空气保持较高的温度，从而能吸收和带走更多的水分；同时，加速空气的流速可提高热量向食品传递的传热系数和食品水分向外扩散的扩散系数。

(4) 空气相对湿度 如以空气作干燥介质，食品干燥的条件是空气的水分分压应低于食品表面的水蒸气压。空气的相对湿度越低，则食品表面与干燥空气之间的蒸汽压差越大，传质速率也就越快。

空气的相对湿度除了能够影响湿热传递的速率外，还决定了食品的干燥程度。因为食品干燥后所能达到的最小水分含量与干燥空气的相对湿度相对应。在选择干燥条件时，应注意这个问题。

(5) 真空度 大气的压力越低，水的沸点也越低。如果加热强度不变，气压降低，水的沸腾、汽化会加剧。因此，在真空条件下采用同样的加热强度干燥食品，可以加速食品的干燥、得到质地较疏松的产品；且干制可以在较低温度下进行，这对于热敏性食品的脱水干制尤其重要。

5.2.3.2 物料的湿热传递

(1) 物料的给湿过程 当物料的水分含量高于吸湿水分时，物料表面的水分受热向周围介质中扩散，而物料表面又被其内部向外扩散的水分所湿润，此时水分从物料表面向外扩散的过程称为给湿过程。给湿过程与自由液面的水分蒸发相似，实质上为恒速干燥阶段。但因食品表面粗糙，水分蒸发面积大于其几何面积，再加上毛细管多孔性物料内部也有水分蒸发，给湿过程的干燥强度大于自由液面水分蒸发强度。

在恒速干燥阶段内，食品表面始终保持湿润水分进行蒸发，故食品表面水分蒸发强度可以用式(5-5) 进行计算：

$$W=C(p_{\mathrm{w}}^{\mathrm{o}}-p_{\mathrm{v}})\frac{760}{B} \tag{5-5}$$

式中 W——食品表面水分蒸发强度，kg/(m^2·h)；

$p_{\mathrm{w}}^{\mathrm{o}}$——和潮湿物料表面湿球温度相对应的水饱和蒸汽压，mmHg；

p_{v}——空气中的水蒸气分压，mmHg；

C——潮湿物料表面的给湿系数，可按 $C=0.0229+0.0174v$ 进行计算，空气垂直流向液面时 C 值加倍，kg/(m^2·h·mmHg)；

v——空气流速，m/s；

B——大气压，mmHg。

由上式可见，给湿过程的干燥速率主要取决于空气的温度、相对湿度、流速以及食品表面向外扩散蒸汽的条件（如蒸发面积和形状等）。

(2) 物料内部水分的扩散过程　给湿过程的进行导致了待干食品内部与表面之间形成水分梯度，在其作用下，内部水分将以液体或蒸汽形式向表面迁移，这就是所谓的导湿过程。

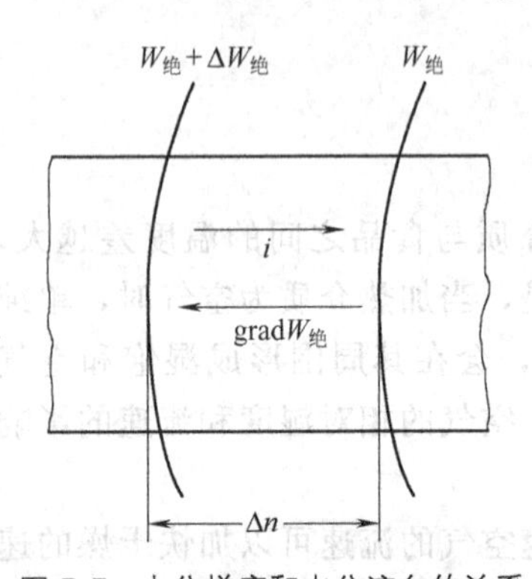

图 5-5　水分梯度和水分流向的关系

若以 $W_{绝}$ 表示等湿面上（即湿含量相同的面）的湿含量或水分含量，则沿法线方向相距 Δn 的另一等湿面上的湿含量为（$W_{绝}+\Delta W_{绝}$）（图 5-5），物料内部的水分梯度 grad$W_{绝}$ 为：

$$\mathrm{grad}W_{绝}=\lim_{\Delta n\to 0}\frac{(W_{绝}+\Delta W_{绝})-W_{绝}}{\Delta n}=\frac{\partial_{绝}}{\partial n} \tag{5-6}$$

式中 $W_{绝}$——物体内的湿含量，kg/kg 干物质；

Δn——物料内等湿面间的垂直距离，m。

导湿过程中的水分迁移量可以按式(5-7) 计算：

$$S_{水}=-K\gamma_0\frac{\partial W_{绝}}{\partial n} \tag{5-7}$$

式中 $S_{水}$——物料内单位时间单位面积上的水分迁移量，kg/(m^2·h)；

K——导湿系数，m^2/h；

γ_0——单位潮湿物料容积内绝干物质质量，kg/m^3。

式中，负号表示水分迁移方向与水分梯度方向相反。

式(5-7) 中的导湿系数 K 在干燥过程中并不是一个定值，它随物料结合水分的状态而变化，如图 5-6 所示。K 与温度也有关，K 值与温度的 n 次方成正比，n 值通常在 10～14 之间。因此，常在干制之前，将导湿性小的物料在饱和湿空气中加以预热。

在对流干燥过程中，物料表面的温度常常高于物料中心的温度，在物料内部建立起一定的温度差。雷科夫已经证明：温度梯度会促使水分从高温处向低温处转移。这种现象称为导湿温性。导湿温性是在许多因素影响下产生的复杂的现象：首先，高温会使水分的蒸汽压升高，促使水分向温度低处转移；其次，在温差的作用下，由于毛细管内挤压空气扩张的作用会使毛细管水分顺着热流方向转移。

由导湿温性所引起的水分转移量可以用下式计算：

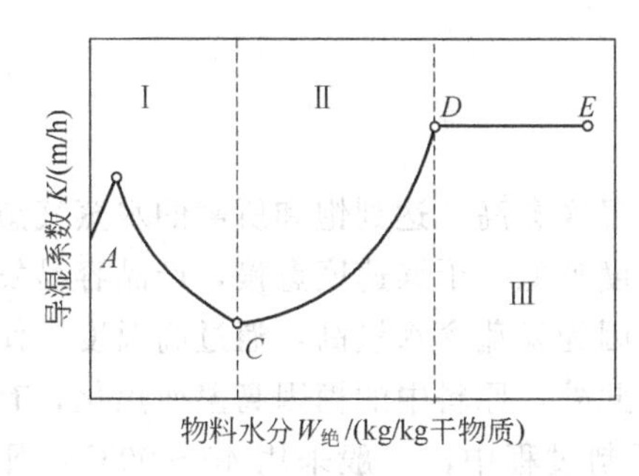

图 5-6 物料水分和导湿系数间的关系

Ⅰ—吸附水分；Ⅱ—毛细管水分；Ⅲ—渗透水分

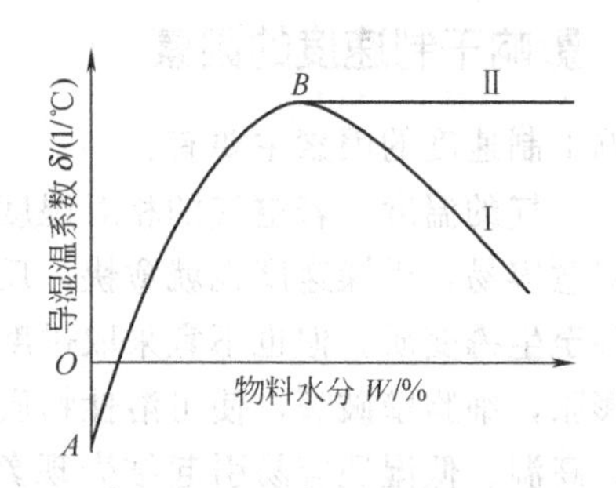

图 5-7 导湿温性和物料水分的关系

$$S_{温}=-K\gamma_0\delta\frac{\partial t}{\partial n} \tag{5-8}$$

式中 $S_{温}$——物料内单位时间单位面积上的水分迁移量，kg/(m² · h)；

$\frac{\partial t}{\partial n}$——温度梯度，℃/m²；

δ——湿物料的导湿温系数，即温度梯度为 1℃/m 时，物料内部建立起来的水分梯度。

导湿温系数像导湿系数一样，与物料的水分含量和物性有关（图 5-7）。在物料水分含量偏低时，导湿温系数随水分增加而升高，但到最高值后则沿曲线Ⅰ或曲线Ⅱ变化。这是因为低水分时物料中水分主要是吸附水分，以气态方式扩散；而高水分时水分以液态方式转移。当水分以液体状态流动时，导湿温性就不再因物料水分含量的多少而发生变化（图中曲线Ⅱ部分）；但导湿温性也会受物料内挤压空气的影响，以致导湿温系数像图中曲线Ⅰ那样变化。空气对液体流动有推动作用，物料水分较低时受推动力的影响强，而物料水分较高时则因空气含量少，推动力的影响也随之减弱，故前者的导湿温性比后者高。

一般来说，干制过程中湿物料内部导湿性和导湿温性同时存在。若二者方向相同，则它们所推动的水分转移总量为：

$$S=S_{水}+S_{温} \tag{5-9}$$

但在干燥过程中往往是物料表面的温度高于物料中心的温度，表面水分含量低于中心水分含量，即温度梯度与水分梯度的方向正好相反，两者所推动的水分转移方向也相反。在这种情况下，若导湿性比导湿温性强，则水分由水分含量高处向水分含量低处转移，导湿温性成为水分扩散转移的阻碍因素。在大多数干制情况下，湿物料内部的情况属于这种情况。此时，水分的总转移量为：

$$S=S_{水}-S_{温} \tag{5-10}$$

若温度梯度与水分梯度的方向相反，而导湿温性比导湿性强，则水分由水分含量低处向水分含量高处转移，导湿性成为水分扩散转移的阻碍因素。也就是说物料表面水分会向物料内部转移，而物料表面同时进行着水分的蒸发，这样物料的表面会很快被干燥，温度也迅速上升，只有当物料内部因水分的蒸发建立起足够的压力，水分转移方向才会改变。这种情况一般出现在降速干燥阶段，不利于物料的干制，会使干制时间延长，干燥过程中应尽量避免或延迟它的出现。

5.2.4 影响干制速度的因素

影响干制速度的因素主要有：

(1) 空气的温度　若空气的相对湿度不变，温度愈高，达到饱和所需的水蒸气愈多，水分蒸发就愈容易，干燥速度也就愈快；反之，温度愈低，干燥速度愈慢，产品容易发生氧化褐变，甚至生霉变质。但也不宜采取过度高温，因为果蔬含水量高，遇过高温度，使细胞质液迅速膨胀，细胞壁破裂，使可溶性物质流失。此外，原料中的糖因高温而焦化，有损外观和风味，高温、低湿还容易引起结壳现象。在干制过程中，一般采用40～90℃，凡是富含糖分和挥发油的果蔬，宜用低温干制。

(2) 空气的相对湿度　如果温度不变，空气的相对湿度愈低，则空气湿度饱和差愈大，干燥速度愈快，空气相对湿度过高，原料会从空气中吸收水分。

(3) 空气的流速　通过原料的空气流速愈快、带走的湿气愈多，干燥也愈快。因此，人工干燥设备中，可以用鼓风增加风速，以便缩短干燥时间。

(4) 原料的种类和状态　果蔬原料的种类不同，其化学组成和组织结构也不同，干燥速度也不一致，如原料肉质紧密，含糖量高，细胞液浓度大，渗透压高，干燥速度快，有些原料如葡萄、李子等果面有一层蜡质，阻碍水分的蒸发，可在干燥前用盐水处理，将蜡质溶解，以增加干燥速度，由于水分是从原料表面向外蒸发的，因此原料切分的大小和厚薄对干燥速度有直接的影响，原料切分的愈小，其比表面积愈大，水分蒸发愈快。原料铺在烘盘上或晒盘上的厚度愈薄，干燥愈快。

(5) 干燥设备的设计及使用　人工干燥设备是否适宜和使用是否得当，也是影响干燥速度的主要因素。

5.3 食品的干制方法

5.3.1 自然干燥

自然干燥就是在自然环境条件下干制食品的方法，如晒干、风干等。晒干即直接在阳光下曝晒物料，利用辐射能进行干制的过程。食品在阳光直接照射下获得辐射能，其自身温度上升，物料中的水分获得汽化潜热而向它表面周围的介质蒸发，物料表面附近的空气遂处于饱和状态，并和周围空气形成水蒸气分压差和温度差，由于水蒸气分压差和温度差的作用，食品中的水分不断地向空气中蒸发，直至物料的水分含量降低至和空气的温度、相对湿度相对应的平衡水分相等为止。炎热干燥和通风是最适合晒干的气候。

风干利用的是大风干燥的气候，由于物料周围的介质中水分含量低，物料表面和周围介质之间形成蒸气压差，在蒸气压差的推动下，水分由物料表面扩散到周围空气中，空气的流动使其扩散系数增大，加速了物料的干燥。新疆名产葡萄干的生产就普遍使用这种方法，四川的家庭在制作香肠、腊肉时也采用这种方法。

自然干燥的干燥时间较长，在这个长时间的过程中，由于酶、微生物以及一些化学反应的作用，产品的质量受到影响，通常自然干燥的食品质量较差。自然干燥还受到气候条件的限制，在阴冷潮湿、经常降雨的地区不适宜采用自然干燥。此外，自然干燥需要较大的场地，在干燥的过程中为了加速干燥并保证食品干燥均匀，时常需要翻动物料，生产者的劳动强度大，劳动生产率低。同时，在自然干燥过程中，食品很容易受到灰尘、杂质、昆虫的污染，鸟类及啮齿动物的侵袭，这样生产出来的食品的卫生也很难保证，物料的损耗较大。

尽管如此，由于自然干燥方法简单、管理粗放，设备要求不高、不需要特别的能源、生产费用低，还能使尚未完全成熟的原料在干燥过程中进一步成熟。我国民间仍大量采用自然干燥方法来干制谷物、果蔬、鱼、肉等。

5.3.2 人工干燥

人工干燥就是在人工控制的条件下对食品进行干燥的方法。相对于自然干燥，人工干燥的最大优点是不受气候限制，干燥时间短，产品清洁、卫生、质量好。

在我国民间很早就采用烘、烤、焙等加热干制方法来干制食品、药材等。适宜大批量生产的干制方法1875年才出现，最早是将片状蔬菜堆放在室内用40℃左右的热空气进行干燥，这就是早期的热空气干燥方法。

食品的脱水干制要求将食品的水分降低至耐藏的水分极限，同时保持食品中的营养成分在干制过程中不被破坏、不发生不良变化、不产生有毒有害的化学成分以保证食品的质量。上述两个方面在技术上很难兼顾，这对矛盾推动着干燥技术的发展进步，现在人们可以在常压或减压的环境中以传导、对流和辐射传热方式或在高频电场内加热的人工控制工艺条件下干制食品。

干燥机的选择取决于许多因素，包括被干燥食品的特性（液体、固体、颗粒等）、特定干燥机的投资成本、运转费用等。

干燥机的种类很多，根据供热方式的不同对干燥机进行分类可以分为：直接加热式干燥、间接加热式干燥、红外或高频干燥。在每种类型中，干燥机都能在常压下操作或在真空的条件下操作。事实上在某些理想的情况下，可以利用组合传热方式，例如对流和传导，对流和辐射等，这样可以减少对增加气流量的需求，因为气流量提高会大大降低热效率。这种组合虽然增加了最初的投资成本，与降低能耗、提高产品质量相比，还是值得的，但必须进行严格的试验和经济评价。另外，供热过程可以是稳定（连续）的，也可以随时间而变化。而且，针对各个应用情况，不同的供热方式可同时或顺序使用。

5.3.2.1 直接加热式干燥

直接加热式干燥常被称为对流式干燥，是一种最常见的干燥方法，常用于葡萄干、柿饼、金针菜（黄花菜）、香菇、脱水蒜片等的干燥。因为这种类型干燥方法中排气所含的蒸发潜热难以再利用，故其热效率较低，但尽管如此，仍有大约85%的工业干燥机为此种类型。在直接加热式干燥机中，干燥介质直接接触被干燥物料，并且把热量通过对流方式传递给物料，干燥所产生的水蒸气则由干燥介质带走。

（1）箱式干燥　箱式干燥设备由框架结构组成，四壁及顶、底部都封有绝热材料以防止热量散失。箱内有多层框架，其上放置料盘，也有将湿物料放在框架小车上推入箱内的。热风沿着物料的表面通过，称为水平气流箱式干燥（如图5-8所示）；热风垂直穿过物料，称为穿流气流箱式干燥（如图5-9所示）。穿流气流箱式干燥的热空气与湿物料的接触面积大，内部水分扩散距离短，因此干燥效果较水平气流箱式干燥机好，其干燥速率是水平气流式的3～10倍。但穿流式干燥器动力消耗大，对设备密封性要求较高，另外，热风形成穿流气流容易引起物料飞散，要注意选择适宜风速和料层厚度。支架或小车上置放的料层厚度为10～100mm。空气速率依据被干燥物料的粒度而定，要求物料不致被气流所带出，一般气流速

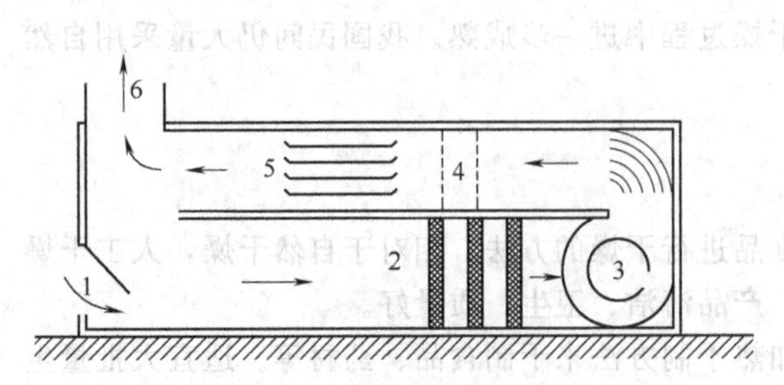

图 5-8 水平气流箱式干燥机结构示意图

1—新鲜空气进口；2—排管加热器；3—送风机；4—滤筛；5—料盘；6—排气口

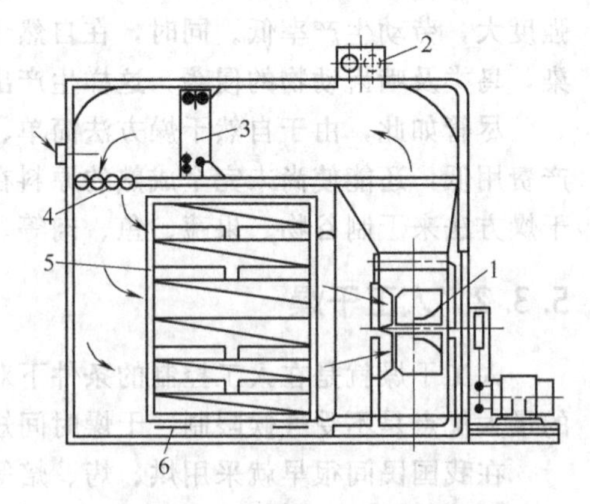

图 5-9 穿流气流箱式干燥机结构示意图

1—送风机；2—排气口；3—空气加热器；4—整流板；5—料盘；6—台机固定件

率为 1～10m/s。

箱式干燥器属间歇性干燥设备，广泛应用于干燥时间较长和数量不多的物料或多种物料同时干燥，也可用于易生成碎屑的物料的干燥，如各种散粒状物料、膏糊状物料和纤维状物料等。

箱式干燥机也可以在真空条件下进行干燥。真空箱式干燥多为间接加热或辐射加热，适用于干燥热敏性物料、易氧化物料或大气压下水分难以蒸发的物料以及需要回收溶剂的物料。

(2) 隧道式干燥 箱式干燥器只能间歇操作，生产能力受到一定限制。隧道式干燥器是把箱式干燥器的箱体扩展为长方形通道，并使物料沿隧道移动，这样就增大了物料处理量，生产成本降低。移动物料的装置可以是传送带式的，也可是链板式的或车箱式的。

被干燥物料装在传送装置上进入干燥室，沿通道向前运动，并只经过通道一次。加热空气均匀地通过物料表面，高温低湿空气进入的一端称为热端，低温高湿空气离开的一端称为冷端；湿物料进入的一端称为湿端，而干制品离开的一端称为干端。

按物流与气流运动的方向，隧道式干燥器可分为顺流式、逆流式、顺逆流组合式和横流式。

① 顺流式 顺流式隧道干燥装置如图 5-10 所示。其物料运动方向与气流方向一致，它的热端就是湿端，而冷端则为干端。

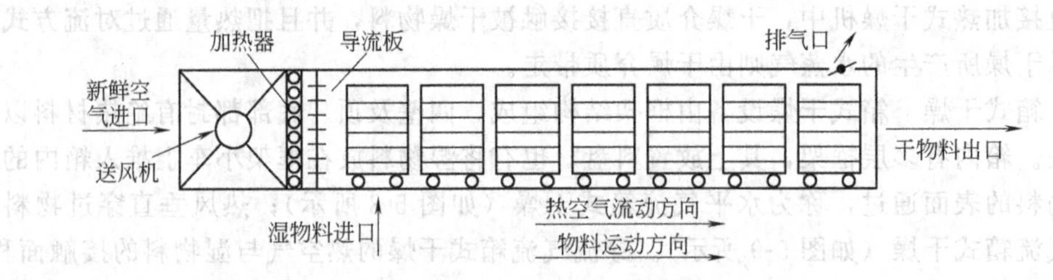

图 5-10 顺流式隧道干燥装置示意图

在湿端，湿物料和高温低湿空气相遇，此时物料水分蒸发异常迅速，空气温度也会急剧降低，因此入口处即使使用较高温度的空气（如 80～90℃），物料也不至于产生过热焦化现象。但此时物料水分汽化过快，物料内部湿度梯度增大，物料外层会出现轻微收缩现象和硬结，即表面硬化。进一步干燥时，物料内部容易开裂并形成多孔状结构。

在干端，干物料与低温高湿空气相遇，水分蒸发极其缓慢，干制品的平衡水分也将相应增加，即使延长干燥通道，也难以使干制品水分降到10%以下。因此，吸湿性较强的食品不宜选用顺流式干燥方法。

② 逆流式　逆流隧道干燥装置如图5-11所示，物料运动方向与气流方向恰好相反，它的湿端为冷端，而干端则为热端。

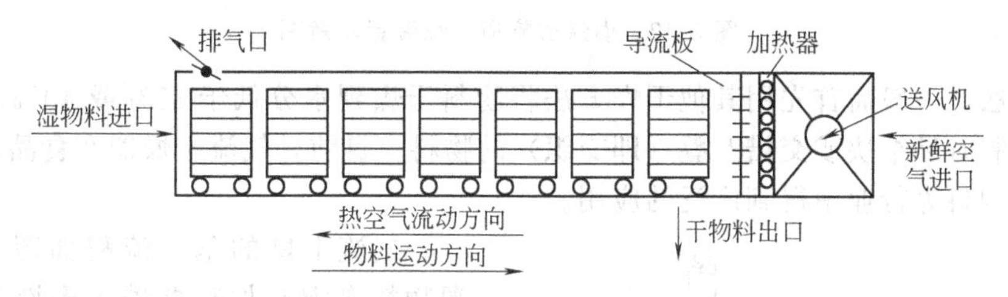

图5-11　逆流式隧道干燥装置示意图

在湿端，湿物料和低温高湿空气相遇，水分蒸发速率比较缓慢。但此时物料水分含量高，仍能大量蒸发。在这种情况下，物料内部湿度梯度也比较小，因此，不易出现表面硬化和收缩现象，而中心又能保持湿润状态。这对于干制软质水果非常适宜，不会产生干裂流汁现象。

在干端，物料与高温低湿空气相遇，水分蒸发加速。但接近干燥末期，物料水分含量少，实际上水分蒸发仍然比较缓慢。此时热空气温度下降不大，而干物料的温度则将上升到和高温热空气相近的程度。因此，干端空气的进口温度不宜过高，一般不超过66～77℃，否则，如停留时间过长，物料容易焦化。在高温低湿的空气条件下，干制品的平衡水分也将相应降低，可低于5%。

③ 顺逆流组合式　最常见的顺逆流组合式是第一阶段采用顺流，第二阶段采用逆流。这种方式集中了顺流式湿端水分蒸发速率高和逆流式后期干燥能力强两个优点。采用顺逆流组合式隧道干燥，整个干燥过程比较均匀，传热传质速率稳定，干制品质量好。根据需要，组合方式灵活多变，可以采用等长的两段隧道，也可采用不等长的两段隧道，还有两段以上的多段式隧道干燥设备。与等长的单一式干燥器相比，此种形式生产能力高、干燥时间短。因此，食品工业生产普遍采用这种组合方式，但其投资和操作费用高于单一式隧道干燥器。

④ 横流式　上述三种方式的干燥器，热空气均为纵向水平流动，还有一种横向水平流动的方式，如图5-12所示。

在横流式隧道干燥设备中，干燥器每一段的隔板是活动的。在料车进出的时候隔板打开让料车通过，而在干燥时，隔板切断纵向通路，靠换向装置构成各段之间曲折的气流通路。在马蹄形的换向处设有加热器，可以独立控制该处气流温度。在换向处还经常安装独立控制气流再循环的装置。由此可见，这种干燥器提供了极为灵活的控制条件，可使食品处于几乎是所要求的任何温度、湿度、速率条件的气流之下，故特别适用于试验工作。它的另一个优点是，每当料车前进一步，气流的方向便转换一次，故干制品的水分含量更加均匀。但是这种设备结构复杂、造价高、维修不便，工业应用受到一定限制。

(3) 气流干燥　气流干燥就是将粉状或颗粒食品悬置在热空气流中进行干燥的方法。它把呈泥状、粉粒状或块状的湿物料送入热气流中，与之并流，从而得到分散成粒状的干燥产

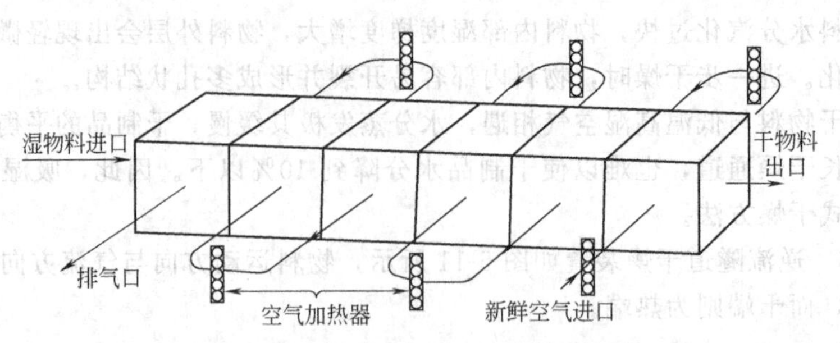

图 5-12 横流式隧道干燥装置示意图

品。采用此法，一般需首先用其他干燥方法将物料干燥到水分低于 35%或 40%。气流干燥不适用于干制时易结块或交错互叠（即交织）的物料。目前，气流干燥器在食品、化工、医药、染料及塑料等行业中得到广泛的应用。

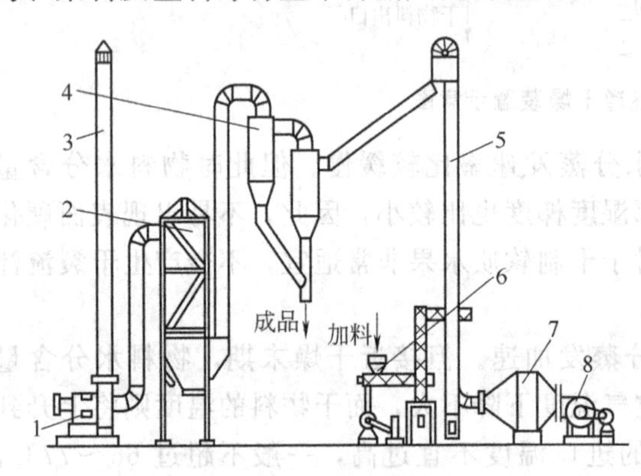

图 5-13 气流干燥的基本流程图

1—抽风机；2—袋式除尘器；3—排气管；4—旋风除尘器；5—干燥管；6—螺旋加料器；7—加热器；8—鼓风机

气流干燥的基本流程如图 5-13 所示。湿物料自螺旋加料器进入干燥管，空气由鼓风机鼓入，经加热器加热后与物料汇合，并带着物料上升，同时将物料脱水干燥。干燥后的物料在旋风除尘器和袋式除尘器得到回收，废气经抽风机由排气管排出。

气流干燥具有如下特点。

① 干燥强度大　气流干燥由于气流速率高，粒子在气相中分散良好，可以把粒子的全部表面积作为干燥的有效面积，干燥的有效面积大大增加。同时，由于干燥时的分散和搅动作用，使汽化表面不断更新，干燥的传热、传质强度较大。

② 干燥时间短　气固两相的接触时间极短，干燥时间一般在 0.5～2.0s，最长为 5s。因此，对于热敏性或低熔点物料不会造成过热或分解而影响其质量。

③ 效率高　气流干燥采用气固相并流操作。在表面汽化阶段物料温度始终处于与其接触气体的湿球温度，一般不超过 60～65℃，而在干燥末期物料温度上升的阶段，气体温度已大大降低，产品温度不会超过 70～90℃。因此，可以使用高温气体作干燥介质。

④ 处理量大　一根直径为 0.7m、长为 10～15m 的气流干燥管，每小时可处理 15～25t 物料。

⑤ 设备简单　气流干燥器设备简单，占地小，投资少。与回转干燥器相比，占地面积减少 60%，投资约省 80%。同时，可以把干燥、粉碎、筛分、输送等单元过程联合操作，不但流程简化，而且操作易于自动控制。

⑥ 应用范围广　气流干燥可应用于各种粉粒状物料。在气流干燥管直接加料情况下，粒径可达 10mm，湿含量可在 10%～40%之间。

(4) 流化床　干燥流化床干燥又称沸腾床干燥，它是流态化原理在干燥器中的应用。图 5-14 为流化床干燥示意图。

流化床呈长方箱形或长槽状，它的底部为不锈钢丝编织而成的网板、多孔不锈钢板或氧化铝烧结而成的多孔陶瓷板。在多孔板上加入待干燥的食品颗粒物料，热空气由多孔板的底部送入使其均匀分散，并与物料接触。当气体速率较低时，固体颗粒间的相对位置不发生变化，气体在颗粒层的空隙中通过，干燥原理与箱式干燥器完全类似，此时的颗粒层通常称为固定床。当气流速率继续增加后，颗粒开始松动，并在一定区间变换位置，床层略有膨胀，但颗粒仍不能自由运动，床层处于初始或临界流化状态。当流速再增高时，颗粒即悬浮在上升的气流之中作随机运动，气体对颗粒的浮力及颗粒和气体之间的摩擦力之和恰与其净重力相平衡，此时形成的床层称为流化床。由固定床转为流化床时的气流速率称为临界流化速率。流速愈大，流化床层愈高；当颗粒床层膨胀到一定高度时，流化床层空隙率增大而使流速下降，颗粒又重新落下而不致被气流带走。若气体速率进一步增高，大于颗粒的自由沉降速率，颗粒就会从干燥器顶部吹出，此时的流速称为带出速率。所以流化床中的适宜气体速率应在临界流化速率与带出速率之间。

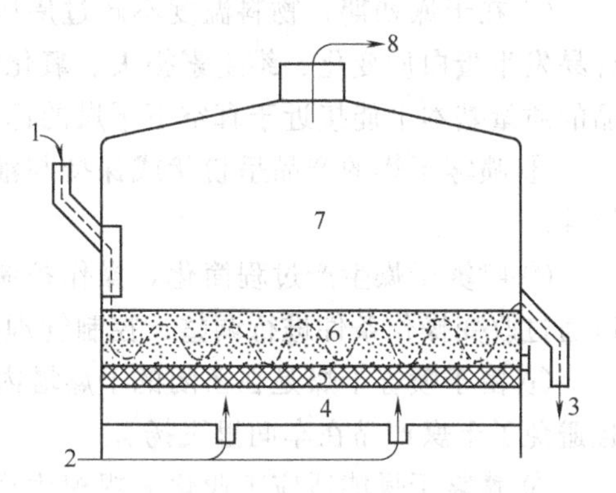

图 5-14 流化床干燥示意图

1—湿物料进口；2—热空气进口；3—干物料出口；4—通风室；5—多孔板；6—流化床；7—绝热风罩；8—排气口

进行流化床干燥时，物料在热气流中上下翻动，彼此碰撞和充分混合，表面更新机会增多，大大强化了气固两相间的传热和传质。虽然两相间对流传热系数并非很高，但单位体积干燥器传热面积很大，故干燥强度大。

流化床中的气固运动状态很像沸腾着的液体，并且在许多方面表现出类似液体的性质。

利用流化床这种类似液体的特性可以设计出气固接触方式不同的流化床。食品工业常用的有单层流化床、多层流化床、卧式多室流化床、喷吹流化床、振动流化床等，如图 5-15 所示。

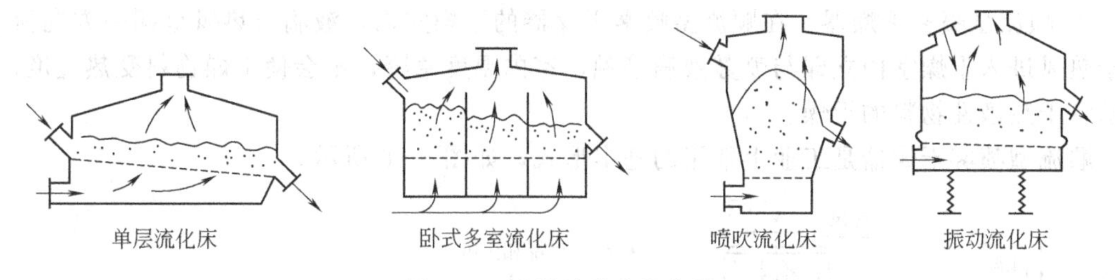

图 5-15 几种流化床示意图

(5) 喷雾干燥 喷雾干燥即将液态或浆状的食品喷成雾状液滴，使之悬浮在热空气气流中进行脱水干燥的过程，常用于果汁晶粒、奶粉、葛根粉、蛋白粉等的干燥。

喷雾干燥具有下列优点。

① 由于物料被雾化成极细的液滴，增大了待干物料与加热介质的接触表面面积，使传热和水分蒸发十分迅速，干燥时间大大缩短。例如将 1L 牛奶雾化成直径 40μm 的液滴，其表面积可增大至 300m^2 左右，在高温气流中，瞬间就可蒸发 95%～98%的水分，完成干燥一般仅需 5～40s。

② 在干燥初期，物料温度不超过周围热空气的湿球温度，干燥产品质量较好。例如不容易发生蛋白质变化、维生素损失、氧化等缺陷。所干燥的热敏性物料如生物制品和药物制品的质量基本上能接近于真空下干燥的标准。

③ 喷雾干燥的产品呈粉状或保持与液滴相近的球状，具有良好的分散性、疏松性和溶解性。

④ 喷雾干燥生产过程简化，操作控制方便，产品的粒径、密度、水分在一定范围内可以通过改变操作条件进行调整，控制管理都很方便。

⑤ 由于喷雾干燥是在密闭的干燥塔内进行的，不会混入杂质和污染物，产品的纯度高；且避免了干燥产品在车间里飞扬。

⑥ 喷雾干燥能适应工业化大规模生产的要求，干燥产品经连续排料，在后处理上可结合冷却器和风力输送，组成连续生产作业线。

喷雾干燥的主要缺点如下。

① 当热风温度低于150℃时，热容量系数低，蒸发强度小，干燥塔的体积比较庞大。

② 从废气中回收微粒的分离装置要求较高。在生产直径小的产品时，废气中约夹带有20%左右的微粉，需选用高效的分离装置，结构比较复杂，费用较贵。

③ 单位产品耗热量大，设备的热效率低。

喷雾干燥器由空气加热系统、喷雾系统、旋风分离或布袋过滤器、干燥室等几部分组成。常用的喷雾系统有压力喷雾、离心喷雾和气流喷雾三种。

压力喷雾即将物料用高压泵压送入喷雾头内，以旋转运动方式经喷嘴向外喷成雾状，在干燥室内遇热空气后，被瞬间干燥。

气流喷雾即利用高速压缩空气将液体吸入喷嘴并摩擦雾化。此种喷嘴孔径较大，一般为1～4mm，因此，能处理悬浮液和黏度较大的液体。

离心喷雾即利用水平方向高速旋转的离心盘给予液体以离心力，使其从离心盘周围的小孔高速甩出，同时受到周围空气的摩擦而形成液滴。

喷雾干燥室内物料与空气的流动形式可分为顺流型、逆流型和混合流型三种。

① 顺流型喷雾干燥器　在顺流型喷雾干燥器的干燥室内，液滴与热风呈同一方向流动。由于热风进入干燥室内立即与喷雾液滴接触，室内温度急降，不会使干燥物料受热过度，因此适宜于热敏性物料的干燥。

顺流型喷雾干燥器是工业上常用的基本形式，如图5-16所示。

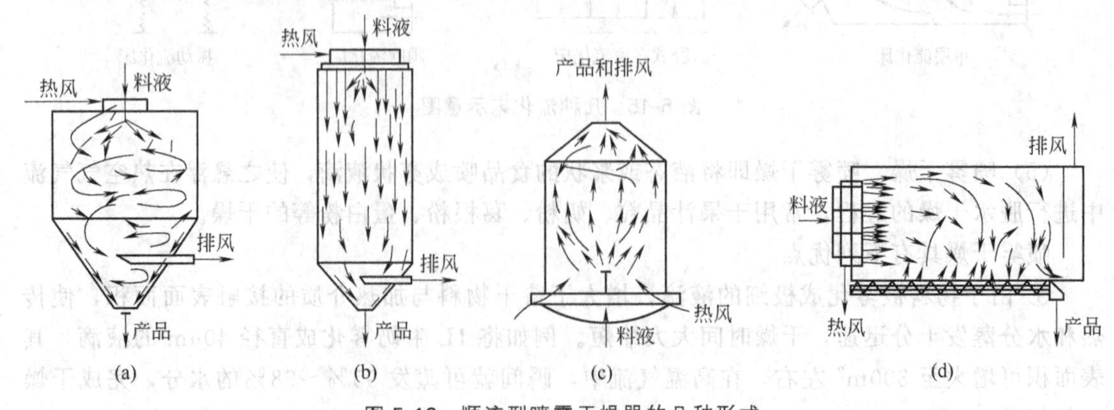

图5-16　顺流型喷雾干燥器的几种形式

② 逆流型喷雾干燥器　在逆流型喷雾干燥器的干燥室内，液滴与热风呈反向流动（图5-17）。这类干燥器的特点是高温热风进入干燥室内首先与将要完成干燥的物料接触，使其内部水分含量达到较低的程度，物料在干燥室内悬浮时间长，适用于含水量高的物料的干燥。

③ 混合流型喷雾干燥器　混合流型喷雾干燥器干燥室内液滴与热风呈混合交错的流动，如图5-18所示。其干燥性能介于顺流和逆流之间。这类干燥器的特点是液滴运动轨迹较长，适用于不易干燥的物料。但如果设计不好，往往造成气流分布不均匀、内壁局部粘粉严重等弊病。

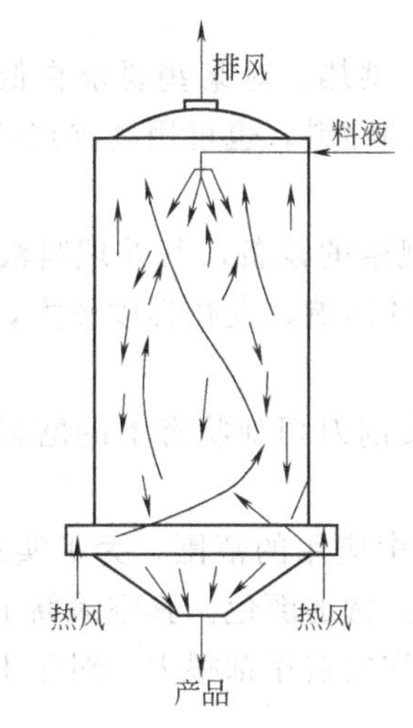

图5-17　逆流型喷雾干燥器

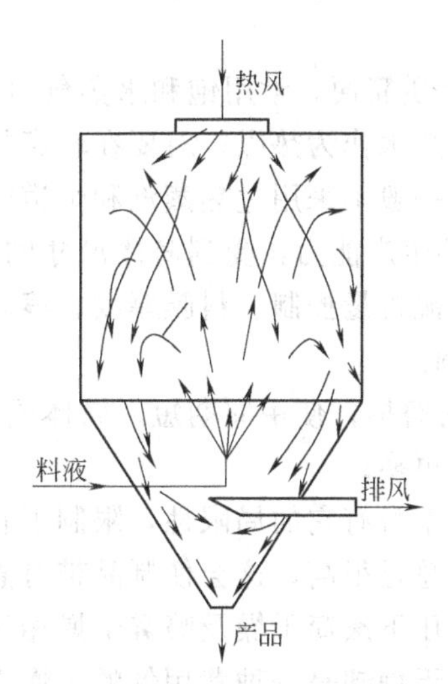

图5-18　混合流型喷雾干燥器

5.3.2.2　间接加热式干燥

间接加热式干燥机是指那些加热介质与被干燥物料不直接接触的机型，即热量通过传导方式从传热介质（蒸汽、热空气、热流体等）传递给湿物料。因为在湿物料侧没有气流，所以在干燥室中需要提供真空或微气流将蒸发出的湿分带走，以避免干燥室中的蒸汽达到饱和。

(1) 滚筒干燥　滚筒干燥器是通过转动的圆筒，以热传导的方式将附着在筒体外壁的液体物料、浆状或泥状物料进行干燥的一种连续操作设备。滚筒干燥时，物料在缓慢转动的和不断加热的滚筒表面铺成薄层，在它旋转300°的过程中促使物料水分迅速蒸发，并用固定或往复移动的刮刀将滚筒表面达到干燥要求的物料不断地刮下。

应用于食品工业中的滚筒干燥机按滚筒数量可分为单滚筒、双滚筒、对滚筒；按操作压力，可分为常压和真空操作两类；按滚筒的布膜方式又可分为浸液式、喷溅式、对滚筒间隙调节式和铺辊式等类型。单滚筒干燥机是由独自运转的单个滚筒构成，用于溶液或稀浆状悬浮液的物料干燥，布膜方式常为浸液式或喷溅式。双滚筒干燥机由一对直径相同、对向运转、靠得很近的筒组成，其表面物料层的厚度可由双滚筒间距加以控制，适用于有沉淀的泥浆状物料或黏度较大物料的干燥。对装滚筒干燥机是由相距较远、转向相反、各自运转的双滚筒构成，适用于溶液、乳浊液等物料干燥。

滚筒干燥器的主要特点如下。

① 热效率高，筒内供给的热量，除少量热辐射和筒体的端盖部分散热损失外，大部分

热量用于湿分的汽化，热效率可高达70%～80%。

② 干燥速率高，筒壁上湿料膜的传热与传质过程，由里至外，方向一致，温度梯度较大，使料膜表面保持较高的蒸发强度，一般可达30～70kg(H_2O)/(m^2·h)。物料内的固形物从3%～30%增加到90%～98%，物料在干燥表面上停留的时间只需几秒钟。

③ 产品的干燥质量稳定，滚筒供热方式便于控制，筒内温度和间壁的传热速率能保持相对稳定，使料膜能处于稳定传热状态下干燥，产品的质量可得到保证。

④ 适用范围较广，采用滚筒干燥的物料，应具有流动性、黏附性和对热的稳定性。物料的形态可为溶液、非均相的悬浮液、乳浊液、溶胶等，对纸浆、纺织物等带状物料，也可采用。

⑤ 供热介质简便，常用饱和水蒸气（120～150℃）供热。对某些要求在低温下干燥的物料，可采取热水作为热媒；对要在较高的温度下干燥的物料，也可用高沸点的有机物导热油作为热媒，一般不采用过热蒸汽和烟道气。

⑥ 单机的生产能力，受到简体尺寸的限制。同一规格的设备，其处理料液的能力还受到料液性质、湿含量控制、料膜厚度、滚筒转速等因素的影响，变化幅度较大，一般在50～2000kg/h范围。

⑦ 刮刀易磨损，使用周期短。筒体受到料液腐蚀及刮刀切削状态下的磨损后，难以修补，必须重新更换。

滚筒干燥本身有它的局限性，限制了它在食品工业中应用的范围。为了实现快速干燥，滚筒表面温度总是很高，这会使制品带有煮熟味和呈不正常的颜色。真空滚筒干燥温度可以降低，但和常压下滚筒干燥及喷雾干燥相比，设备和操作的费用都很大。对于不易受热影响的物料，滚筒干燥却是一种费用低的干燥方法。

（2）真空干燥　真空干燥，又名解析干燥，是一种将物料置于负压条件下，并适当通过加热达到负压状态下的沸点或者通过降温使得物料凝固后通过熔点来干燥物料的干燥方式，常用于胡萝卜、荔枝、龙眼和板栗等的干燥。低温真空干燥技术适用于干燥热敏性，易分解和易氧化物质，能够向内部充入惰性气体，特别是一些成分复杂的物品也能进行快速干燥。

比起常规干燥技术具备以下优势。

① 真空环境大大降低了需要驱除的液体的沸点，所以真空干燥可以轻松应用于热敏性物质；

② 真空干燥可以说基本上是在非常稀薄的空气中进行的，适宜于干燥那些在高温条件下容易氧化或发生化学变化而变质的食品；

③ 对于不容易干燥的样品，例如粉末或其他颗粒状样品，使用真空干燥法可以有效缩短干燥时间；

④ 各种构造复杂的机械部件或其他多孔样品经过清洗后使用真空干燥法，完全干燥后不留任何残余物质；

⑤ 使用更安全，在真空或惰性条件下，完全消除氧化物遇热爆炸的可能；

⑥ 与依靠空气循环的普通干燥相比，粉末状样品不会被流动空气吹动或移动；

⑦ 可用直接冷凝的方式很方便地回收干燥过程中挥发的风味成分，对粉尘的回收也明显地简便；

⑧ 真空干燥的产品孔隙率较高，复水性较好。

但因其操作费用较高，所以，真空干燥只适用于高价值的物料或水分要求降得非常低时易受损的物料。

所有的真空干燥系统都由以下主要部件组合而成：真空室、供热系统、抽真空和维持真空的装置、收集从物料中蒸发出来的水蒸气的部件。

真空室安装有放置物料用的搁板或其他支撑物，这些搁板通常用电热或循环液加热。热板以传导方式将热量传递给和它们接触的物料，热板还会向下层加热板上的物料辐射热量。此外，但对于上下重叠的加热板来说，上层的加热可以采用红外线以辐射的方式或用微波加热的方式对物料进行补充加热。

关于抽真空和维持真空的装置，有的真空干燥机采用真空泵，有的采用蒸汽喷射泵。蒸汽喷射泵利用高速喷射的蒸汽形成高于真空室内的真空，将真空干燥室内的空气和水蒸气吸走。

冷凝器是采用真空泵的系统收集水蒸气的设备，必须安装在真空泵前以免水蒸气进入真空泵内造成污损。采用蒸汽喷射泵的系统收集水蒸气的装置即冷凝水槽。

(3) 冷冻干燥　冷冻干燥（freeze drying）是一种特殊的真空干燥方法，它的真空度比一般的真空干燥还要高，以使食品中的水分保持在三相点以下，食品中已经冷冻凝结的水分直接由固态（冰）升华成水蒸气，所以冷冻干燥通常又称为升华干燥。冷冻干燥常用于干燥咖啡、果汁等高档液态食品，同时特别适宜干燥草莓、整虾、鸡丁、蘑菇片以及猪、牛排等大型块状食品。目前也应用于果蔬食品，如大葱、大蒜、香菇、芦荟、洋葱、猕猴桃、草莓等的干燥；动物性食品，如：海鲜、牛奶、蜂蜜、鱼粉、骨粉、多肽、氨基酸；生物材料，如血浆、血清、荷尔蒙（hormone）等以及多种微生物冻干保存等。

冷冻干燥保留了真空干燥在低温和缺氧状态下干燥的优点，可以在不同程度上避免物料干燥时受到的热损害和氧化损害以及水分在液态下汽化所引起的物料收缩和变形，因而冷冻干燥后的食品能够最大程度保持原有的物理、化学、生物学和感官性质，其色泽、形状和外观只有轻微变化，制品呈海绵状多孔性结构，加水复原后，可恢复到原来的形状和结构。

然而，冷冻干燥花费大，从而限制了普遍应用，其费用为真空带式干燥的 2 倍，几乎是喷雾干燥的 5 倍。冷冻干燥的费用能够被一些特殊的市场优点（如高质量、鲜美和重量轻等）所补偿。速溶咖啡和轻薄易携带的餐食是冷冻干燥食品的典型例子。活性酶制剂、微生物菌种、一些血液制品也是冷冻干燥的，因为热容易使这些物质失活，冷冻干燥可保持其原来活性。

此外，空气容易进入冷冻干燥食品的多孔性海绵状结构，使产品易回潮和氧化，从而影响产品的储藏性，需要采用真空密闭包装或充气（惰性气体）包装来增强其耐储性。

冷冻干燥的前提条件是冷冻干燥时物料内水溶液温度必须保持在三相点以下。水的三相点如图 5-19中 O 点所示，即水的固态、液态和气态三相共存或处于平衡之点。纯水的三相点温度为 0℃，而绝对压力为 4.7mmHg。食品中的水溶液因溶解有溶质，它冻结时则成为低共熔混合物。随着溶液浓度的增加，其熔点或冻结点和水蒸气分压也相应下降。故冻结食品中部分冰晶体的冻结点常低于 0℃，一般低于－4℃，并随着食品种类的不同而不同。

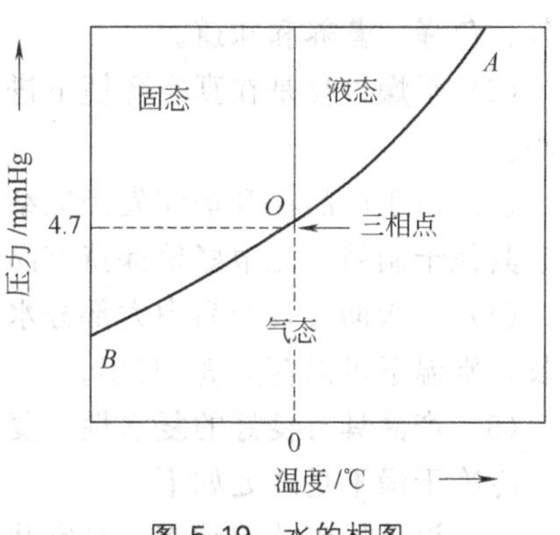

图 5-19　水的相图

物料冷冻干燥时首先要将物料进行冻结，常用的冻结方法有自冻法和预冻法。

自冻法即利用物料表面水分蒸发时吸收相变热，促使物料自身温度下降，直至达到冻结点的物料水分自行冻结的方法。如将物料置于真空室内，并使真空室的真空度迅速升高，物料就会因水分瞬间大量蒸发，温度迅速下降而被冻结。

预冻法是冷冻干燥前常用的冷冻方法，即采用高速冷空气循环，低温盐水或其他制冷剂浸渍、液氮或氟利昂喷淋、低温金属板接触等方法预先对物料进行冻结处理，为冷冻干燥做好准备。

在冷冻干燥过程中，冷冻速率对于制品的弹性和持水性有影响。缓慢冻结时形成颗粒粗大的冰晶体会对细胞组织造成严重的机械破坏，引起蛋白质变性，从而影响到干制品的弹性和复水性，且冻结前因酶的活动而发生的品质变化也更严重一些。因此，缓慢冻结对干制品的复原性会产生不利的影响。冷冻速率还会对干制品的多孔性产生影响，孔隙的大小、形状和曲折性将影响蒸汽的外逸。冻结速率越快，物料形成的冰晶体越细小，它升华干燥后产生的孔隙也小，越不利于水蒸气的外逸，冷冻干燥速率越慢。

为了加快升华干燥的速率，其真空室内设有加热装置。所施加的热量应保证冻结物料的温度略低于物料的冰晶体融化温度，以便能以最高速率进行升华干燥。因此，加热量应等于物料内冰晶体温度或物料冻结温度所对应的升华热。加热量必须小心控制，不能使食品的温度增加到冰的融化点之上。

常用的加热方式是在加热室内安装两块加热板，将装有物料的料盘紧紧地夹在中间，并用水压系统使加热板能垂直地位移，以保证干燥过程中加热板与物料始终均匀地相互接触，以利于热的传导。在整个冷冻干燥过程中，水分的升华完全在冰晶体表面进行，随着干燥过程的进行，冰层界面不断向物料中心移动，留下一层海绵状多孔性物质，这种海绵状多孔性结构使其制品具有良好的复水性，但同时也具有很高的绝热性，不利于热量的传递。因而，在设计升华干燥设备时，往往还同时采用了穿透性较强的加热方式（如利用辐射热、红外线、微波等）通过多孔性干燥层直接穿透到后移的冰层界面上，加速热量传递，有效地加快冷冻干燥的干燥速率。

在真空室内，只有当物料内冰晶体的饱和蒸汽压大于室内绝对压力时，物料内水蒸气才能在蒸汽压差的作用下向外扩散，升华干燥才能得以进行。因此，需要保证干燥过程中产生的水蒸气能及时地从真空室内排除掉。为此，冷冻干燥系统中需采用制冷型冷凝器将物料外逸的水蒸气冷凝下来。冷冻干燥的优点如下。

(1) 产品中的挥发性物质和热敏性营养成分损失很小，可以很大限度地保持产品原有的香气、色泽、营养和味道。

(2) 干燥过程是在真空环境下进行，因而产品中易氧化的成分可得到有效保护，氧化损失小。

(3) 由于产品在升华前先经冻结处理，形成稳固的固体骨架，产品冻干后其收缩率远远低于其他干制品，能很好地保持产品原有形状。

(4) 干燥彻底，产品中大部分水分已除去，微生物活动和酶活性得到明显抑制，故保存期长，常温下可以存放3～5年。

(5) 产品具有良好的复水性，复水快速且接近于新鲜品。

冷冻干燥不足之处如下。

(1) 设备投资费用较大；真空状态下多孔性物料的导热系数低、传热速率低，导致冻干的时间较长，能耗大，致使设备的操作费用较高从而使得冻干产品的生产成本较高，大约为热风干燥的5～7倍、喷雾干燥的7倍，所以，目前冻干技术主要应用在一些高档产品的生产加工中。

(2) 被冻干物料品种很多，但性能参数却很少，不但难查找，也难测量，缺乏测量方法和测试仪器，致使难以找到最佳的可以优化的冻干工艺。

5.3.2.3 微波干燥

微波是一种波长极短的电磁波，以交变的电场和磁场相互感应的形式来传输。微波加热是一种新技术，它在食品工业中的应用在逐渐增多。现在，微波技术广泛应用于食品、药品、医药原料的干燥、杀菌、消毒；特别是大米、面粉的干燥、杀虫、防霉处理；茶叶的杀青、提香等。在干燥热敏性物料时，就产品质量而言，微波干燥具有特殊的优势，作为提高降速干燥段末期干燥速率的设备，它还是值得考虑的。为了降低干燥的成本，可采用微波干燥技术与其他干燥技术相结合的办法，如微波真空干燥技术、微波冷冻干燥技术、微波真空冷冻干燥技术。

微波是指频率为300MHz～300GHz、波长为1mm～1m的电磁波。它的干燥原理是：微波发生器将微波辐射到待干燥的物料上，当微波射入物料内部时，物料内的水等极性分子按微波频率作同步旋转和摆动；水等极性分子高速旋转的结果使物料内部瞬时产生摩擦热，导致物料内部和表面同时升温，使大量的水分子从物料中蒸发逸出，从而达到干燥的目的。不同的物质吸收微波的能力不同，其加热效果也各不相同，这主要取决于物质的介质损耗。水是吸收微波很强烈的物质，一般含有水分的物质都能用微波来进行加热，快速均匀，达到很好效果。

微波干燥设备由直流电源、微波发生器、波导管、微波干燥器及冷却系统等组成。微波发生器由直流电源提供高压并转换成微波能量，微波能量通过波导管输送到微波干燥器对被干燥物料进行加热。冷却系统用于对微波发生器的腔体及阴极部分进行冷却，冷却方式有风冷或水冷。

一般干燥方法的干燥过程是食品首先外部受热，然后是次外层受热。过程的特点是热量向内层传递，水分向外层传递，在干燥过程中温度和水分梯度方向相反，影响了干燥过程的进行，干燥速率受影响，因而食品内部特别是中心部位的加热和干燥成为干燥过程的关键。微波加热是整体加热，微波干燥时物料最内层的水分蒸发迁移至次内层或次内层的外层，这样就使得外层的水分含量越来越高，随着干燥过程的进行，其外层的传热阻力下降，推动力反而有所提高。因此，在微波干燥过程中，水分由内层向外层的迁移速率很快，特别是在物料的后续干燥阶段，微波干燥显示出极大的优势。

与一般干燥方法相比，微波干燥有以下特点。

(1) 干燥速率快　微波能深入到物料内部加热，而不只靠物料本身的热传导，因此干燥速率极快，只需一般干燥方法的1/100～1/10的时间就能完成全部干燥过程。

(2) 加热比较均匀、制品质量好　微波干燥时，食品内部及表面同时吸收微波而发热，往往可以避免一般外部加热时出现的表面硬化和内部干燥不均匀现象，而且加热时间短可以保留原有的色、香、味，维生素的损失大大减少。

(3) 加热易于调节和控制　常规的加热方法，无论是电加热，还是蒸汽加热或热风加热，如要达到一定的温度，往往需要一段时间，但微波加热的惯性小，可立即发热和升温，而且微波输出功率调整和加热温度变化的反应都非常灵敏，故便于控制。

(4) 加热效率高　微波加热设备虽然在电源部分及微波管本身要消耗一部分热量，但由于加热作用来自加工物料本身，基本上不辐射散热，所以热效率高，可达到80%。

(5) 微波干燥机的投资和运行成本都很高　能源消耗大是微波干燥的主要缺点。微波干燥机中仅有50%左右的能源可转化成电磁场，而且这部分电磁场也只有一部分可被干燥物料吸收。

微波干燥应根据物料的特性（介电特性、热物理特性、含水率和形状、大小）选择干燥工艺和参数，其原则如下：①微波功率应与干燥的物料量相匹配；②待干燥的物料大小和含水率应尽可能均匀一致；③考虑微波的穿透深度，大块物料最好先处理成小的粒状或片状；④粉状物料如果堆积在一起时应看成是一个整体；⑤小粒物料所用的微波功率（w/g）可以适当减小；⑥对于热敏性物料可以适当加大真空度或减小微波功率。

5.3.2.4　干燥协同效应

各种干燥方式各有优缺点，现出现多种干燥方式联合应用，形成干燥协同效应，来弥补单一干燥方式的不足。如：水产品的干燥可用低温低湿及红外协同干燥技术，低温低湿环境可延缓和减弱因微生物、酶以及非酶作用引起的食品变质过程，从而有效保持产品品质。然而低温干燥耗时较长，红外辐照作为一种高效的热源，能大大缩短干燥时间。可弥补现代化工业生产中普遍采用的热风干燥方式，温度较高，容易导致水产品热敏成分损失。

可将微波干燥与其他干燥技术搭配使用，例如，如果采用热风干燥法，将食品的含水量从80%降到2%，所需的加热时间为微波干燥时间的10倍。若两种方法结合使用，先用热风干燥把食品的水分降低到20%左右，再用微波干燥到2%，那么既缩短了全部采用热风干燥时间的3/4，又节约了全部采用微波干燥能耗的3/4。

真空-超声干燥技术。真空干燥是一种在干燥环境压力低于常压条件下进行干燥的方法，它可以使物料中的水分在低温下产生沸腾，干燥速度快（特别是对于较厚的物料）。然而真空状态不仅加快了内部水分的移动，同时可能更加快了表面水分的蒸发。因此在干燥过程中，如果含水率较高，且真空度或绝对压力控制不当，木材中的含水率梯度将显著增大，进而导致内应力增加，更容易产生干燥缺陷。此外，由于干燥在较低的绝对压力下进行，干燥介质稀少，热量传递困难，从而降低了传热效率。超声波干燥主要用于食品干燥和干燥过程中含水率的在线检测。超声波处理作为一种新兴的技术，由于处理过程中产生的海绵效应、空穴效应等作用，使得超声波对多孔性物质的脱水具有良好的效果。与此同时，由于超声波干燥过程中水分不需要通过汽化就能排除物料，所以超声波可以在低温下对物料进行真空干燥，在保持真空干燥优点的前提下克服其缺点。

5.4　干制对食品品质的影响

5.4.1　干制对食品物理性质的影响

(1) 干缩　干缩是物料失去弹性时出现的一种变化，这也是不论有无细胞结构的食品干制时最常见的、最显著的变化之一。理想的干缩是物料几何尺寸随着水分的消失而均衡地呈线性收缩。但实际上由于物料内水分分布的不均匀性、物质结构的不均匀性以及物料各部位受热的不均匀性的影响，物料干燥时均匀干缩几乎是不可能的。物料不同，干制过程中它们的干缩程度和干缩后的形状也各有差异。干制过程中，蔬菜丁的形状变化如图5-20所示。由于蔬菜丁的边、角处，单位体积的物料受热面积和水分蒸发面积比任何一个平面的中心处的受热面积和蒸发面积大，因此，这些部位的水分蒸发比较快，干缩首先在这些部位发生，使蔬菜丁的边、角变得圆滑。随着干制的进行，水分的排除向深层发展，最后至中心，干缩也不断向物料中心进展，最后会形成凹面状的产品。

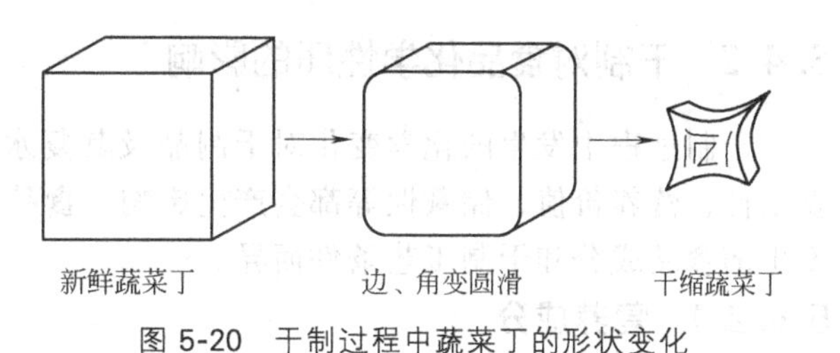

图 5-20 干制过程中蔬菜丁的形状变化

缓慢干燥的食品，有深度内凹的表面层和较高的密度。这类产品由于密度大、内部孔洞少，不易氧化，储存期长，包装材料和储运费用较为节省，但其复水性差。

快速干燥的食品具有轻度内凹的干硬表面、为数较多的内裂纹和气孔，密度小，复水性好，但包装和储运费用大，易氧化，储存期短。

(2) 表面硬化　表面硬化是指干制品外表干燥硬化而内部仍然软湿的现象。导致干燥过程中物料表面硬化的原因主要有两个方面：一是食品干燥过程中，物料内部的溶质随水分向物料表面不断迁移和积累并在表面产生结晶（如含糖较高的水果及腌制品的干燥），这些物质会将干制时正在收缩的微孔和裂缝加以封闭，在微孔收缩和溶质堵塞的双重作用下出现了表面硬化；二是由于干燥初期，食品物料与干燥介质间温差和湿度差过大，致使物料表面温度急骤升高，水分蒸发过于强烈，内部水分向食品表面迁移的速率滞后于表面水分汽化速率，从而使物料表面迅速干燥，形成一层干硬膜，造成物料表面的硬化。物料表面出现的干硬膜是热的不良导体，且渗透性差，阻碍了物料内部水分的蒸发，以致将大部分残留水分保留在食品内，同时使干燥速率急剧下降，对进一步干燥造成困难。

避免物料表面发生硬化的方法是调节干燥初期水分的外逸速率，保持水分蒸发的畅通性，一般是在干燥初期采用高温、含湿较大的介质进行脱水，使物料表层附近的湿度不致变化太快。

(3) 物料内多孔性的形成　物料内部多孔性的产生是由于物料中的水分在干燥进程中被去除，原来被水分所占据的空间由空气填充而成为空穴，干制品组织内部就形成一定的孔隙而具有多孔性。多孔性食品复水迅速、口感好是其主要优点。

固体物料在减压干燥时，水分外逸迅速，内部能形成均匀的水分外逸通道和孔穴，产品具有较好的多孔状态；膨化食品正是利用外逸的蒸汽促使它膨化的。加有不会消失的发泡剂、经搅拌而形成稳定泡沫状的液体或浆质体食品干燥后也具有多孔性。泡沫的均匀程度、体积的膨胀程度以及微粒的大小决定了物料多孔性的优劣。

为了加速传质，不少干燥技术或干燥前的预处理力求促使物料形成多孔性结构。实际上多孔结构物料是很好的绝热体，而任何一个干燥过程都是传热和传质相结合的过程，因此，通过使物料形成多孔性结构来加速干燥是否有效，要视其对传热和传质过程的综合影响而论。

(4) 溶质迁移现象　食品在干燥过程中，由于食品表层的收缩使其内部受压，促使其内部水溶液穿过孔隙、裂缝和毛细管向外流动。表面水分蒸发后，其水溶液的浓度逐渐升高，导致食品表面溶液与食品内部溶液之间现出浓度差，在这个浓度差的推动下，溶质由物料表面向内部扩散。上述两种方向相反的溶质迁移，导致了溶质在食品内的重新分布。干制品内溶质分布是否均匀，最终取决于干制工艺条件是否控制得当。

5.4.2 干制对食品化学性质的影响

干制过程中发生的化学变化对干制品及其复水后的品质，如色泽、风味、质地、黏度、复水性、营养价值、储藏性等都会产生影响。食品的种类不同，所发生的变化不同，变化程度也随食品成分和干制工艺条件而异。

5.4.2.1 营养成分

在干制过程中，食品中的营养成分或多或少的会有一些损耗，若将复水干制品与新鲜食品相比较，其品质总是低于新鲜食品。

（1）碳水化合物　果糖和葡萄糖不稳定，易于分解，高温长时间的脱水干制会导致糖分损耗（表 5-2）；加热时碳水化合物含量较高的食品极易焦化；仍具有生命活动的食品在自然干燥过程初期的呼吸作用也会导致糖分分解；还原糖还会和有机酸反应而出现褐变，要用二氧化硫处理才能有效地加以控制。

表 5-2　干制工艺条件对葡萄糖损耗的影响

热空气温度/℃	不同脱水干制时间下的糖分损失率/%		
	8h	16h	32h
60	0.6	0.8	1.0
80	8.7	12.2	14.9

（2）脂肪　食品中的油脂在干制过程中极易被氧化，干燥温度越高、时间越长，氧化程度越严重。可以在干燥前添加抗氧化剂加以控制。

（3）蛋白质　含蛋白质较多的干制品在复水后，其外观、含水量及硬度等均不能回复到新鲜时的状态，这主要是由蛋白质脱水变性所引起的。蛋白质在干燥过程中的变化程度主要取决于干燥温度、时间、水分活度、pH 值、脂肪含量及干燥方法等因素。

干燥温度越高、时间越长，对蛋白质的变性越严重；水分含量低时，蛋白质的耐热性较好；脂肪对蛋白质有一定的保护作用，但脂质氧化的产物将促进蛋白质的变性。

（4）维生素　脱水干制过程中，维生素的损耗程度取决于预处理的小心程度、脱水干制方法、操作严格程度等。抗坏血酸、胡萝卜素极易氧化，核黄素对光十分敏感，硫胺素对热十分敏感。脱水干制对维生素的损耗一般小于晒干。未经酶钝化处理的食品在干制过程中维生素的损耗一般大于经过酶钝化处理的食品。

5.4.2.2 色泽

食品的色泽与食品自身的性质及观察食品的环境有关。食品干制后其物理和化学性质均发生了一定程度的变化，使食品反射、散射、吸收和传递可见光的能力发生了改变，从而食品的色泽也与原来新鲜的状态有所不同。干制会引起食品中的类胡萝卜素发生变化，花青素也会受到影响；湿热处理可使叶绿素失去一部分镁离子变成脱镁叶绿素而呈橄榄色。碳水化合物参与的酶促褐变与非酶褐变是干制食品变成黄褐色或黑色的主要原因。酶促褐变可通过钝化酶活性和减少氧气供给来防止。非酶引起的褐变包括美拉德反应、焦糖化反应以及单宁类物质与铁作用生成黑色化合物（单宁酸铁）等。

5.4.2.3 风味

食品失去部分挥发性风味成分是脱水干制时常见的变化。要完全阻止风味物质的损耗几乎是不可能的。为此，我们可以将干制过程中挥发的风味物质冷凝回收，并在干制后回添到干制品中去，或在干制后向干制品中添加香精或风味制剂以补充、增强风味。另外，可以在干制前向待干食品中添加树胶和其他物质以减少风味成分的损耗，这些物质中的某些成分有固定风味的能力，而另一些物质能包住干粒，形成物理性障碍，以阻止风味物质外逸。

5.5 合理选择食品干制工艺条件和干制方法

食品的干燥过程涉及复杂的化学、物理和生物学的变化，对产品品质和卫生标准要求很高，有些干燥制品还要求具有良好的复水性，即制品复水后恢复到接近原先的外观和风味。因此要根据物料的性质（黏附性、分散性、热敏性等）和对产品的品质要求，并考虑投资费用、操作费用等经济因素，正确合理地选用干燥方法和相应的干燥工艺条件。

食品干制工艺条件由干制过程中控制干燥速率、物料临界水分和干制食品品质的主要参数组成。如干制过程中所用的工艺条件能达到最高技术经济指标的要求，即干燥时间最短，热能、电能消耗量最低和干制品质量最高，则称为最适宜的干制工艺条件。不过，在具体干燥设备中很难实现最理想的干制工艺条件，为此，做必要修改后的适宜干制工艺条件称为合理干制工艺条件。

在选用合理工艺条件时主要应考虑以下几个方面。

(1) 食品干制过程中所选用的工艺条件必须使食品表面水分蒸发速率尽可能等于食品内部水分扩散率，同时力求避免在食品内部建立起和湿度梯度方向相反的温度梯度，以免降低食品内部水分扩散。

(2) 在恒速干燥阶段，空气向物料提供的热量全部用于水分的蒸发，物料表面温度不会高于空气的湿球温度。因而物料内部不会建立起温度梯度。在这阶段内，应在保证食品表面水分蒸发不超过物料内部导湿性所能提供的扩散水分的原则下，尽可能提高空气温度，以加速食品的干燥。

(3) 干制过程中食品表面水分蒸发接近结束时，应降低食品表面水分蒸发速率，使它能和逐步降低了的内部水分扩散速率一致，以免食品表面层受热过度，导致不良后果。

(4) 干燥末期干燥介质的相对湿度应根据预期干制品水分加以选用。

5.6 干制食品的包装和储藏

5.6.1 包装前干制品的处理

5.6.1.1 分级除杂

为了使产品合乎规定，便于包装，干制后的产品在包装前需要除去干制品中的杂质和残缺、不良成品，并进行分级，以提高产品的商品价值。常用的分级设备是振动筛。大小合格的产品还需进一步在移动速率为3～7m/min的输送带上进行人工挑选，剔除变色、残缺和不良成品。金属块、石块、泥块等杂质常用筛选、风选法除去，也常采用磁铁吸除金属杂质。

5.6.1.2 均湿处理

无论是人工干燥还是自然干燥的干制品，刚干燥出的各块（粒、片）制品之间的水分并不是均匀一致的，即使是在同一块的内部水分分布也不是均匀分布的，常常需要作均湿处理。均湿处理常称为回软或发汗，即成品在密闭室或容器内进行短暂储藏，以便水分在干制品内部或干制品之间进行扩散或重新分布，最后达到均匀一致。

5.6.1.3 灭虫

果蔬干制品和包装材料在包装前都应经过灭虫处理。灭虫的方法可以分为物理的和化学的两类方法。物理方法包括低温储藏（2～10℃）以抑制虫卵的发育或在不损害制品品质的原则前提下采用高温热处理。

烟熏是常用的化学处理方法，甲基溴是近年来使用最多的一种极为有效的烟熏剂，其爆炸性比较小而灭虫效力极强，对昆虫毒性较高，因而对人类也有一定的毒性。因此，烟熏必须得法，并保证残留的溴量低于允许量。表 5-3 为部分水果干制品的无机溴残留允许量。

表 5-3 部分水果干制品的无机溴残留允许量

品名	无机溴残留允许量/mg/kg	品名	无机溴残留允许量/mg/kg
无花果	150	苹果干、杏干、桃干、梨干	30
葡萄干	150	李干	20

氧化乙烯和氧化丙烯，即环氧化合物是目前常用的另一些烟熏剂，不过这些烟熏剂被禁止使用于高水分食品，因为在这种情况下有可能会产生有毒物质。零售或大型（18kg 左右）包装的葡萄干中还常用甲酸甲酯或乙酸甲酯预防虫害。切制果干块由于经过硫熏处理，其二氧化硫含量足以预防虫害，一般不需杀虫药剂处理。

5.6.1.4 速化复水处理

干制品通常需要复水后再食用，为了缩短干制品重新吸回水分的时间，需要对干制品进行速化复水处理。

（1）压片法　由于片状比粒状物料与周围环境接触的面积大，所以生产中常常采用压片法，即将颗粒制品压制成薄片，薄片比颗粒复水速率快得多。经过压片法处理的产品只受到挤压，它的细胞结构未受到破坏，复水后能迅速恢复原来的形状和大小。在进行压片处理不同、转向相反的转辊轧制成薄片后，如将干制到水分 12%～30%的半成品经速率不同、转向相反的转轧制成薄片后，再将部分细胞结构受到破坏的半成品进一步干制到 2%～10%的水分含量。采用破坏细胞的速化复水处理方法处理的干制品复水后未破坏的细胞将恢复原状，而部分已破坏的细胞则有变成软糊的趋势。

（2）刺孔法　将半干的果片先行刺孔后再进行干制，使其水分进一步降低。这种方法由于增大了制品的比表面积，缩短了水分扩散的路程，不仅可以加速干制品的复水速率，同时还可以加快干制时干制的速率，缩短了干制的时间。其制品复水后大部分针眼会消失。

5.6.1.5 压块处理

保藏是干制的主要目的，但不是唯一的目的。通过脱水干制，除了可以提高制品的保藏性外，还可以大大减轻制品的重量，缩小制品的体积。例如，新鲜牛奶在干制成奶粉后，水分含量从原来的 85.5%～89.5%降低到 2%～3%，重量变为原来的 1/8 左右，体积也相应缩小很多。但体积收缩常常比减少的重量低得多，尤其是一些固体食品。为了有效地节省装运、保藏、包装材料及搬运费，防止或减缓产品的氧化，在不影响干制品品质的前提下，常常对于干制品进行压块处理。压块处理可使成品包装紧密，减少单位体积成品中氧气的含量，有利于防止氧化。

蔬菜干制品一般可在水压机中用块模压块。大生产中有专用的连续式压块机。蛋粉可用螺旋压榨机装填。流动性好的汤粉则可用制药厂常用的轧片机轧片。

压块时应注意破碎和碎屑的形成、压块的大小、性质、密度和内聚力以及压块制品的耐藏性、复水性和食用品质等问题。复水后仍需保证块状的干制品压块处理后应能恢复原来的形状、大小，其中复水后通过 4 目筛的碎屑应低于 5%。否则，复水后就会出现糊化的倾向，且色、香、味也不能和未压制的复水干制品一样。为此，对于那些质脆易碎的干制品做压块处理时，常需采用直接蒸汽进行短时间的加热，促使其软化以便压块并减少破碎率。某些食品的压块工艺条件及效果见表 5-4。

表 5-4 干制品压块工艺条件及效果

食品	形状	水分/%	温度/℃	最高压力/(kN/m²)	加压时间/s	密度/(kg/m³)		容积缩减率/%
						压块前	压块后	
甜菜	丁状	4.6	65.6	81	0	400	1041	61
卷心菜	片	3.5	65.6	153	3	168	961	83
胡萝卜	丁状	4.5	65.6	272	3	300	1041	77
洋葱	薄片	4.0	54.4	47	0	191	801	76
马铃薯	丁状	14.0	65.6	54	3	368	801	54
甘薯	丁状	6.1	65.6	238	10	433	1041	58
苹果	块	1.8	54.4	81	0	320	1041	61
杏	半块	13.2	24.0	20	15	561	1201	53
蔓越橘	全果	5.5	65.6	136	5	203	881	77
桃	半块	10.7	24.0	20	30	577	1169	51
蛋粉	粉	5.0	24.0	57	1	417	801	48
蛋粉	粉	2.0	24.0	68	30(最高)	417	737	43

5.6.2 干制品的储藏

良好的储藏环境是保证干制品耐藏性的重要因素。未经特殊包装或密封包装的干制品在不良环境因素的影响下很容易发生变质现象。

水分对于干制品的保藏性影响很大，如果干制品在储藏过程中吸潮，干制品很容易出现腐败变质现象。干制品的水分超过 10%时就会促使昆虫卵发育成长，侵害干制品。

干制品水分与它所接触空气的温度和相对湿度有关，其中相对湿度为主要决定因素。当干制品水分低于空气温度和相对湿度相应的平衡水分时，干制品会从空气中吸取水分，其水分含量上升；当干制品水分大于空气温度和相对湿度所对应的平衡水分时，干制品会失去水分，其水分含量会降低。

干制品在储存过程中还会发生一系列化学反应，使产品颜色、香味和溶解度发生不良变化。较高的储存温度和光线会加速这种变化。

因此，干制品应储藏在光线较暗、干燥和低温的地方，并注意防止虫鼠的侵害。

5.7 干制品水分、干燥比和复水性

5.7.1 干制品的水分、水分蒸发量和干燥比

干制品的耐藏性主要取决于干制后它的水分含量。只有干制品水分降低到一定程度，才

不至于发生腐败变质，并有可能保持良好的品质。这是因为酶的活动、氧化、非酶褐变以及微生物生长发育都和水分有着密切的关系。

各种食物成分和性质不同，对干制程度的要求并不一样。一般在不损害干制品质量的条件下，含水量越低保藏效果越好。水果干制品水分可以高一些，因为太干将有损于品质，而且目前干制技术也难以达到，一般为15%～20%，最高可达24%～25%。蔬菜干制品多为复水后食用，除甜瓜、胡萝卜、马铃薯、甘薯等干制品的水分可略高外，其他都应低至6%以下，以便在储藏期间明显地减少维生素损耗和变色，如水分大于8%，耐藏性将显著缩短。

食品水含量（W）一般都按湿重计算。如食品中干物质为$G_{干}$，而水分为$G_{水}$，则食品质量G为$G_{干}$与$G_{水}$之和，食品水含量（W）为：

$$W=\frac{G_{水}}{G_{干}+G_{水}}\times 100\% \tag{5-11}$$

以干重计的食品水含量W_e为：

$$W_e=\frac{G_{水}}{G_{干}}\times 100\%$$

W与W_e之间的关系为：

$$W_e=\frac{W}{1-W}\times 100\% \tag{5-12}$$

水分蒸发量是干制过程中物料被蒸发的水分量，即：

$$\begin{aligned}W_{蒸发}&=G_1\times W_1-G_2\times W_2=(G_2+W_{蒸发})\times W_1-G_2\times W_2\\&=G_2\times(W_1-W_2)+W_{蒸发}\times W_1\end{aligned} \tag{5-13}$$

则有

$$W_{蒸发}(1-W_1)=G_2\times(W_1-W_2) \tag{5-14}$$

即：

$$W_{蒸发}=G_2\frac{W_1-W_2}{1-W_1} \tag{5-15}$$

式中 $W_{蒸发}$——蒸发的水分量，kg；
G_1——物料干燥前的质量，kg；
G_2——物料干燥后的质量，kg；
W_1——物料干燥前的水分含量，%；
W_2——物料干燥后的水分含量，%。

食品干制时干燥比（R）就是干制前原料质量和干制品质量的比值，即每生产1kg干制品需要的新鲜原料量（kg）。

$$R=\frac{G_1}{G_2} \tag{5-16}$$

5.7.2 干制品的复水性和复原性

干制品一般都在复水（重新吸回水分）后才食用。干制品复水后恢复原来新鲜状态的程度是衡量干制品品质的重要指标。干制品的复原性就是干制品重新吸收水分后在质量、大小和形状、质地颜色、风味、成分、结构以及其他可见因素等各个方面恢复原来新鲜状态的程度。在这些衡量品质的因素中，有些可用数量来衡量，而另一些只能用定性方法来表示。干制品复水性就是新鲜食品干制后能重新吸回水分的程度，一般常用干制品吸水增重的程度来衡量，而且这在一定程度上也是干制过程中某些品质变化的反映。为此，干制品复水性也成为干制过程中衡量干制品品质的重要指标。

干制品的复水并不是干燥历程的简单反复，通常干制品都不可能吸回在干制过程中失去的全部水分。这是因为物料干燥过程中发生的某些变化是不可逆的。为此，选用和控制干制工艺必须遵循的原则就是尽可能地减少这类不可逆的变化所造成的损害。

有些干制品复水性下降是细胞和毛细管萎缩和变形等物理变化的结果，但更多的还是干制过程中物理化学和化学变化造成的。这些变化包括：食品失去水分后盐分增浓和热的影响促使蛋白质部分变性，食品失去了再吸水的能力或与水分的相互结合能力，同时还会破坏细胞壁的渗透性；淀粉和树胶在热力的影响下发生变化，以致它们的亲水性有所下降；细胞受损伤如干裂和起皱后，在复水时因糖分和盐分流失而失去保持原有饱满状态的能力等。正是这些变化以及其他一些化学变化，降低了干制品的吸水能力，使之达不到原有的水平，同时也改变了食品的质地。

为了研究和测定干制品复水性，国外曾制定过脱水蔬菜复水性的标准试验方法。可是用这种方法进行重复试样试验时，经长时间的浸水或沸煮后最高的吸水量和吸水率常会出现较大的差异。

复水试验主要是测定复水试样的沥干质量。这应按照预先制定的标准方法，特别在严密控制的温度和时间的条件下，用浸水或沸煮方法让定量干制品在过量水中复水，用水量可随干制品干燥比而不同，但干制品应始终浸没在水中，复水的干制品沥干后即称取它的沥干质量。为了保证所得数据的可靠性和可比较性，复水试验方法应根据试验对象和具体情况预先标准化，操作时严格遵守。

复水比（$R_{复}$）简单来说就是复水后沥干质量（$G_{复}$）和干制品试样质量（$G_{干}$）的比值。

$$R_{复}=\frac{G_{复}}{G_{干}} \tag{5-17}$$

对于同一种食品，干制品的复水性部分受原料加工处理的影响，部分受干燥方法的影响。工业生产时应经常检查复水比，以便及时有效地控制干制品的品质。

6 食品的化学保藏

食品化学保藏（food chemical preservation）就是在食品生产、储存和运输过程中使用化学制品（食品添加剂）来提高食品的耐藏性和尽可能保持食品原有品质的措施。因此，它的主要任务就是保持食品品质和延长食品保藏时间。

食品化学保藏是食品保藏的一个重要分支，是食品科学研究的一个重要领域。它有着悠久的历史，烟渍和烟熏保藏食品在我国就属于古老的食品化学保藏方法。但是，化学制品应用于食品保藏在 20 世纪初才发展起来，随着化学工业和食品科学的发展，食品化学保藏也获得新的进展。

近几年，人们和各种媒体对于食品安全问题的持续关注，使得食品化学保藏面临着越来越大的挑战：一方面，出于管理的疏漏以及部分不法商贩仅为经济利益而忽视食品安全问题，另一方面，由于人们对于食品添加剂的误解，而导致“谈防腐剂色变”。这些都对食品化学保藏的发展产生了较大的影响，但随着人们对食品添加剂的认识不断提高，以及监管的进一步到位，食品化学保藏必将成为食品保藏中最为重要的手段之一。

6.1 食品化学保藏的特点及应用

6.1.1 食品化学保藏的特点

食品化学保藏的优点在于，往食品中添加少量化学制品，如防腐剂、抗氧化剂或保鲜剂等，就能在室温条件下延缓食品的腐败变质。和其他食品保藏方法如干藏、低温保藏和罐藏等相比，食品化学保藏具有简便而又经济的特点。不过它只是在有限时间内才能保持食品原来的品质状态，属于一种暂时性或辅助性的保藏方法。

食品化学保藏使用的化学制品用量虽少，使用简便而经济，但其应用受到限制。首先，使用化学制品时首先要考虑到其安全性，这主要是由于合成的化学制品或多或少对人体存在一定的副作用，而且它们大多对食品品质本身也有影响，过多添加时可能会引起食品风味的改变，所以，其使用必须符合最新的 GB 2760《食品安全国家标准　食品添加剂使用标准》和相关的食品卫生标准。其次，食品化学保藏只能在一定时期内防止食品变质，因为添加到食品中的化学制品通常只能控制和延缓微生物的生长，或只能短时间内延缓食品的化学变化。一般说来，化学制品的用量愈大，延缓腐败变质的时间愈长。此外，化学制品的使用并不能改善低质量食品的品质，而且食品腐败变质一旦开始以后，决不能利用化学制品将已经腐败变质的食品改变成优质的食品，因为腐败变质的产物已留着食品中。这就要求化学制品的添加需要掌握时机，以起到良好的保藏效果。

6.1.2 食品化学保藏的应用

过去，食品化学保藏仅局限于防止或延缓由于微生物引起的食品腐败变质。随着食品科学技术的发展，食品化学保藏已不满足于单纯抑制微生物的活动，还包括了防止或延缓因氧化作用、酶作用引起的食品变质。目前食品化学保藏已广泛应用于食品生产、运输、储藏等方面，例如在罐头、果蔬制品、肉制品、糕点、饮料等的加工生产中添加化学保藏剂。食品化学保藏使用的化学保藏剂包括防腐剂、抗氧化剂、脱氧剂、酶抑制剂、保鲜剂和干燥剂等。食品化学保藏剂种类繁多，它们的理化性质和保藏机理也各不相同。有的化学保藏剂作为食品添加剂直接参与食品的组成，有的则是以改变或控制食品外界环境因素对食品起保藏作用。化学保藏剂有人工化学合成的，也有是从天然物体内提取的。经过许多科学家多年的精心研究，现已开发了许多种天然防腐剂，并且发现天然防腐剂对人体健康无害或危害很小，而且有些还具有一定的营养价值和保健作用，是今后食品化学保藏剂研究的方向。食品化学保藏剂按照保藏机理的不同，大致可以分为三类，即防腐剂、抗氧化剂和保鲜剂，其中抗氧（化）剂又分为抗氧化剂和脱氧剂。

6.2 食品防腐剂

食品防腐剂（food preservative）是指防止食品在加工、存储、流通过程中由微生物繁殖引起的腐败、变质，保持食品原有性质和营养价值的一类物质。食品被污染后会引起腐败、霉变等现象，使食品的色泽改变、营养破坏、质地变劣，产生异味；微生物分泌出大量物质，产生有损健康的毒素。微生物在食品体系中仅仅出现在水相中，一切与生命活动相关的酶促反应也均在水相中进行，进入脂相的防腐剂被认为是无效的，因此防腐剂分子必须具备亲水基团才能进入水相中的菌体内，与合成代谢酶系起作用。食品防腐剂的防腐原理大致有如下三种：①干扰微生物的酶系，破坏其正常的新陈代谢，抑制酶的活性；②使微生物的蛋白质凝固和变性，干扰其生存和繁殖；③改变细胞浆膜的渗透性，使其体内的酶类和代谢产物逸出导致其失活。

食品防腐剂是一类以保持食品原有性质和营养价值为目的的食品添加剂，其必须具备的条件是：①经过毒理学鉴定程序，证明在适用范围内对人体无害；②防腐效果好，在低浓度下仍有抑菌作用；③性质稳定，对食品的营养成分不应有破坏作用，也不会影响食品的质量及风味；④使用方便，经济实惠；⑤本身无刺激异味。

目前食品防腐剂的种类很多，主要分为化学合成防腐剂和生物（天然）防腐剂两大类，其中化学合成防腐剂包括酸型、酯型和无机型防腐剂等三类。

6.2.1 酸型防腐剂

酸型防腐剂是目前用量最多、使用范围最广的一类防腐剂，常用的有山梨酸类、苯甲酸类和丙酸类，其抑菌效果主要取决于它们未解离的酸分子，pH 值对其效果影响较大。一般，酸性越大，效果越好，而在碱性环境下几乎无效，表 6-1 列出了介质 pH 值对几种常见酸型防腐剂未解离酸分子的影响。

表 6-1　不同介质 pH 值下未解离酸的质量分数

pH 值	未解离酸的质量分数/%		
	山梨酸	苯甲酸	丙酸
3	98	94	99
4	86	60	88
5	37	1.3	42
6	6	1.5	6.7
7	0.6	0.15	0.7

(1) 山梨酸类　山梨酸类包括山梨酸（sorbic acid）、山梨酸钾（potassium sorbate）和山梨酸钙（calcium sorbate）三种。山梨酸不溶于水，使用时须先将其溶于乙醇或硫酸氢钾中，使用不方便且有刺激性，故一般不常用；山梨酸钙因 FAO/WHO 规定其使用范围小，也不常使用；山梨酸钾则没有它们的缺点，易溶于水、使用范围广，常用于饮料、蜜饯、果酱、糕点等食品中。这里重点介绍一下山梨酸钾。

山梨酸钾属不饱和六碳酸，分子式 $C_6H_7KO_2$，相对分子质量 150.22，结构式为：

$$CH_3—CH═CH—CH═CH—COOK$$

山梨酸钾为白色至浅黄色鳞片状结晶、晶体颗粒或晶体粉末，无臭味或微有臭味，易吸潮、易氧化而变褐色，对光、热稳定，相对密度 1.363（d_{20}^{25}），熔点 270℃（分解），其 1%溶液的 pH 值为 7～8。

山梨酸钾为酸型防腐剂，具有较高的抗菌性能。其抑菌机理是通过抑制微生物体内的脱氢酶系统，从而达到抑制微生物的生长和起防腐作用，对细菌、霉菌、酵母菌均有抑制作用；其抑菌效果随 pH 值的升高而减弱，pH 值达到 3 时抑菌效果最好，pH 值达到 6 时仍有抑菌能力。

山梨酸、山梨酸钾和山梨酸钙的作用机理相同，毒性比苯甲酸类和尼泊金酯要小，日允许量为 25mg/kg，为苯甲酸的 5 倍，尼泊金酯的 2.5 倍，是一种相对安全的食品防腐剂；在我国可用于酱油、醋、酱及酱制品、复合调味料、乳酸菌饮料、浓缩果蔬汁和果酒等食品。

(2) 苯甲酸类　苯甲酸类常用的有苯甲酸（benzoic acid）和苯甲酸钠（sodium benzoate）两种。苯甲酸又称为安息香酸，故苯甲酸钠又称安息香酸钠。苯甲酸在常温下难溶于水，在空气（特别是热空气）中微挥发，有吸湿性，但易溶于热水，也溶于乙醇、氯仿和非挥发性油。而苯甲酸钠在空气中稳定且易溶于水。故在大多数食品厂都使用苯甲酸钠。苯甲酸和苯甲酸钠的性状和防腐性能都差不多，下面主要介绍苯甲酸钠。

苯甲酸钠，分子式 $C_7H_5O_2Na$，相对分子质量 144.11，结构式为：

苯甲酸钠为白色颗粒或晶体粉末，无臭或微带安息香气味，味微甜，有收敛性；在空气中稳定；易溶于水，53.0g/100mL（常温），其水溶液的 pH 值为 8。苯甲酸钠也是酸性防腐剂，其防腐最佳 pH 值为 2.5～4.0，在碱性介质中无杀菌、抑菌作用。苯甲酸钠亲油性较大，易穿透细胞膜进入细胞体内，干扰细胞膜的通透性，抑制细胞膜对氨基酸的吸收；进入细胞体内电离酸化细胞内的碱储，并抑制细胞的呼吸酶系的活性，阻止乙酰辅酶 A 缩合反应，从而起到食品防腐的目的。

苯甲酸及其钠盐在我国可以用于果酱、蜜饯、酱油、醋、酱制品、饮料等食品中，但国家明确规定其不能用于果冻类食品中。由于苯甲酸及其钠盐毒性较大，许多国家限制其使用范围，或用山梨酸钾取代之。

(3) 丙酸类　丙酸类包括丙酸（propionic acid）、丙酸钠（sodium propionate）和丙酸钙（calcium propionate）三种，它们的结构式如下：

$$CH_3—CH_2—COOX$$

式中 X 分别为：—H（丙酸）

—Na（丙酸钠）

—Ca（丙酸钙）

丙酸为无色液体，有与乙醇类似的刺激味，能与水、醇、醚等有机溶剂相混溶。丙酸钠为白色颗粒或粉末，无臭或微带特殊臭味，易溶于水，溶于乙醇。丙酸钙溶于水，不溶于乙醇，其他与丙酸钠相似。

由于丙酸及其盐类对引起面包产生黏丝状物质的好气性芽孢杆菌有抑制效果，但对酵母几乎无效，因此国内外广泛应用于面包及糕点类的防腐。日本规定丙酸钙在面包或糕点中的用量为 3.15g/kg（按丙酸计为 2.5g/kg），但不得用于面包和糕点外的食品；美国规定丙酸钙、丙酸钠在乳酪食品中的用量为 0.3%，在白面包、麦饼及面粉中的添加量为 0.32%，在全麦粉中的添加量为 0.38%；加拿大未限制丙酸及其盐类的应用范围，但规定其用量在 0.2%以下。面包中一般使用丙酸钙，因其用量较大，而使用丙酸钠会使面团 pH 值升高，延迟生面的发酵。糕点中一般使用丙酸钠，因糕点生产过程中用了膨松剂，如用丙酸钙，膨松剂会与其反应，生成碳酸钙，减少二氧化碳的生成量。在我国，丙酸及其钠盐、钙盐可用于豆类制品、面包、糕点、醋、酱油，最大使用量为 2.5g/kg；也可用于生湿面制品（如面条、饺子皮、混沌皮、烧卖皮），最大使用量为 0.25g/kg。

6.2.2 酯型防腐剂

酯型防腐剂是指对羟基苯甲酸酯类，又称尼泊金酯类，包括甲、乙、丙、异丙、丁、异丁等酯，它们的结构式如下：

HO—⟨苯环⟩—COORa

式中 R 分别为：$—CH_2CH_3$　乙基（乙酯）

$—CH_2CH_2CH_3$　丙基（丙酯）

$—CH(CH_3)CH_3$　异丙基（异丙酯）

$—CH_2CH_2CH_2CH_3$　丁基（丁酯）

$—CH_2CH(CH_3)CH_3$　异丁基（异丁乙酯）

对羟基苯甲酸酯类多呈白色晶体，稍有涩味，几乎无臭，无吸湿性，对光和热稳定，微溶于水，而易溶于乙醇和丙二醇。其在 pH 值 4～8 范围内均有较好防腐效果，不像酸型防腐剂，其效果随 pH 值变化而变化，故可用来替代酸型防腐剂。其抑菌机理是抑制微生物细胞的呼吸酶系与电子传递酶系的活性，破坏微生物的细胞膜结构，对霉菌、酵母有较强的抑制作用，对细菌尤其是革兰式阴性杆菌和乳酸菌作用较弱。几种主要对羟基苯甲酸酯类防腐剂的抑菌能力见表 6-2。

从表 6-2 可看出，几种酯型防腐剂的抗菌效果以对羟基苯甲酸丁酯最好。在我国，对羟基苯甲酸酯类及其钠盐（对羟基苯甲酸甲酯钠、对羟基苯甲酸乙酯及其钠盐）可用于酱油、醋、酱及酱制品、果酱、饮料等，其最大使用量在 0.012～0.5g/kg 之间（以对羟基苯甲酸计）。

表 6-2　对羟基苯甲酸酯类防腐剂的抑菌能力

序号	微生物	对羟基苯甲酸酯类		
		乙酯	丙酯	丁酯
1	黑曲霉	0.05	0.025	0.013
2	苹果青霉	0.025	0.013	0.006
3	黑根霉	0.05	0.013	0.006
4	啤酒酵母	0.05	0.013	0.006
5	耐渗透压酵母	0.05	0.013	0.006
6	异形汉逊氏酵母	0.05	0.025	0.013
7	毕氏皮膜酵母	0.05	0.025	0.013
8	乳酸链球菌	0.1	0.025	0.013
9	嗜酸乳杆菌	0.1	0.05	0.025
10	纹膜醋酸杆菌	0.05	0.025	0.013
11	枯草芽孢杆菌	0.05	0.013	0.006
12	凝结芽孢杆菌	0.1	0.025	0.013
13	巨大芽孢杆菌	0.05	0.013	0.006
14	金黄色葡萄球菌	0.05	0.025	0.013
15	假单孢菌属	0.1	0.1	0.1
16	普通变形杆菌	0.1	0.05	0.05
17	大肠杆菌	0.05	0.05	0.05
18	生芽孢梭状芽孢杆菌	0.1	0.1	0.025

注：本表为 pH 值 5.5 时完全抑制某些微生物生长的最小质量分数，单位%。

酯型防腐剂最大的缺点是有特殊味道，水溶性差，酯基碳链长度与水溶性成反相关。在使用时，通常是将它们先溶于氢氧化钠、乙醇或乙酸中，再分散到食品中。

6.2.3　无机型防腐剂

无机防腐剂包括二氧化硫、亚硫酸及其盐类、亚硝酸盐类和二氧化碳等。亚硫酸盐类具有酸型防腐剂特性，但主要作为漂白剂使用。一般亚硫酸盐残余的二氧化硫可能会引起严重的过敏反应，尤其对哮喘者，FDA 于 1986 年禁止其在新鲜果蔬中作为防腐剂。

(1) 二氧化硫、亚硫酸及其盐类　二氧化硫（SO_2）又称为亚硫酸酐，在常温下是一种无色且具有强烈刺激性臭味的气体，其可由硫黄燃烧形成。当空气中二氧化硫含量超过 $20mg/m^3$ 时，对眼睛和呼吸道黏膜有强烈刺激。二氧化硫易溶于水形成亚硫酸（H_2SO_3），亚硫酸不稳定，即使在常温下，如不密封，也容易分解放出二氧化硫。

二氧化硫是强还原剂，主要用于处理植物性食品，可减少植物组织中氧的含量，抑制氧化酶和微生物的活动，从而阻止食品腐败变质、变色和维生素 C 的损耗。亚硫酸对微生物的防腐作用与它在食品中存在的状态有关。不解离的亚硫酸分子在防腐上最为有效，形成离子（HSO_3^- 或 SO_3^{2-}）或呈结合状态，其作用就降低。亚硫酸的解离程度决定于食品的酸度，在 pH3.5 以下时保持分子状态。因此，亚硫酸在酸性食品中能较好发挥它的防腐作用。

在实际生产中，可以用气熏法、浸渍法和直接加入法对食品进行二氧化硫处理。气熏法常用于果蔬干制或厂房和储藏库的消毒。浸渍法就是将原料放入一定浓度的亚硫酸或亚硫酸钠溶液中。直接加入法就是将亚硫酸或亚硫酸钠直接加入食品内的方法。一般用亚硫酸处理的果蔬制品往往需要在较低的温度下储藏，以防二氧化硫的有效浓度降低。

(2) 二氧化碳　二氧化碳（CO_2）是一种能影响生物生长的气体之一。高浓度的二氧化碳能阻止微生物的生长，因而能保藏食品。高压下 CO_2 的溶解度比常压下大。生产碳酸饮料时，CO_2 除了产生清凉感和舒适的刹口感外，还可阻止微生物的生长，延长碳酸饮料的货架期，起到防腐的作用。运用 CO_2 保存食品是一种对环境无害的方法，具有较大的发展前途。

对于肉类、鱼类产品采用气调保鲜法，高浓度的 CO_2 可以明显抑制腐败微生物的生长，而且抑菌效果随 CO_2 浓度升高而增强。一般来讲，要求 CO_2 在气调保鲜中发挥抑菌作用，其浓度应在20%以上。有人曾将肉储存在可控制 CO_2 的环境中从澳大利亚送至英国，证明 CO_2 的确能阻止微生物的生长活动。储存烟熏腊肉，CO_2 的浓度为100%时也可行。至于用 CO_2 储存鸡蛋，一般认为2.5%的浓度为宜。

用 CO_2 储藏果蔬可以降低导致成熟的合成反应，抑制酶的活动，减少挥发性物质的产生，干扰有机酸的代谢，减弱果胶物质的分解，抑制叶绿素的合成和果实的脱绿，改变各种糖的比例。CO_2 也常和冷藏法结合，用于果蔬保藏。通常用于水果气调的 CO_2 含量控制在2%～3%，蔬菜气调的控制在2.5%～5.5%。过高的 CO_2 含量会对果实产生不利的影响。如苹果褐变就是由于储藏环境中 CO_2 聚集过多，以致果蔬窒息而造成细胞死亡的后果，因此，不断调整气体含量是长期气调保鲜果蔬的关键。

(3) 其他无机防腐剂　次氯酸钙（或钠）为常用的消毒剂，在水中会形成次氯酸，它是有效的杀菌剂和强烈的氧化剂。次氯酸钙分子中的次氯酸根（ClO^-）含有直接和氧相连的氯原子，若遇到酸就能释放出游离氯，游离氯是杀菌的主要因素，故称之为“有效氯”。氯进攻微生物细胞的酶或破坏核蛋白的巯基，或抑制其他的对氧化作用敏感的酶类，从而导致微生物的死亡。

在食品加工中也有用浸透碘的包装来延长水果储藏的方法。在乳制品用具清洗消毒时，常采用碘和湿润剂及酸配制而成的碘混合剂。卤素在氧化作用或直接和细胞蛋白质结合反应下才完成杀菌任务。

硝酸盐和亚硝酸盐都有抑制微生物生长的作用，能抑制肉毒梭状芽孢杆菌生长，防止肉类中毒，且能保持肉类颜色，在食品中主要作为护色剂使用。

过氧化物由于具有强氧化作用，故也有显著的杀菌效果。过氧化物有过碳酸钠、过丙酸及过氧化氢等，但是，过氧化氢在有些国家不允许使用。

6.2.4 生物（天然）防腐剂

生物防腐剂是指从植物、动物或微生物代谢产物中提取出来的一类物质，也称为天然防腐剂。天然防腐剂具有抗菌性强、安全无毒、水溶性好、热稳定性好、作用范围广等合成防腐剂无法比拟的优点。因此，近年来天然防腐剂的研究和开发利用成了食品工业的一个热点。经过许多科学家多年的精心研究，现已开发了许多种天然防腐剂，如溶菌酶、鱼精蛋白、乳酸链球菌素、那他霉素等。

6.2.4.1 溶菌酶

溶菌酶（lysozyme）又称为胞壁质酶，化学名称为 *N*-乙酰胞壁质聚糖水解酶。它于1922年由英国细菌学家费莱明在人类的鼻黏液（有的材料为眼泪）中发现的，随后给它命名为溶菌酶。1963年乔利斯和坎菲尔德研究了溶菌酶的一级结构。1965年英国菲利普及其同事们用X衍射法解析了溶菌酶，它是全世界第一个完全弄清了立体结构的酶，是近代酶化学研究的最大成果之一。它广泛存在于鸟类、家禽的蛋清和哺乳动物的眼泪、唾液、血液、鼻涕、尿液、乳汁及组织细胞中（如肝、肾、淋巴组织、肠道等），从木瓜、芜青、大麦、无花果、卷心菜和萝卜等植物中也可分离出溶菌酶，其中蛋清的溶菌酶含量最高，约0.3%，而人乳、眼泪、唾液中的溶菌酶活性远高于蛋清中的溶菌酶的活力。

（1）溶菌酶的抑菌机理　溶菌酶是一种碱性球蛋白，其分子由129个氨基酸组成，分子内有4个二硫键交联，化学性质非常稳定，对热也极为稳定。溶菌酶可溶解许多细菌的细胞膜，使细胞膜的糖蛋白类多糖发生水解作用。分子中碱性氨基酸、酰胺残基及芳香族氨基酸含量较高，其中色氨酸的比例较高。酶的活性中心是天门冬氨酸和谷氨酸，溶菌酶通过其肽键中第35位的谷氨酸和第52位的天门冬氨酸构成的活性部位水解破坏组成微生物细胞壁的*N*-乙酰葡萄糖胺与*N*-乙酰胞壁质酸间的β-1,4-糖苷键，使菌体细胞壁溶解而起到杀死细菌（尤其是球菌）的目的。因此，溶菌酶是一种无毒、无害，安全性很高的高盐基蛋白质，且具有一定的保健作用。它不仅能选择性地分解微生物，而且又不作用于其他物质。该酶对革兰氏阳性菌的枯草杆菌、耐辐射微球菌有强力分解作用，对大肠杆菌、普通变球菌和副溶血性弧菌等革兰氏阴性菌也有一定程度的溶解作用，其最有效浓度为0.05%。其同植酸、聚合磷酸盐、甘氨酸等结合使用，可大大提高其防腐效果。由于溶菌酶对多种微生物有很好地抑菌作用，溶菌酶在食品保藏中的作用引起了广泛的重视，尤其是在日本、加拿大、美国等地，这类研究更加广泛深入。

（2）溶菌酶在食品工业中的应用　溶菌酶作为一种天然蛋白质，在肠胃内作为营养物质被消化和吸收，对人体无毒性，也不会在体内残留，是一种安全性很高的食品保鲜剂、营养保健品，集药理、保健和防腐三种功能于一体。目前溶菌酶已广泛地应用于肉制品、乳制品、方便食品、水产、熟食及冰淇淋等食品的防腐。

① 在冷却肉保鲜中的应用　溶菌酶保鲜剂在冷却肉保鲜中的应用具有良好的保鲜效果。采用浸渍法或喷雾法，使用浓度为1%～3%。使用方法为分割的肉块经喷雾或浸渍，然后在无菌条件下沥水20～30min，再进行真空或托盘包装即可。每公斤溶菌酶溶液可以喷洒200～300kg鲜肉（根据肉块的大小而定）。

② 在软包装和小包装方便食品中的应用　目前许多软包装肉制品在加工的过程中要进行高温高压杀菌处理，造成肉质过烂，且形成蒸煮味；软包装果蔬制品和小包装果蔬制品经高温处理，会影响产品的脆度，造成品质过烂，不能保脆。若这些产品中在真空包装之前添加一定量的溶菌酶保鲜剂，然后进行巴氏杀菌，这样即可获得良好的杀菌效果，又可保证产品品质。

③ 在乳制品中的应用　目前，液态乳制品发展很快，溶菌酶主要应用于乳制品中起到防腐的效果，尤其适用于巴氏杀菌奶，可有效地延长保存期。由于溶菌酶具有一定的耐高温性能，也可适用于超高温瞬间杀菌奶。添加剂量为300～600mg/L，其方法为包装前添加。在奶酪生产中使用溶菌酶，特别是中期、长期熟化奶酪中，可以防止奶酪的后期起泡，以及奶酪风味变化，而且不影响在老化过程中的奶酪基液。溶菌酶不仅对乳酸菌生长很有利，而且还能抑制污染菌引起的酪酸发酵，这种特性为一般防腐剂不能达到的。

④ 在水产品中的保鲜应用　一些新鲜海产品和水产品（如虾、蛤蜊肉等）在0.05%的溶酶菌和3%的食盐溶液中浸渍5min后，沥去水分，进行常温或冷藏储存，均可延长其保存期。此外，溶菌酶可作为鱼丸等水产类熟制品的防腐剂。只要将一定浓度（通常为0.05%）的溶菌酶溶液喷洒在水产品上，就可起到防腐保鲜的作用。

⑤ 在糕点和饮料上的应用　在糕点中加入溶菌酶，可防止微生物的繁殖，特别是含奶油的糕点容易腐败，在其中加入溶菌酶也可起到一定的防腐作用。在 pH6.0～7.5 的饮料和果汁中加入一定量的溶菌酶具有较好的防腐作用。

在低度酒方面，溶菌酶应用最为典型的例子是日本用其代替水杨酸用于清酒的防腐。清酒酒精含量为 15%～17%（体积分数），大部分微生物不能存活，但有一种叫火落菌的乳酸菌则能生长，并能引起产酸和产生不愉快臭味。过去常常加入水杨酸作防腐剂，但鉴于水杨酸有一定的毒性，因此已逐渐被取消使用。目前日本已成功地使用鸡蛋蛋清溶菌酶代替水杨酸作为防腐剂，其加入量为 15mg/kg。此外溶菌酶还可作为料酒和葡萄酒的防腐剂和澄清剂，使用量为 0.005%～0.05%。

6.2.4.2 鱼精蛋白

鱼精蛋白（protamine）又称鱼白、精蛋白，是一种碱性蛋白质，也是所有蛋白质中较简单的一种，主要是从鱼类（鲑鱼、鲱鱼）等的成熟精子细胞中提取得到。1870 年 Miescher 等人首次从动物的精细胞中发现了精蛋白，其抗菌作用早在 1896 年就有相关的报告，但直到 1920 年以后，这方面的研究才得以积极进行。1931 年 Mc Clean 报道了鱼精蛋白具有抗菌活性。1942 年美国芝加哥大学的 Benjamin F. Miller 和 Richard Abrams 等人研究了精蛋白和组蛋白的抗菌活性，结果发现革兰氏阳性菌对鱼精蛋白特别敏感。近 20 年，随着研究技术手段和方法的进步以及人们在寻找天然食品防腐剂方面的积极努力，鱼精蛋白因其良好的抗菌活性和天然性，开始受到广泛的关注，目前主要在研究其抗菌机理以及食品中其他成分或外界因素对其防腐性能的影响。

(1) 鱼精蛋白的抑菌机理　最早提出鱼精蛋白抑菌机理的是 Benjamin F. Miller 和 Richard Abrams 等人，他们认为鱼精蛋白对革兰氏阴性菌的呼吸系统有抑制作用，从而能够抑制细菌的生长。但是他们并没有指出鱼精蛋白是怎样抑制呼吸系统的。后来的研究发现，鱼精蛋白的抑菌功能可能与其是一种多聚阳离子肽有关，由于多数实验中所采用的鱼精蛋白是 sigma 生产的鲑精蛋白（salmine），其氨基酸组成上的特点是大量存在着精氨酸，约占 2/3。精氨酸是一种含有胍基的碱性氨基酸，带正电，正是由于这些带有正电荷的胍基的大量存在，多聚阳离子肽——鱼精蛋白会与细胞壁上带负电的胞壁酸或是与细胞膜上带负电的磷脂产生静电作用，这种作用的结果破坏了细胞壁或细胞膜的通透性，从而抑制了细菌的生长。但是这种静电作用会受到溶液中盐浓度的影响，如有 NaCl 存在时，钠离子会被细胞壁上的阴离子吸附，而氯离子则与精蛋白相互作用，使得精蛋白与细胞之间的静电作用被减弱，其抑菌效果下降。这与很多报道中提到的 pH 值和盐浓度会影响鱼精蛋白的抗菌活性是一致的。

Antohi 和 Popescu（1979 年）认为鱼精蛋白直接导致了细胞的溶解。在带负电的细胞壁成分（胞壁酸、脂多糖）存在下，精蛋白与其相互作用，会在细胞内诱导产生多个浓缩的区域，这将会引起细胞膜的破裂和溶解。然而精蛋白通过改变细胞壁或细胞膜的通透性达到抑菌的效果，并不是其抑菌机理的唯一解释。Eduardo A. Groisman 等认为，从分子组成上看，精蛋白为多阳离子肽，而非两亲性质，故其无法插入细胞膜内形成膜通道，所以也不会引起细胞的溶解或改变细胞膜的透性。其作用机理是抑制了线粒体电子传递系统的一些特定成分，从而抑制了细胞的新陈代谢，因为经鱼精蛋白处理后，发现细胞 ATP 含量降低，氨基酸的运转受到抑制，这就表明产生质子动力的能力受损，这可能是精蛋白与细胞膜上带负电的分子发生静电作用，定位于膜表面，与膜中那些涉及营养运输或生物合成系统的蛋白质作用，使那些蛋白的功能受损，从而最终使细胞的新陈代谢功能丧失而使细胞死亡。鱼精蛋白的抑菌机理究竟是怎样的，目前还是各持己见，没有形成定论，有待于进一步研究和探索。

(2) 鱼精蛋白在食品工业中的应用　由于鱼精蛋白完全是天然成分，具有很高的安全性，与过去已经实用化了的各种化学抗菌物质相比，有着安全、无毒、无副作用的优点，将它作为食品防腐剂具有明显的优越性。据何华报道，在奶牛、鸡蛋、布丁中添加0.05%～0.1%的鱼精蛋白，能在15℃下保存5～6d，而不添加鱼精蛋白的食品，在保存的第4d就开始腐败变质。李来好等在研究鱼精蛋白对延长鱼糕制品的保存期时发现，随着鱼精蛋白添加量的增加，鱼糕的保存期也相应延长。当鱼精蛋白的添加量达到1%时，鱼糕的保存期趋向稳定，12℃和24℃的有效保存期分别为8d和6d，当鱼精蛋白的添加量低于0.4%时，无论是在12℃或24℃条件下保存，鱼糕的保存期相同，有效保存期为2d。

早在20世纪80年代，日本就已经开始将鱼精蛋白应用于食品保藏中了，目前市场发展很快。日本一些公司如上野制药公司已经把鱼精蛋白作为天然食品保鲜剂和医药品原料，制成各种制品成功上市。

6.2.4.3　乳酸链球菌素

乳酸链球菌素（Nisin）是从乳酸链球菌发酵产物中提制的一种多肽抗生素类物质，是一种世界公认的安全的天然生物性食品防腐剂和抗菌剂。早在1928年，Rogers和Whittier就发现乳酸链球菌的代谢产物能够抑制部分革兰氏阳性菌的生长。1944年Mattick和Hirsch发现血清学N群中的一些乳酸链球菌能产生蛋白类抑菌物质，命名为N-inhibitory Substance，即N群抑菌物质，简称为Nisin。1951年，Hirsch等人应用Nisin到食品保藏中，成功抑制了由产气梭状芽孢杆菌引起的奶酪腐败，极大改善了奶酪的品质。1953年由英国的阿普林和巴雷特公司首次以商品的形式出售了这种新的防腐剂——乳酸链球菌素。

(1) 乳酸链球菌素的抑菌机理　Nisin对革兰氏阳性菌的营养细胞和孢子均有作用，且对芽孢的作用比对营养细胞的作用更大。Nisin对营养细胞的作用主要是在细胞膜上，它可以抑制细菌细胞壁中肽聚糖的生物合成，使细胞膜和磷脂化合物的合成受阻，从而导致细胞内物质外泄，甚至引起细胞裂解。近年来不少学者认为Nisin的抑菌机制是由于Nisin的一个疏水带正电荷的小肽能与细胞膜结合形成管道结构，使小分子和离子通过管道流失，造成细胞膜渗透，使膜内外能差消失。

(2) 乳酸链球菌素的安全性　Nisin对许多革兰氏阳性菌具有抗菌活性，包括葡萄球菌、李斯特菌、链球菌、分枝杆菌、棒状杆菌和乳酸杆菌等。对其毒理和生物学研究，其中包括致癌性、存活性、再生性、血液化学、肾功能、脑功能、应激反应和动物器官病理学等，表明Nisin是安全的。它的LD_{50}约为7g/kg（体重），与食盐相近。1969年，FAO/WHO食品添加剂联合专家委员会批准Nisin作为一种生物型防腐剂应用于食品工业。1988年美国食品和药物管理局（FDA）也正式批准将Nisin应用于食品中。

(3) 乳酸链球菌素在食品工业中的应用

① 在乳制品中的应用　乳品营养丰富，但极易腐败变质。为了达到即可以延长保存期，又能抑制肉毒梭菌存活的目的，Nisin已被成功地用于干酪、巴氏灭菌乳、罐藏浓缩干奶、高温灭菌乳、酸奶等乳制品中。Taraka等（1986年）研究表明，在经巴氏处理的干酪中加入500～1000IU/mL Nisin能阻止梭菌的生长和毒素的形成，同时能降低食盐和磷酸盐的用量。在消毒奶中添加一定量的Nisin可以解决由于耐热性芽孢繁殖而变质的问题，并且只用

较低浓度的Nisin便可以使其保质期大大延长，而且还可改善牛乳由于高温加热而产生的不良风味。在我国，乳及乳制品（01.01.01、01.01.02、13.0涉及品种除外）中Nisin的最大使用量为0.5g/kg。

② 在罐头食品中的应用　由于Nisin在碱性条件下不稳定，在酸性条件下易溶、稳定、抑菌活性也高，因而可用于酸性罐头食品的保鲜。有些蔬菜罐头如马铃薯、番茄、蘑菇罐头等，通常用热处理方法杀菌，但温度过高对产品风味及外观都会产生不良影响。使用Nisin能有效防止热敏性微生物的生长，并能降低热处理的强度，从而保证了罐头的营养及风味。在我国，食用菌和藻类罐头、八宝粥罐头中Nisin的最大使用量为0.2g/kg。

③ 在肉制品中的应用　在香肠、火腿等肉制品的加工中，普遍需要使用亚硝酸盐来抑制肉毒梭状芽孢杆菌等细菌的生长繁殖，保持食品的风味及色泽。但是亚硝酸盐有致癌性，对人们的健康有害。因此，要降低亚硝酸盐的使用量，就必须在工艺上采取相应的杀菌、防腐措施，以保证充分有效地防止肉毒中毒。经袁秋萍报道，当Nisin添加量为0.3g/kg时，绝大部分革兰氏阳性菌受到了抑制，肉制品在色泽、香气、味道上与添加亚硝酸盐相比无差异。添加Nisin不仅可以控制细菌的生长，降低其中亚硝酸盐的含量，以减小亚硝酸胺的形成，而且在加工过程中，仅需45%的热处理强度即可延长储存期。在我国，熟肉制品、预制肉制品中Nisin的最大使用量为0.5g/kg。

④ 在酿造工业中的应用　在酿造工业中，可以利用Nisin防止杂菌的污染。由于Nisin对酵母菌不起作用，因而可以在发酵过程中加入Nisin来抑制乳酸菌的生长，并在整个发酵过程中都有一定的抑菌作用。如在啤酒加入Nisin可延长啤酒的货架期，尤其是不经巴氏杀菌的散装啤酒。对于经巴氏处理的啤酒，Nisin的使用可以降低杀菌温度，减少杀菌时间，在降低能耗和处理强度的同时，又能保证啤酒的品质和风味。

6.2.4.4 纳他霉素

纳他霉素（natamycin）也称游链霉素（pimaricin），是一种重要的多烯类抗生素，可以由*Streptomyces natalensis*和*Streptomyces chatanoogensis*等链霉菌发酵生成。该抗生素是一种很强的抗真菌试剂，能有效地抑制酵母菌和霉菌的生长，阻止丝状真菌中黄曲霉毒素的形成。与其他抗菌成分相比，纳他霉素对哺乳动物细胞的毒性极低，可以广泛应用于由真菌引起的疾病。除此之外，由于纳他霉素的溶解度低，可用其对食品表面进行处理以增加食品的保质期，并且不影响食品的风味和口感。

(1) 纳他霉素的抑菌机理　纳他霉素是一种高效、广谱的真菌抑制剂，它含有一个大环内酯环状结构，能与甾醇化合物相互作用且具有高度亲和性，对真菌有抑制活性。其抗菌机理在于它能与细胞膜上的甾醇化合物反应，引发细胞膜结构改变而破裂，导致细胞内容物的渗透，使细胞死亡。但有些微生物如细菌的细胞壁及细胞质膜中不含甾醇化合物，所以纳他霉素对细菌和病毒没有作用。

(2) 纳他霉素的安全性　纳他霉素对所有的霉菌和酵母几乎都具有极强的抑制效果，但对细菌和病毒等其他微生物则无效。据报道，人体口服500mg纳他霉素后，在血液中的含量少于1mg/mL，说明纳他霉素很难被动物或人体的肠胃吸收。经卫生学调查和皮肤斑点试验，结果表明纳他霉素无过敏性反应。经降解处理后的纳他霉素在急性毒理、短期毒性试验中均对动物无损害。耐药性的研究表明，未见有霉菌和酵母菌对纳他霉素有异常的耐药性；使用大于最小抑菌浓度（MIC）的纳他霉素量，人为诱导也没有真菌形成抗性的证据。

美国FDA建议将纳他霉素作为食品添加剂使用的抗生素，还被归类为GRAS（美国最高的食品安全规范）产品之列。我国1996年中国食品添加剂委员会对纳他霉素进行评价并建议批准使用，现已列入食品添加剂使用标准，其商品名称为霉克（Natamaxin TM）。美国CFR编码为21CFR172.155，其中对纳他霉素的ADI值（accep table daily intake）是0.3mg/kg。根据我国GB 2760—2011《食品安全国家标准 食品添加剂使用标准》规定，食物中最大残留量是10mg/kg，而纳他霉素在实际应用中的使用量为10^{-6}数量级。因此，纳他霉素是一种高效、安全的新型生物防腐剂。目前，纳他霉素作为一种天然的食品防腐剂已被批准应用于干酪、糕点、肉制品、果蔬汁、发酵酒等食品中。

（3）纳他霉素在食品工业中的应用

① 在乳制品中的应用　1975年Nison等人以制霉菌素为标准对纳他霉素延长乳酪货架期的作用进行研究，认为纳他霉素不但有效延长乳酪的保质期，而且不会影响乳酪的风味。据报道，纳他霉素与山梨酸钾配合使用能够达到乳酪防腐的最佳效果，其与对羟基苯甲酯合用在防止乳酪感染*Phoma glomeraia*菌方面效果很好。另外，在酸奶中添加5～10mg/kg的纳他霉素，可以使产品的货架期延长28d以上。

② 在肉制品中的应用　在肉类保鲜方面，可采用纳他霉素浸泡或喷涂肉类产品，来达到防止霉菌生长的目的。在制作香肠时，用纳他霉素悬浮液浸泡或喷涂香肠表面，可有效防止香肠表面长霉。

③ 在果蔬制品中的应用　霉菌和酵母是导致果蔬汁变质的主要菌类，添加纳他霉素可以有效地防止真菌引起的变质。在苹果汁中加入纳他霉素30mg/kg，42d之内可防止果汁发酵，并保持果汁的原有风味不变。另外，纳他霉素可用于果酱、橘汁等的防霉。

④ 在其他食品中的应用　在酱油、食醋等调味品中，添加2.5～5.0mg/kg的纳他霉素，可防止霉菌和酵母引起的变质。在富含酵母的酒中加入纳他霉素10mg/kg即可清除酒中的酵母。在啤酒、葡萄酒中，添加2.5mg/kg纳他霉素，可使产品的保质期大大延长。此外，纳他霉素还可应用于焙烤食品、年糕、黄油等的防霉。

6.2.4.5 其他天然防腐剂

（1）聚赖氨酸　聚赖氨酸是一种广谱性防腐剂，具有的主要优点是：在中性和酸性范围内抑菌效果良好；对于酵母属的尖锐假丝酵母菌、法红酵母菌、产膜毕氏酵母、玫瑰掷孢酵母，革兰氏阳性菌中的耐热脂肪芽孢杆菌、凝结芽孢杆菌、枯草芽孢杆菌，革兰氏阴性菌中的产气节杆菌、大肠杆菌等有强烈的抑制作用，其最小抑制浓度小于或等于50μg/mL。目前聚赖氨酸制剂已广泛应用到食品加工业的各个领域，如用于盒饭和方便菜肴、面包点心、奶制品、冷藏食品和袋装食品等方面都取得了很好的防腐保鲜效果。

（2）果胶分解物　果胶是一种水溶性天然聚合物，一般从水果、蔬菜中提取，其酶分解物在酸性环境中具有抗菌作用，特别是对大肠杆菌有显著的抑制增殖作用。果胶主要存在于柠檬、橙、柚、柑橘、葡萄等果皮中或甜菜、苹果等废渣中，其生产主要是在酸性溶液中加温水解后，经过滤、沉淀、脱水、干燥、粉碎即成产品。20世纪90年代中期，日本一家公司将果胶分解物作为天然防腐剂开发成功。目前，国外以果胶分解物为主要成分，配合其他天然防腐剂，已广泛应用于酸菜、咸鱼、牛肉饼等食品的防腐。

（3）琼脂低聚糖　从海藻中提取的琼脂，主要成分是琼脂糖，其酶分解物即为琼脂低聚糖，它具有较强的抑菌和防止淀粉回生老化的作用，在浓度达3.11%时，能有效地减少菌落产生。目前普遍用于挂面、面包和糕点等食品中。

（4）壳聚糖　壳聚糖是从节肢动物如虾、蟹壳中提取的一种多糖类物质。壳聚糖具有广泛的抗菌作用，在浓度为0.4%时，对大肠杆菌、普通变形杆菌、枯草杆菌、金黄色葡萄球菌均有较强的抑制作用。壳聚糖不溶于水，而溶于醋酸、乳酸中，在应用时，通常将其溶解于食醋中。壳聚糖还可以作为保鲜剂，广泛应用于果蔬、肉类、蛋类、水产、腌菜、果冻、面条和米饭等的保鲜（本章后面有详细介绍）。

（5）茶多酚　大量研究表明，茶多酚具有很好的防腐保鲜作用，其对枯草杆菌、金黄色葡萄球菌、大肠杆菌、番茄溃疮、龋齿链球菌以及毛霉菌、青霉菌、赤霉菌、炭疽病菌、啤酒酵母菌有抑制作用。而且茶多酚摄入人体后对人体有很好的生理效应：能清除人体内多余的自由基，能改进血管的渗透性能，增强血管壁，降低血压，防止血糖升高，促进维生素C的吸收与同化，调节人体内微生物，抑制细菌生长，还有抗癌防龋、抗机体脂质氧化和抗辐射等作用。

（6）蜂胶　研究表明，蜂胶中含有大量活跃的还原因子，因其较强的抗氧化性，可用作油脂和其他食品的天然抗氧化剂。蜂胶多酚类化合物具有抑制和杀灭细菌的作用，经过降解其最终产物是苯甲酸，是一种天然防腐剂。蜂胶还可用作食品天然添加剂，改善食品的口味和色泽，用作食品功能增强剂，增强食品的保健作用。

（7）甜菜碱　甜菜碱是一种氨基酸衍生物，可从甜菜废糖蜜中提取而得。甜菜碱在浓度为4%时，对大肠埃希氏杆菌、枯草杆菌、金黄色葡萄球菌、橘青霉和黑曲霉都有抑制作用。其抗菌机理一般认为是因水分活性降低所引起的。当在食品中添加的浓度超过3%时，会出现涩味，因此，其一般不会单独使用，而是与其他天然防腐剂合用。

（8）类黑精　类黑精是氨基与羰基反应所产生的褐变物质，除具抗氧化作用外，还具有抗菌效能。谷氨酸与木糖及组氨酸与木糖等混合物在pH值为10的碳酸盐缓冲溶液中，于120℃加热40min，便可得褐变溶液。这种溶液对15种以上的细菌有抗菌作用，对霉菌和酵母也有相同功效。

（9）植物提取物　最近许多研究人员报道，很多植物的提取物如竹叶提取物、银杏叶提取物、板栗壳提取物、肉桂提取物、丁香提取物、迷迭香提取物、红曲提取物、甘椒提取物、辣椒提取物有很强的杀菌作用，可作为天然食品防腐剂进行开发和利用。

6.3　抗氧化剂与脱氧剂

食品内部及其周围经常有氧存在，即使采用充氮包装或真空包装措施也难免仍有微量的氧存在，食品在氧的氧化作用下就会发生变质。例如油脂的酸败、切开的苹果表面产生褐变等。因此，在食品保藏中常常添加了一些化学物质，以延缓或阻止氧气导致的氧化作用。这类化学物质包括有抗氧化剂和脱氧剂。

6.3.1　抗氧化剂

能够阻止或延缓食品氧化，以提高食品的稳定性和延长储存期的食品添加剂称为抗氧化剂。

食品的变质除了由微生物所引起之外，还有一个重要原因就是氧化。氧化可以导致食品中的油脂酸败，还会导致食品退色、褐变、维生素受破坏等，从而降低食品质量和营养价值，误食这类食品有时甚至产生食品中毒现象。为防止这种食品变质的产生，可在食品中使用抗氧化剂。

作为抗氧化剂，其应具备如下四个条件：①对食品具有优良的抗氧化效果，用量适当；②使用时和分解后都无毒、无害，对于食品不会产生怪味和不利的颜色；③使用中稳定性好，分析检测方便；④容易制取，价格便宜。

抗氧化剂的作用机理比较复杂，现已研究发现的机理如下：①抗氧化剂借助还原反应，降低食品体系及周围的氧含量，即抗氧化剂本身极易氧化，因此有食品氧化的因素存在时(如光照、氧气、加热等)，抗氧化剂就先与空气中的氧反应，避免了食品氧化（维生素 E、抗坏血酸以及β-胡萝卜素等即是这样完成抗氧化的)；②抗氧化剂可以放出氢离子将氧化过程中产生的过氧化物破坏分解，在油脂中具体表现为使油脂不能产生醛或酮等产物；③有些抗氧化剂是自由基吸收剂（游离基清除剂)，可能与氧化过程中的氧化中间产物结合，从而阻止氧化反应的进行（如 BHA、PG 等的抗氧化)；④有些抗氧化剂可以阻止或减弱氧化酶类的活动如超氧化物歧化酶对超氧化物自由基的清除；⑤金属离子螯合剂，可通过对金属离子的螯合作用，减少金属离子的促进氧化作用，如 EDTA、柠檬酸和磷酸衍生物的抗氧化作用；⑥多功能抗氧化剂如磷脂和美拉德反应产物等的抗氧化机理。

6.3.1.1 防止食品酸败的抗氧化剂

将这类抗氧化剂均匀地分布于油脂食品中，可以很好地发挥其抗氧化作用，防止食品酸败。目前各国使用的抗氧化剂大多是合成的，使用较广泛的有丁基羟基茴香醚（BHA)、二丁基羟基甲苯（BHT)、没食子酸丙酯（PG)、特丁基对苯二酚（TBHQ）等。

(1) 抗氧化剂防止食品酸败机理　由于食用油脂中含有不饱和键，在氧气、水、金属离子、光照及受热的情况下，不饱和脂肪酸 RH 被氧化生成自由基 R·，R·再与氧作用生成过氧化物（ROO·)。

$$RH + O_2 \longrightarrow R\cdot + \cdot OH \tag{6-1}$$

$$R\cdot + O_2 \longrightarrow ROO\cdot \tag{6-2}$$

若以 AH 或 AH_2 表示抗氧化剂，则其可以式(6-3)、式(6-4)、式(6-5) 等所示的方式切断油脂自动氧化的连锁反应，从而防止油脂继续被氧化。

$$R\cdot + AH_2 \longrightarrow RH + AH\cdot \tag{6-3}$$

$$ROO\cdot + AH_2 \longrightarrow ROOH + AH\cdot \tag{6-4}$$

$$ROO\cdot + AH \longrightarrow ROOH + A\cdot \tag{6-5}$$

像丁基羟基茴香醚（BHA）和二丁基羟基甲苯（BHT）就是以式(6-5) 的方式破坏反应链。而如生育酚则可能被氧直接氧化，抗氧化剂本身则在诱导期最后消失。上述式(6-5) 产生的基团 A·可以以式(6-6)、式(6-7) 的方式再结合成二聚体和其他产物。

$$A\cdot + A\cdot \longrightarrow A_2 \tag{6-6}$$

$$ROO\cdot + A\cdot \longrightarrow ROOA \tag{6-7}$$

(2) 丁基羟基茴香醚（BHA）　丁基羟基茴香醚又称叔丁基-4-羟基茴香醚、丁基大茴香醚，简称 BHA。分子式 $C_{11}H_{16}O_2$，相对分子质量 180.25，结构式如下：

OH　$C(CH_3)_3$　OCH_3

3-BHA

OH　$C(CH_3)_3$　OCH_3

2-BHA

BHA 通常是这两种异构体的混合物，为无色至微黄色的结晶或白色结晶性粉末。具有特异的酚类的臭气及刺激性味道，不溶于水，可溶于猪脂肪和植物油等油脂及丙二醇、丙酮和乙醇；对热稳定，没有吸湿性，在弱碱性条件下不容易破坏。BHA具有单酚型特征的挥发性，如在猪脂肪中保持在61℃时稍有挥发，在直接光线长期照射下，色泽会变深。与其他抗氧化剂相比，它不像PG那样会与金属离子作用而着色。BHT不溶于丙二醇，而BHA易溶于丙二醇，易成为乳化状态，有使用方便的特点，缺点是成本较高。

BHA的抗氧化作用是由它放出氢原子阻断油脂自动氧化而实现的。BHA用量为0.02%时较用量为0.01%的抗氧化效果增高10%，但用量超过0.02%时，其抗氧化效果反而下降。在猪脂肪中加入0.005%的BHA，其酸败期延长4～5倍，添加0.01%时可延长6倍。BHA与其他抗氧化剂混用或与增效剂（如柠檬酸）等并用，其抗氧化作用更显著。BHA除具有抗氧化作用外，还具有相当强的抗菌力，可阻止寄生曲霉孢子的生长和黄曲霉毒素的生成。BHA的抗霉效力比对羟基苯甲酸丙酯还大。

人们曾一度认为BHA的毒性较低，并被世界各国许可使用。但自从1982年日本发现BHA对大鼠前胃有致癌作用后，其安全性受到怀疑，此后国际上对此有分歧。1986年TECFA第30次会议在重新评价BHA的有关资料后，再次将其暂定ADI从0～0.5mg/kg体重降至0～0.3mg/kg体重。1989年JECFA再次收集全部有效资料评价后，认为其对人体安全性极高，并制订其ADI为0～0.5mg/kg，目前仍被广泛应用。

BHA可用于油脂、油炸食品、干鱼制品、饼干、坚果、即食谷物、腌腊肉制品、膨化食品等，最大使用量为0.2g/kg（以油脂中的含量计）。

（3）二丁基羟基甲苯（BHT） 二丁基羟基甲苯又称2，6-二叔丁基对甲酚，简称BHT，分子式$C_{15}H_{24}O$，相对分子质量220.36，结构式如下：

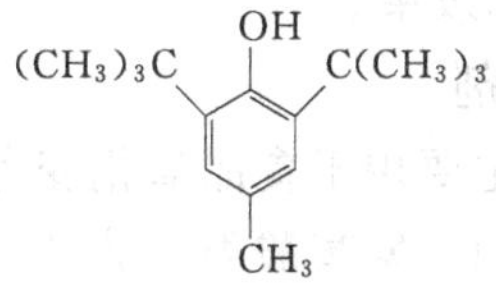

OH
$(CH_3)_3C$ $C(CH_3)_3$
CH_3

BHT为无色结晶或白色结晶性粉末，无臭、无味、不溶于水，熔点69.5～71.5℃，沸点265℃，相对密度为1.084，可溶于乙醇或油脂中，对热稳定，与金属离子反应不着色，具单酚型油脂的升华性，加热时随水蒸气挥发。

BHT同其他抑制酸败抗氧化剂相比，稳定性高，抗氧化效果好，在猪油中加入0.01%的BHT，能使其氧化诱导期延长2倍。它没有PG与金属离子反应着色的缺点，也没有BHA的异臭，而且价格便宜，但其急性毒性相对较高。它是目前水产加工方面广泛应用的廉价抗氧化剂。BHT与柠檬酸、抗坏血酸或BHA复配使用，能显著提高抗氧化效果。BHT的抗氧化作用是由其自身发生自动氧化而实现的。BHT价格低廉，为BHA的1/8～1/5，可用作主要抗氧化剂。目前它是我国生产量最大的抗氧化剂之一。

BHT的急性毒性虽然比BHA大一些，但其无致癌性。1986年JECFA第30次会议对EHT重新评价时，将其暂定ADI值从0～0.05mg/kg降为0～0.0125mg/kg体重，1990年仍维持此规定。BHT的使用范围及最大使用量与BHA相同，两者混合使用时，总量不得超过0.02g/kg（以油脂中的含量计）。以柠檬酸为增效剂与BHA复配使用时，复配比例为BHT∶BHA∶柠檬酸＝2∶2∶1。BHT也可用在包装材料，用量为0.2～1g/kg（包装材料）。

（4）没食子酸丙酯（PG） 没食子酸丙酯简称PG，相对分子质量212。根据没食子酸的 R 取代基不同，又有没食子酸辛酸和没食子酸十二酯，结构式如下：

COOR

HO OH

OH

式中，R 分别为：$-C_3H_7$，没食子酸丙酯（PG）；

$-C_8H_{17}$，没食子酸辛酯（OG）；

$-C_{12}H_{25}$，没食子酸十二酯（DG）。

PG 为白色至淡褐色的结晶性粉末，或为乳白色针状结晶，无臭，稍带苦味，水溶液无味。PG 易与铜、铁离子反应呈紫色或暗绿色，光线能促进其分解，有吸湿性，难溶于水，易溶于乙醇，对热非常稳定，在油中加热到 227℃后 1h 仍不会分解。

PG 对猪油的抗氧化效果较 BHA 和 BHT 强，与增效剂并用效果更好，但不如与 BHA 和 BHT 混用的抗氧化效果好。对于含油的面制品如奶油饼干的抗氧化，不及 BHA 和 BHT。PG 的缺点是易着色，在油脂中溶解度小。

PG 在机体内被水解，大部分变成 4-*O*-甲基没食子酸，内聚为葡萄糖醛酸，随尿排出体外。按 GB 2760—2011《食品安全国家标准　食品添加剂使用标准》规定，PG 的使用范围与 BHA、DHT 相同，最大使用量为 0.1g/kg（以油脂中的含量计）。PG 与 BHA、BHT 混合使用时，BHT、BHA 的最大使用总量不得超过 0.2g/kg、PG 的使用量不得超过 0.05 g/kg。PG 使用量达 0.01％时即能自动氧化着色。故一般不单独使用，而与 BHA 复配使用，或与柠檬酸、异抗坏血酸等增效剂复配使用。与其他抗氧化剂复配使用时，PG 的用量为 0.005％时，即具有良好的抗氧化效果。

6.3.1.2 防止食品褐变的抗氧化剂

防褐变抗氧化物能够溶于水，主要用于食品氧化变色，常用的有抗坏血酸类、异抗坏血酸及其盐、植酸、乙二胺四乙酸二钠、氨基酸类、肽类、香辛料和糖醇类等。

（1）防止食品褐变的机理　氧化反应如果发生在切开、削皮、碰伤的水果蔬菜、罐头原料上，产生的现象是使原来食品的色泽变暗或变成褐色。褐变是氧化酶类的酶促反应使酚类和单宁物质氧化变为褐色。酚类物质如儿茶酚在酚类氧化酶的作用下生成醌，再经二次羟化作用生成三羟苯化物，并与邻醌生成羟醌，羟醌聚合生成褐色素。氧化是褐变的原因之一，利用抗氧化剂可以通过抑制酶的活性和消耗氧达到抑制褐变的目的。

（2）异抗坏血酸　异抗坏血酸，分子式 $C_6H_8O_6$，相对分于质量 176.13。异抗坏血酸的几种异构体的结构式如下：

L-抗坏血酸　D-抗坏血酸　D-异抗坏血酸　L-异抗坏血酸

异抗坏血酸是维生素 C 的一种立体异构体，因而在化学性质上与维生素 C 相似。异抗坏血酸为白色至浅黄色结晶或晶体粉末，无臭、有酸味，在熔点 166～172℃分解，遇光逐渐变黑。干燥状态下，它在空气中相当稳定，而在溶液中暴露于大气时则迅速变质，几乎无抗坏血酸的生理活性作用。其抗氧化性能优于抗坏血酸，但耐热性差，还原性强，重金属离子能促进其分解。异抗坏血酸极易溶于水，40g/100mL；溶于乙醇，5g/100mL；难溶于甘油；不溶于乙醚和苯，1%水溶液的 pH 值为 2.8。

异抗坏血酸的抗氧化能力远远超过维生素 C，且价格便宜，无强化维生素 C 的作用，但不会阻碍人体对抗坏血酸的吸收和运用。在肉制品中异抗坏血酸与亚硝酸钠配合使用，可提高肉制品的成色效果，又可防止肉质氧化变色。此外，它能强化亚硝酸钠抗肉毒杆菌的效能，并能减少亚硝胺的产生。

(3) 异抗坏血酸钠　异抗坏血酸钠，分子式 $C_6H_7NaO_6 \cdot H_2O$，相对分子质量 216.13。异抗坏血酸钠为白色至黄白色晶体颗粒或晶体粉末，无臭，微有咸味，熔点 200℃以上（分解），在干燥状态下暴露在空气中相当稳定，但在水溶液中，当有空气、金属、热、光时，则发生氧化。它易溶于水（55g/kg），几乎不溶于乙醇，2%水溶液 pH 值为 6.5～8.0。

(4) L-抗坏血酸　L-抗坏血酸也称维生素 C，分子式 $C_6H_8O_6$，相对分子质量 176.13。L-抗坏血酸为白色至微黄色结晶或晶体粉末和颗粒，无臭、带酸味，熔点 190℃，遇光颜色逐渐黄褐。干燥状态性质较稳定，但热稳定性较差，在水溶液中易受空气中的氧化而分解，在中性和碱性溶液中分解尤甚，在 pH3.4～4.5 时较稳定。它易溶于水（20g/100mL）和乙醇（3.33g/100mL），不溶于乙醚、氯仿和苯。

L-抗坏血酸有强还原性能，用作啤酒、无醇饮料、果汁的抗氧化剂，能防止因氧化引起的品质变劣现象，如变色、褪色、风味变劣等。此外，它还能抑制水果和蔬菜的酶褐变并钝化金属离子。L-抗坏血酸的抗氧化机理是：自身氧化消耗食品和环境中的氧，使食品中的氧化还原电位下降到还原范畴，并且减少不良氧化物的产生。L-抗坏血酸不溶于油脂，且对热不稳定，故不用作无水食品的抗氧化剂，若以增溶的形式与维生素 E 复配使用，能显著提高维生素 E 的抗氧化性能，可用于油脂的抗氧化。

L-抗坏血酸除用作抗氧化剂外，还用作营养强化剂。在鲜肉（碎肉）、腌肉中添加 0.5g/kg，有防止变色的效果。在水果罐头中添加 0.03%，能防止褐变。在果汁中添加 0.005%～0.02%，在无醇饮料中添加 0.005%～0.03%，在啤酒里添加 0.003%，在葡萄酒中添加 0.015%，在冷冻食品浸渍液里添加 0.1%～0.5%，可长期保持其风味。在乳粉中添加 0.02%～0.2%，果蔬加工品中添加 1%～4%，可起到良好的抗氧化效果。在生乳、炼乳中添加 0.001%～0.01%能保持良好的风味。

6.3.1.3 天然抗氧化剂

近年来，人们对合成食品添加剂的怀疑和排斥心理，使这些物质的使用受到限制，而天然抗氧化剂由于安全、无毒等优点受到广泛欢迎，天然抗氧化剂逐步取代合成抗氧化剂是今后的发展趋势。目前，天然抗氧化剂已从单纯作用于油脂和含油食品，发展到作为体内氧自由基的清除剂，以达到保护人体细胞组织、保护心脑血管循环系统、抗癌及延缓衰老等生理作用，已取得了许多研究成果。GB 2760—2011《食品安全国家标准　食品添加剂使用标准》已将茶多酚、植酸和甘草等列入食品抗氧化剂。国外使用的天然抗氧化剂有植酸、愈创木酚、正二氢愈创酸、米糠素、生育酚混合浓缩物、胚芽油提取物、栎精及芦丁等。

很多香辛料都具有抗氧化效果。日本在这方面进行了较深入的研究，目前较为成熟的有迷迭香。从迷迭香中提取的迷迭香酚是一种天然、高效、无毒的抗氧化剂，抗氧化性能比 BHA、BHT、PG、TDHQ 强 4 倍以上。从中草药中提取抗氧化剂是继香辛料后研究开发的又一个热点。目前，日本，韩国，我国的台湾、江苏、山东等地都有研究机构在积极开展工作。据报道，金锦香、茵陈蒿、三七、马鞭草、芡实、丹参、台湾钩藤等具有潜在的开发价值，这些研究对寻找新的抗氧化资源有重要意义。

另外，利用植物的部分次生代谢物质半合成具有高效抗氧化效果的食品添加剂是目前研究的一个重要方向。如芝麻油经水解，然后相转移催化碱热解蓖麻油酸、利用形成的10-羟基癸酸合成蜂王酸；从山苍子油中分离提取柠檬醛化学合成β-紫罗兰酮，进一步合成β-胡萝卜素；或从松节油、山苍子油中提取异植物醇，合成维生素E或维生素K_1；利用烟草废弃物提取茄尼醇（solanasol）合成辅酶Q10。下面简要介绍几种天然的抗氧化剂。

（1）生育酚　生育酚即维生素E（tocopherol，vitamin E）。生育酚广泛存在于高等动、植物组织中，它具有防止动、植物组织内脂溶性成分氧化变质的功能。已知天然生育酚有α-、β-、γ-、δ-、ε-、ζ-、η-等7种同分异构体。作为抗氧化剂使用的生育酚混合浓缩物是其7种异构体的混合物。

① 性状　生育酚混合浓缩物为黄至褐色透明黏稠状液体；几乎无臭；密度0.932～0.955kg/m^3；不溶于水，溶于乙醇，可与丙酮、乙醚、油脂自由混合；对热稳定，在无氧条件下，即使加热至200℃也不被破坏；具有耐酸性，但是不耐碱；对氧气十分敏感，在空气中及光照下，会缓慢地氧化变黑。

生育酚混合浓缩物因所用原料油和加工方法不同，成品的总浓度和同分异构体的组成也不一样。品质较纯的生育酚混合浓缩物中生育酚的含量可达80%以上。以大豆为原料的制品，其同分异构体的比例约为：α-型10%～20%、γ-型40%～60%、δ-型25%～40%。

② 性能　生育酚的抗氧化性主要来自苯环上6位的羟基，与氧化物、过氧化物结合成酯后失去抗氧化性。其同分异构体的抗氧化性能：α-型＜β-型＜γ-型＜δ-型，生物活性依次为：α-型＞β-型＞γ-型＞δ-型。

一般来说，生育酚的抗氧化效果不如BHA、BHT。生育酚对动物油脂的抗氧化效果比对植物油脂的效果好。动物油脂中天然存在的生育酚比植物油中的少。有实验表明，生育酚对猪油的抗氧化效果大致与BHA相同。在较高的温度下，生育酚仍有较好的抗氧化性能，例如在猪油中，BHA在200℃加热2h则100%挥发，而生育酚在220℃加热3h仅损失50%。另外，天然生育酚比合成的α-生育酚的热稳定性还大。

生育酚的耐光、耐紫外线、耐放射性也较强，而BHA、BHT则较差。这对于利用透明薄膜包装材料包装食品是很有意义的。因为太阳光、荧光灯等产生的光能是促进食品氧化变质的因素。生育酚对光的作用机制目前尚未阐明，仅知生育酚有防止在γ射线照射下维生素A的分解作用，有防止在紫外线照射下β-胡萝卜素分解的作用，有防止饼干和速煮面条在日光照射下的氧化作用。一些研究结果表明，生育酚还有阻止咸肉制品中产生致癌物——亚硝胺的作用。

③ 应用　目前许多国家除使用天然生育酚浓缩物外，还使用人工合成的α-型生育酚，后者的抗氧化效果基本与天然生育酚浓缩物相同。生育酚添加到食品中不仅具有抗氧化作用，而且还具有营养强化作用。许多国家对其使用量无限制。它适宜作为婴儿食品、疗效食品及乳制品的抗氧化剂和营养强化剂使用。国外还将生育酚用于油炸食品、全脂奶粉、奶油和人造奶油、粉末汤料等的抗氧化。在全脂奶粉、奶油和人造奶油中的添加量为0.005%～0.05%；在动物脂肪中的添加量为0.001%～0.05%；在植物油中的添加量为0.03%～0.07%；在香肠中的添加量为0.007%～0.01%；在其他农产、畜产、水产制品中用量为0.01%～0.05%；在焙烤食品用油和油炸食品用油中的用量为0.01%～0.1%，具有良好的

抗氧化效果；在油炸方便面的猪油中添加0.05%生育酚，抗氧化效果很好，若与BHA复配使用效果尤佳。

(2) 植酸　植酸（phytic acid），也称肌醇六磷酸，简称PH，分子式：$C_6H_{18}O_{24}P_6$，相对分子质量660.08，结构式如下：

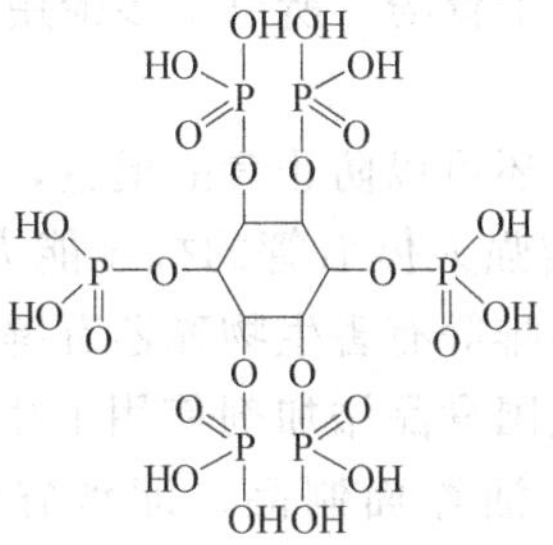

植酸为浅黄色或褐色黏稠状液体，广泛分布于高等植物内。植酸易溶于水、95%乙醇、丙二醇和甘油，微溶于无水乙醇、苯、乙烷和氯仿，对热较稳定。植酸分子有12个羟基，能与金属螯合成白色不溶性金属化合物，1g植酸可以螯合铁离子500mg。其水溶液浓度1.3%时pH值为0.40，0.7%时pH值为1.70，0.13%时pH值为2.26，0.013%时pH值为3.20，具有调节pH值及缓冲作用。在国外，植酸已广泛用于水产品、酒类、果汁、油脂食品，作为抗氧化剂、稳定剂和保鲜剂。它可以延缓含油脂食品的酸败；可以防止水产品的变色、变黑；可以清除饮料中的铜、铁、钙、镁等离子；延长鱼、肉、速煮面、面包、蛋糕、色拉等的保藏期。

植酸在食品加工中的应用主要有以下两个方面。

一方面，可作为油脂的抗氧化剂。在植物油中添加0.01%植酸，即可以明显地防止植物油的酸败。其抗氧化效果因植物油的种类不同而异，对于花生油效果最好，大豆油次之，棉籽油较差。

另一方面，在水产品的应用包括以下几点。①防止磷酸铵镁的生成。在大马哈鱼、鳟鱼、虾、金枪鱼、墨斗鱼等罐头中，经常发现有玻璃状结晶的磷酸铵镁（$MgNH_4PO_4 \cdot 6H_2O$），添加0.1%～0.2%的植酸就不再产生玻璃状结晶。②防止贝类罐头变黑。贝类罐头在加热杀菌过程中产生硫化氢等，与肉中的铁、铜以及金属罐表面溶出的铁、锡等结合产生硫化物而变黑，添加0.1%～0.5%的植酸可以防止变黑。③防止蟹肉罐头出现蓝斑。蟹是足节动物，其血液中含有一种含铜的血蓝蛋白，在加热杀菌时所产生的硫化氢与铜反应，容易发生蓝变现象，添加0.1%的植酸和1%的柠檬酸钠能防止出现蓝斑。④防止鲜虾变黑。使用0.7%亚硫酸钠能很有效地防止鲜虾变黑，但是二氧化硫的残留量过高，若添加0.01%～0.05%的植酸与0.3%亚硫酸钠效果甚好，并且可以避免二氧化硫的残留量过高。目前，植酸可添加到加工水果、加工蔬菜、肉制品、火腿、灌肠等食品中，最大使用量为0.2g/kg。另外，植酸可用于虾类保鲜，使用时控制残留量在20mg/kg以下。

(3) 茶多酚　茶多酚（pyrocatechin），也称维多酚，是一类多酚化合物的总称，主要包括儿茶素、黄酮、花青素、酚酸4类化合物，其中儿茶素的数量最多，占茶多酚总量的60%～80%。

茶多酚是从茶中提取的抗氧化剂，为浅黄色或浅绿色的粉末，有茶叶味，易溶于水、乙醇、醋酸乙酯。在酸性和中性条件下稳定，最适宜pH值4.0～8.0。茶多酚抗氧化作用的主要成分是儿茶素。儿茶素抗氧化能力最强的有表儿茶素（EC）、表没食子儿茶素（EGC）、表儿茶没食子酸酯（ECG）和表没食子儿茶素没食子酸酯（EGCG），它们的等浓度（以摩尔计）抗氧化能力的顺序为：EGCG＞EGC＞ECG＞EC。

茶多酚与柠檬酸、苹果酸、酒石酸有良好的协同效应，与柠檬酸的协同效应最好，与抗坏血酸、生育酚也有很好的协同效应。茶多酚对猪油的抗氧化性能优于生育酚混合浓缩物和BHA及BHT。由于植物油中含有生育酚，所以茶多酚用于植物油中可以更加突出其出色的抗氧化能力。

茶多酚不仅具有抗氧化能力，还可以防止食品退色，并且能杀菌消炎，强心降压，还具有与维生素P相类似的作用，能增强人体血管的抗压能力。茶多酚对促进人体维生素C的积累也有积极作用，对尼古丁、吗啡等有害生物碱还有解毒作用。

茶多酚无毒，对人体无害。我国食品添加剂使用卫生标准规定，茶多酚可以用于油脂，最大用量为0.4g/kg；用于坚果、油炸面制品、即食谷物和方便米面制品，最大用量为0.2g/kg；用于糕点、焙烤食品馅料、腌腊肉制品，最大用量为0.4g/kg；用于酱卤肉制品、油炸肉类、西式火腿、发酵肉制品、水产品，最大用量为0.3g/kg。使用方法是先将茶多酚溶于乙醇，加入一定量的柠檬酸配制成溶液，然后以喷涂或添加的形式用于食品。

（4）愈创树脂　愈创树脂（guaiac）是原产于拉丁美洲的愈创树的树脂，其主要成分是α-愈创木脂酸、β-愈创木脂酸、愈创木酸以及少量胶质、精油等。愈创树脂为绿褐色至红褐色玻璃样块状物。其粉末在空气中逐渐变成为暗绿色。有香脂的气味、稍有辛辣味，熔点85～90℃，易溶于乙醇、乙醚、氯仿和碱性溶液，难溶于二氧化碳和苯，不溶于水。它对油脂具有良好的抗氧化作用。

愈创树脂是最早使用的天然抗氧化剂之一，也是公认安全性高的抗氧化剂，其ADI为0～2.5mg/kg。我国虽然对愈创树脂早已有研究，但由于愈创树脂本身具有红棕色，在油脂中的溶解度小，成本高，所以目前还未列入食品添加剂中。国外用于牛油、奶油等易酸败食品的抗氧化，一般只需添加0.005%即有效。愈创树脂在油脂中用量为1g/kg以下。此外，愈创树脂还具有防腐作用。

（5）正二氢愈创酸　正二氢愈创酸（nordihydroguaiaretic acid，NDGA），分子式：$C_{18}H_{22}O_4$，相对分子质量302.36，结构式如下：

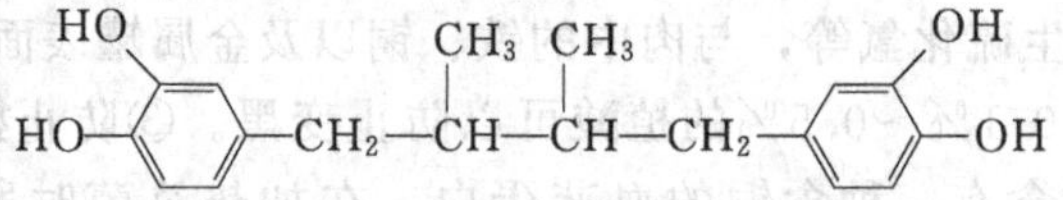

HO　　　　CH₃　CH₃　　　　OH
HO—⟨苯环⟩—CH₂—CH—CH—CH₂—⟨苯环⟩—OH

正二氢愈创酸为白灰色至白色结晶粉末；熔点为183～185℃；易溶于乙醇、乙醚、甘油和丙二醇。油脂中约溶解0.5%，微溶于热水，难溶于冷水。NDGA抗氧化效果好，还具有一定的防毒能力，与柠檬醛、抗坏血酸有协同作用。

猪油添加0.01%的NDGA，在室温和阳光下，经19个月仍不变色、不酸败。1985年日本食品卫生法规规定，正二氢愈创酸作为食品抗氧化剂，限用于油脂和奶油，最大使用量0.1g/kg。由于NDGA价格高，仅用于高档食品或军用食品。

（6）米糠素　米糠素（γ-oryzanal），又称谷维素，是以三萜（烯）醇为主体的阿魏酸酯的几种混合物。米糠素为白色至浅黄色粉末或结晶性粉末，无臭，易溶于乙醇和丙酮，不溶于水；油溶性好，对于油脂有良好的抗氧化作用。

米糠素属于无毒性物质，可以用做油溶性抗氧化剂，此外还可用于制药。

（7）栎精　栎精（quercetin）为栎树皮中含有的物质，分子式：$C_6H_{10}O_7$，相对分子质量302。栎精为一种含有2分子结晶水的黄色晶体，加热至95～97℃失去水分成为无水物，在314℃发生分解。栎精溶于水、无水乙醇和冰醋酸，其乙醇溶液呈苦味。栎精为五羟黄酮，其分子中2、3位间有双键，3、4位处有2个羟基，故具有能作为金属螯合作用或油脂等抗氧化过程中产生游离基团接受体的功能。可作为油脂、抗坏血酸的抗氧化剂。

栎精除了用于食品抗氧化外，还可用作食品黄色素。

(8) 甘草抗氧物　甘草抗氧物（antioxidant of glycyrrhiza），又称为甘草抗氧灵、绝氧灵，其主要成分是黄酮类、类黄酮类物质，是从提取甘草浸膏或甘草酸之后的甘草渣中提取的一组脂溶性混合物。甘草抗氧物为棕色或棕褐色粉末，略带有甘草的特殊气味，熔点范围为70～90℃，不溶于水，可溶于乙酸乙酯，在乙醇中的溶解度为11.7%。

甘草抗氧化物能抑制油脂的光氧化作用。甘草抗氧化物耐热性好，能有效地抑制高温炸油中羧基价的升高，能从低温到高温（250℃）范围内发挥强抗氧化作用。甘草抗氧化物还具有较强的清除自由基作用，尤其对清除氧自由基的作用效果较好，因而可抑制油脂酸败。此外，对油脂过氧化丙二醛的生成，也有明显的抑制作用。

甘草抗氧物为无毒性物质，安全性高。我国规定其可以用于油脂、油炸食品、肉制品、腌制鱼及饼干等含油食品，最大使用量为0.2g/kg。

6.3.2 脱氧剂

脱氧剂又叫吸氧剂、除氧剂、去氧剂，能在常温下与包装容器内的游离氧和溶解氧发生氧化反应形成氧化物，并将密封容器内的氧气吸收掉，使食品处在无氧状态下储藏而久不变质。英国最早开始对脱氧剂进行探索性研究。1925年，Maude等人为防止变压器着火爆炸，制备了一种由铁粉、硫酸亚铁和吸湿物质组成的脱氧剂。随后美国、日本等国也相继展开研究。20世纪60年代初，美国研制了用钯作催化剂的充气置换法，利用 H_2 和 O_2 反应生成水催化脱氧。利用吸氧剂储存食品，使用方便、价格低廉、保藏可靠，解决了许多食品长期保藏的问题，使各种食品几乎不受季节性的限制，从而使食品工业发生了根本性变化。

6.3.2.1 脱氧剂的除氧机理与优点

脱氧剂是易氧化物质，在常温下与包装容器内的溶解氧发生氧化反应，吸收包在容器内的 O_2 使食品处于无氧状态，抑制霉菌等微生物的生长繁殖和防止虫害的发生，防止食品营养成分及风味、香味等成分的氧化变质，防止食品退色和果蔬的过熟，从而达到保质保鲜。

防止食品氧化变质方法有低温冷冻、干燥、盐渍、熏制、罐装、蒸煮袋包装、放射线照射、真空包装或惰性气体置换包装等，对食品保藏起很大作用。但这些都是物理除氧方法，缺点是不能100%除氧。而应用除氧剂的包装食品有以下优点。

(1) 脱氧剂能去除引起食品质量变化的 O_2，从根本上防止食品氧化　国外用化学物质吸氧，与物理方法除氧根本不同，用脱氧剂时几乎能除去包装内的游离氧，还能吸收从外界进入包装袋内的 O_2，使容器内长期保持无氧状态，适用于任何形体的食品（粉状、粒状、海绵状等）。充填 N_2 或 CO_2 置换容器内的 O_2，包装后的容器内残留2%～5%的 O_2，仍能使包装内的食品充分氧化，而霉菌在0.4%氧状态下就有可能繁殖。物理除氧方法对外部进入包装容器内的 O_2 完全不起作用，对油脂类食品及物理结构弱的食品保藏更成问题。

(2) 安全　脱氧剂与食品防腐剂不同，与食品同袋包装，没有副作用，不含致癌物质，食品保鲜安全。

(3) 脱氧剂保藏食品无需经杀菌处理，能保持食品原有风味、色泽，特别对低盐、低糖保藏的食品更有效。

(4) 脱氧剂比真空包装、惰性气体包装简单，使用方便，成本低。

(5) 使用脱氧剂能扩大商品流通量，各种食品可常年销售，容易调整生产和库存，减少食品变质损耗与流通损耗，延长食品保藏期，方便食品运输，增加商业利润，其在食品工业中应用前景广阔。

6.3.2.2 脱氧剂的种类

按主剂成分进行分类，可以把脱氧剂分为两类。①无机系脱氧剂。应用最广的是铁系脱氧剂。铁氧化后生成$Fe(OH)_3$，1g铁除氧能力为300mL，折合空气1500mL，除氧效果好，且经济。日本市场上出售的除氧剂有砂状粉体铁、细状铁粉及粗粒铁。②有机系除氧剂。例如抗坏血酸，除氧能力佳；葡萄糖碱性物在一定条件下产生很多分解物而除氧。

按反应类型进行分类，可以把脱氧剂分为两类。①高水分食品型（水分依赖型）。脱氧剂与食品同时密闭后，脱氧剂的吸氧一般在水存在下进行，应用从食品蒸发的水分进行脱氧反应较多。水分依赖型脱氧剂主要适用于年糕、豆酱、比萨饼外皮等水分活性高的食品。②自动吸收型（自力反应型）。自动吸收型又可分速效型、一般型与缓放型。自动吸收型的脱氧剂保持自身水分，即使外部不存在水也能反应，改变脱氧剂成分、用量及包装材料的透气性，能控制反应速度从速效型转为缓效型。自力反应型脱氧剂主要适用于茶叶、海苔、紫菜和坚果类等粮谷类和干性物料等水分活性低的食品。

日本现已开发适合各种食品性能的脱氧剂，例如耐油性、耐水分多的脱氧剂及有各种综合能力的特殊型脱氧剂等。下面简单介绍几种新型的脱氧剂。

(1) 产生CO_2型　O_2在空气中占1/5，脱氧后体积减小1/5，会导致食品容器收缩减压，开发用吸收O_2和产生与O_2相同量的CO_2的功能型脱氧剂即可避免容器的收缩又能防止食品品质劣化。但该型号不适用高水分食品，因嫌气性细菌在有CO_2时也能繁殖。

(2) 吸收CO_2型　咖啡豆焙煎时有多量CO_2产生，采用焙煎后立即密封包装，CO_2会使袋膨胀甚至破裂。在包装袋内添加吸收CO_2型脱氧剂，焙煎后立即包装，这种脱氧剂在吸氧同时能长期吸收10倍O_2量的CO_2，达到防氧化同时又有保香效果。

(3) 超小型　用于小包装型的小型脱氧剂，性能高，耐水、耐油性好，特别适合水分含量高的食品。

(4) 平片型　适合各种瓶装食品，根据瓶盖大小制成，充填入瓶中方便。平片型已有逐步代替粉末型的趋向。

(5)“纸针孔一体型”　埃琪莱斯SAP型脱氧剂是铁系材料自力反应速效型SA型中附加含氧量检测剂的新产品，通过纸针孔色调确认包装容器内是否呈脱氧状态，一旦出现问题，即可采取措施。该产品既有脱氧功效，又有品质管理作用。新产品埃琪莱斯是吸氧剂基材薄片的新品，除吸氧剂功能外，按用途还可分成商标标签型（有商标标签功能）、衬垫板型（衬托产品硬纸板功能）、衬垫加固背景型、新袋子型四种类型。新产品埃琪莱斯还具有优良的微波炉耐性等新特性。

(6)“马塔龙CF”　由常磐产业公司生产的“马塔龙CF”具有同时吸收除去O_2和CO_2的双重功能，适用于焙炒咖啡和发酵食品等由于从产品中产生了CO_2而无法密封包装的食品领域。

(7)“一品灵CLP”　由帕乌达泰克公司生产的内包氧检知剂的脱氧剂“一品灵”系列产品分为蓝色、紫色和粉红色三种不同的颜色，可显示有氧状态的变化情况。由于显色反应速度快，反应时间短，很快就能反映出包装内 O_2 状态的变化。因此可以立即根据相应的情况采取必要措施，便于商品品质保证和管理。由于检知剂采用的材质是纸，故安全性高，可作为单一商品在市场销售。现有的“一品灵”脱氧剂的 O_2 吸收量分为 50mL、30mL 和 10mL 三个档次，形成系列产品。

6.3.2.3 脱氧剂在食品中的应用

脱氧剂能使食品持续无氧状态，除氧效率高，食品保藏效果好，使用简便而广泛应用于食品保藏中的防霉、防脂质氧化、防色素变色、退色、保存、防止虫害等。现在脱氧剂的加工食品比率：糕点甜食为 45%；畜产、水产品和农产品加工食品 30%；茶叶、咖啡等 15%；健康食品、家常菜肴等其他食品为 10%。现已扩大利用到以前很难使用脱氧剂的含水分高的食品和保质期短的配送食品，及保质期长的医药品和健康食品等产品中。

(1) 防止油脂类食品氧化　油脂性食品氧化后生成过氧化物毒性很大，风味变差，商品价值下降。脱氧剂的防氧化效果与抑制脂质劣化效果优于充入惰性气体法，日本经 35d 40℃恒温保藏试验表明，使用脱氧剂后的酸价比注入惰性气体置换法低 70%。脱氧剂广泛应用于油炸方便面、奶油花生、巧克力、油炸豆子、奶粉等高油脂及食品防氧化，保持食品中的维生素、氨基酸等营养成分，还能使鱼油中的多价不饱和脂肪酸长期稳定储存。

(2) 保持食品香味风味，防止食品变色、退色与保鲜　将新大米、茶叶、高级糕点、香菇、紫菜、鱼干等放在吸氧剂包装的容器中，久放后仍能保持新鲜风味和香味。谷豆类食品中的成虫、虫卵对食品质量有严重危害，脱氧剂能使虫类缺氧窒息死亡，还能防止大米霉变、花生霉变，使大米、小麦、绿豆、大豆等食品久藏。此外，脱氧剂能保持紫菜特有的黑紫色和红褐色，保持含叶绿素或类胡萝卜素食品的颜色，保存在吸氧剂包装中的鱼肉、蟹、海带等的色泽也特别新鲜；能防止苹果、梨、葡萄、桃、香蕉等果实切片后的褐变。

(3) 保藏中间水分食品　中间水分食品，即不加水可食、水分活度 0.7～0.9、水分含量为 20%～50%的食品，如半干的桃、杏、果汁糕点、果子酱、果冻、蛋糕等食品易长细菌、霉菌及产生非酶褐变，使用脱氧剂能抑制微生物，特别是霉菌等好气微生物的生长，对防止这些食品变质，保持原有风味，有良好效果。

(4) 保藏果蔬　脱氧剂能推迟果蔬的后熟，延长果蔬的储藏期，如蒜、洋葱、苹果等果物采用脱氧剂结合低温储藏，或脱氧剂与吸收乙烯气的吸收剂一起保藏可大大延长果蔬的保存期，苹果甚至可保藏 6 个月以上不变质。

6.4 保鲜剂

为了防止生鲜食品脱水、氧化、变色、腐败、变质等而在其表面进行涂膜的物质可称为保鲜剂，也称为涂膜剂。保鲜剂的作用机理和防腐剂有所不同，其除了对微生物起抑制作用外，还针对食品本身的变化，如食品的呼吸作用、酶促反应等。

保鲜剂的应用历史悠久，在我国 12 世纪就有用蜂蜡涂在柑橘表面以防止水分损失。16 世纪英国就出现了通过涂脂来防止食品干燥的方法。20 世纪 30 年代，美国、英国、澳大利亚就开始利用天然或合成的蜡或树脂来处理新鲜水果和蔬菜。20 世纪 50 年代后期出现了可食性保鲜剂用来处理肉制品和糖果。近年来，由于人们生活节奏加快及环保意识加强，对可食性保鲜剂的研究趋于热化。

6.4.1 保鲜剂的作用

一般来讲，在食品上使用的保鲜剂有如下用途：①减少食品的水分散失；②防止食品氧化；③防止食品变色；④抑制生鲜食品表面微生物的生长；⑤保持食品的风味不散失；⑥增加食品特别是水果的硬度和脆度；⑦提高食品的外观可接受性；⑧减少食品在储运过程中的机械损伤等。

表面涂层的果蔬，不但可以形成保护膜，起到阻隔的作用，还可以减少擦伤，并且可以减少有害病菌的入侵。涂蜡柑橘要比没有涂蜡的保藏期长。用蜡包裹奶酪可防止奶酪在成熟过程中长霉。另外，涂膜材料如树脂、蜡等可以使产品带有光泽，提高产品的商品价值。

6.4.2 保鲜剂种类及其性质

(1) 类脂　类脂是一类疏水性化合物，包括石蜡、蜂蜡、矿物油、蓖麻子油、菜籽油、花生油乙酰单甘酯及其乳胶体等，可以单独或与其他成分混合在一起用于食品涂膜保鲜。当然，这些物质的使用必须符合相关的食品卫生标准。一般来讲，这类化合物做成的薄膜易碎，因此常与多糖类物质混合使用。

(2) 蛋白质　蛋白质的成膜性质在古代就被用于许多非食品的地方，如胶水、皮革光亮剂等。植物蛋白来源的成膜蛋白质包括玉米醇溶蛋白、小麦谷蛋白、大豆蛋白、花生蛋白和棉籽蛋白等，动物蛋白来源的成膜蛋白质包括胶原蛋白、角蛋白、明胶、酪蛋白和乳清蛋白等。对蛋白质溶液的 pH 值进行调解会影响其成膜性和渗透性。由于大多数蛋白质膜都是亲水的，因此对水的阻隔性差。干燥的蛋白质膜，如玉米醇溶蛋白、小麦谷蛋白、胶原蛋白对氧有阻隔作用。

(3) 树脂　天然树脂来源于树的细胞中，而合成的树脂一般是石油产物。紫胶由紫胶桐酸和紫胶酸组成，与蜡共生，可赋予涂膜食品以明亮的光泽。紫胶和其他树脂对气体的阻隔性较好，对水蒸气的阻隔性一般，其广泛应用于果蔬和糖果中。松脂可用于柑橘类水果的涂膜剂。苯并呋喃-茚树脂也可用于柑橘类水果。苯并呋喃-茚树脂是从石油或煤焦油中提炼的物质，有不同的质量等级，常作为“溶剂蜡”用于柑橘产品。

(4) 碳水化合物　由多糖形成的亲水性膜有不同的黏度规格，对气体的阻隔性好，但隔水能力差。其用于增稠剂、稳定剂、凝胶剂和乳化剂已有多年的历史。用于涂膜的多糖类包括纤维素衍生物、淀粉类、果胶、海藻酸钠和琼脂等。

纤维素是 D-葡萄糖按 β-1，4-糖苷键相连的高分子物质。天然的纤维素不溶于水，但其衍生物如羧甲基纤维素（CMC）及其钠盐（CMC-Na）可溶于水。这些衍生物对水蒸气和其他气体有不同的渗透性，可作为成膜材料。

淀粉类（直链淀粉、支链淀粉以及它们的衍生物）可用于制造可食性涂膜。有报道称这些膜对 O_2 和 CO_2 有一定阻隔作用。直链淀粉是 D-葡糖糖残基以 α-1,4-糖苷键相连的多糖；支链淀粉分子分支极多，各分支上也是 D-葡糖糖残基以 α-1,4-糖苷键形成链，卷曲成螺旋，但在分支接点上则是 α-1,6-糖苷键。直链淀粉的成膜性优于支链淀粉，支链淀粉常用作增稠剂。淀粉的部分水解产物——糊精也可作为成膜材料。

果胶（pectin）存在于植物的细胞壁和细胞内层，为内部细胞的支撑物质。柑橘、柠檬、柚子等果皮中约含 30%果胶，是果胶最丰富的来源。按果胶的组成可分为同质多糖和杂多糖两种类型：①同质多糖型果胶，如 D-半乳聚糖、L-阿拉伯聚糖和 D-半乳糖醛酸聚糖等；②杂多糖果胶，是由半乳糖醛酸聚糖、半乳聚糖和阿拉伯聚糖以不同比例组成，通常称为果胶酸。不同来源的果胶，其比例也各有差异。部分甲酯化的果胶酸称为果胶酯酸。天然果胶中约 20%～60%的羧基被酯化，相对分子质量为 2 万～4 万。果胶的粗品为略带黄色的白色粉状物，溶于 20 份水中，形成黏稠的无味溶液，带负电。果胶制成的薄膜由于其亲水性，故水蒸气渗透性高。米尔斯等人曾报道甲氧基含量低于 4%及特性黏度在 3.5 以上的果胶，其薄膜强度可以接受。

海藻制品中的角叉菜胶、海藻酸钠和琼脂都是良好成膜材料。日本有一种用角叉菜胶制成的涂膜剂，商品名叫沙其那。阿拉伯胶是阿拉伯树等金合欢属植物树皮的分泌物，多产于阿拉伯国家的干旱高地，因而得名。阿拉伯胶在糖果工业中可作为稳定剂、乳化剂等，也可作为涂膜剂用于果蔬保鲜。

(5) 甲壳素类　甲壳素类属于碳水化合物中的一类，由于其较为特殊，且国内外对其性质和应用的研究越来越多，因此单独加以介绍。

甲壳素（chitin）又名甲壳质、几丁质、壳蛋白，是生物界广泛存在的一种天然高分子化合物，属多糖衍生物，主要从节肢动物如虾、蟹壳中提取，是仅次于纤维素的第二大可再生资源。甲壳素化学名称为无水 *N*-乙酰基-D-氨基葡糖，分子式为 $(C_8H_{13}NO_5)_n$。

甲壳素经脱钙、脱蛋白质和脱乙酰基可制取用途广泛的壳聚糖。壳聚糖及其衍生物用作保鲜剂主要是利用其成膜性和抑菌作用。壳聚糖或轻度水解的壳聚糖是很好的保鲜剂，0.2%左右就能抑制多种细菌的生长。以甲壳素/壳聚糖为主要成分配制成果蔬被膜剂，涂于苹果、柑橘、青椒、草莓、猕猴桃等果蔬的表面，可以形成致密均匀的膜保护层，此膜具有防止果蔬失水、保持果蔬原色、抑制果蔬呼吸强度、阻止微生物侵袭和降低果蔬腐烂率的作用。乐培思等用 2%改性甲壳素涂膜涂于柑橘、苹果表面，结果柑橘在 30℃下储存 15d 未出现腐烂，而对照组则出现霉斑并腐烂；苹果一切两半，涂了保鲜剂的一半在 30℃下储存 1 周后，未出现明显的斑痕，另一半情况正好相反。陈天等进行了壳聚糖保鲜猕猴桃的研究，表明常温下壳聚糖能有效地延长猕猴桃的储藏期至 80d，同时保持了果实较好的品质与风味；最佳食用期内，果实的维生素 C 含量为 1.8～2.3mg/g，总糖含量为 8.0%～10.0%，可溶性固形物含量为 16%～17%，果实甜度和香味增加，酸度下降。陈安和等研究了甲壳素衍生物对草莓的保鲜作用，表明经处理的草莓储存 15～20d，其超氧化物歧化酶（SOD）活力比未处理的高 20.1%～53.4%，维生素 C 含量高 78%～165%。

壳聚糖还可用作肉、蛋类的保鲜剂。吉伟之等用 2%壳聚糖对猪肉进行涂膜处理，表明在 20℃和 40℃储藏条件下，猪肉的一级鲜度货架期分别延长 2d 和 5d。Hiroshi 用壳聚糖保鲜牛肉，3d 后微生物比参照组少。壳聚糖保鲜剂对鲜鲅鱼、小黄鱼、鸡蛋均有较好的保鲜作用。另外，壳聚糖可用作腌菜、果冻、面条、米饭等的保鲜剂。

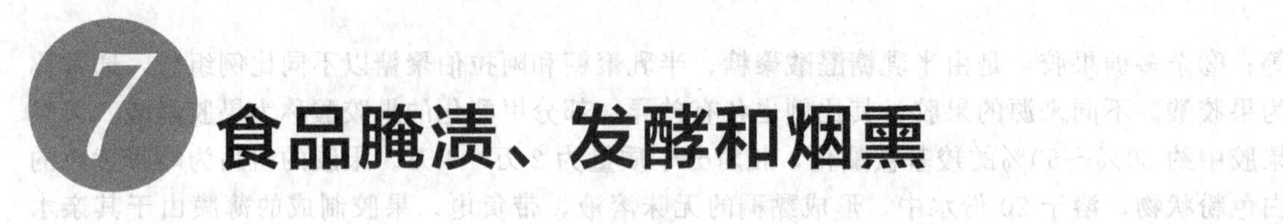

7 食品腌渍、发酵和烟熏

食品腌制、发酵和烟熏保藏方法是经典的食品保藏技术，具有操作简单、经济实用，改变产品风味、开发新产品的特点，因此仍为现代食品加工业的重要组成部分。

腌渍是利用食盐、糖等腌渍材料的渗透性，渗入食品组织内，降低水分活度，提高渗透压，抑制微生物生长，延长食品保存期；发酵是为了提高食品的营养和适口性，利用微生物的代谢活动，将食品中的有机物质分解成其代谢产物的过程；烟熏是借助于木屑等各种材料焖烧时所产生的烟气或人工烟气来熏制食品，提高食品的防腐能力、延长保藏期，并产生特有的烟熏味。这些方法在处理食品时并非单一进行，常常会同时发生，在腌制时食盐用量较低时，可伴随乳酸发酵，这类食品称为发酵性腌制品，如发酵火腿、四川泡菜等；纯粹的腌制品称为非发酵性腌制品，如咸蛋、蜜饯、果脯等。通常在肉品加工中，结合使用烟熏与腌制，烟熏肉必须预先腌制，而腌制肉进行烟熏后，更富有风味。

7.1 食品的腌渍保藏

我国腌渍食品起源于周朝，距今大约有3000多年的历史。《周礼》中有“醇人掌共五齐七菹”和《诗经·小雅·南山》中有“田有庐，疆场有瓜，是剥是菹”的记载，菹者酸菜，即腌菜。《齐民要术》中也提供了制酱、制腌菜的方法。我国蜜饯最早汉字记载是战国时期《札记·内则》中的“枣、栗、饴蜜以甘之”。意思是说，用饴蜜浸渍枣、栗，使其味道甘美。腌制是早期保存蔬菜的一种非常有效的方法。现今，蔬菜的腌制已从简单的保存手段转变为独特风味蔬菜产品的加工技术。长期以来，经过劳动人民的不断实践，我国腌渍食品的生产技术和花色品种由简单到复杂，由少到多逐步发展起来。我国腌渍食品种类繁多、风味独特，在国内外享有很高的声誉。近年来新建立了许多具有一定规模、现代化的加工企业，目前国内这些知名企业，多是通过对传统老字号品牌的挖掘、发展，以现代化的技术、设备和管理运行，如涪陵榨菜、独山盐酸菜、云南玫瑰大头菜、浙江金华火腿、北京六必居等，已成为国内外的著名品牌。

7.1.1 腌渍食品

不同的食品类型，采用的腌渍剂和腌渍方法不同，常用的腌渍剂有盐、糖、酸等。用盐作为腌制剂进行腌渍的过程称为腌制（或盐渍）。用糖作为腌制剂称为糖渍。用调味酸如醋或糖醋香料液浸渍的过程称为酸渍。肉类的腌渍主要是用食盐，添加硝酸钠（钾）和/或亚硝酸钠（钾）及糖类等腌渍材料来共同处理。经过盐渍加工出的产品有腊肉、火腿、咸鱼、板鸭等。盐渍蔬菜有泡菜类（四川泡菜）、腌菜类（涪陵榨菜）和酱菜类（仪陇酱瓜）。糖渍主要用于果蔬，常见的产品主要有蜜饯、果酱等。蜜饯类产品是以水果为主要原料，经过糖（蜜）熬煮或者浸渍，添加或者不添加食品添加剂，或略干燥处理，制成的带有湿润糖液或者浸渍在浓糖液面中的湿态制品，如杏脯、桃脯、话梅；果酱是以水果为原料，经预处理、破碎或打浆、加糖浓缩等工艺制成的一类产品，有苹果酱、草莓酱等。

7.1.2 食品腌渍的基本原理

食品在腌渍过程中，腌渍剂首先要形成溶液，才能通过扩散和渗透作用进入食品组织内，降低食品内的水分活度，提高其渗透压，抑制微生物和酶的活动，达到防止食品腐败的目的。

腌渍液的浓度常用比重计测定，盐水的浓度通常用波美比重计测定；糖水浓度可用糖度计测定。

7.1.2.1 溶液的扩散

食品的腌渍过程，实际上是腌渍液向食品组织内扩散的过程。扩散是在有浓度差存在的条件下，由于分子无规则热运动而造成的物质传递现象，是一个浓度均匀化的过程。扩散的推动力是浓度差，物质分子总是从高浓度处向低浓度处转移，并持续到各处浓度平衡时才停止。

扩散过程进行的快慢可用扩散通量来量度。扩散通量即单位面积、单位时间内扩散传递的物质量，其单位为 $kmol/(m^2 \cdot s)$。扩散通量与浓度梯度成正比，即：

$$J = -D\frac{dc}{dx} \tag{7-1}$$

式中 J——物质扩散通量，$kmol/(m^2 \cdot s)$；

D——扩散系数，m^2/s；

$\frac{dc}{dx}$——物质的浓度梯度，（c—浓度；x—距离），$kmol/m^4$。

扩散系数的大小与温度、介质性质等有关。扩散系数随温度的升高而增加，温度每增加1℃，各种物质在水溶液中的扩散系数平均增加2.6%（2%～3.5%）。浓度差越大，扩散速度也随之增加，但溶液浓度增加时，其黏度也会增加，扩散系数随黏度的增加会降低。因此，浓度对扩散速度的影响还与溶液的黏度有关。在缺少实验数据的情况下，扩散系数可按下面的公式计算：

$$D = \frac{RT}{6N_A \pi d \mu} \tag{7-2}$$

式中 R——气体常数，8.314J/(K·mol)；

N_A——阿伏伽德罗常数，6.023×10^{23}个/mol；

T——温度，K；

d——扩散物质微粒直径，m；

μ——介质黏度，Pa·s。

由此可见，不同种类的腌渍剂，在腌渍过程中的扩散速度是各不相同的，如不同糖类在糖液中的扩散速度由大到小的顺序是：葡萄糖＞蔗糖＞饴糖中的糊精。

7.1.2.2 渗透

渗透是指溶剂从低浓度处经过半透膜向高浓度溶液扩散的过程。半透膜是只允许溶剂通过而不允许溶质或一些物质通过的膜。羊皮膜、细胞膜等均是半渗透膜。溶剂的渗透作用是在渗透压差的作用下进行的。

进行食品腌渍时，腌渍的速度取决于渗透压。渗透压是引起溶液发生渗透的压强，与温度及浓度成正比。为了提高腌渍速度，应尽可能提高腌渍温度和腌渍剂的浓度。但在实际生产中，很多食品原料如在高温下腌渍，会在腌渍完成之前出现腐败变质。因此应根据食品种类的不同，采用不同的温度，肉类食品需在10℃以下（大多数情况下要求在2～4℃）进行腌渍。

食品的腌渍速度受腌渍剂的分子大小和浓度的影响。如用食盐和糖腌渍食品时，为了达到同样的渗透压，糖的浓度比食盐的浓度要大。不同的糖类，其渗透压也不相同。

在食品的腌渍过程中，食品组织外的腌渍液和组织内的溶液浓度会借溶剂渗透和溶质的扩散而达到平衡。所以说，腌渍过程其实是扩散与渗透相结合的过程。

7.1.2.3 腌渍剂在食品保藏中的作用

腌渍使用的腌渍剂除食盐、糖类外，在肉类制品中还常用硝酸盐（或亚硝酸盐）、抗坏血酸盐、异抗坏血酸盐和磷酸盐等。在制蛋加工中，还利用碱和醇进行腌渍。

(1) 食盐　食盐是盐渍最基本的成分，在盐渍中具有增强鲜味和防腐的作用。食盐的防腐作用主要是通过抑制微生物的生长繁殖来实现的。5%的NaCl溶液能完全抑制厌氧菌的生长，10%的NaCl溶液对大部分细菌有抑制作用，但一些嗜盐菌在15%的盐溶液中仍能生长。

食盐溶液对微生物细胞具有脱水作用。微生物在等渗的环境中才能正常生长繁殖。如果微生物处在低渗的环境中，则环境中的水分会穿过微生物的细胞壁并通过细胞膜向细胞内渗透，使微生物细胞呈膨胀状态，如果内压过大，就会使原生质胀裂，导致微生物无法生长繁殖。如果微生物处于高渗的溶液中，细胞内的水分就会透过原生质膜向外渗透，结果是细胞的原生质因脱水而与细胞壁发生质壁分离，并最终使细胞变形，抑制微生物的生长活动。脱水严重时还会造成微生物的死亡。

食盐溶液具有很高的渗透压，其主要成分是氯化钠，在水溶液中离解为Na^+和Cl^-。1%食盐溶液可以产生61.7kPa的渗透压，而大多数微生物细胞内的渗透压为30.7～61.5kPa。食品腌渍时，腌渍液中食盐的浓度大于1%，因此腌渍液的高渗透压，对微生物细胞产生强烈的脱水作用，导致质壁分离，抑制微生物的生理代谢活动，造成微生物停止生长或者死亡，从而达到防腐的目的。

食盐能降低食品的水分活度。水分子聚集在Na^+和Cl^-离子周围，形成水合离子。食盐浓度越高，形成的水合离子也越多，这些水合离子呈结合水状态，导致微生物能利用的水分减少，生长受到抑制。饱和食盐溶液（26.5%），由于所有的水分被离子吸附形成水合离子，导致微生物不能在其中生长。

食盐溶液对微生物产生一定的生理毒害作用。溶液中的Na^+、Mg^{2+}、K^+和Cl^-，在高浓度时能和原生质中的阴离子结合产生毒害作用。酸能加强钠离子对微生物的毒害作用。一般情况下，酵母菌在20%的食盐溶液中才会被抑制，但在酸性条件下，14%的食盐溶液就能抑制其生长。

食盐溶液中氧含量降低。食品腌渍时使用的盐水或渗入食品组织内形成的盐溶液浓度大，氧在盐溶液中的溶解度比水中低，盐溶液中氧含量减少，造成缺氧环境，一些好气性微生物的生长受到抑制。

在肉类腌渍时，食盐能促使硝酸盐、亚硝酸盐、糖向肌肉深层渗透。肉品中含有大量的蛋白质、氨基酸等具有鲜味的成分，常常要在一定浓度的咸味下才能更突出表现出来。

(2) 糖 食品中的糖同样可以降低水分活度，减少微生物生长、繁殖所能利用的水分，并借渗透压导致细胞质壁分离，抑制微生物的生长活动。腌渍常用糖类有：葡萄糖、蔗糖和乳糖。蔗糖是糖渍食品的主要辅料，也是蔬菜和肉类腌渍时经常使用的调味品。蔗糖在水中的溶解度高，25℃时饱和溶液的浓度可达67.5%，产生高渗透压。蔗糖作为砂糖中主要成分（含量在99%以上），是一种亲水性化合物，蔗糖分子中含有许多羟基，可以与水分子形成氢键，从而降低了溶液中自由水的量，水分活性也因此而降低。浓度为67.5%的饱和蔗糖溶液，水分活性可降到0.85以下。

糖渍时，由于高渗透压下的质壁分离作用，微生物生长受到抑制甚至死亡。糖的种类和浓度决定了其所抑制的微生物的种类和数量。1%～10%糖溶液一般不会对微生物起抑制作用。50%糖液浓度会阻止大多数酵母的生长，65%的糖液可抑制细菌，而80%的糖液才可抑制霉菌。虽然60%的蔗糖液可抑制许多腐败微生物的生长，然而，自然界却存在许多耐糖的微生物，如耐糖酵母菌可导致蜂蜜腐败。

相同浓度的糖溶液和盐溶液，由于所产生的渗透压不同，因此对微生物的抑制作用也不同。例如，蔗糖大约需比食盐浓度大6倍，才能达到与食盐相同的抑制微生物的效果。

在高浓度的糖液中，霉菌和酵母的生存能力较细菌强。因此用糖渍方法保藏加工的食品，主要应防止霉菌和酵母的影响。

不同种类的糖，抑菌效果不同。一般糖的抑菌能力随相对分子质量增加而降低。如抑制食品中葡萄球菌所需要的葡萄糖浓度为40%～50%，而蔗糖为60%～70%。相同浓度下的葡萄糖溶液比蔗糖溶液对啤酒酵母和黑曲霉的抑制作用强。葡萄糖和果糖对微生物的抑制作用比蔗糖和乳糖大。因为葡萄糖和果糖的相对分子质量为180，而蔗糖和乳糖为342。相同浓度下分子质量愈小，含有分子数目愈多，渗透压愈大，对微生物的抑制作用也愈大。

糖类在肉制品加工中还具有调味作用，糖和盐有相反的滋味，在一定程度上可缓和食品的咸味。还原糖（葡萄糖等）能吸收氧而防止肉制品变色，具有助色作用；糖能为硝酸盐还原菌提供能源，使硝酸盐转变为亚硝酸盐，加速NO的形成，使发色效果更佳。糖可提高肉制品的保水性，增加出品率；利于胶原膨润和松软，增加肉的嫩度。糖和含硫氨基酸之间发生美拉德反应，产生醛类等羰基化合物及含硫化合物，增加肉的风味。在需发酵成熟的肉制品中添加糖，有助于发酵的进行。

(3) 肉品腌制的辅助腌制剂

① 硝酸盐和亚硝酸盐 在腌肉中少量使用硝酸盐已有几千年的历史。在腌制过程中，硝酸盐可被还原成亚硝酸盐，因此，实际起作用的是亚硝酸盐。其作用主要表现为如下几点。

a. 具有良好的呈色和发色作用 原料肉的红色，是由肌红蛋白所呈现的一种感官性状。由于肉的部位不同以及家畜品种的差异，其含量也不一样。一般地说，肌红蛋白约占70%～90%，血红蛋白占10%～30%。肌红蛋白是表现肉颜色的主要成分。

新鲜肉中还原型的肌红蛋白稍呈现暗的紫红色，还原型的肌红蛋白很不稳定，易被氧化。开始，还原型肌红蛋白分子中二价铁离子上的结合水，被分子状态的氧置换形成氧合肌红蛋白，此时配位铁未被氧化，仍为二价，呈鲜红色。若继续氧化，肌红蛋白中的铁离子由二价被氧化为三价，变成高铁肌红蛋白，色泽变褐。若仍继续氧化，则变成氧化卟啉，呈绿色或黄色。高铁肌红蛋白，在还原剂的作用下，也可被还原为还原型肌红蛋白。

为了使肉制品呈鲜艳的红色，在加工过程中可以多添加硝酸盐与亚硝酸盐。硝酸盐在细菌的作用下还原成亚硝酸盐，亚硝酸盐在一定的酸性条件下会生成亚硝酸。亚硝酸很不稳定，即使在常温下也可分解产生亚硝基，亚硝基会很快地与肌红蛋白反应生成鲜艳的、亮红色的亚硝基肌红蛋白，亚硝基肌红蛋白遇热后，放出巯基（—SH），呈亚硝基血色原有的鲜红色。

b. 抑制腐败菌的生长　亚硝酸盐在肉制品中，对抑制微生物的繁殖有一定的作用，其效果受 pH 值所影响。当 pH 值为 6 时，对细菌有一定的作用；当 pH 值为 6.5 时，作用降低；当 pH 值为 7 时，则完全不起作用。亚硝酸盐与食盐并用可增强抑菌作用，另外一个非常重要的作用是亚硝酸盐可以防止肉毒杆菌的生长。肉毒杆菌只有在无氧的环境下才能生长，而一般肉制品常用真空包装，正好是它们生长的温床，微量的亚硝酸盐就可以有效地抑制它们的繁殖。若减少亚硝酸盐的含量也可能导致肉毒杆菌中毒，其毒素是神经毒素，易导致死亡。

c. 具有增强肉制品风味作用　亚硝酸盐对于肉制品的风味有两个方面的影响：产生特殊腌制风味，这是其他辅料所无法取代的；防止脂肪氧化酸败，以保持腌制肉制品独有的风味。

亚硝酸盐很容易与肉中蛋白质分解产物二甲胺作用，生成二甲基亚硝胺。亚硝胺具有致癌性，因此在腌肉制品中，亚硝酸盐的添加量要严格控制。美国农业部食品安全检查署（FSIS）仅允许在干腌肉制品（如干腌火腿）或干香肠中使用硝酸盐，干腌肉最大使用量为 2.2g/kg，干香肠 1.7g/kg，培根中使用亚硝酸盐不得超过 0.12g/kg（与此同时须有 0.55g/kg的抗坏血酸钠作助发色剂），成品中亚硝酸盐残留不得超过 40mg/kg。按我国规定灌肠制品中亚硝酸盐的残留不超过 30mg/kg，西式蒸煮、烟熏火腿及罐头、西式火腿罐头不超过 70mg/kg。

② 磷酸盐　磷酸盐的作用主要是提高肉的保水性。目前肉制品加工中使用的磷酸盐，根据 GB 2760—2011《食品安全国家标准　食品添加剂使用标准》的规定有焦磷酸钠（$Na_5P_5O_7$）、三聚磷酸盐（钠）（$Na_2P_3O_{10}$）和六偏磷酸钠。通常混合成复合磷酸盐，其保水效果优于单一成分。几种磷酸钠的作用是不同的，如焦磷酸钠可增加肉与水的结合力和产品弹性，还有抗氧化作用；三聚磷酸钠对多种金属离子有较强的螯合作用，对 pH 值也有一定的缓冲能力，并能防止酸败；六偏磷酸钠能加速蛋白质的凝固，减少水分流失。

磷酸盐的主要作用机理是：a. 提高 pH 值：磷酸盐呈碱性，加入肉中可以提高肉的 pH 值，从而增加肉的持水性。如焦磷酸钠 1% 的水溶液的 pH 值为 10～10.2，三聚磷酸钠 2.1%水溶液的 pH 值约为 9.5。当肉的 pH 值在 5.5 左右时，已接近于蛋白质的等电点，此时，肉的持水性最差。所以在肉制品加工中，要设法偏离这个酸度。偏离的方法有两种：一是继续加酸，使 pH 值低于蛋白质的等电点，这时的 pH 值至少低于 5.5，肉的持水性会提高；二是加入碱性物质，使肉的 pH 值高于蛋白质的等电点，也能使肉的保水性提高。b. 增加离子强度：多聚磷酸盐是多价阴离子化合物，即使在较低的浓度下也具有较高的离子强度，使处于凝胶状态的球状蛋白的溶解度显著增加（盐溶现象）而达到溶胶状态，提高了肉的持水性。c. 与金属离子发生螯合作用：多聚磷酸盐具有与多价金属结合的性质，能结合肌肉蛋白质中的 Ca^{2+}、Mg^{2+}，使蛋白质的羧基（—COOH）解离出来。由于羧基之间同性电荷的相斥作用，使蛋白质结构松弛，可提高肉的保水性。d. 解离肌动球蛋白：焦磷酸盐和三聚磷酸盐有解离肌肉蛋白质中的肌动球蛋白的功能，可将肌动球蛋白离解成肌球蛋白和肌动（肌凝）蛋白。肌球蛋白的增加也可提高肉的持水性。e. 抑制肌球蛋白的热变性：

肌球蛋白是决定肉的持水性的重要成分，但是，肌球蛋白对热不稳定，其凝固温度为42～51℃，在盐溶液中30℃就开始变性。肌球蛋白过早变性会使其持水能力降低。焦磷酸盐对肌球蛋白的变性有一定的抑制作用，可以使肌肉蛋白质的持水能力更稳定。

研究证实，在几种磷酸盐中，以三聚磷酸盐和焦磷酸盐的效果为最好，但只有当三聚磷酸盐水解形成焦磷酸盐时，才起到有益作用。焦磷酸钠可因酶的作用分解失去其效用。因此，焦磷酸盐最好在腌渍以后搅拌时加入。加入磷酸盐后，由于pH值升高，对发色有一定影响。过量使用会有损风味，使呈色效果不佳。故而磷酸盐的用量要慎重，一般宜控制在0.1%～0.4%范围内。

③ 抗坏血酸盐和异抗坏血酸盐　在肉的腌制过程中主要有以下作用。

a. 抗坏血酸盐可以同亚硝酸发生化学反应，增加NO的形成，以加快发色速度，缩短腌制时间。如在法兰克福香肠加工中，使用抗坏血酸盐可使腌制时间减少1/3。

b. 抗坏血酸盐有利于高铁肌红蛋白还原为亚铁肌红蛋白，从而加快了腌制的速度。

c. 抗坏血酸盐具有抗氧化性，因而能稳定腌肉的颜色和风味。

d. 在一定条件下抗坏血酸盐具有减少亚硝酸形成的作用。

抗坏血酸盐被广泛应用于肉制品腌制中。已表明用550mg/kg的抗坏血酸盐可以减少亚硝酸的形成，但确切的机理还未知。目前许多腌肉都同时使用120mg/kg的亚硝酸盐和550mg/kg的抗坏血酸盐。通过向肉中注射0.05%～0.1%的抗坏血酸盐能有效地减轻由于光线作用而使腌肉褪色的现象。

7.1.3 食品的腌渍

7.1.3.1 食品腌制

食品腌制是以食盐（NaCl）为主，根据不同食品添加其他盐类，在肉品加工中可加入亚硝酸钠、硝酸钾、多聚磷酸盐等。

动物性食品原料如肉类、禽类、鱼类及植物性食品原料水果、蔬菜等许多食品都可以进行腌制。腌制一方面可以抑制微生物的生长，另一方面可以使制品具有独特的风味、色泽和结构。

(1) 食品腌制的方法　食品腌制的方法有多种，按照用盐方式的不同，可分为干腌法和湿腌法，对于肉类腌制，现在采用比较多的是肌肉注射法和动脉注射法。此外，还有混合腌制法。

① 干腌法　干腌是利用食盐或混合盐，涂擦在制品的表面，然后层堆在腌制架上或装在腌制容器内，依靠外渗汁液形成盐液进行腌制的方法。干腌法腌制时间较长，但腌制品有独特的风味和质地。我国特产金华火腿、宣威火腿、咸肉、烟熏肋肉和鱼类及雪里蕻、萝卜干等常采用干腌。

由于这种方法腌制时间长，食盐进入深层的速度缓慢，很容易造成肉的内部变质。经干腌法腌制后，还要经过长时间的成熟过程，如金华火腿成熟时间为5个月，这样才能有利于风味的形成。此外，干腌法失水较大，通常火腿失重为5%～7%。

干腌时食盐用量差别很大，一般依产品特点、要求和腌制温度而异。在腌肉时，通常要加入硝酸盐或亚硝酸盐供发色和调味用。因食盐溶解吸收热量，因此可降低制品的温度。

干腌法对于脂肪含量高的培根等制品效果良好。其优点是操作简单、制品较干，易保藏；无需特别当心；营养成分流失少。缺点是腌制不均匀、失重大，味太咸、色泽较差，若用硝酸盐，色泽可以好转。

干腌法的腌制设备一般采用水泥池、陶器罐或坛等容器及腌制架。腌制时，采取分次加盐法，并对腌制原料进行定期翻倒（倒池、倒缸），以保证食品腌制均匀和促进产品风味品质的形成。翻倒的方式因腌制品种类的不同而不同。例如，腌肉采取上下层依次翻倒；腌菜则采用机械抓斗倒池。我国的名特产品火腿则是采用腌制架层堆方法进行干腌的，并需翻腿7次，覆盐4次以上才能达到腌制要求。

干腌法的用盐量因食品原料和季节而异。腌肉的食盐用量，一般为每公斤原料用盐0.17～0.20kg，冬季用盐量可少一些，约为0.14～0.15kg，夏季还需添加发色剂硝酸钠。以亚硝酸钠计其含量不得超过30mg/kg。生产西式火腿、肠制品及午餐肉时，常采用混合盐，并要求在冷藏条件下进行，以防止微生物的污染。

干腌蔬菜，一般用盐量为菜重的7%～10%，夏季增加至14%～15%。腌制酸菜时，由于需要乳酸发酵产酸，其食盐用量可低至2.0%～3.5%。为了利于乳酸菌繁殖、需将蔬菜原料以干盐揉搓，然后装坛、捣实和封坛，防止好气性微生物繁殖造成的产品劣变。这种干腌法（如冬菜）一般不需倒菜，除非腌制2～3d后无卤水时才必须翻缸、倒坛。

② 湿腌法　湿腌是利用盐水对食品进行腌制。盐溶液配制时一般是将腌制剂预先溶解，必要时煮沸杀菌，冷却后使用，然后将食品浸没在腌制液中，通过扩散和渗透作用，使食品组织内的盐浓度与腌制液浓度相同。该法主要用于腌制肉类、鱼类、蔬菜和蛋类，有时也用于腌制水果。

腌肉用的盐液内除了食盐外，还有亚硝酸盐或硝酸盐，有时也加糖和抗坏血酸，主要起调节风味和助发色作用。根据不同产品选择不同浓度和成分的腌制液。

肉类湿腌时，食盐等腌制剂可向肉组织内渗入，肉中一些可溶性物质也会向腌制液里扩散。盐往肉里扩散，使得肌原纤维膨胀，但是这种膨胀会受到完整的肌纤维膜的限制。在进行肉的腌制时，肌浆中的相对分子质量低的成分促进亚硝酸盐与肌红蛋白反应产生一氧化氮肌红蛋白。腌肉所用的盐中的过多元素会促进脂类物质的氧化，金属螯合剂如聚磷酸盐、抗坏血酸能有效地阻止这个反应。

传统的肉制品在湿腌时，常有水分、营养物质及风味物质转移到腌制液中，从而改变了腌制剂的浓度及成分比例。这种腌制液通常称为老卤。若采用老卤，需往老卤水中加盐，调整好浓度后再用于腌制鲜肉，以保持传统产品特有的质量。随着卤水愈来愈陈，特殊微生物可能会生长。成长的微生物种类和数量取决于许多因素，进而产生新的动态平衡。因此，成功的传统肉制品的湿腌要求因微生物带来的一系列重要变化保持基本衡态。应当说，要达到这一要求是比较困难的，因为这不仅要有十分熟练的操作技巧，而且还要满足现代社会对传统食品的新要求，如低氯化钠含量、延长在常温下的保存期等，这是传统中式肉制品很难工业化、现代化生产的主要原因。

蔬菜的腌制在我国也有悠久的历史，比如涪陵榨菜、扬州酱菜、南充冬菜等。蔬菜腌制时盐液浓度一般为5%～15%。湿腌时装在容器内的蔬菜总是用加压法压紧，因此，为了保证盐水能均匀地渗透，有时进行翻缸。缺氧是生产乳酸发酵型腌制菜的必要条件。常见的乳酸菌一般能忍受10%～18%的盐液浓度，而蔬菜腌制中出现的许多腐败菌通常不能在2.5%以上的盐溶液中生存。有时，蔬菜在高浓度盐液中腌制后，由于味道过咸，盐胚还需脱盐处理再进行后一步的加工。

除了肉类腌制外，其他制品进行湿腌时，食品中的水分也会向外渗出，从而使得腌制液的浓度下降。因此，对于需要较长时间腌制的产品，一般要添加腌制剂，主要是食盐，以保持一定的盐溶液浓度。

腌制的时间和温度依具体产品而异。

湿腌法的特点：腌肉时肉质柔软，盐度适当；腌制时间和干腌法一样，比较长；所需劳动量比干腌法大；制品的色泽和风味不及干腌制品；蛋白质流失较大；因水分多不易保藏。

③ 肌肉注射腌制法　为了加快食盐的渗透，防止腌肉的腐败变质，目前广泛采用盐水注射法。盐水注射法最初出现的是单针头注射，进而发展为由多针头的盐水注射机进行注射。用盐水注射法可以缩短腌制时间（如由过去的 72h 可缩至现在的 8h），提高生产效率，降低生产成本，但是其成品质量不及干腌制品，风味略差。注射多采用专业设备，一排针头可多达 20 枚，每一针头中有多个小孔，平均每小时可注射 6 万次之多，由于针头数量大，两针相距很近，因而注射至肉内的盐液分布较好（见图 7-1）。

为进一步加快腌制速度和盐液吸收程度，注射后通常采用按摩或滚揉操作，即利用机械的作用促进盐溶性蛋白质抽提，以提高制品保水性，改善肉质，这样的设备主要是滚揉机和按摩机。

图 7-1　肌肉注射针的形状及注射示意图

注射腌制的肉制品水分含量高，产品需冷藏。或常与其他方法结合使用，才能达到保藏的作用。

④ 动脉注射法　是将腌制液经动脉血管运送到肉中去的腌制方法。实际上腌制液是通过动脉和静脉向肉中各处分布，因此，此法的确切名称应为脉管注射。但是，一般屠宰及分割肉加工时并不考虑原来脉管系统的分布，故此法只能用于腌制完整的前、后腿肉。

将单针头注射器的针头插入前、后腿的股动脉的切口内，然后将腌制液用注射泵压入肉中，使其增重，一般在 10%左右。在肉多的部位可再补注射几针。有时还将已注射的肉再没入腌制液中腌制，以缩短腌制时间，并尽可能地使腌制均匀。由于磷酸盐能提高肉的持水性，因此，肉类注射腌制法经常使用食品级的多聚磷酸盐。动脉注射的优点是腌制速度快而出货迅速，其次就是出品率比较高。若用碱性磷酸盐，出品率还可以进一步提高。

⑤ 混合腌制法　即干腌和湿腌相结合的方法。用于肉类腌制可先行干腌而后放入容器内用盐水腌制，如南京板鸭、西式培根。

将盐液注射入鲜肉后，再按层擦盐，按层堆放在腌制架上，或装入容器内加食盐或腌制剂进行湿腌。盐水浓度应低于注射用盐水浓度，以使肉类吸收水分，可加或不加糖，硝酸盐或亚硝酸盐同样可以少用。

干腌和湿腌相结合可以避免湿腌液因食品水分外渗而降低浓度，因干腌及时溶解外渗水分；同时腌制时不像干腌那样使食品表面发生脱水现象；另外，也能有效阻止内部发酵或腐败。

混合腌制法特点：混合腌制色泽好、营养成分流失少、咸度适中。

(2) 腌制方法的发展

① 预按摩法　腌制前采用 60～100kPa/cm^2 的压力预按摩，可使肌肉中肌原纤维彼此分离，并增加肌原纤维间的距离使肉变松软，加快腌制材料的吸收和扩散、缩短总滚揉时间。

② 无针头盐水注射　不用传统的肌肉注射，采用高压液体发生器，将盐液直接注入原

料肉中。

③ 高压处理　高压处理由于使分子间距增大和极性区域暴露，提高肉的持水性，改善肉的出品率和嫩度，据 Nestle 公司研究结果，盐水注射前用 2000bar（1bar＝10^5Pa）高压处理，可提高 0.7%～1.2%出品率。

④ 超声波　作为滚揉辅助手段，促进盐溶性蛋白萃取。

（3）腌制过程的控制

① 食盐的纯度　盐制过程中所用的食盐质量直接决定了产品的质量好坏。不洁净的食盐是微生物的一个主要来源，纯度不高的盐可能会含有某些嗜盐菌，这些菌能够耐受较高的盐含量，在较高的盐液中仍能生长；食盐中除含氯化钠外还含有氯化钙、氯化镁等杂质，由于 Ca^{2+}、Mg^{2+} 更容易与蛋白质结合从而阻碍了 Na^{+} 的向内渗透，容易导致食品腐败；并且容易造成 Ca^{2+}、Mg^{2+} 的富集，产生苦味，增加产品吸水性，对产品的品质造成不良影响。而含有的微量铁、铜等会导致腌肉中的脂肪氧化、破坏产品的风味及色泽。但是据文献报道，在腌鱼时若使用太纯的盐反而会使鱼体发黄。腌制中使用的食盐应为精制盐，以保证肉制品咸味纯正，不苦、不涩。通常为了避免食盐中的微生物污染可在使用前预先将盐液煮沸杀菌，过滤，冷却后使用。

② 食盐的用量　食盐的用量应根据制品的种类、环境条件等确定，为避免腌制过程中腐败、变质，一般用盐量为 7%，盐水含量 25%，但过高的用盐量会导致产品过咸，同时为符合低盐肉制品的发展趋势，应调整食盐用量。硝酸盐类、磷酸盐类、葡萄糖酸内酯等皆具有防腐的作用，科学合理的腌制剂配方、适度的低温、采用快速腌制方法等，都保证了食盐的用量可在理想的范围内选择。

③ 温度的控制　由扩散理论可知，温度高有利于腌制的进行，但是由于微生物的存在，太高的腌制温度将会引起微生物，尤其是嗜盐微生物的大量繁殖，从而导致腌制肉制品的腐败。利用低温控制微生物的繁殖则是一个很好的方法。要求腌制条件在10℃以下，通常在冷库中进行，待腌制的肉在预处理过程都是要预冷到 2～4℃左右后才进行的。

7.1.3.2 食品糖制

糖渍即用糖溶液对食品原料进行处理。其目的是为了保藏、增加风味和增加新的食品品种。人们在日常生活中常见的果酱、果脯、蜜饯、凉果等食品都属于糖制食品。用于糖渍的果蔬原料应选择适合于糖渍加工的品种，并且要求具备适宜的成熟度。糖渍前对加工原料要进行预处理，所用的砂糖要求蔗糖含量高，符合国家标准。

食品糖渍法按照产品的形态不同可分为两类：保持原料组织形态的糖渍法和破碎原料组织形态的糖渍法。现分别阐述如下。

（1）保持原料组织形态的糖渍法　采用这种方法糖渍的食品原料虽经洗涤、去皮、去核、去心、切分、烫漂、浸硫或熏硫以及盐腌和保脆等预处理，但在加工后仍在一定程度上保持着原料的组织结构和形态。如果脯、蜜饯和凉果类产品。

果脯和蜜饯的糖渍在原料经预处理后，还需经糖制、（烘晒）、上糖衣、整理和包装等或其中某些工序方能制成产品。其中糖制是生产中的主要工序，糖制又分为糖煮和糖腌两种操作方法，其中糖煮用于果脯的生产，糖腌用于蜜饯的生产。

① 果脯类糖煮法　糖煮是将原料用热糖液煮制和浸渍的操作方法，多用于肉质致密的果品，其优点是生产周期短、使用范围广，但因经热处理，产品的色、香、味不及蜜制产品，而且维生素损失较多。按照原料糖煮过程的不同，糖煮又分为常压糖煮和真空糖煮，其

中常压糖煮又可分为一次煮成法和多次煮成法。

一次煮成法是将预处里后的原料放入锅内，加糖液一次煮成。该方法适用于我国南方地区的蜜桃片、蜜李片及我国北方地区的蜜枣、苹果脯、沙果脯等产品。操作时随原料拌入砂糖，当糖液浓度达到60%左右时、加热熬煮使糖液的浓度达到75%后，即将产品捞出，沥去糖液即为成品。一次煮成法的优点是加工迅速、生产效率高；缺点是加热时间长，原料易被煮烂，产品的色、香、味变化大，维生素C损失多。如果原料中的糖液渗透不均匀还会造成产品收缩。

多次煮成法是将原料经糖液煮制与浸渍多次交替进行的糖煮方法。该方法适用于果肉柔软细嫩和含水分高的果品，如桃脯、杏脯、梨脯等。有的产品须经三次糖煮和两次浸渍，糖液的浓度逐渐由开始的30%～40%增至65%～70%而制成。多次煮成法的优点是糖液渗透均匀，产品质量好；缺点是生产周期长，难于实行连续化生产。若采用速煮法或连续扩散法则可避免上述缺点。

真空糖煮是在真空条件下煮制、温度低、渗透快，对提高产品质量缩短生产周期大有好处。

② 蜜饯类糖腌法　糖腌即果品原料以浓度为60%～70%的冷糖液浸渍，不需要加热处理，适用于肉质柔软而不耐糖煮的果品、例如我国南方地区的糖制青梅、杨梅、枇杷和樱桃等均采用此法进行糖腌。糖腌产品的优点是冷糖液浸渍能够保持果品原有的色、香、味及完整的果形，产品中的维生素C损失较少。其缺点是产品含水量较高，不利于保藏。

③ 凉果类糖渍法　凉果又谓香料果干或香果，它是以梅、橄榄、李子等果品为原料，先腌成果胚储藏，再将果胚脱盐，添加多种辅助原料，如甘草、精盐、食用有机酸及香辛料(如丁香、肉桂、豆蔻、茴香、陈皮、山柰、丁香、杜松、厚朴等)，采用拌砂糖或糖液腌制而成的半干态产品，主要产地在我国广东、广西和福建等地。

凉果类的产品种类繁多，具有甜、香、酸和香料的特殊风味，代表性产品有雪梅、话梅、橄榄等。

(2) 破碎原料组织形态的糖渍法　采用这种糖渍法，食品原料组织形态被破碎，并利用果胶质的凝胶性质，加糖熬煮浓缩使之形成黏稠状或胶冻状的高糖、高酸食品，产品可分为果酱、果冻、果泥3类，通称为果酱类食品。

果酱是果肉加糖腌制成的产品，可溶性固形物含量为65%～70%，其中糖分约占85%左右。果冻是将果汁加糖浓缩至可溶性固形物为65%～70%，再冷却凝结成的胶冻产品。果泥是采用打碎的果肉，经筛滤取其浆液，再加糖、果汁或香料，熬煮成的可溶性固形物为65%～68%的半固态产品。

糖煮及浓缩是果酱类产品糖制加工的关键工序。首先要求果品原料含2%左右的果胶质和1%以上的果酸。糖煮时还要根据产品种类掌握原料与砂糖用量比例。通常果酱的原料与砂糖的比例为1∶1，果泥为1∶1.5，果冻中果汁与砂糖的比例则要以果汁中果胶含量及其凝胶能力而定，一般为1∶(0.8～1)。另外果酱类制品加热浓缩时要求达到产品的可溶性固形物含量规定，浓缩时间可用折光仪实测可溶性固形物含量或采用测定终点温度法来确定。

由于越来越多的研究表明高糖食品对某些人群的健康有一定的危害，因此作为糖渍类食品中的蜜饯食品正面临着如何降低成品中糖量的问题。

7.2 食品的发酵保藏

7.2.1 发酵的概念

发酵技术是生物技术中最早发展和应用的食品加工技术之一。许多传统的发酵食品，如酒、豆豉、甜酱、豆瓣酱、酸乳、面包、火腿、腌菜、腐乳以及干酪等已有几百年甚至上千年的历史。

发酵最初来自拉丁语“发泡”（fervere），是指酵母作用于果汁或发芽谷物产生 CO_2 的现象。法国人巴斯德（Pasteur）在研究了酒精发酵后认为，发酵是酵母在无氧状态下的呼吸过程。即发酵的生化学定义为“微生物在无氧时的代谢过程”。后来随着对微生物代谢途径及代谢规律的认识，发现利用微生物（细菌、酵母、霉菌）在有氧状态下的代谢活动，能够获得更多类别的有益代谢产物。因而，人们把发酵的定义进行了扩大，把利用微生物在有氧或无氧条件下的生命活动来制备微生物菌体或其代谢产物的过程统称为发酵。发酵食品是指经过了微生物发酵的食品，即在食品形成过程中，由于微生物代谢活动的参与，食物原料原有的营养成分、色泽、形态等基本的化学和物理特性发生了一定程度的变化，形成了营养性和功能性均高于原有食物原料的具有食用安全性的食品类型。

发酵食品本质上是糖类、蛋白质和脂肪等同时变化后的复杂混合物，或在各种微生物和酶依照某种顺序作用下形成的复杂混合物。

人类利用发酵方法制造食品的历史悠久。最早的发酵食品应算果酒，果酒又有“猿酒”之说，公元前5000年左右，就有了葡萄酒的记载。据说在公元前4000年，巴比伦（Babyloinia）就有了啤酒的原型。我国的有文记载历史，至少也可以追溯到4000多年前的龙山文化时期。近代日本的清酒，还保持了最原始的发酵制作方式。最初的酱油、发酵奶等的出现据说也在公元前3000年至公元前2000年左右。

几乎所有的原始发酵食品的产生，都是在食品有了一定的剩余或在储存食物的过程中，由偶发事件而引起。传统的发酵食品是空气或环境中的微生物自然混入食品中，通过对食品成分的利用和改造而产生的。由于微生物与其存在的自然环境有着一定的相关性，因而在世界不同的地域、在不同的民族，在长期的历史进程中，受其地域的自然资源、气候土壤、民族饮食习惯的影响，形成了不同风格的各种各样的发酵食品，如中国的馒头、豆豉和白酒，欧美的面包，日本的纳豆，法国的白兰地等。随着生物技术的发展和人们对传统发酵食品的认识的提高，其生产方式，也从原始的依赖自然发酵的手工作坊，发展到近代的纯种发酵、机械化批次生产，再逐渐发展为现代的大规模自动化控制的连续发酵生产方式。

由于食品发酵后，改变了食品的渗透压、酸度、水分活度等，从而抑制了腐败微生物的生长，较一般食品而言，在保存时间、温度、灭菌要求等方面的选择余地更大（泡菜、酸乳等），更有利于食品保藏。

随着分子生物学和细胞生物学的快速发展，现代发酵技术应运而生。传统发酵技术与DNA重组技术、细胞（动物细胞和植物细胞）融合技术结合，已成为现代发酵技术及工程的主要特征。

7.2.2 发酵对食品品质的影响

发酵不仅为人类提供花色品种繁多的食品以及改善人类的食欲，主要还提高了它的耐藏性。不少食品的最终发酵产物，特别是酸和醇，能抑制腐败变质菌的生长，同时还能阻止或延缓混杂在食品中的致病微生物和产生有毒化合物的微生物的生长活动，如肉毒杆菌在pH值为4.5以下就难以生长和产生毒素，显然，控制发酵食品的pH值即可以达到阻止肉毒杆菌生长的目的。日常生活中有许多通过发酵作用增加酸度的发酵食品，如酸奶、发酵香肠和泡菜等都含有因发酵作用而产生的酸；也有许多含醇食品，如果酒、马奶酒等。这些发酵食品与制造它们的新鲜原料相比，具有更好的品质稳定性。

发酵除了能提高食品的耐藏性外，对食品品质还有如下重要影响。

7.2.2.1 提高营养价值

食品发酵时，微生物会从它所发酵的成分中摄取能源，食品成分受到一定的氧化，使食品中能供人体消化时适用的能量有所减少。发酵时还会产生发酵热，使介质温度略有升高，从而相应地也消耗掉一些能量。因而，从这个角度上讲，发酵似乎使食品的营养价值降低了，但实际上，发酵不仅没有降低原有未发酵食品的营养价值，其营养价值反而有所提高，原因如下。

(1) 食品的原辅材料经微生物作用后，会在最终产品中形成多种对人体生长、发育、健康起作用的营养物质，而其中有些营养成分是一般食物中没有或缺乏的。例如，可食用微生物菌体、维生素、氨基酸等。通过发酵，有些人体不易消化吸收的大分子物质发生降解，提高了其消化吸收率，如蛋白酶对蛋白质的分解、淀粉酶对淀粉的分解、脂肪酶对脂肪的分解、纤维素酶对半纤维素和类似物质的分解等等，而且可以消除一些食品中的抗营养因子。

(2) 发酵能将封闭在植物结构和细胞中不能消化物质的营养组分释放出来，这种情况尤其出现在谷类和种子类食品物质中。研磨过程能将许多营养组分从被纤维和半纤维结构环绕的内胚乳中释放出来，后者富集着可消化的碳水化合物和蛋白质。然而，在许多欠发达国家中，粗磨往往不足以释放此类植物产品中所有营养组分，甚至在煮制后，一些被截留的营养组分仍然不能被人体有效地消化。发酵作用，尤其是由某些霉菌产生的发酵作用能分裂在物理和化学意义上不可消化的外壳和细胞壁。霉菌富含纤维素裂解酶，此外，霉菌生长时它的菌丝能穿透食品结构，于是改变了食品的结构，使煮制水和人体消化液更易透过此结构。酵母和细菌的酶作用也能产生类似的现象。

(3) 发酵过程中一些益生菌由于生长条件适应而大量生长繁殖，如乳酸菌、双歧杆菌等。乳酸菌在肠道中的繁殖可抑制病原菌及内生病原菌的生长和繁殖，促进人体消化酶的分泌和肠道的蠕动，降低血清胆固醇的含量，活化NK细胞增强人体免疫力；双歧杆菌在肠道中的代谢产生醋酸和L型乳酸，易消化吸收和促进胃肠道蠕动，防止便秘和消化不良，有机酸降低肠道pH值，抑制腐败菌的生长，减少致癌物的产生和肝脏对吲哚、甲酚、胺等的解毒压力，促进人体正常的代谢。

7.2.2.2 改善食品的风味和香气

在发酵食品生产过程中，适当的微生物发酵会产生许多给产品带来良好风味的呈味成分和香气成分，如：泡菜生产中产生的乳酸，蛋白质水解产生多肽和氨基酸，酒类生产中产生的醇、醛、酯类物质等等。这些呈味成分和香气成分使发酵食品比其所用的原料更富有吸引力。

7.2.2.3 改变食品的组织质构

在某些发酵食品中，微生物的活动也能改变食品的组织结构。面包和干酪便是这方面的两个主要实例。酵母发酵所产生的二氧化碳可使焙烤的面包形成蜂窝状结构。在制造某些干酪时，由于乳酸菌产生的二氧化碳不断地滞留在凝乳中，便使干酪出现了许多小孔。当然，上述这些伴随着原始食品材料的结构和外形的重大变化，正如所有发酵食品与它们未发酵的母体相比发生了显著的改变一样，这样的变化不能被认为是质量上的缺陷，恰恰相反，由于这些变化使得发酵食品更受消费者的欢迎。

7.2.3 食品发酵的类型

食品中微生物种类繁多，但根据微生物作用对象的不同，大致上可以分为朊解、脂解和发酵3种类型，只有少数微生物在其各种酶的相互协作下能同时进行脂解、朊解或发酵活动。这里所说的发酵是一个狭义的概念，是指有氧或缺氧的条件下糖类或近似糖类物质的分解。一般说来，朊解菌主要是通过分泌蛋白酶来分解蛋白质及其他含氮物质，并产生腐臭味，除非其含量极低，否则不宜食用。同样脂解菌主要是通过分泌脂肪酶来分解脂肪、磷脂和类脂物质，除非其含量极低，否则会产生“哈喇”味和鱼腥味等异味。发酵菌作用对象大部分为糖类及其衍生物，并将它转化为乙醇、酸和二氧化碳。很多时候发酵菌作用于食品的结果并不是造成食品变质反而增加了人们对该食品的兴趣。

从食品保藏角度来看，最重要的是发酵菌是否能产生足够浓度的酒精和酸来抑制许多脂解菌和朊解菌的生长活动，否则在后两者的活动下食品就会腐败变质。因而，发酵保藏的原理就是创造有利于能生成酒精和酸的微生物生长的条件，使其大量生长繁殖，并进行新陈代谢活动，产生足够的酒精和酸，以抑制脂解菌和朊解菌的活动。

发酵菌种类很多。根据代谢产物的不同，在食品储藏中常见的发酵类型有乙醇发酵、醋酸发酵、乳酸发酵和丁酸发酵等。

乙醇发酵主要应用于酒精工业和酿酒，在蔬菜腌制过程中也有乙醇产生。但在糖渍品或含糖食品的储藏过程中乙醇发酵是一个不利因素。

醋酸发酵分为两步，首先酵母发酵糖生成乙醇，然后乙醇在醋酸杆菌的作用下进一步氧化成醋酸。

乳酸发酵是食品中的乳糖在乳酸菌的作用下产生乳酸的过程。乳酸发酵分为同型发酵和异型发酵两种类型。同型发酵乳酸菌主要生成乳酸；异型发酵乳酸菌除乳酸外，还产生大量的乙酸、乙醇、CO_2、甘露醇、葡聚糖和痕量的其他化合物。乳酸发酵在食品生产中占有十分重要的地位，所生成的乳酸不仅能降低产品的pH值，有利于食品的储藏，而且对酱油、酸乳、酸菜和泡菜等风味的形成也起到一定的作用。值得注意的是如果控制不当，乳酸发酵也是造成食品腐败变质的原因之一。

丁酸发酵是食品保藏中最不受欢迎的。乳酸和糖分在酪酸梭状芽孢杆菌的作用下被转化为丁酸，同时还有CO_2和H_2产生。醋酸、乳酸、丙酸、乙醇也是丁酸发酵常见的副产物。丁酸菌只有在低酸度和缺氧条件下才能旺盛生长，35℃是其适宜的生长温度。丁酸并无防腐作用，还会给腌制食品带来不良风味。一般在发酵初期或储藏末期以及高温条件下很容易发生丁酸发酵，采用温度控制可以抑制丁酸发酵。

7.2.4 食品发酵的控制

7.2.4.1 酸度

不同的微生物各自有其最适宜生长的pH值，一般说来细菌喜爱偏中性的pH值，霉菌和酵母适宜微酸性，放线菌则适宜微碱性。对于大多数微生物来说，当pH值低于2左右时，便受到抑制，不能生长。所以，酸不论是食品原有的成分、外加的还是发酵后产生的，都具有抑制微生物生长的作用。因为高浓度的氢离子，可以降低细菌原生质膜外面的蛋白质的活性，这些蛋白质包括与输送溶质通过原生质膜相关的蛋白质和催化导致合成被膜组分反应的酶，从而影响了菌体对营养物的吸收；另外高浓度的氢离子还会影响微生物正常的呼吸作用，抑制微生物体内酶系统的活性。

发酵食品生产过程中，利用酸度来控制发酵的实例很多，例如，黄瓜的控制发酵。在黄瓜清洗、装罐和加入浸渍盐水后，要立即用冰醋酸或醋将盐水酸化至最终 pH 值约 2.8，这一 pH 值在加入纯培养前抑制了天然微生物菌群的生长。

含酸食品有一定的防腐能力，但是有氧存在时在其表面上会有霉菌生长，霉菌的生长会消耗酸，以致食品防腐能力下降，导致这类食品表面发生脂肪分解和其他降解活动。食品酸度也会因蛋白质分解产生像氨那样的碱性物质而下降，从而为脂肪分解和其他降解类型的细菌生长活动创造条件。食品中发生脂肪分解或其他降解现象对有些食品的成熟有利，但不管怎么说，应加以控制。

在鲜乳自然发酵时，同样也存在这些变化。刚挤出的鲜乳有一段短时间的无菌期。其后，乳酸链球菌的发酵突出并产生乳酸，不过最后该菌的生长也会受到自己产生的酸的抑制。此时，牛乳中常见的乳杆菌类细菌因其耐酸性比乳酸链球菌更强就连续地进行发酵并产生更多的酸，直至更高的酸度将其自身抑制。在高酸度的环境中乳杆菌逐渐死亡，而耐酸酵母和霉菌开始生长。霉菌将酸氧化，而酵母则分解蛋白质等产生碱性最终产物。这样，牛乳内酸度就逐渐下降，以致形成了脂解菌生长所要求的环境，这些菌的进一步作用使牛乳的酸度进一步下降，达到比原来鲜乳更小的酸度，并产生气体和腐败气味。因此，控制好发酵时的酸度对于生产合格产品是至关重要的。

7.2.4.2 乙醇

乙醇俗称酒精，与酸一样，同样具有防腐作用，这是由于乙醇具有脱水的性质，使菌体蛋白质因脱水而变性的缘故。另外乙醇还可以溶解菌体表面脂质，起到一定的机械除菌作用。乙醇的防腐能力主要取决于其浓度，不同的微生物菌体对乙醇的耐受程度不同。酵母也同样不能忍受它自己所产生的超过某种浓度的乙醇及其他发酵产物，12%～15%（体积分数）的酒精就能抑制酵母的生长。一般发酵饮料酒的酒精含量为 8%～13%，缺少防腐能力，还需进行巴氏杀菌才能长时间储藏。如果饮料酒中加入酒精，使其含量达到 20%，则无需杀菌处理也可防止变质和腐败。葡萄酒的酒精含量部分决定于葡萄的原始糖分、酵母种类、发酵温度和含氧量，其中酵母的种类是一个重要因素。虽然酒精对所有酵母都有抑制作用，但作用的大小及酵母的耐受力不一样。葡萄酒酵母（*Saccharomyces ellipsoideus*）在植物学分类上属于囊菌纲的酵母属，啤酒酵母种，比其他酵母忍耐酒精的能力高些。尖端酵母（*S. apicutatus*）在酒精体积超过 4%时就停止生长和繁殖。在葡萄破碎后，汁液中的其他微生物如产膜菌、细菌等，对酒精的抵抗力更小，因此，发酵时产生酒精阻止了有害微生物在果汁中的繁殖。不过，有些细菌能耐较高的酒精浓度，如乳酸菌，在含酒精 26%或更高情况下仍能生长和繁殖。

7.2.4.3 发酵剂

发酵生产对所用的菌种有许多要求，其中发酵目的产物高产、稳产和速产是最重要的。发酵开始时如有大量预期菌种存在，即能迅速生长繁殖，并抑制其他杂菌的生长，促使发酵向着预定的方向发展。馒头发酵、酿酒以及酸乳发酵等都应用了这种原理。例如，在和面时加入酵头（俗称面肥），在葡萄汁中放入前批发酵的发酵旺盛的酒液，在鲜乳中放入酸奶。这种使用酵种的方法一直沿用至今，世界各地仍在使用。不过，随着人们对微生物及其代谢产物的认识更加深入，许多发酵产品的生产已改用预先培养的菌种，这种培养菌种称为发酵剂。它可以是纯菌种，也可以是混合菌种。如：在葡萄酒生产中，国内外已使用葡萄酒活性干酵母。目前许多国家都已有优良的葡萄酒活性干酵母商品生产，产品除基本的酿酒酵母外，还有抑菌型酿酒酵母、二次发酵用酵母、增香酵母、高酒精含量酵母等许多品种。现在，除葡萄酒外，许多发酵食品，如啤酒、醋、腌制品、豆腐乳、肠制品、面包、馒头、酸奶的生产都有专门培养的菌种制成的发酵剂，以便获得品质良好的发酵食品。这些发酵剂一般是专门大规模培养，然后在保护剂共存下进行冷冻干燥，并在惰性气体保护下储存备用。发酵剂的好坏直接反映发酵的水平。

7.2.4.4 温度

发酵所需的温度依微生物的种类而异，温度起伏会影响微生物的生长繁殖（见图 7-2）。温度为 0℃时，牛乳中少有微生物活动；4.4℃时微生物生长缓慢，牛乳容易变味；温度达到 21.1℃时乳酸链球菌生长比较突出；37.8℃时保加利亚乳杆菌迅速生长。温度升至 65.6℃时嗜热乳杆菌生长，其他微生物基本死亡。

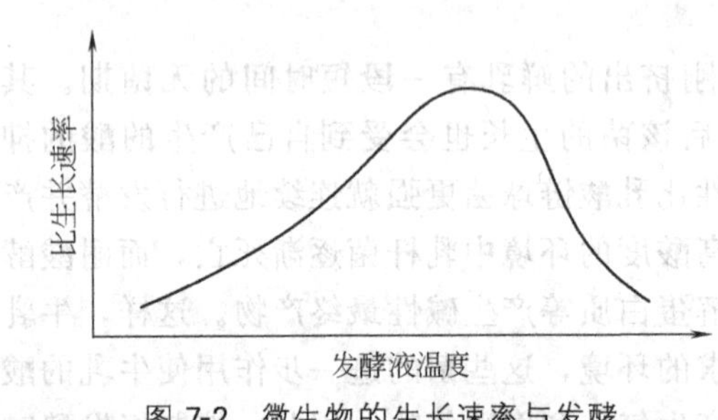

图 7-2　微生物的生长速率与发酵温度关系示意图

在混合菌种发酵时，可以通过调节发酵温度使不同类型的微生物的生长速度得以控制，借以达到有目的的发酵的效果。

例如，发酵蔬菜的腌制对温度比较敏感，在其发酵初期和主发酵阶段起主要作用的乳酸菌是肠膜明串珠菌、短乳杆菌和啤酒足球菌和植物乳杆菌。发酵初期是肠膜明串珠菌数量最多，且生长繁殖速度快，这是因为肠膜明串珠菌比发酵液中的其他乳酸菌的世代周期短。肠膜明串珠菌进行异型乳酸发酵，产生乳酸、醋酸、乙醇、CO_2、甘露醇、葡聚糖和痕量的其他化合物。但是，肠膜明串珠菌对酸较敏感，随着发酵的进行、pH 值的降低，肠膜明串珠菌很快会死去。肠膜明串珠菌死去后，短乳杆菌、啤酒足球菌和植物乳杆菌在发酵液中生长繁殖，使所发酵的物质 pH 值继续下降。这些菌的生长与温度关系密切，如果发酵温度高，啤酒足球菌和植物乳杆菌生长迅速，产酸较快，抑制了生长温度较低的肠膜明串珠菌的异型发酵，所产生出的发酵蔬菜的香气和风味欠佳，产品闻起来有腐败的气味。

因此，发酵蔬菜在发酵初期发酵温度可以低些，有利于风味物质的产生，而在发酵后期温度可增高，以利于乳杆菌的生长。

7.2.4.5 氧

按照微生物对 O_2 的需要情况，可将它们分为需氧微生物、兼性需氧微生物、微量需氧微生物、耐氧微生物和厌氧微生物五个类型。

需氧微生物需要 O_2 供呼吸之用，没有 O_2 便不能生长。但过高的 O_2 浓度对需氧微生物也是有毒的，很多需氧微生物不能在氧气浓度大于大气中 O_2 浓度的条件下生长。绝大多数微生物都属于这一类型。一般地讲，霉菌是需氧性的，在缺氧条件下不能生长，故缺氧是控制霉菌生长的重要途径。如真空包装食品就可以抑制霉菌的繁殖；而生产腐乳、酱油等就需要有充足的氧的供应，以保证发酵的进行。

有些微生物只能在无分子状态氧的环境中进行呼吸，这称为厌氧呼吸，这种微生物称为厌氧微生物。

兼性需氧微生物在有氧存在或无氧存在的情况下都能生长，但所进行的代谢途径不同。在有氧气存在的条件下，兼性需氧微生物进行呼吸，例如酵母菌的有氧呼吸；在无氧存在的条件下，它进行发酵作用，例如酵母菌的无氧乙醇发酵。葡萄酒酵母、啤酒酵母或面包酵母都是这样，它们在通气情况下就会大量繁殖（市场上供应的鲜酵母正是这样制造的），在缺氧条件下它们能将糖分迅速发酵。

细菌有需氧的、厌氧的或兼性需氧的，视菌种而异。醋酸菌是需氧菌，它们在缺氧条件下难以生长，因此，酿醋时要先让酵母在缺氧条件下将糖转化成酒精，然后再在通气条件下由醋酸菌将酒精氧化生成醋酸。乳酸菌为兼性厌氧菌，它在缺氧条件下才能将糖分转化成乳酸。肉毒杆菌为专性厌氧菌，它只有在完全缺氧的条件下才能良好地生长。

可见，适当地提供或切断氧气供应，可以促进或抑制（发酵）菌的生长，同时可以引导发酵生产向预期的方向发展。

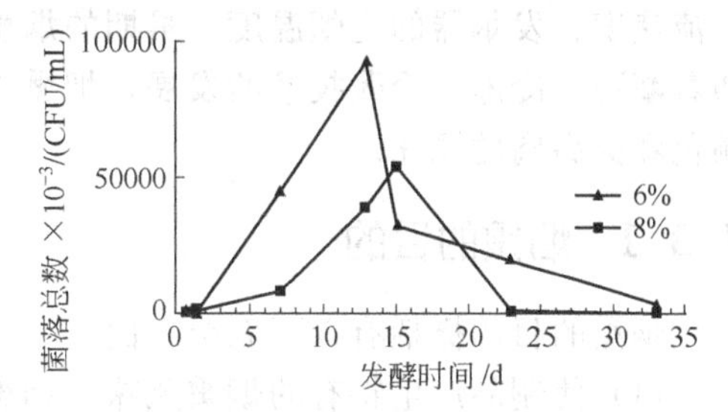

图 7-3 泡菜自然发酵过程中乳酸菌生长情况（18℃）

7.2.4.6 食盐

对于发酵食品来说盐是一种防腐剂，同时又是一种呈味剂。它会影响到发酵食品的咸味，同时还会影响食品发酵过程中微生物的生长代谢活动，从而直接和间接地影响发酵食品的风味的。

乳酸菌、酵母菌和霉菌对盐有一定耐受度，但盐的抑菌作用会影响到乳酸菌、酵母菌、霉菌的生长繁殖，盐浓度越高抑制越大。因此，在泡菜生产中，初始盐浓度为8%时乳酸菌的生长情况不如初始盐浓度为6%好（图7-3）。由于初始盐浓度为6%的泡菜乳酸菌生长良好，形成生长优势，并以较快速度产酸，从而在酸和盐共同作用下进一步抑制了有害菌的生长，所以，初始盐浓度为6%的泡菜自然发酵过程中兼性厌氧细菌浓度远远低于初始盐浓度为8%的泡菜发酵过程中兼性厌氧细菌的浓度（表7-1）。

表 7-1 泡菜自然发酵过程中兼性厌氧细菌生长情况（18℃）

初始盐浓度(%)	兼性厌氧菌浓度$\times10^{-3}$/(个/mL)			
	发酵 1d	发酵 2d	发酵 7d	发酵 13d
6	1.38	1.338	20	—
8	0.667	1080	1183	30300

许多发酵食品常利用这种酸和盐的互补作用来加强对细菌的抑制作用。脂肪分解菌等同样也会在酸和盐的互补作用下受到抑制，不过这些菌对酸比对盐敏感得多。如果耐盐的霉菌和能利用酸的菌生长以致发酵食品中酸度下降，那么脂肪分解菌等就会大量生长而导致食品腐败。

发酵肠制品是在明串珠菌、乳杆菌和足球菌等发酵下获得独特风味的。一般来说，这些菌类所产生的乳酸量比发酵蔬菜低。腌渍蔬菜的酸度为pH4.0～5.5。这样的酸度正处于防腐有效力的边缘界限。当然，发酵香肠的防腐能力还应将制品中盐和腌制剂的抑菌能力以及其后的烟熏、蒸煮和干燥等防腐因素考虑在内。

食盐的主要成分是氯化钠，此外还含有一些其他盐类成分，如钙、镁、铁的氯化物等。虽然，所有的阳离子都能对微生物产生毒害作用，但从食品质量方面考虑，这些杂质应越少越好。

7.3 食品的烟熏处理

烟熏肉制品在国内外均有悠久的历史。人们已经发现烟熏（smoking）可使肉制品脱水，并产生怡人的香味，且可以改善肉的颜色，减少肉的腐烂和酸败等。影响肉制品烟熏效果的因素很多，主要有产品的表面湿度、烟熏炉的温度、炉内空气的相对湿度、炉内空气的气流速度、发烟器的生烟温度。早期的烟熏主要用于储藏肉制品，而发色和呈味是次要的。随着灌装、冷冻、冷藏技术的发展，烟熏作为储藏手段已不重要，更重要的作用是改善肉的颜色和提高肉的风味。

7.3.1 烟熏的目的

烟熏的目的概括有以下五个方面。

(1) 使制品产生特有的烟熏风味　烟熏的初始目的仅仅是为了提高食品的保藏性。后来肉制品的安全性以及消费者对其嗜好性成为烟熏的重要因素。所以现在烟熏的目的已经发生了很大变化，随着科技的高速发展，具有保存性能的冷冻设施进入一般家庭。人们无需花太多的精力考虑食品储藏问题，而更多的是注重食品的色、香、味，烟熏的目的也逐渐从延长保藏期转变到增加制品的风味和美观上来。

(2) 抑制微生物的生长　在烟熏的过程中，石炭酸和羰基化合物等会渗透、蓄积在食品中，其中有些物质具有杀菌作用。

熏烟成分中究竟哪种成分有杀菌作用，这个问题有作不同的解释。有人认为烟熏的杀菌作用是脂肪族类的醛起作用。在醛中，尤其是甲醛具有很强的杀菌作用。也有人认为，由于制品中甲醛的含量过少，杀菌成分主要是其他物质。还有人做了有关木材烟及木醋液的研究，认为杀菌作用来源于石炭酸类。总而言之，虽然烟成分的杀菌原因无定论，但其具有杀菌作用是无可非议的。

但是，由于不同的微生物具有不同的生长条件和致死条件，所以相同的烟熏方法，对其的杀菌效果存在差异。例如，无芽孢细菌经过几小时的烟熏几乎都会被杀死，但芽孢细菌具有很强的抵抗力，就不易杀死。

食品中蛋白质和盐的存在影响熏烟的杀菌能力。蛋白质的存在会减弱烟熏的杀菌能力；食盐对烟熏杀菌作用的影响依据盐含量的不同产生差异，但在5%的含量范围内，会加强细菌的抵抗力，降低杀菌力。烟熏的温度对熏烟的杀菌能力也有一定的影响，如温度为30℃时较淡的熏烟就对细菌有很大影响，温度13℃时浓度较高的熏烟能显著地降低微生物数量；温度为60℃时不论淡的还是浓的熏烟都能将微生物数量下降到原来的0.01%。因此，烟熏方法不同，杀菌效果也不一样，伴有加热作用的烟熏，杀菌效果更为明显。

烟熏时制品还会失去部分水分，能延缓细菌生长、降低细菌数。但是，烟熏却难以防止霉菌生长。故烟熏制品仍存在长霉的问题。

(3) 形成烟熏制品特有色泽　烟熏制品表面上形成的特有的红褐色主要是由于褐变或美

拉德反应。虽然对美拉德反应确切的机理还不是很清楚，但起反应的基本条件是必须存在蛋白质或其他含氮化合物中的游离胺基和糖或其他碳水化合物中羰基。羰基是木材发生熏烟中的主要成分，因此，褐变或美拉德反应是肉制品烟熏时产生红褐色的主要原因。

烟熏产品呈现红褐色的另一个原因是熏烟本身具有颜色。不同的材料和燃烧状态会产生不同的颜色。

对于经过腌制的烟熏制品，烟熏还有助于发色，这是由于一氧化氮肌红蛋白在盐和烟熏（加热）的影响下会使珠蛋白变性而转变成一氧化氮亚铁血色原，成为比较稳定的粉红色色素。

随着烟熏时间的延长烟熏制品颜色会越来越重，而且烟熏温度越高，呈色也越快。火腿和烟熏香肠的色调通过烟熏不断发生变化。

(4) 抗氧化作用 烟熏对延缓肉中脂肪的氧化也有作用。这是由于烟熏中所带的抗氧化性烟成分渗透于肉中，使肉产生了抗氧化性。通过对烟中成分的抗氧化性实验，确认石炭酸类和水溶性物质丙二醇等具有很强的抗氧化性。

脂肪氧化主要是由于高度不饱和脂肪酸受到湿气、光、空气等因素影响引起加水分解产生的。肉制品中的脂肪以饱和脂肪酸为主，但其中所含的少量的不饱和脂肪酸也易导致脂肪氧化。因此，烟熏可以增加肉制品的抗氧化性。

(5) 改善质地 烟熏一般是在低温下进行的，具有脱水干燥的作用。有效地利用干燥可以使制品的结构良好，但如果干燥过于急剧，肉制品表面就会形成蛋白质的皮膜，使内部水分不易蒸发，达不到充分干燥的效果。不同的制品需要有不同的烟熏温度和时间，此外，制品在烟熏的同时，保持一定的空气湿度对肉制品干燥极为重要。

7.3.2 熏烟的主要成分及其作用

熏烟是由水蒸气、气体、液体和微粒固体组合而成的混合物，其成分常因燃烧温度、燃烧条件、形成化合物的氧化变化及其他因素的变化而异。至今已从木材烟雾中已经分离出了300多种化合物，但这并不意味着这些成分都能在某一种烟熏食品中检测出来，而且就对食品风味和保藏所起的作用而言，烟雾中的许多成分都微乎其微。

在木材熏烟里所发现的化学成分中，最重要的包括酚、有机酸、醇、羰基化合物、烃和一些气体，如 CO_2、CO、O_2、N_2、N_2O。这些化合物直接关系到食品的风味、货架期、营养价值和有效成分。

(1) 酚类物质 从木材熏烟中分离出来并经鉴定的酚类达20种之多，其中有邻甲氧基苯酚、4-甲基愈创木酚、4-乙基愈创木酚、丁香酚等。

在肉制品烟熏中，酚类有三种作用：抗氧化剂作用；对产品的呈色和呈味作用；抑菌防腐作用。其中酚类的抗氧化作用对熏烟肉制品最为重要。

熏烟中单一酚对食品的重要性还没有确实的结论，但有许多研究认为多种酚的作用要比单一种酚重要。

酚对于肉制品的抗氧化作用最为明显，高沸点酚的抗氧化性要强于低沸点酚的。在肉类烟熏时，通常是熏烧（即发闷烟），恰是这种闷烟所产生的抗氧化效果好。

酚对熏制肉品特有的风味和颜色有影响，如4-甲基愈创木酚、愈创木酚、2,5-二甲氧基酚等。熏烟风味与酚有关，还受其他物质的影响，它是许多化合物综合作用的效果。熏烟色是烟雾气相中的羰基与肉的表面氨基反应的产物。酚对熏烟色的形成也有影响。美拉德反应和类似的化学反应是形成熏烟色的原因。熏烟色的深浅与烟雾浓度、温度和制品表面的水分含量等有关，因此，在肉制品烟熏时，适当的干燥有利于形成良好的熏烟色。

气味则主要是来自于丁香酚。香草酸的令人愉快的气味也与甜味有关。应该说，烟熏风味是各种物质的混合味，而非单一成分能够产生。

酚类具有较强的抑菌能力。正由于此，酚系数常被用作为衡量和酚相比时各种杀菌剂相对有效值的标准方法。高沸点酚类杀菌效果较强。但由于熏烟成分渗入制品的深度有限，因而主要对制品表面的细菌有抑制作用。烟熏对细菌的抑制作用，实际上是加热、干燥和烟雾中的化学物质共同作用的结果，当熏烟中的一些成分如乙酸、甲醛、杂酚油附着在肉的表面时，就能防止微生物生长。酚向制品内扩散的深度和浓度有时被用来表示熏烟渗透的程度。此外，由于各种酚对肉制品的颜色和风味所起的作用不一样，因此，总酚量不能完全代表各种酚所起作用的总和，这样，用测定烟熏肉制品的总酚量来评价熏肉制品风味的办法也就不能与感官评价结果相吻合。

(2) 醇类物质　木材熏烟中醇的种类繁多，其中最常见和最简单的醇是木醇，称其为木醇是由于它为木材分解蒸馏中主要产物之一。熏烟中还含有伯醇、仲醇和叔醇等，但是它们常被氧化成相应的酸类。

木材熏烟中，醇类对色、香、味并不起作用，仅成为挥发性物质的载体。醇类的含量低，所以它的杀菌性也较弱。

(3) 有机酸　熏烟组分中存在有含 1～10 个碳原子的简单有机酸，通常 1～4 个碳的酸存在于熏烟的蒸汽相中，而 5～10 个碳的酸存在于熏烟的微粒相中，因此，在蒸汽相中的酸为甲酸、乙酸、丙酸、丁酸和异丁酸，而戊酸、异戊酸、己酸、庚酸、辛酸、壬酸存在于微粒相中。

有机酸对熏烟制品的风味影响甚微，但可聚积在制品的表面，呈现一定的防腐作用。实验证明，酸对肉制品表面蛋白质的凝结起重要的作用，表面蛋白质的凝结对于肉制品的质量十分重要，特别是对于生产无皮西式香肠，有利后工序剥除肠衣。此外，不论是蒸还是煮，由于在肉制品的外表形成了较致密、结实、有弹性的凝结蛋白质层，均可有效地防止制品开裂，当然，加热也有助于蛋白质凝结。挥发性的或可用蒸汽蒸馏出的酸对形成凝结的蛋白质十分重要。此外，将肉制品浸没在酸溶液中或将酸液喷在制品表面也能起到一定的效果。

(4) 羰基化合物　熏烟中存在有大量的羰基化合物。现已确定的有 20 种以上的化合物：2-戊酮、戊醛、2-丁酮、丁醛、丙酮、丙醛、巴豆醛（丁烯醛）、乙醛、异戊醛、丙烯醛、异丁醛、联乙酰、3-甲基-2-丁酮、a-甲基-戊醛、顺式-2-甲基-2-丁烯-1-醛、3-已酮、2-已酮、5-甲基-糠醛、糠醛、甲基乙二醛等。

同有机酸一样，它们存在于蒸汽蒸馏组分内，也存在于熏烟内的颗粒上。虽然绝大部分羰基化合物为非蒸汽蒸馏性的，但是蒸汽蒸馏组分内的羰基化合物在烟熏制品的气味和由羰基化合物形成的色泽方面起重要作用。短链简单的化合物对制品的色泽、滋味和气味的影响最重要。

熏烟中的许多羰基化合物可从众多烟熏食品中分离出来。尽管食品中的某些羰基化合物关系到烟熏制品的滋味和气味，但是，熏烟中高的碳基化合物浓度是赋予食品烟熏味的重要原因。不论机理如何，烟熏制品的烟熏味和色泽主要来自于熏烟中的蒸汽蒸馏部分的成分。

(5) 烃类化合物　从熏烟食品中能分离出许多多环烃类化合物，这包括：苯并［*a*］蒽、二苯并［*a*，*h*］蒽、苯并［*a*］芘以及 4-甲基芘等。动物试验证明，这当中至少有两种化合物，苯并［a］芘和二苯并［a，h］蒽是致癌物质。

在烟熏食品中，其他多环烃类，尚未发现它们有致癌性。多环烃对烟熏制品来说无重要的防腐作用，也不能产生特有的风味，它们附在熏烟内的颗粒上，可以过滤除去。

虽然，苯并［a］芘和二苯并［a，h］蒽在大多数食品中的含量相当低，但在烟熏鲑鱼中的含量较高（2.1mg/1000g 湿重），在烟熏羊肉中量也较高（1.3mg/1000g 湿重）。在其他熏鱼中，苯并［a］芘的含量较低，如在鳝鱼和红鱼中各为 0.5mg/1000g 和 0.3mg/1000g。

几种液体熏剂里已没有苯并［a］芘和二苯并［a，h］蒽。制备不含有害烃类的烟熏剂是完全可能的。事实上，现在这种无致癌物的液体熏剂已广泛应用于肉制品的生产。

(6) 气体物质　熏烟中产生的气体物质如 CO_2、CO、O_2、N_2、N_2O 等，其作用还不甚明了，大多数对熏制无关紧要。CO_2 和 CO 可被吸收到鲜肉的表面，产生一氧化碳肌红蛋白，而使产品呈亮红色。

气相中的 N_2O，它与烟熏食品中亚硝胺（一种致癌物）和亚硝酸盐的形成有关。N_2O 直接与食品中的二级胺反应可以生成亚硝胺，也可以通过先形成亚硝酸盐进而再与二级胺反应间接地生成亚硝胺。如果肉的 pH 值处于酸性范围，则有碍 N_2O 与二级胺反应形成 *N*-亚硝胺。

7.3.3 烟熏方法

过去烟熏是用直接燃烧木材和锯屑在烟熏室内完成的，这种古老的方法非常简便，但有其自身的缺点，因为熏烟中含有苯并芘和二苯并蒽等致癌物质，并且直火烟熏，几乎不可能保持烟熏室内的均匀状态。随着社会的发展和科学的进步，烟熏的方法和设备已有了很大的改变，但是不管如何改变，烟熏的基本方式和效果没变，即让熏烟与食品接触，而这种接触以产生最佳烟熏效果和不使食品附带有害成分为目的。

烟熏的方法很多，可以按照烟熏室的温度不同和烟熏的方式来进行分类。

7.3.3.1 按照烟熏室的温度不同分类

按照烟熏室的温度不同可以将烟熏方法分为冷熏法、温熏法、热熏法和焙熏法四种类型。

冷熏法是在低温（15～30℃）下进行的烟熏法。原料在熏制前必须经过较长时间的腌制，此法一般只作为带骨火腿、培根、干燥香肠等的烟熏，用于制造不进行加热工序的制品。这种烟熏方法的缺点是烟熏时间长，产品的重量减少大。但是由于进行了干燥和后熟，提高了保藏性，增加了风味。在温暖地区由于气温关系，这种方法很难实施。

温熏法是在 30～50℃范围内进行的烟熏法，此温度范围超过了脂肪熔点，所以肉中脂肪很容易流出来，而且部分蛋白质开始凝固，肉质变得稍硬。这种方法用于熏制脱骨火腿和通脊火腿，也有用这种烟熏方法制造培根。由于这种烟熏法的温度范围利于微生物繁殖，如果烟熏时间过长，有时会引起肉制品腐败，一般控制在 5～6h，最长不能超过 2～3d。

热熏法是在 50～80℃范围内进行烟熏的方法。但是一般在实际工作时温度大多在 60℃左右，在这个范围内，蛋白质几乎完全凝固，所以，在完成烟熏后，制品的形态与经过冷熏和温熏的制品有相当大的差别。这类制品表面的硬度很高，而且内部的水分含量也较高，并富含弹力，一般烟味很难附着。熏制时间一般为 4～6h。由于熏制的温度较高，制品在短时间内就能形成较好的熏烟色泽，但是熏制的温度必须缓慢上升，否则会出现发色不均匀。一般灌肠产品的烟熏采用这种方法。

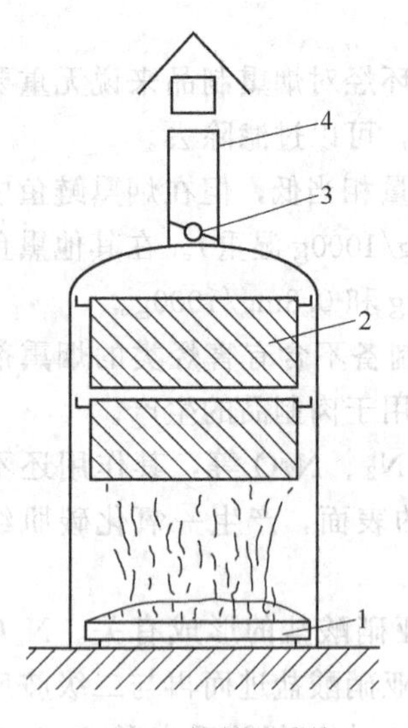

图 7-4 简单烟熏炉
1—熏烟发生器；2—食品挂架；
3—调节阀门；4—烟囱

焙熏法是超过 80℃的烟熏方法，有时温度甚至高达 140℃。用这种方法熏制的肉制品不必再进行热加工就可以直接食用。烟熏时间也不必太长。

7.3.3.2 按照烟熏的方式分类

按照烟熏的方式可以将烟熏方法分为直接烟熏法、间接烟熏法、速熏法和烟熏液法。

(1) 直接烟熏法　在烟熏炉（图 7-4）内使木片等材料燃烧烟熏的方法称为直接烟熏法。直接烟熏法设备非常简单，但烟熏室内温度分布不均匀、熏烟的循环利用差、熏烟中的有害成分不能去除、制品的卫生条件不良，产品的质量在很大程度上取决于操作人员的技术水平，因此只适宜在小规模生产时使用。

(2) 间接烟熏法　不在烟熏室内发烟，而是采用烟雾发生器将烟送入烟熏室（图 7-5），对肉制品进行熏烤。因为烟熏室内的烟是通过机械送入的，因此这样的烟熏设备也叫强制通风式烟熏炉。

间接烟熏法又常根据烟的发生方法和烟熏室内温度分为以下几类。

① 湿热法　这种方法是将适量的水蒸气和空气混合，加热到 300℃甚至 400℃，使热量通过木屑产生热分解。由于烟和蒸汽同时流动，因此熏烟变成潮湿的高温烟。一般送入烟熏室内的熏烟温度为 80℃左右，由于烟雾发生器产生的熏烟温度过高，在进入烟熏室之前需要进行冷却。冷却可使烟凝缩，附着在制品上，因此也称为凝缩法。

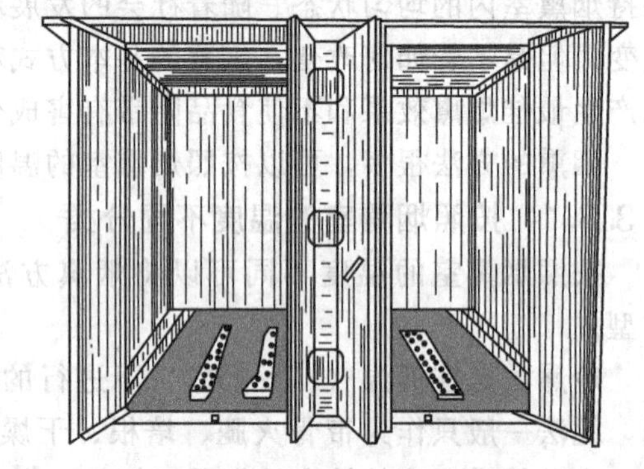
图 7-5 强制通风式烟熏室

② 摩擦生烟法　在硬木棒上压块重石，硬木棒抵住带有锐利摩擦刀刃的高速旋转轮，通过剧烈摩擦产生的热使削下的木片热分解产生烟，并靠容器内的水的多少调节烟的温度。

③ 燃烧法　这是将木屑倒在电热燃烧器上使其燃烧，再通过鼓风机送烟至烟熏室的方法。所产生的烟是通过送风机与空气一起送入烟熏室内，因此，烟熏室内的温度基本上由熏烟温度和混入空气的温度所决定。

④ 炭化法　这个方法是将木屑装入管子，用 300～400℃的电热炭化装置使其炭化，产生出烟。由于电热炭化装置内的空气被排除了，产生的烟状态与低氧条件下的干馏一样。

⑤ 二步法　这种方法的原理依据是熏烟成分是受烟中的石炭酸和有机酸的控制，其量取决于热分解时的温度和以后的氧化条件。具体过程可分为两步：第一步是将 N_2 或 CO_2 等不活性气体加热致 300～400℃，使木屑产生热分解。第二步是将 200℃的烟与加热的氧或空气混合，送入烟熏室。

(3) 速熏法　根据使用的物质和设备的特征，可以分为液熏法和电熏法。

① 液熏法不是直接利用木材过热产生的烟，而是将在制造木炭、干馏木材过程中产生的烟收集起来，进行浓缩，再加以利用的方法。有以下几种方法。

蒸气吸附法，此方法不是将木材加热，而是加热熏液，使其蒸发，吸附在制品上。这种方法没有燃烧的热量，温度比较稳定。但是成分对肉制品的浸渍同常规法没有多大变化。

浸渍法，是将肉制品浸于熏液中进行烟熏的方法。

添加法，是将熏液直接加入制品中进行混合的方法。

② 电熏法是利用静电进行烟熏的方法。电熏法的大致过程是将制品按一定距离间隔排开，连上正负电极，然后，一边送烟一边施加 15～30kV 的电压使制品作为电极进行放电，这样，烟粒子就会急速吸附于制品表面，烟熏时间得以大大缩短。

(4) 烟熏液法　其实质属于液熏法的一种，但是由于它是目前烟熏食品广泛使用的方法，其利用的前途很广，所以，在这里做一重点介绍。

传统的烟熏工艺大多是利用木材闷热燃烧产生烟雾来进行熏制食品，需要烟雾发生器、熏炉和其他附属设施，操作主要凭经验，产品质量较难控制；烟雾中的焦油沾污设备、管道和食品表面，需要经常进行清除，否则容易导致熏房失火；所制得的食品受烟雾污染，含有致癌物质 3,4-苯并芘，危害食用者的身体健康。烟熏液则是以天然植物为原料，经干馏、过滤、浓缩后制成的无毒液体，它具有木烟熏的风味、色泽特点，具有良好的增香、防腐效果。

使用天然烟熏液具有如下优点：经过科学的加工，不含多环烃类物质，特别是 3,4 苯并芘，熏制的食品安全可靠；减少传统方法在设备方面的投资，能实现机械化、电气化、连续化生产作业，生产效率高；生产工艺简单，操作方便，熏制时间短；劳动强度低，不污染环境，且能对产品防腐、保鲜。产品风味均匀，质量稳定。

烟熏液含有 200 余种化学成分，包括酚类物质、羰基化合物、有机酸以及呋喃、酯、醇等等。羰基化合物同氨基酸反应可形成褐色物质，酚类、有机酸对色泽的形成也有协同作用；酚类物质还具有强烈的抗氧化和杀菌作用，有机酸、羰基化合物和醇也具有一定的杀菌作用，这些物质使烟熏液具有良好的防腐、保鲜作用；烟熏液的烟熏香味主要由愈创木酚、4-甲基愈创木酚、2,6-二甲氧基酚等提供；众多的化学成分相互作用，使烟熏液的烟熏香气浓郁、纯正，有增进食欲的作用。我国目前生产有三种基础烟熏液：水溶性烟熏液 1 号，水溶性烟熏液 2 号和油溶性烟熏液 3 号。三种烟熏液的有效成分分别为 15%、30%和 100%。水溶性烟熏液 2 号的有效成分为 1 号的 2 倍，色泽较深，香气浓郁强烈且持久，对肉表面的发色和结皮的能力较强，抗菌和抗氧化的能力也较强，是质量较好的水溶性烟熏液，为目前国内被首先用于肉制品的熏制液。油溶性烟熏液 3 号烟熏香气更为浓烈持久，兼有焦甜香气，一般配制成食用香精后使用。

烟熏液在肉制品中的使用方法主要有：直接添加法、浸渍法、涂抹法、淋洒喷雾法、注射法和肠衣着色法。

① 直接添加法多适用于肉糜类肉制品，如维也纳香肠、法兰克福香肠、火腿肠、圆火腿和午餐肉等。方法是将烟熏液用水稀释至一定浓度后，通过注射、滚揉或其他方法，作为一种食品添加剂直接添加到产品内部，经调和搅拌均匀即可。该方法主要注重烟熏的风味，不能促进烟熏色泽的形成。

② 浸渍法一般用于块形肉制品，如熏肉、烤鸡、烤鸭和烤鹅等。具体方法是采用一定量的烟熏液与其他香料配制成浸渍液，然后将处理好的肉、鸡、鸭和鹅等浸入其中，经过一定时间浸渍即可。

③ 涂抹法同样适用于块形肉制品，如熏肉、腊排骨、烤鸡、烤鸭、烤鹅等。具体方法

是将一定量的烟熏液涂抹到肉制品表面上。因制品块形大，烟熏液不易渗入肉块内，以分多次涂抹为好。当把烟熏液涂抹完毕后，再按加工工艺制成成品。

④ 淋洒喷雾法适用于小块形肉制品，如烤肉片、小香肠等。具体方法是用喷雾或淋洒的方法使烟熏液附着在肉制品表面上。为了使熏味均匀，要求边喷雾淋洒边翻动。喷雾法烟熏常采用间隙操作的形式，一般是产品先进行短时间的干燥，然后再雾化、停留，如此重复进行 2～3 次。停留时间不能超过 10min，以防色泽的变化。喷雾法烟熏制品色泽的变化主要与喷雾后停留的时间、喷雾烟熏液的含量、中间干燥的时间、炉内湿度及温度参数有关，如果液体喷烟分两次进行，中间需干燥 15～30min，干燥过程中空气调节阀会自动打开，干燥气流有助于烟熏色泽的形成。

⑤ 注射法适用于大块形肉制品，如火腿、熏肉、腊肉和培根类等，这类制品因块形大、质地较硬，烟熏液难以在短时间内浸入制品，用注射法为好。具体的方法即将一定量的烟熏液用注射器注入肉的各个部位中，且边注射边揉搓，使烟熏液分布均匀。

⑥ 肠衣着色法利用烟熏液对肠衣或包装膜进行着色，产品紧挨着被着色肠衣的一面。当产品在煮制过程中，烟熏色泽就被自动吸附在产品表面，同时产品也具有一定的烟熏香味。

烟熏液可以盛装在棕色玻璃瓶或塑料桶内，但时间不宜过长，数量大的最好盛放在适当的密封容器内，在干燥通风的仓库内储藏，保存期能达 2 年左右。

8 食品保藏新技术

随人类社会工业化、城市化、人口的增长、粮食的相对供给不足等矛盾的发展，如何有效解决食品供给不足和变质引起的无谓浪费是人类一直都在研究和急于解决的重要课题。在解决食品保藏的技术性与经济合理性等方面，传统的食品保藏技术或多或少存在不足。在全球范围内，食品的安全性问题日益突出，消费者要求营养、原汁原味的食品的呼声越来越高，同时也由于材料的突破及科技发展，一些经济、便捷、高效、低能耗且能很好地保持食品固有的营养品质、质构、风味、色泽、新鲜程度及保证食品卫生安全等的高新食品处理技术，诸如辐照技术、超高压技术、微波技术、臭氧技术、电阻加热技术及膜分离技术等被较多地运用并取得了显著的经济与社会效益。

8.1 辐照技术

自1895年伦琴（Roentgen）发现X射线以来，人们发现辐照对生物体具有一定的影响。从20世纪40年代开始，许多国家对食品辐照相关问题进行了广泛的研究，对辐照的基础理论与应用研究也越来越广泛和深入。世界卫生组织（WHO）在1983年和1998年指出辐照食品没有毒理学、营养学以及微生物学方面的问题，国际食品法典委员会（CAC）于1984年通过“辐照食品通用标准”、“辐照食品推荐规程”等标准之后，不仅引起了国际组织和各国政府的广泛关注，而且也进一步促进了辐照保藏食品的迅速发展。

当今，辐照食品已经取得了明显的经济效益和社会效益，我国从1984年起，先后批准了26项辐照标准和4项行业标准，期中包括9大类辐照食品的卫生标准、18项食品辐照加工工艺标准。全世界已有四十多个国家批准了包括土豆、洋葱、大蒜、冻虾、调味品等200多种辐照食品，年市场销售总量超过40万吨，食品辐照技术已经越来越广泛地在世界范围内得到商业化应用。

8.1.1 食品辐照的特点

食品辐照在缓解和减少食品损失、增加食品有效供应、食品卫生与安全、食品国际贸易等方面已经发挥并显示出其独特性。与传统的方法相比，食品辐照的优点主要体现在以下几个方面。

(1) 对食品原有特性影响小　食品在受射线照射过程中升温甚微［经每小时10kGy吸收剂量（10^4J/kg）的辐照处理所引起的升温不到3℃］，从而可保持食品原有的新鲜状态，甚至在冷冻状态下也能进行辐照处理。另外，射线穿透性强，能瞬间、均匀地到达处理对象内部，杀灭病菌和害虫，因此，辐照能够透过包装而对包内的食物、食物深处的作用对象（如病、虫）等产生作用，不仅可保证食品的食用卫生与安全，而且还可大大减少食品交叉污染。总之，在一定的辐照剂量范围内，食品受辐照后仍能很好地保持食物原有的特性与形态，起到化学药品和其他方法所不能及的作用。

(2) 安全、无化学物质残留　对食品进行的同位素辐照处理并非与同位素直接接触，因而无放射性物质的直接污染；且适当剂量的辐照处理，不会有放射性核素的残留或食品被污染引起的内照射危害。这与熏蒸杀虫和其他化学处理相比是其特别突出的优点。

(3) 能耗少、费用低　据国际原子能机构通报，与传统的冷藏、热处理和干燥脱水方法相比，辐照处理可节约70%～90%的能源。不同杀菌处理、保藏方式的能耗见表8-1。

表8-1　食品不同杀菌处理、保藏方式的能耗

方　式	能耗/($kW\cdot h^{-1}$)	方　式	能耗/($kW\cdot h^{-1}$)
巴氏杀菌	230	辐照	6.30
热杀菌	230～330	辐照巴氏杀菌	0.76
冷藏	90～110		

与其他加工费用相比，辐照处理十分经济，如对洋葱进行0.10～0.15kGy的辐照，即可抑制其发芽。

(4) 多功效　辐照处理对食品的作用是多方面的。在食品上的应用可因处理对象的差异和处理方法等的不同而达到抑制食物自身生命活动（成熟、后熟、衰老、发芽等）、杀灭微生物、昆虫等目的。

(5) 加工效率高，操作适应范围广　辐照装置安装好后可以日夜不停地连续工作，在同一射线处理场所可以处理多种体积、状态、类型的食品，而且，剂量可以根据需要很方便地进行调节控制。

当然，辐照保藏食品的方法也有其不足之处，主要表现在以下几个方面。

(1) 不同对象剂量差异　经杀菌剂量的照射，一般情况下，酶不能完全被钝化；不同的食品及其包装对辐照处理的吸收、敏感或耐受性有差异。这些剂量差异或敏感性导致食品辐照技术的复杂化和差异化有时难以调和。

(2) 异味　超过一定剂量或过高剂量的辐照处理会导致食品发生质地和色泽的损失；一些香料、调味料也容易因辐照而产生异味，尤其是高蛋白质和高脂肪的食品特别突出地存在的“辐照味”。当然，这一问题可采用适当的处理技术或与其他技术方法的结合加以克服或大大减轻。

(3) 局限性　辐照保藏方法并不适用于所有的食品，其应用也受到一定的限制。

8.1.2　安全性及应用前景

8.1.2.1　食品辐照的安全性

食品辐照的安全性关系到消费者的健康和辐照产品的前途。辐照食物有无潜在的毒性和是否符合营养标准，这是人们所关心的问题。

国际上，以联合国原子能机构（IAEA）为中心，联合国粮农组织（FAO）和世界卫生组织（WHO）等以协作的形式进行国际性合作研究，从全世界的角度对辐照食品的卫生安全性研究进行了统筹协调。1980年10月27日举行的第四届专门委员会会议作出的结论是：

“用10kGy以下的平均最大剂量照射任何食品，在毒理学、营养学及微生物学上都丝毫不存在问题，而且今后无须再对经低于此剂量辐照的各种食品进行毒性试验。”经过大量的研究，世界卫生组织认为高达7kGy剂量辐照的食品，对人类消费者是绝对安全的。

在食品辐照处理的有效性、安全性和经济性等方面的研究取得的进展以美国为主；在用低剂量照射抑制马铃薯发芽方面，前苏联（1958年）、加拿大（1960年）、美国（1964年）已获得了法律认可；在防治小麦及面粉中的害虫方面，前苏联（1959年）、美国（1963年）也获得了法律认可；在日本，从20世纪50年代后期就开始对农副产品、水产品、酿造食品和肉类等进行辐照研究，辐照抑制马铃薯发芽获得了法律认可。

我国已颁布《辐照新鲜蔬菜、水果类卫生标准》、《辐照香辛料类卫生标准》、《辐照豆类、谷类及其制品卫生标准》等辐照食品的国家标准。在辐照食品卫生安全性的研究工作方面我国处于世界领先地位，已对37种辐照食品在理化分析、毒理学试验及动物试验的基础上进行的人体试食实验，得出的结论结束了由印度学者引起的世界上长达10多年的多倍体之争。

目前，中国所用的射线类型、剂量都不会产生诱感放射性（当辐照剂量超过一定限度时，会发生次生放射的现象）。首先，辐照食品时，食品并没有和放射源直接接触，不存在放射性污染问题；其次，组成食品的基本元素C、O、N、P、S等变成放射性核素需要10MeV以上的高能射线进行照射。中国辐照食品大都采用^{60}Co的γ射线，其能量为1.32MeV和1.17MeV，即使是用低能量电子束辐照也达不到10MeV。食品中含有可能或“容易”生成放射性核素的其他微量元素，如锶、锡、钡、镉和银等，这些元素在受到照射后，有可能产生寿命极短的诱感放射性。但根据最近的报告，使用核素放射源，能量在16MeV以下的射线所诱导的诱感放射性都是可以忽略的。所以，辐照食品是安全的。

8.1.2.2 食品辐照技术的应用前景

在食品辐照的研究方面，国际上一直存在两种发展方向，即高剂量辐照和低剂量辐照。为了军事目的的需要，以美国为主的一些国家发展高剂量辐照研究，进行牛肉、鸡肉的辐照灭菌，投入了大量的资金（高达上千万美元），特别着重于卫生安全性方面的研究，但是，目前他们也认为没有太多的必要性。

以发展中国家为主进行的中低剂量辐照研究，由于所用的辐照剂量低，成本也较低，适于大量推广，而且杀虫、保鲜也正是发展中国家食品保藏中迫切需要解决的问题，容易为广大消费者接受。

从食品辐照的研究发展总趋势看，中低剂量辐照是食品辐照技术发展的一个主要方向，连美国食品和药物管理局（FDA）的官员也承认前几十年美国是走了一条弯路，高剂量辐照耗资大，没有多大实用价值。例如，辐照保藏鸡肉，原来美国研究的是用50kGy左右的剂量进行处理，而在1986年10月，美国农业部已将鸡肉（包括牛肉、猪肉）保鲜的辐照剂量改为3kGy，经此剂量辐照处理的鲜肉不用冷冻，在5℃左右不打开包装可以保存2～3个星期。

随研究的进行和认识的深化，辐照处理食品在20世纪末期得到了迅速的发展，在发展中国家也得到了很好的应用，并发挥了重要的作用。目前，世界上有40多个国家批准了200多种辐照食品，辐照食品的年销售量已经达到30万吨左右。

我国的食品辐照研究始于1958年，第一所核应用技术研究所于20世纪60年代在成都建成，在辐照食品方面研究取得了丰硕的成果；“六五”期间，已有28个省、市、自治区的

200多个单位对干鲜果品、蔬菜、粮食、肉类、海产品、饮料、调味品等200多种食品进行了辐照保鲜、杀虫、防霉、灭菌、消毒、改善品质等方面的研究。目前，工业规模的辐照装置已经超过55座，其设计总装源量在40MCi（1.48×10^{18}Bq），工业电子加速器约52台，总功率3000kW；2002年辐照食品产量已达10万吨，是世界上最大的辐照食品生产国。

总之，辐照食品及研究在我国具有广阔的前景，目前主要应用于：

① 进出口水果及农畜产品的辐照检疫处理；

② 低质酒类辐照改性；

③ 干果、脱水蔬菜和肉类辐照杀虫；

④ 调味品的辐照灭菌；

⑤ 辐照处理和其他保藏处理方法的综合应用。

8.1.3 辐照基本原理

8.1.3.1 放射性同位素及辐照

一个原子具有一个带正电荷的原子核，核内含有质子和中子，也就是其质量的组成部分；质子带正电荷，中子不带电荷；核内质子数（Z）关系到化学元素的特性。一种元素的原子具有相同质子数（Z），但其中子数（N）（或质量数）并不完全相同。在元素周期表上占有同一位置即具有相同原子序数的同一化学元素中，中子数（N）不同的两种或多种核素互为同位素（isotope）。一般地，同一元素的同位素虽然质量数不同，但其化学性质几乎相同（如化学反应和离子的形成等），而其质谱性质、放射性转变和物理性质（如熔点和沸点）则存在差异。自然界中许多元素都有同位素，大多数的天然元素都是由几种同位素组成的混合物，但各种同位素的原子个数百分比一定。同位素有的是天然存在的，有的是人工制造的。有的同位素比较稳定，没有放射性；有的同位素则不稳定，有放射性，称放射性同位素或放射性核素，按照一定规律（指数规律）衰变，衰变过程伴有各种辐射线产生。在已发现的112种元素中，只有约20种元素未发现稳定的同位素，稳定的同位素约有300多种，但所有的元素都有放射性同位素，有些不稳定同位素是使用原子反应堆及粒子加速器等人工制造的，放射性同位素已达2800种以上。

放射性的同位素能发射α、β^+、β^-及γ射线。

（1）α射线　由原子核α衰变的大量α粒子形成α射线。原子发生α衰变，可从原子核内放出一个快速运动的α粒子，其本质上是氦（He）核（每一氦核含有两个质子和两个中子，带两个单位正电荷，质量数为4），核电荷数（原子序数）减少2，质量数减少4。原子量低的天然同位素中（除正常的氢以外），几乎中子数与质子数相等（$N\approx Z$），所以，通常是很稳定的。当原子量增加时，其中子数增加超过了质子数，结果造成核的不稳定。在大多数天然放射性同位素中，其中子数与质子数之比为1.5∶1时，基本上都发射α粒子。

（2）β射线　原子核发生β衰变的大量β粒子（无论是带正电荷的β^+还是带负电荷的β^-粒子）形成射线。从原子内部放出一个高速运动的β粒子（本质上是电子，质量数为0），那就是相当于核内一个中子转变成了一个质子，因此核电荷数增加1，质量数不变。

当核内$N>Z$时，从核中会发射出β^-粒子而使核内质子数趋向增加，也就是中子放出β^-粒子而转换为质子。

$$\text{n(中子)}\longrightarrow \text{p}^+\text{(质子)}+\beta^-$$

若 $Z>N$，则发射正电子即 β^+ 粒子。

$$p^+ + 1.02\text{MeV} \longrightarrow n + \beta^+$$

(3) γ射线　呈激发态的原子核（受激原子核）跃迁（quantum transition）到较低能态而发射出特定能量的γ粒子（本质上是一种频率较高的光子，不带电荷，质量基本忽略）流。γ射线发生在α衰变或β衰变两个过程中的衰变原子的一部分能量的释放。原子核衰变和核反应均可产生γ射线。

若原子核内质子从k电子层（离核最近的轨道电子层）捕获外围的一个电子转变成中子（称k层电子捕获，k-electron capture），致使质子数减少（形成另一同位素）。

$$p^+ + e \longrightarrow n$$

在这个过程中，常常由于外层及k层上的电子的能量不同，k层的空穴被外层的电子补充（量子跃迁），同时发射出γ粒子。

在这三类射线中，以α射线穿透物质的能力最小，一张纸就能挡住它，但电离能力很强。β^+ 及 β^- 射线穿透物质的能力比α射线强，可穿透数毫米的铝箔，但电离能力不如α射线。γ射线是波长非常短的电磁波束（一般波长<0.001nm，它在真空中的传播速度为300000km/s)，具有较高的能量，有比X射线还要强的穿透能力，其穿透深度取决于γ光子的能量和被穿透物质的原子序数；但其电离能力因经过某种物质时可产生光电效应（γ光子被物质的原子吸收放出一个光电子）、康普顿散射（γ光子被原子的壳层电子所散射）和正负电子对（γ光子的能量转变成一对正负电子及电子的动能）三种效应而强度减弱，因而较α、β射线小。由于α、β、γ射线辐照的结果能使被辐照体产生电离作用，故又称电离辐射。

8.1.3.2 放射性衰变

同位素放射出射线粒子的过程即衰变过程，每一个放射性同位素经衰变后，最后都产生一个稳定性同位素。

(1) 衰变定律　放射性同位素的原子核是不断地、自发地发生衰变的，但原子核的衰变并不同时发生，各种放射性同位素都有它自身的衰变规律。

实验证明，在单位时间内，衰变的原子核的数目和其总数成正比，这一过程是不可逆的，用属性式表示为：

$$F = F_0 e^{-\lambda t} \tag{8-1}$$

式中　F——原子核衰变数；

F_0——原子核总数；

t——时间，s；

λ——衰变常数，1/s。

(2) 半衰期　半衰期就是初始原子数衰变至一半时所需的时间（放射性同位素衰变特性的重要特性参数），用 $t_{1/2}$ 来表示。则：

$$\frac{1}{2}F_0 = F_0 e^{-\lambda t_{1/2}} \tag{8-2}$$

则 $\lambda t_{1/2} = \ln 2 = 0.693$

即衰变常数与半衰期的乘积为0.693。

因此，利用半衰期可以计算出其衰变常数。常用的一些放射性同位素的衰变半衰期见表8-2。

表 8-2 常用放射性同位素的衰变半衰期

同位素	符号	半衰期	同位素	符号	半衰期
氢-3	^{3}H	12.35 年	铯-137	^{137}Cs	30 年
碳-14	^{14}C	5730 年	碘-131	^{131}I	8.05 天
钠-22	^{22}Na	2601 年	镭-226	^{226}Ra	1620 年
磷-32	^{32}P	14.28 天	钴-60	^{60}Co	5.27 年
硫-35	^{35}S	87.4 天	钙-45	^{45}Ca	164 天
氯-36	^{36}Cl	3.08×10^{5} 年	铬-51	^{51}Cr	27.7 天

8.1.3.3 辐照量相关单位与剂量

(1) 放射性强度与放射性比度

① 放射性强度 又称放射性活度（radioactivity，简称活度），是度量放射性强弱程度的物理量。曾采用的单位有居里（Curie，简写 Ci），SI 单位为 s^{-1}，专有名贝可勒尔（Becquerel，简写 Bq），1Bq=1 次衰变·s^{-1}。1 居里即每秒中有 3.7×10^{10}个原子衰变。因此，1Ci=3.7×10^{10} Bq。

克镭当量 在同样条件下，放射性同位素（辐射源）放射的 γ 射线与 1 克镭（密封在 0.5mm 厚铂滤片内）所起的电离作用相等时的放射性强度就称为 1 克镭当量。

② 放射性比度 单位质量或单位体积的放射性物质的放射性活度称为放射性比度，或比放射性（specific radioactivity），用以表示单位数量的物质的放射性强度。

(2) 照射量 照射量（exposure）是用来度量 γ 射线或 X 射线（波长介于紫外线和 γ 射线间的电磁辐射）在空气中电离能力的物理量。使用单位有：伦琴（Roentgen，简写 R），SI 单位 C·kg^{-1}。

辐照剂量率 辐照剂量率（exposure rate）是单位时间内的照射剂量。

(3) 吸收剂量 是电离辐射给予物质单位质量的能量，被照射物质所吸收的射线的能量称为吸收剂量（absorbed dose），是研究辐射作用于物质引起各种变化的一个重要物理量，由于辐射类型不同，同一物质吸收相同的剂量引起的变化并不相同。

① 使用单位 拉德（rad），1 拉德是每克物质吸收 100 尔格（erg）的能量，相应地有千拉德（krad）和兆拉德（Mrad），即 1Mrad=10^{3} krad=10^{6} rad。

戈瑞（Gray，简写 Gy），1 戈瑞是每公斤物质吸收 1 焦耳（J）的能量，是辐照剂量的 SI 单位，专用单位为 Gy，1Gy=1J/kg。因此，1Gy=100rad，1kGy=0.1Mrad。

② 吸收剂量率 吸收剂量率（absobed dose rate）是指单位体积（或质量）的被照射物质在单位时间内所吸收的能量，即是单位时间内的吸收剂量，也称剂量率或剂量强度，国际制单位为 Gy/S（戈瑞/秒），1Gy/s=1J/(kg·s)，暂时并用单位 rad/S(拉德/秒)。

③ 剂量当量 剂量当量（dose equivalent）是用来度量不同类型的辐照射线或粒子被吸收后所引起的生物学效应强弱。它的 SI 单位是西弗［Sv，也称希（沃特）］，1 西弗为每千克人体组织吸收 1 焦耳，即 1Sv=1J/kg，通常使用毫西弗（mSv）、微西弗（μSv），1mSv=0.001Sv，1μSv=0.001mSv；并用的非 SI 是 rem（雷姆），1 rem=10^{-2} Sv==100erg/g。

严格的剂量当量（H）的定义是：研究的组织或器官中某点处的吸收剂量 D 与辐射品质因子 Q 和其他修正因子 N 的乘积，即 H=DQN。它反映不同种类、不同能量的射线及不同照射条件下产生的生物效应的差异。辐射品质因子与辐射引起的电离密度有关，由于电离密度不同，使机体损伤的程度和机体自身恢复的程度也不同，当量剂量只限于防护中应用。为了比较不同类型辐射引起的有害效应，在辐射防护中引进了一些系数，当吸收剂量乘以这些修正系数后，就可以用同一尺度来比较不同类型辐射照射所造成的生物效应的严重程度或产生几率。不同辐射类型的品质因子见表 8-3。

表 8-3　不同辐射类型的品质因子

辐射类型	电子、γ 辐射和 X 辐射	热中子	快中子和质子	α 粒子
品质因子	1	2.3	10	20

④ 剂量当量率　是指单位时间内的剂量当量，单位为 Sv/s 或 Sv/h。

(4) 吸收剂量测量　国家基准用 Frickle 剂量计（硫酸亚铁剂量计），国家传递标准剂量测量体系则用丙氨酸/ESR 剂量计（属自由基型固体剂量计），硫酸铈-亚铈剂量计，重铬酸钾（银）-高氯酸剂量计，重铬酸银剂量计等。量热计、钴玻璃计量计、硫酸亚铁计量计等在食品的辐照计量中常用。

常规剂量计大多使用无色透明或红色有机玻璃片（聚甲基丙烯酸甲酯），三醋酸纤维素，基质为尼龙或 PVC 的含有隐色染料的辐照显色薄膜等。

8.1.3.4　辐照源

用于食品辐照的辐照源有以下三种。

(1) 放射性同位素　天然放射性同位素和人工放射性同位素会在衰变过程中发射出各种射线，其中有 α、β^{+}、β^{-} 及 γ 射线以及中子等。食品辐照处理时，希望使用具有良好穿透力的放射物，为的是它们不仅使食品表面的微生物和酶钝化，而且产生的这种作用能深入到食品内部。另一方面，又不希望使用如中子那样的高能放射物，因为中子会使食品中的原子结构破坏而使食品呈放射性。所以，对食品进行辐照处理主要用 β 射线和 γ 射线。

用于食品辐照处理的 γ 射线和 β 射线可采用经过核反应堆使用后的废铀燃料，这些废燃料仍具有强的放射性，可经合适的屏蔽和封闭来使用。

(2) 电子加速器　电子加速器又称静电加速器，如图 8-1 所示。加速器内装有直流高压电源 6，通过针尖电晕放电将负电荷喷到高速运行的输电带 4 上，电荷被带至球形高压电极 1 内，电刷 7 收集电荷。在电荷累积下，在球形电极上形成高压电场。电子枪 5 发射的电子，在高压电场作用下，沿着真空加速管 3 被加速，即得到电子射线。一般具有 1MeV 能量的这种电子束能射入水层 0.5cm 深处，2MeV 可射入 1cm 厚的水层。对于食品，相对密度不同，射入深度不同。

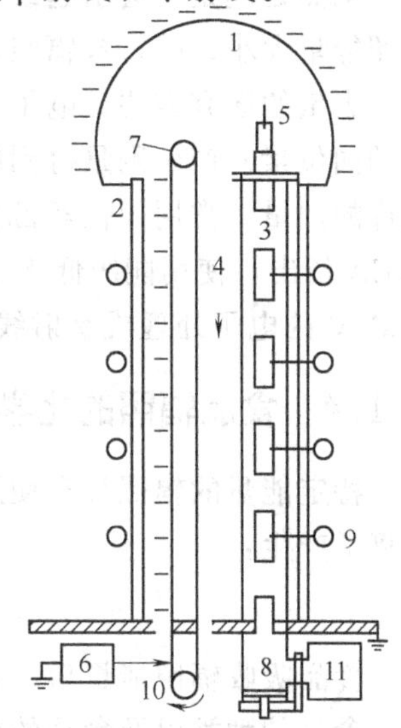

图 8-1　电子加速器结构示意图
1—球形高压电极；2—支架；3—真空加速管；4—输电带；5—电子枪；6—直流高压电源；7—电刷；8—金属靶；9—均压环；10—转轴；11—真空泵

(3) X 射线源　利用高能电子冲击原子量较大的金属（如金、钽）靶时，电子被吸收，其能量有部分被转变成为短波长的电磁射线——X 射线（或 X 光），是一种波长范围在0.01～10nm 之间（对应频率范围 30PHz 到 30EHz）的电磁辐射形式，属于介于紫外线和 γ 射线间的电磁辐射。X 射线具有高的穿透能力，能透过许多对可见光不透明的物质，如墨纸、木料等，有利于食品辐照射。可以使很多固体材料发生可见的荧光，使照相底片感光以及空气电离，波长越短的 X 射线能量越大，称为硬 X 射线，波长长的 X 射线能量较低，称为软 X 射线。波长小于 0.1×10^{-10} m 的称超硬 X 射线，波长小于 0.1nm 的在 $0.1\times10^{-10}\sim1\times10^{-10}$ m 范围内的称硬 X 射线，硬 X 射线与波长长的（能量小）γ 射线范围重叠，二者的区别在于辐射源，而不是波长，X 射线光子产生于高能电子加速，γ 射线则来源于原子核衰变。X 射线波长略大于 0.5nm 在 $1\times10^{-10}\sim10\times10^{-10}$ m 范围内的称软 X 射线。

人们普遍认为在电离射线中特殊类型的电子束、γ 射线以及 X 射线最适合于食品的辐照处理。目前允许使用的辐照源有 ^{60}Co、^{137}Cs；不超过 10MeV 的加速电子；光束能不超过 5MeV 的 X 射线源，其中以后两者具有一定的优势。因为电子加速器和 X 辐照源的装置上有自身防护设备，其屏蔽辐射危害所需的铅量要比同位素源辐照装置特别是 ^{60}Co 源少得多；从安全因素来讲，辐照源在紧急时刻断电关闭就无射线存在了，所以操作方便；从辐照成本上，使用 X 光机比同位素辐照器要低，在流动辐照时，均可方便装于汽车上、火车上或轮船上。

8.1.3.5 诱感放射性问题

辐照能量传递给物质中的一些原子，在一定条件下会造成激发反应，引起这些原子核的不稳定而发射出中子并产生 γ 辐照。在物质受到辐照时，可能使被照射物产生诱感放射性。

由于同位素放射出的 α 射线或粒子不仅会导致对食物损害且也有诱导放射性产生的可能，因而引起人们对用它辐照食物的广泛关注和慎重。

从食品的辐照处理看，辐照本身对食品的消费者没有直接的作用，但是辐照处理的食品成分以及组织会多少发生一些变化，这些变化或有利于控制食品的质量与货架寿命，或可以使食品成分发生一系列深入变化，进而可能对消费者的食用安全产生一定的影响。

辐照处理是否会引起或产生诱导放射性与如下因素密切有关：(1) 辐照处理的类型以及辐照能量大小；(2) 被辐照食品的性质。

大量的研究表明，电子束能量在超过 20MeV 后会使被辐照物（尤其是钠、磷、硫以及铁的同位素）产生测量得到的放射性，但是，这些受照射所产生的放射性大大低于有关机构允许的剂量。常用同位素源发出的最大能量低于引起诱导放射性的能量，FAO、WHO 和 IAEA 指出，使用能级低于 16MeV 的机械源时，诱导放射性可以忽略且其寿命很短，低于 10MeV 的电子处理或 γ 射线、X 射线能量不超过 5MeV 的辐照处理将不会产生诱导放射性。

8.1.4 食品辐照的化学与生物学效应

特定能量的辐照具有使原子或分子游离的特别能力，即导致一个带负电的电子或带正电的离子产生：

$$\text{M(原子或分子)}\xrightarrow{\text{辐射作用}}M^{+}+e^{-}$$

食品吸收辐照能量后，将发生一系列的变化，变化的程度将主要取决于辐照能量的大小、食品的种类以及食品的状况等。

应用在食品上的辐照处理主要使用的是 X 射线、γ 射线、电子射线，它们均是具有高能的带电或不带电的射线，以其对活性食品进行处理将对食品物质分子产生直接与间接的作用。直接的作用使得物质分子吸收部分辐照能量而激发与电离，这些激发与电离的分子并不稳定而容易恢复或产生结构变化；间接作用则是通过食品中水分的电离和激发将能量转移给物质分子，或者因水的电离或激发产生自由基等活性物质，进而导致物质分子的变化。因辐照剂量的不同，将导致食品自身以及存在于食品内的微生物、昆虫等产生一系列的生物物理和生物化学变化，甚至导致微生物、昆虫等的细胞组织死亡。特定剂量的辐照处理具有很好的保藏食品作用，即一定剂量的辐照处理既能够抑制或杀死附着于食品上的微生物与昆虫，同时也可以降低活性食品的生理活性或新陈代谢。

在被照射过程中，物料接受的辐照能量非常重要。在同一辐照源辐照、相同处理条件下，同物料不同吸收辐照程度所引起的辐照效应并不相同。相同的吸收剂量未必产生同样程度的生物效应，因为生物效应受到辐射类型、剂量与剂量率大小、照射条件、生物种类和个体生理差异等因素的影响。

食品辐照处理对食品微生物、酶和其他成分发生变化的影响取决于辐照时间长短以及食品的吸收等。

8.1.4.1 化学效应

（1）对蛋白质的影响　辐照处理可以使蛋白质分子发生变性，导致蛋白质溶解度、溶液黏性、电泳及吸收光谱等性质改变，同时蛋白质的免疫反应等也会发生变化。其原因是辐照导致蛋白质的氨基以及一些特定基团发生变化，出现氧化、交联、蛋白质大分子的降解。

（2）对脂肪的影响　辐照处理后的脂肪会发生氧化、脱羧、氢化、脱氢等反应，产生一些典型的氧化、过氧化和还原化合物，这与脂肪的不饱和程度、种类、辐照计量大小、辐照介质等情况有关。也就是说辐照可促使脂类的自动氧化，如果辐照时及辐照后有氧存在，其促进作用就更显著。

（3）对碳水化合物的影响　碳水化合物对辐照则相对比较稳定，但较大剂量辐照处理仍会使得碳水化合物发生一系列变化。研究发现对低分子糖类进行辐照时，随着辐照剂量的增加都会出现旋光度降低、褐变、还原性和吸收光谱变化等现象，而且在辐照过程中还会有 H_2、CO、CO_2、CH_4 等气体生成。多糖类经辐照后可被降解成葡萄糖、麦芽糖、糊精等，引起黏度降低（见表 8-4）、旋光度降低、吸收光谱变化、褐变和结构变化等现象。

表 8-4　辐照对玉米淀粉黏度的影响

处理条件	2%玉米淀粉溶液的相对黏度	处理条件	2%玉米淀粉溶液的相对黏度
对照	54.5	15kGy 剂量照射	4.6
1kGy 剂量照射	42.7	140℃热处理 30min	30.7

（4）对酶的影响　酶对辐照具有低敏感性，尽管酶会因为辐照的直接或间接作用而受到抑制，但要使食品酶完全失活的辐照剂量大约为破坏微生物所需能量的 5 倍。对分解酶活性高的食品，要在辐照处理前采取适当技术使食品酶失活，防止蛋白质因辐照处理发生分子的解链、酶基质的激活、酶中心暴露而导致的食品迅速变质。

（5）对维生素的影响　维生素是食品中重要的微量营养物质，维生素对辐照的敏感性在评价辐照食品的营养价值上是一个很重要的指标。

纯维生素溶液对辐照很敏感，若在食品中，因其与其他物质复合存在，其敏感性会下降低；其辐照稳定性一般与辐照时食品组成、气相条件、温度及其他环境因素有关（见表 8-5）。

表 8-5 辐照处理与食品维生素保留比较

食物种类	辐照温度/℃	辐照剂量×10^4/kGy	维生素 B_1 保存率/%
牛肉	－80	3	90
	5	3	10
	－80	6	75
火腿	－80	4	69
	室温	4	4
	－80	5	88

在脂溶性维生素中，维生素 E 的辐照敏感性最强；水溶性维生素中，维生素 B_1、维生素 C 对辐照最不稳定。维生素 C 在水溶液中可与水辐照分解产生的自由基发生反应，但在冷冻状态下由于水分子的自由基流动性较小，在该状态下辐照食品维生素 C 损失也小。表 8-6 是各种维生素在食品中经辐照后所引起的含量减少情况。

表 8-6 各种维生素在食品中经辐照后所引起的含量减少情况

维生素	食品	剂量/kGy	减少率/%	维生素	食品	剂量/kGy	减少率/%
维生素 B_1	牛肉	15	42	维生素 B_2	牛乳	10	74
		30	53～84		奶粉	10	16
	羊肉	30	46		肉	279	8～10
	猪肉	5	74		鳕鱼	60	6
		15	89		鸡蛋	5～50	0
		30	84～95		酵母	10～30	0
	猪肉香肠	30	89		小麦粉	1.5	0
	火腿	5	28	维生素 A	全脂乳	3	0
烟酸	水溶液	10	88			10	64
	牛乳	10	33			48	70
	腊肉	55.8	0		炼乳	10	70
	牛肉	27.9	2		干酪	28	47
	火腿	27.9	2		奶油	96	78
	鳕鱼	27.9	2		玉米油	30	0
维生素 E	全乳	10	57		牛肉	10(N_2)	43
	乳脂	168	82～83			20(N_2)	66
	人造奶油	β射线 1	56		家禽	10(N_2)	58
	葵花子油	β射线 1	45			20(N_2)	72
	猪油(O_2)	β射线 1	56				
	猪油(N_2)	γ射线 5	5				
	鸡蛋	β射线 1	17				
	肉(N_2)	γ射线 20	0				
	肉(O_2)	γ射线 30	37				

必须指出的是，辐照处理所引起的食品化学变化远远不如加热处理对食品的影响；通过调整辐照处理的工艺条件（如辐照处理的介质、剂量、温度等）以及对处理对象的选择等，就能够大大减少辐照感生化合物的数量、种类。

8.1.4.2 生物学效应

电离辐照可以引起生物有机体的组织及生理发生各种变化，产生一系列的生理生化反应，使新陈代谢受到影响。辐照的生物学效应与生物机体内的化学变化有关，包括直接和间接的两方面。直接的效应是引起生命体中某些蛋白质和核蛋白分子的改变，破坏新陈代谢，使自身的生长发育和繁殖能力受到一定的危害。间接的效应是通过引起水和其他的物质电离，生成游离基和离子，导致一系列的生物变化的发生，从而影响到机体的新陈代谢过程，导致微生物或昆虫等的机能被破坏甚至导致其死亡。对食品的辐照有直接作用和间接作用方式，可达到很好地杀虫、杀菌、防霉、调节生理生化反应等效果。不同生物的辐照致死剂量见表 8-7。

表 8-7　不同生物的辐照致死剂量

生物体	剂量/kGy	生物体	剂量/kGy
高等动物,包括哺乳类	0.005～0.01	孢子菌	10～50
昆虫	0.01～10	病毒	10～200
非孢子菌	0.5～10		

(1) 微生物　辐照对微生物的致死作用历来都认为是通过对 DNA 分子的影响和细胞内外大量存在的水分子的辐照效应等引起的。电离辐照的直接或间接效应可以使微生物致死，但不能去除微生物产生的毒素。

(2) 昆虫　昆虫的细胞对辐照相当敏感，特别是幼虫的细胞；成虫的细胞敏感性较差，但性腺细胞对辐照很敏感。因此，采用较低剂量的辐照就能引起害虫生理发生变化，产生不育现象；较高剂量的辐照对各种害虫及其各个虫期的虫都有很好的致死效果。

(3) 植物　主要为水果和蔬菜。辐照对果蔬的影响主要表现在以下方面。

① 能使果蔬的化学成分发生变化（如维生素 C 的破坏、原果胶生成果胶质及果胶酸盐、纤维素及淀粉的降解、某些酸的破坏及色素的变化等），从而引起果蔬的色泽、质地和风味发生变化。

② 可调节呼吸和抑制后熟，对于有呼吸跃变的果实，在其呼吸率达最小值时是辐照处理的关键时刻，在此时辐照能改变体内乙烯的生产率，从而影响其生理活动，抑制其后熟；适当剂量照射后，一般都表现出后熟被抑制、呼吸跃变后延、叶绿素分解减慢等现象，番茄、青椒、黄瓜、阳梨和一些热带水果都有这种表现。对于无呼吸跃变的水果，辐照也有促进成熟的现象，如绿色柠檬和早熟蜜橘辐照后加速了黄化，辐照能促进涩柿脱涩、软化等。

8.1.5　辐照的应用

在控制食物污染、疾病传播和食品保藏等方面，辐照技术已经得到较为广泛的应用，并且取得了较大的经济效益。表 8-8 列举了食品辐照处理的一些目的与参考剂量。

表 8-8　食品辐照参考剂量与目的

食品类别	剂量/kGy	目　的
块茎	0.02～0.15	抑制生长
鳞茎和根	0.02～0.15	抑制生长
谷物	0.2～0.5	杀虫
谷制品	0.2～0.5	杀虫
干果	0.2～0.5	杀虫
梨、核果	0.25～1.0(结合 40～50℃的加热)	延缓腐烂、成熟和储藏病害
热带水果	0.25～1.0(结合 40～50℃的加热)	延缓腐烂、成熟和储藏病害
包装蔬菜	0.5～0.2	延长货架寿命
浆果	2.0～2.5	延长货架寿命

续表

食品类别	剂量/kGy	目　的
罐头制品	2～10	灭菌(辐照和加热)
深冻食品	5～10	去污染
干燥食品	5～10	去污染
非食品	10～50	灭菌

8.1.5.1　辐照的类型

食品辐照主要使用的是X射线、γ射线、电子射线，因此，相应地划分为X射线辐照、γ射线辐照、电子射线辐照。辐照食品通常采用^{60}Co、^{137}Cs等放射源释放的γ射线或由电子加速器产生的能量在10MeV以下的β射线，但是β射线的穿透能力不如γ射线的穿透能力，因而其应用相对不如γ射线广泛。

在食品辐照中，可按所采用的剂量大小把应用于食品上的辐照分为三大类，即低剂量辐照、中剂量辐照和高剂量辐照。

(1) 低剂量辐照　剂量在1kGy以下。能降低腐败菌数量并延长新鲜食品的后熟期及保藏期。主要用于抑制根菜类收获后储藏期间的发芽、各种食品的杀虫、延缓新鲜果蔬的成熟老化。

(2) 中剂量辐照　剂量范围在1～10kGy。能减少微生物数量、杀灭食品中的无芽孢致病菌。

(3) 高剂量辐照　剂量在10～50kGy范围内。所使用的辐照剂量可以使食品中的微生物数量减少到零或有限个数。在这种辐照处理以后，只要避免微生物的二次污染，食品可在任何条件下储藏。

8.1.5.2　辐照剂量的选择

辐照食品时，剂量的选择必须考虑处理后食品的安全性和卫生性，食品感官质量、微生物和酶对辐照的耐受性以及辐照费用等因素。

(1) 食品感官质量的辐照耐受性　食品的化学成分、物理结构对辐照的耐受性有较大差异，即使是同一种类型，甚至是同一品种，也有不同。可以根据食品质量的可接受性来确定辐照剂量的上限，而辐照剂量的上限都是通过反复研究获得的。如猪腰、鸡、培根和虾均可良好地接受480kGy的杀菌剂量；有些蔬菜可经受48kGy的剂量；各种水果可经受约24kGy范围的杀菌剂量；较敏感的肉、鱼和水果能接受1～10kGy范围的杀菌剂量。一些食品的允许限量如表8-9所示。

表8-9　食品的辐照处理剂量

产品	辐照目的	剂量/Gy	剂量计	包装要求	储藏温度/℃	估计有效储藏期
马铃薯	抑制发芽	75	硫酸亚铁	储藏在敞开容器或多孔容器中	5	2年或以上
面粉	杀灭虫类	500	硫酸亚铁	密封布袋或纸袋，并有外包装防止重新侵染	室温 4.4	2年或以上 5年或以上
肉片或鱼片	巴氏杀菌(细菌、酵母、霉菌、寄生虫、虫类)	10000	硫酸铈	密封于气密容器中	0	60天或以上
畜肉、鱼和蔬菜组织	辐照杀菌(酶的热钝化74℃)	45000	硫酸铈	真空密封于坚固容器中，具有气味基接受体	室温 0	2年或以上 5年
浆果类	巴氏杀菌(杀灭霉菌)	1500	硫酸铈	密封于可透O_2和CO_2的薄膜内	1.1	21天或以上
水果	辐照杀菌(酶的热钝化74℃)	24000	硫酸铈	真空密封于坚固容器中，具有气味基接受体	室温 0	2年或以上 5年

(2) 微生物的辐照耐受性　微生物数量减少至原有的1/10或被杀灭90%所需的辐照剂量以D_{10}值表示，D_{10}值的大小与菌种及菌株、培养基的化学成分、培养基的物理状态有关，与原始菌数无关。表8-10是各种微生物在特定条件下的D_{10}值。

表8-10　不同微生物的D_{10}值

种　类	剂量/kGy	种　类	剂量/kGy
假单胞菌(数种)	0.10～0.20	枯草芽孢杆菌	0.35～2.50
大肠杆菌(需氧的)	0.12～0.35	短小芽孢杆菌	1.70
大肠杆菌(厌氧的)	0.20～0.45	产芽孢杆菌	1.60～2.20
沙门氏菌(数种)	0.20～0.50	产气荚膜杆菌	2.10～2.40
粪链球菌	0.50～1.00	肉毒杆菌	1.50～4.00
霉菌芽孢	0.10～0.70	嗜热脂肪芽孢杆菌	1.00
啤酒酵母	2.60	耐辐照微球菌	2.50～3.40

特定微生物的D_{10}值可以通过曲线的方法求得，即通过测定一定环境、不同辐照剂量处理下的微生物残留活菌数，并以残留活菌数的对数为纵坐标、以辐照剂量为横坐标在半对数坐标图上作残存活菌数曲线，因为其残存活菌数曲线为直线，该直线的斜率的负倒数即为D_{10}值，如图8-2所示。

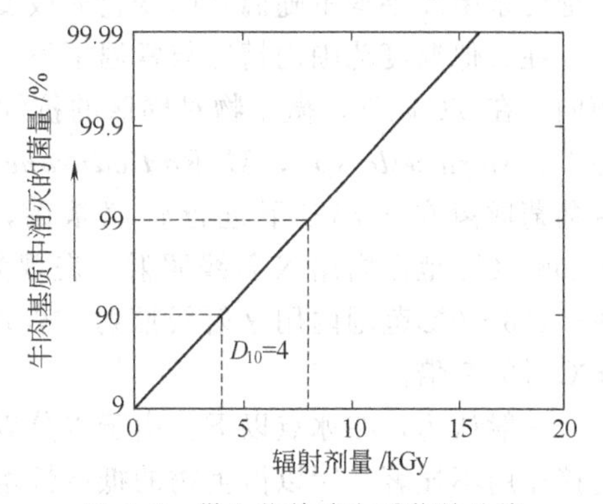

图8-2　微生物的残存活菌数曲线

如果已知特定环境中某微生物的D_{10}值、原始菌数N_0，要将其菌数降低至N，采用式(8-3)，即可求出所需辐照的剂量D：

$$D=D_{10}(\lg N_0-\lg N) \quad (8\text{-}3)$$

(3) 酶的辐照耐受性　食品中已发现的酶，一般比微生物更能耐受电离辐照。使酶活性降低10倍所需的辐照剂量值称为酶分解单位，用D_E表示。一般来说，$4D_E$的辐照剂量几乎可使所有的酶失活，但是，如此高的剂量（约200kGy）会导致食品成分高度破坏，也会损坏食品的安全性。因此，为了提高储藏稳定性而需破坏酶的食品，单靠辐照处理是不适宜的。这个问题可以通过在辐照前进行适当的加热灭酶等方法来解决。

(4) 辐照费用　在保证大批量不间断地连续处理的前提下，与加热杀菌、低温等方法相比，辐照能耗低、费用低。但用较强的辐照源或使食品较长时间露置于较弱的辐照下（以获得较高的辐照剂量）会使加工费用增高；高剂量辐照处理，其辐照费用也较高，有待通过加工工艺的改进降低其费用。

8.1.6　影响辐照效果的因素

8.1.6.1　射线种类

用于食品辐照的放射线有高速电子流、γ射线及X射线。射线的种类不同，辐照效果也会发生相应的变化。研究表明γ射线与电子加速器产生的高速电子流杀菌效果是一样的，但X射线则有很大的不同。

8.1.6.2 微生物

不同的微生物菌种或菌株对辐照的敏感性有很大差异，即使是同一菌株，辐照前的状态不同，其敏感性也会有所不同。在微生物的增长周期中，处于稳定和衰亡期的细菌有较强的辐照耐受性，而处于对数增长期的细菌则辐照耐受性弱。此外，培养条件也影响微生物对放射线的敏感性。

由于微生物所处状态及其变化，会对其辐照耐受性产生影响，而这个因素在一般的杀菌处理中是不好控制的，因此，在辐照处理时有必要根据情况进行适当调整，或增加或减少照射剂量，或延长或减少处理时间。

8.1.6.3 温度

研究发现，在接近常温条件下，温度变化对辐照杀菌效果没有太大影响。例如，在0～30℃，X射线对于大肠埃希氏杆菌（*E. Coli*）；在0～50℃，β射线对于金黄色葡萄球菌（*Staph. Aureus*）和肠膜芽孢杆菌（*B. Mesentericus*）；在2.5～36℃，α射线对于黏质沙雷氏菌（*Ser. Marcescens*）；在0～60℃，γ射线对于肉毒梭状芽孢杆菌（*Cl. Botulinum*）的芽孢的杀菌效果均不随温度的变化而改变。

在其他温度范围内情况与常温下不一样，辐照温度高于室温时，D_{10}值就会出现降低的倾向；在0℃以下，微生物对辐照的抗性有增强的倾向。例如，在（－30±10）℃的冻结条件下，*Moraxella sp.*，*M. Radiodurane* 的杀菌剂量是常温（22～37℃）的2～4倍；金黄色葡萄球菌在－78℃下进行辐照杀菌，其D_{10}值是常温时的5倍；大肠埃希氏杆菌在－196～0℃范围内用X射线照射，表现为温度越低其抗辐照能力越强；肉毒梭状芽孢杆菌在－196～0℃范围内用γ射线照射，表现为温度越低，其D_{10}值越大，－196℃的D_{10}值是25℃时的2倍。

一般认为，在冰点以下，由于水分以及水分的辐照化学效应产物的流动性很小，辐照的间接作用不显著，所以微生物的抵抗性增大了。但是，温度降到冰点以下，水分生成的冰晶体可能会对微生物细胞膜造成损伤，其对放射线的敏感性也有可能增大。

虽然低温会导致微生物对辐照的抵抗性增强；但在低温条件下，射线对食品成分的破坏及品质改变都很少，因此，低温辐照杀菌对保持食品的品质是十分有益的。例如，肉类食品在高剂量照射情况下会产生一种特殊的"辐照味"。为了减少辐照所引起的物理变化和化学变化，对于肉禽和水产等蛋白质含量较高的动物性食品，辐照处理最好在低温下进行，这样可以有效地保证质量；速冻处理的动物性食品在－40～－8℃范围内进行辐照处理效果最好。

8.1.6.4 氧

辐照时分子状态氧的存在对杀菌效果有显著的影响，一般情况下，氧的存在会增强杀菌效果。在空气、真空、氮气中，用γ射线或高速电子流照射细菌芽孢，结果表明在空气中的敏感性最大。这是因为辐照可以使空气中的氧电离，生成游离的OH、HO_2、H_2O_2，并与有机分子自由基反应，生成了有机氧自由基导致细菌对辐照敏感性增大。

此外，氧的电离还会生成氧化性很强的臭氧。对于蛋白质和脂肪含量较高的食品，辐照时空气中氧的存在会引起一定的氧化作用，特别是辐照剂量较高时情况更为严重。

对于水果、蔬菜之类需低剂量辐照处理的食品，辐照氧化程度不大，但是采用小包装或密封包装进行辐照还是必要的。因为，密封可以减少二次污染的机会，同时在包装内可以形成一个小的低氧环境，使后熟速度变慢。有时候为了防止辐照过程中维生素E的损失，还要求在充氮环境中辐照处理食品。

辐照时是否需要氧的存在，要根据辐照处理对象、性状、处理的目的和储存环境条件等加以综合考虑来选择。

8.1.6.5 水分含量

由于水分含量与水分存在的状态不同，细菌芽孢比营养细胞对辐照耐受性强。干燥状态下，由于水分含量少，因而辐照作用明显减弱。在 α_w = 0.01～1.00 范围内，随着 α_w 的降低，D_{10}值有增大的趋向。表 8-11 为在不同水分活性条件下 *Bacillus* 芽孢的耐辐照情况。

表 8-11 不同水分活性条件下 *Bacillus* 菌的 D_{10} 值

试验溶液/%(质量分数)	α_w	*B. subtilis*/Mrad	*B. stearothermophilus*/Mrad
蒸馏水	1.00	0.23	1.9
0.1mmol 的磷酸缓冲液	1.00	0.24	1.7
15.3 葡萄糖	0.99	0.27	2.2
26.5 葡萄糖	0.96	0.29	2.2
15.6 甘油	0.96	0.28	2.6
31.5 甘油	0.91	0.33	2.6
47.9 甘油	0.83	0.34	2.5
64.8 甘油	0.70	0.35	2.5
88.0 甘油	0.32	0.38	2.8
100.0 甘油	0.00	0.42	3.0

8.1.6.6 pH 值

只有在极端的情况下，微生物的辐照耐受性才会受到 pH 值变化的影响。例如，在 pH2.2～10.0 时用电子流照射 *B. subtilis* 菌、*B. thermoacidurans* 菌和 *C. sporogenes* 菌，它们的辐照耐受性没有变化；在 pH5.0～8.0 时用 X 射线照射 *B. cereus* 菌，其结果相差也不大。

8.1.6.7 辐照操作方式

辐照的操作方式可采用一次性持续方式完成，也可采用分段间歇辐照方式完成，所谓分段式辐照是将所确定的杀菌剂量分多次执行，而不是一次完成的辐照方法或工艺。

在空气中用 25kGy 的总剂量分别按一次性辐照方式和分段间歇辐照方式对风干的短小芽孢杆菌（*B. pumilus*）进行处理，其 D_{10} 值的变化如表 8-12。

表 8-12 不同辐照处理风干的 *B. pumilus* 的 D_{10} 值变化

辐照方法	D_{10}值/kGy
连续照射(对照)	1.67
间隔 1h 半量照射	1.72
连续照射(对照)	1.75
间隔 2h 半量照射	1.70
连续照射(对照)	1.68
间隔 24h 半量照射	1.75
间隔 1 周半量照射	1.67
连续照射(对照)	1.69
用 1/4 剂量照射,1h 后再用剩余的剂量照射	1.73
连续照射(对照)	1.69
用 3/4 剂量照射,1h 后再用剩余的剂量照射	1.67
间隔 5h、48h、120h,每次用 1/4 的剂量照射	1.77

表 8-11 中数据显示，把所给定的辐照剂量分次作用于微生物与一次性作用于微生物并不影响其杀菌效果。

8.1.6.8 食品中的化学物质

微生物对辐照的耐受性受周边存在的化学物质影响，其中既有对微生物起保护作用的物质，也有促进微生物死亡的物质。

使辐照杀菌效果降低的化学物质（保护物质、防御物质）有醇类、甘油类、硫化氢类、亚硫酸氢盐、硫脲、巯基乙胺，2,3-二巯基乙酸、2-(2-巯基乙氧基)-乙醇，谷胱甘肽，二甲基亚砜，L-半胱氨酸、抗坏血酸钠、乙酰琥珀酸、乳酸盐、葡萄糖、氨基酸以及其他培养基成分和食品成分。这些物质之所以对微生物具有防护作用是由于它们能够消耗氧气，使氧效果消失、活性强的游离基被捕捉的缘故。

使辐照杀菌效果升高的物质有维生素 K_5、儿茶酚、氯化钠等。

有时为了防止辐照对食品的氧化以及保护某些成分不被辐照所破坏，可以在辐照前往食品中适当添加抗氧化剂。

目前，对在辐照中使用添加剂的研究还不够深入，一般情况下最好不添加或少添加为宜。

8.1.7 辐照处理应注意的事项

8.1.7.1 食品的质量

辐照处理可以降低食品中致病菌或腐败菌的数量直至全部杀灭。但待辐照食品应当是原有品质优良，不允许用已变质或细菌污染很多的次劣食品来进行辐照杀菌。

因此，在辐照之前，必须了解原有食品的基本情况（如采收或加工的时间、采收的成熟度、加工的质量）、保藏的目的要求以及微生物污染的类型和程度。依据食品本身的质量情况确定适宜的辐照处理参数与工艺。

8.1.7.2 食品的包装

待辐照食品的包装有调节辐照的气体氛围、防止产品间的交叉污染或辐照处理后的二次污染、便于集中堆垛提高辐照效率等作用。

不同的包装材料具有不同机械强度、透气性、辐照稳定性和辐照吸收系数，辐照处理前必须根据产品性状、辐照处理目的、运输和储存的要求以及将来出售时的方便，合理地选择包装材料和包装形式。较好的包装材料有人造纤维、玻璃纸、聚乙烯膜、聚氯乙烯膜、尼龙、玻璃容器和金属容器等。

食品包装材料的研制和发展很快，新的包装材料、包装种类的相继出现，为辐照食品选择适宜的包装提供更多的选择。

8.1.7.3 辐照的时机

一般说来，产品收获或加工后放置的时间长，辐照效果差。因为收获或加工以后，微生物数量增长很快，且储放有可能使微生物的辐照耐受性增强，从而导致所需辐照剂量的上升，相应地提高了辐照成本和难度。

在进行蔬菜、水果新陈代谢的调节时，由于辐照效果与当时产品的生理状态密切相关，为延长休眠期、抑制发芽，呼吸跃变型果蔬应在生理休眠期结束前辐照。例如，“狄特”大蒜在休眠期和休眠苏醒期照射，“迎春”大蒜在休眠期、休眠苏醒期和萌芽初期照射可以有效地抑制幼芽生长和减少重量损失率；马铃薯要求在采收后放置一个月左右的时间，待马铃薯愈伤进入休眠期时进行辐照。

总之，必须针对各种食品的特性和辐照目的确定适宜的辐照时机，才能有效地达到辐照的目的。

8.1.8 食品的辐照

食品辐照的一般工艺流程如下：

采收或制备→预处理→包装→运输→辐照→后处理→储存

辐照装置主要由辐照源、辐照室、物料自动传送系统等几部分组成。辐照室被混凝土的屏蔽墙所包围，在屏蔽墙外面不存在放射线。辐照源通常采用同位素^{60}Co，某些情况下，也可使用电子加速器。辐照源处于辐照室的特定位置，被辐照样品凭借自动传送系统进入辐照室，并按事先设定的路线运行，接受辐照。传送路程的选择应使射线能均匀地穿透产品的所有部位。

在辐照装置的控制中，记录停顿时间或传送机速度、辐照强度和辐照源与产品间几何布置的变化是十分重要的。所有这些控制都是围绕一个中心，即食品的辐照吸收剂量的控制。

在辐照食品的过程中，同一批食品的不同个体或同一个体的不同部位之间的辐照吸收剂量是不均匀的，有高有低。为了保证达到辐照处理的效果，要求同一批食品的最高剂量和最低剂量都处在允许的剂量范围内。目前，国际和国内的标准都要求最高剂量和最低剂量的比值要小于2，也就是说最大剂量不能超过最小剂量的1倍。这样的辐照加工才能符合质量要求。在辐照加工厂中把这个比值定为1.7，以确保辐照产品的质量。

8.1.9 辐照食品的储存

食品进行辐照处理的目的之一就是延长储存时间，而辐照处理后的储存条件往往会直接影响其效果，一般温度低，对食品储存时间的延长有利。例如，辐照处理的杨梅存放在2℃左右的冷风库中、保鲜期可延长到20d，比室温存放增加18d。淡水鲈鱼用^{60}Co的γ射线辐照1～2kGy后，储存10℃、5.6℃、2.2℃条件下观察其保鲜效果，分别可延长保鲜时间5～7d、13～21d、18～25d。当然，储藏温度并非越低越好，对于某些果蔬，储藏温度过低会发生冷害，每种产品都有其最适宜的储藏温度。

此外，保藏温度不同，所需的辐照剂量也有所不同。例如室温保藏洋葱，为了抑制其发芽，需要用50Gy的辐照剂量处理；而在冷库（2～4℃）中储存洋葱，为了抑制其发芽，只需要10Gy的辐照量就可达到目的。

总之，辐照食品的储存条件，尤其是温度，不同程度地影响着辐照保藏的效果及所要求的辐照剂量。

8.2 微波技术

食品在生产、保存、运输和销售过程中极易污染变质。通常采用的高温、干燥、烫漂、巴氏灭菌、冷冻以及防腐剂等常规技术往往影响食品的原有风味和营养成分。水、食物和生物等会因吸收微波（microwave）而产生热效应与非热效应，而使其蛋白质、生理活性物质等发生变异并导致微生物生长发育延缓和死亡，因而微波可应用于食品的灭菌、保鲜。

国外在20世纪60年代就将微波技术应用于食品工业的干燥、杀菌、膨化、烹调等方面。如瑞典的卡洛里公司以加工能力为 1816kg/h 的微波面包杀菌机（2450MHz，80kW）用于面包处理，其温度由 20℃上升到 80℃仅需 1～2min，处理后的面包片保存期由原来的 3～4d延长到 30～60d。我国从 20 世纪 70 年代开始研制、推广微波技术与设备，研制的各种微波干燥杀菌设备在方便面的干燥、儿童食品、肉制品、豆制品、饮料等方面得到了广泛应用。

8.2.1 微波特性

8.2.1.1 微波

微波是指频率从 300MHz～300GHz 的电磁波，即波长在 1m（不含 1m）到 1mm 之间的电磁波，是分米波、厘米波、毫米波和亚毫米波的统称。因为其频率介于红外线和特高频（UHF）之间，比一般的无线电波频率高，通常也称为“超高频电磁波”。

8.2.1.2 微波装置

（1）微波发生　通常由直流电或 50Hz 交流电通过半导体器件和电真空器件来获得。电真空器件是利用电子在真空中运动来完成能量变换的器件，或称之为电子管。在电真空器件中能产生大功率微波能量的有磁控管，多腔速调管，微波三、四极管，行波管等。在目前微波加热领域特别是工业应用中使用的主要是磁控管及速调管。

（2）微波装置　典型的微波装置包括以下部分：①微波发生器，微波导管构成的产生微波部分；②可反射微波的材料，能产生微波谐振的炉体或炉腔部分；③炉内的微波搅动或分散装置；④防止微波泄漏密封门部分；⑤安全连锁装置及操作控制部分。

8.2.1.3 微波特性

微波具有不同于其他电磁频谱波的一些重要特点，涉及食品领域的主要是：穿透性、选择性、热惯性、电离性等。

（1）穿透性　微波比红外线、远红外线等电磁波用于辐射加热的波长更长，因而具更好的穿透性。微波在透入介质时与介质发生一定的相互作用，如以频率 2450MHz 的微波可使介质的分子每秒产生二十四亿五千万次的振动，这种分子间的互相摩擦引起的温度升高可达到使内部、外部几乎同时加热升温，形成体热源状态，极大缩短常规加热中的热传导时间，尤其在介质损耗因数与介质温度呈负相关关系时，达到内外加热的均匀一致性就十分重要。微波对玻璃、塑料和瓷器，几乎是穿越而不被吸收；水、食物和生物等则会吸收微波；而金属类则会反射微波。

（2）选择性　物质吸收微波的能力，由于介质损耗因数（dielectric loss factor，介质内部的能量损耗）存在差异，而表现出选择性加热的特点。介质损耗因数大的物质对微波的吸收能力就强，相反，介质损耗因数小的物质吸收微波的能力就弱；因而微波对不同物质产生的热效果也就不同。水分子属极性分子，介电常数较大，其介质损耗因数也大，对微波具有强吸收能力；而蛋白质、碳水化合物等的介电常数相对较小，其对微波的吸收能力也比水小很多。因此，对微波加热食品而言，含水量多的效果也就会更好一些。图 8-3 是偶极子（几何尺寸远小于波长的带电体）在电场下的排布取向变化情况。

（3）热惯性　微波对介质材料是瞬时加热升温，升温速度快。另一方面，微波的输出功率随时可调，介质温升可无惰性的随之改变，不存在“余热”现象，极有利于自动控制和连续化生产的需要。

（4）电离性　微波的量子能量还不够大，不会导致电离，分子及原子核在外加电磁场的

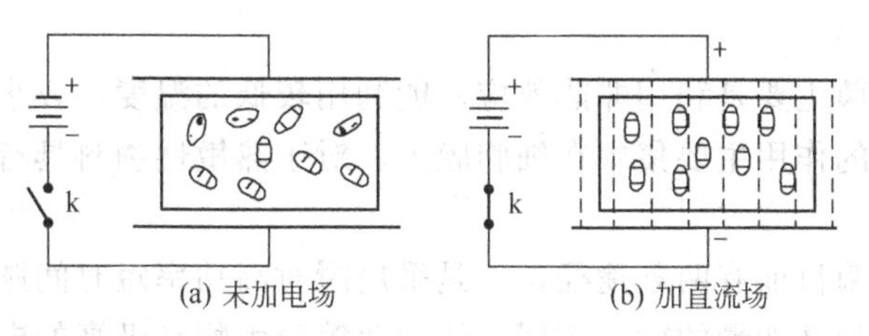

(a) 未加电场　　(b) 加直流场

图 8-3　偶极子在电场下的排布取向变化情况

周期力作用下所呈现的许多共振现象都发生在微波范围，一般不引起物质分子的内部结构改变或不破坏分子之间的键，但微波可对废弃橡胶进行再生，是通过微波改变废弃橡胶的分子键而实现的。

8.2.2 微波杀菌原理

8.2.2.1 热效应

微波引起生物组织或系统受热而对生物体产生的生理影响即是微波对生物体的热效应。热效应主要是生物体内有极分子在微波高频电场的作用下反复快速取向转动而摩擦生热，体内离子在微波作用下振动将振动能量转化为热量，一般分子吸收微波能量的热运动能量增加。当然，如果生物体或组织吸收微波能量较少，其借助自身的热调节系统通过血循环将吸收的微波能量（热量）散发至全身或体外；反之，如果生物体或组织吸收的微波能量多于生物体所能散发的能量，则引起温升，进而使生物体产生一系列生理反应与变化。

8.2.2.2 非热效应

微波的非热效应是指除热效应以外的其他效应，如电效应、磁效应及化学效应等。微波的高频电场不仅使生物体的膜电位、极性分子结构发生改变，而且也使微生物体内蛋白质和生理活性物质发生变异而丧失活力或死亡。人们对微波的非热效应还了解得不多，微波的两种不同效应相互依存，相互加强。当生物体受强功率微波照射时，热效应是主要的，一般认为，功率密度在 $10mW \cdot cm^{-2}$ 者多产生微热效应，且频率越高产生热效应的阈强度越低；长期的低功率密度（$1mW \cdot cm^{-2}$ 以下）微波辐射主要引起非热效应。

总之，微波与生物体或食品的相互作用是一个极复杂的过程，在微波电磁场作用下，生物体或食品内的一些极性分子将会产生变形和振动，不仅引起食品或生物体升温，诸如蛋白质等分子的无极性热运动和极性转动作用导致其空间结构发生变化、破坏或蛋白质变性，而且也使细胞膜功能受到影响，导致细胞膜内外液体的电状况发生变化，进而引起生物代谢的改变。因此，微波杀菌主要是在微波热效应和非热效应的作用下，使微生物体内的蛋白质和生理活性物质发生变异和破坏，从而导致细胞的死亡。在相同条件下，微波杀菌致死温度比传统加热杀菌低。在一般情况下，常规方法杀菌在 120～130℃ 约 1h 的灭菌效果，而使用微波杀菌仅需在 70～105℃ 约 3min 即可。

8.2.3 微波杀菌方法

8.2.3.1 连续微波

传统连续微波处理食品，主要是利用微波的热效应使食品中的微生物丧失活力或死亡，从而可延长保存期。

8.2.3.2 脉冲微波

新的脉冲微波杀菌主要是利用非热效应，能利用较低的温度、较小的温升对食品进行杀菌。电磁脉冲对细胞的作用主要集中在细胞膜上，对于热敏性物料具有其他方法不可比拟的优势。

实现脉冲微波杀菌目前有两条途径，一是采用瞬时高功率短时间脉冲微波杀菌技术，使物料在极短时间内受到高能量的微波作用，使细菌等微生物在极高的电磁场作用下失去生存能力；二是采用较低功率连续脉冲微波技术，并辅以恰当的周期性间断，使微生物受到与其振荡周期一致的谐振而致细胞膜破裂，从而达到杀菌。脉冲微波的非热效应是生物电磁学一个最新的研究领域。

根据食品的介电常数、含水量确定其微波杀菌时间、功率密度等工艺参数的研究已十分深入，对于食品物料的介电机理及在微波场中升温杀菌的理论模型也有较多的研究。

8.2.4 微波杀菌特点

8.2.4.1 时间短、速度快

常规热杀菌将热量从表面传至内部需要通过热传导，对流或辐射等方式进行传质，往往需要较长时间才能达到所需杀菌温度。由于微波不靠物体本身的热传导，而是微波能对食品、细菌或生物体等直接产生“分子”或“原子”级的热效应与非热效应，能够深入到物料内部，达到快速升温杀菌，处理时间极大缩短。微波加热杀菌一般只需要3～5min，有的几秒至几十秒就能达到满意的效果。

8.2.4.2 表面和内部同时进行

常规热杀菌是从物料表面通过热传导传至内部，存在较大的内外温差与时间滞后问题。因此，在实际操作中，也往往存在或为保持食品风味而会缩短处理时间，或原料差异较大导致的处理时间不足或过度等。而由于微波的穿透作用可使被处理食品或食物对象的整体表面和内部都同时受到作用，因而可较传统热法大大地缩短处理时间并达到均匀、彻底的消毒杀菌作用。

8.2.4.3 营养成分和风味破坏少

与常规热力加热比较，微波一是能在较低的温度就获得所需的杀菌效果；二是时间短且温度均匀。这两个方面的因素皆有利于更多保留食品原有的营养成分，更好的保持食品原有的色、香、味、形。在常规热力处理下，蔬菜保留的抗坏血酸是46%～50%，而微波处理是60%～90%；微波处理的猪肝保留的维生素A（保留84%）是常规热处理的约1.45倍。

8.2.4.4 节能高效、安全无害

常规热杀菌往往需要通过环境或介质的传热，存在热损失，而微波加热处理没有额外的热能损耗，设备本身不吸收或只吸收极少能量。通常微波能是在金属制成的封闭加热室内和波导管中工作，所以能量泄漏极小，十分安全可靠。微波加热不产生烟尘、有害气体，既不污染食品，也不污染环境。此外，由电能到微波能的转换效率在70%～80%，较为节省能源，一般可节能30%～50%。

8.2.4.5 易于控制、组合

微波处理设备能即开即用，微波功率、传输速度等可及时改变，便于连续自动化控制，控制与管理灵活方便。采用微波杀菌可以在包装前进行，也可以在包装密封后进行。目前，

可用于食品工业生产的微波杀菌工艺有连续微波杀菌技术、多次快速加热和冷却的微波杀菌技术、微波加热与常规加热杀菌相结合的杀菌技术等。

8.2.4.6 设备简单、占地少

与常规消毒杀菌相比，微波杀菌设备不需要锅炉、复杂的管道系统、煤场和运输车辆等，只要具备水、电基本条件即可，整套微波设备的操作人员一般只需2～3人。

8.2.5 微波技术在食品工业中的应用

人们对微波应用于肉、肉制品、禽制品、水产品、水果和蔬菜、罐头、奶、奶制品、农作物、布丁和面包等一系列产品的热化、干燥和杀菌进行了广泛的研究。

肉制品经适宜的微波杀菌后，其鲜度、嫩度、风味均可较好保持原样，卫生指标完全优于国家食品卫生标准，货架储存时间由原来保鲜期3d，延长到1～2个月。

酱油经微波处理后，可抑制霉菌的生长及杀灭肠道致病菌，但对氨基酸态氮无破坏作用。

牛奶经微波杀菌消毒后，细菌和大肠杆菌数完全达到卫生标准要求，不仅营养成分保持不变，而且脂肪球直径变小，提高了产品的稳定性，有利于人体消化和吸收。

食品包装用纸消毒的常规方法为化学或物理方法，但会损伤纸的品质，尤其是化学方法，因其会产生臭味而降低纸的使用价值。而紫外线杀菌仅能杀灭包装纸表面的大部分细菌，效果也不理想。而用微波对质量3kg、体积为15cm×12cm×25cm的冰棍纸和60g糖纸进行杀菌，仅用5s即能杀灭包括纸面表层的试验微生物，无菌实验也证明其杀灭效果是最好的。

8.3 超高压技术

在全球范围内，食品的安全性问题日益突出，消费者要求营养、原汁原味的食品的呼声也很高，超高压技术的发展顺应了这一趋势，它不仅能保证食品在微生物方面的卫生安全，而且能较好地保持食品固有的营养品质、质构、风味、色泽、新鲜程度。由于超高压技术独特而新颖的方法，简单而易行的操作，是近年备受各国重视、广泛研究的一项食品高新技术。

8.3.1 等静压技术

8.3.1.1 压力分类

通常情况液体或气体压力在0.1～1.6MPa称为低压，1.6～10MPa称为中压，10～100MPa称为高压，100MPa以上称为超高压。

8.3.1.2 等静压技术

加在密闭容器内介质（液体或气体）的压强，可以向各个方向均等地传递（帕斯卡定律，Pascal law）。因在高强度钢特制的容器内压入压力在100MPa以上的液体或气体是静止不动的，且作用在被压物料表面或容器内壁的作用压力是相等的，故被称为等静压技术或超高静压技术。

等静压技术的应用已有70多年的历史，初期主要应用于粉末冶金的粉体成型；近20年来，已广泛应用于陶瓷铸造、原子能、工具制造、塑料、超高压食品灭菌和石墨等领域。

(1) 类型　等静压技术最初被应用于固化成型，按成型和温度高低可分为冷等静压、温等静压、热等静压三种不同类型。

① 冷等静压　冷等静压（cold isostatic pressing，CIP）技术是在常温下，通常用橡胶或塑料作包套模具材料，以液体为压力介质，一般使用压力为100～630MPa。过去主要用于粉体材料成型，为进一步烧结、锻造或热等静压工序提供坯体。

② 温等静压　温等静压技术，温度一般在80～120℃，也有在250～450℃，使用特殊的液体或气体传递压力，使用压力为300MPa左右。过去主要用于粉体物料在室温条件下不能成型的石墨、聚酰胺橡胶材料等，以使能在升高的温度下获得坚实的坯体。

③ 热等静压　热等静压（hot isostatic pressing，HIP）技术，是一种在高温和高压同时作用下，使物料经受等静压的工艺技术，工作温度一般为1000～2200℃，工作压力常为100～200MPa。在热等静压中，一般采用氩、氦等惰性气体作压力传递介质，包套材料通常用金属或玻璃。

等静压成型工艺的缺点是，工艺效率较低，设备昂贵。

(2) 方法　冷等静压有湿袋法和干袋法两种，相应地等静压机的结构也有所不同。

① 湿袋法等静压　将物料装入塑性袋，袋直接与液体压力介质接触，因此称湿袋法。因可任意改变塑性包套的形状、尺寸，故灵活性大，但生产效率不高，不能连续进行大规模生产，仅适用于小规模生产，但现在大量使用的主要还是湿袋法。

② 干袋法等静压　物料先装入成型塑性袋后，再放进有加压橡皮袋的缸内，因物料与液体不相接触，故称为干袋法。这种方法操作周期短，可连续操作，因此适用于成批生产。因加压塑性模不能经常更换，产品规格受到限制。

(3) 设备　主要有超高压容器、超高压泵、液压系统、辅助设备等。

① 超高压容器　是冷等静压技术的主要设备，是压制粉末或其他物品的工作室。必须要有足够的强度和可靠的密封性，缸体的结构常采用螺纹式结构和框架式结构。

② 超高压泵及液压系统　通过高压泵及相应的管道、阀门等可向容器内注入高压液体。高压泵有柱塞高压泵（一般由电机皮带轮带动曲轴推动柱塞做往复运动）、超高压倍增器（由大面积活塞缸推动小面积柱塞高压缸做往复式运动）等。

③ 辅助设备　为使自动冷等静压机高效率地工作，需配备开、闭缸盖移动框架，模具装卸，充填振动，压坯脱模，压力测量和操作系统等辅助装置。

8.3.2　超高压灭菌技术

等静压技术在食品杀菌方面的运用一般称超高压灭（杀）菌技术（ultra-high pressure processing，UHP），又称超高压技术（ultra-high pressure，UHP），高静压技术（high hydrostatic pressure，HHP），或高压加工技术（high pressure processing，HPP），压力通常在100～1000MPa。一般地，是在密闭容器内，用水作为介质对软包装食品等物料施以400～600MPa的压力，从而杀死其中几乎所有的细菌、霉菌和酵母菌，钝化酶的活性，无高温杀菌造成营养成分破坏和风味等的变化，故可达到更好保藏食品的目的。

由Bert Hite在1899年最早提出高等静压技术（HHP技术）在食品保藏中的应用研究，他首次发现450MPa的高压能延长牛奶的保存期，大量的研究也证实了高压对多种食品及饮料的灭菌效果。此后，Bridgman因发现高静水压下蛋白质发生变性、凝固而获得了1946年诺贝尔物理奖。但直到1990年有关HHP装备、技术和理论的研究才得到了突破与发展，高压食品在20世纪90年代在日本诞生，日本明治屋食品公司首先将UHP技术运用于果酱、果汁、沙拉酱、海鲜、果冻等食品的商业化杀菌。之后，欧洲和北美的大学、公司和研究机构也相继加快了对HHP技术的研究。日本、美国、欧洲等国在高压食品的研究和开发方面走在世界前例，已应用于食品（如鳄梨酱、肉类、牡蛎）的低温消毒，作为杀菌技术也日趋成熟。

8.3.2.1 灭菌机理

100～1000MPa的压力，可破坏菌体蛋白中的非共价键，使蛋白质高级结构破坏，导致微生物的形态结构、生物化学反应、基因基质以及细胞壁膜发生多方面的变化；可导致菌体内化学组分外流等而致多种细胞损伤，进而致蛋白质凝固及酶失活。总之，由于超高压力的综合作用影响微生物原有的生理活动机能，甚至使原有功能破坏或发生不可逆变化，最终导致微生物死亡。

在食品工业上，超高压力处理后的食品能够得以安全长期地保存。但超高压灭菌的效果受微生物种类、细胞形态、温度、时间、压力大小等多种因素的影响。

8.3.2.2 优势特点

食品的超高压灭菌技术与传统灭菌技术比较，有以下优点。

(1) 营养、风味保存好　处理后食品仍较好地保持原有的生鲜风味和营养成分，不会导致食品色、香、味等物理特性发生变化，不产生异味，如经超高压处理的草莓酱可保留95%的氨基酸，在口感和风味上明显超过加热处理的果酱。

(2) 卫生安全　超高压处理为冷杀菌，在保持食品的原有风味的同时，也较好地保证了食品的卫生安全，处理的食品可经简单加工或处理后食用。如日本三得利公司采用容器杀菌，啤酒液经高压处理可将99.99%大肠杆菌杀死。

(3) 加工新特性食品　超高压处理食品导致与加热处理有所不同的蛋白质成胶凝状变性、淀粉成糊状糊化，可获得不一样的新型食品风味。

(4) 能耗低　超高压处理是液体介质短时间内等同压缩过程，可均匀、瞬时、高效地完成食品的灭菌，比热法灭菌能耗低。

食品的超高压灭菌技术也有其不足，主要表现在以下几个方面。

(1) 芽孢杆菌　UHP技术对杀灭芽孢效果似乎不太理想，在绿茶茶汤中接种耐热细菌芽孢后，采用室温和400MPa静水高压处理，不能杀灭这些芽孢。

(2) 高浓度溶液　由于糖和盐对微生物的保护作用，在黏度非常大的高浓度糖或盐溶液中，超高压灭菌效果并不明显。

(3) 压敏成分　食品中压敏性成分会受到过高的压力的不同程度破坏。

(4) 设备要求　超高压装置需要较高的投入，不利于工业化推广。

8.3.2.3 在食品加工中的应用

(1) 肉制品加工　与常规加工方法相比，采用高压技术对肉类制品进行加工处理后的肉制品在嫩度、风味、色泽等方面均可得到改善，同时也可增加肉的保藏性。如对廉价质粗的牛肉进行常温下250MPa处理，可得到嫩化的牛肉制品；以300MPa处理10min的鸡肉和鱼肉，可得到类似于轻微烹饪的肉组织状态等。

(2) 水产品加工　常规的加热处理、干制等处理均不能满足水产品原有的风味、色泽、良好的口感与质地保持要求。而经超高压处理则可较好保持水产品原有的新鲜风味。如在600MPa下处理10min的水产品中的酶可完全失活，对甲壳类水产品，其外观呈红色，内部为白色的变性状态，细菌量大大减少，却仍能保持原有生鲜味，这对生食水产制品的消费极为重要。超高压处理还可增大鱼肉制品的凝胶性，将鱼肉加1%～3%的食盐捣碎后制成2.5cm厚的块状，在100～600MPa、0℃处理10min，用流变仪测凝胶化强度，发现在400MPa下处理，鱼糜的凝胶性最强。

(3) 果酱加工　在生产果酱中，采用超高压杀菌，不仅使果酱中的微生物致死，而且还可简化生产工艺，提高产品品质。在室温下以400～600MPa的压力对软包装密封的草莓、猕猴桃和苹果酱处理10～30min，所得产品保持了新鲜水果的口味、颜色和风味。

(4) 其他方面　由于腌菜向低盐化发展，化学防腐剂的使用也越来越不受欢迎。因此，对低盐、无防腐剂的腌菜制品，超高压杀菌更显示出其优越性。以300～400MPa的处理可使酵母或霉菌致死，既可提高腌菜的保存期又可保持原有菜的生鲜特色。Hayashi在200MPa下处理乳清可分离不同的蛋白，即可使酶解的β-乳球蛋白（β-Lg）沉淀，而α-乳白蛋白（α-La，配制婴儿改性乳所需要的蛋白质）不沉淀。另外，采用超高压技术，可选择性地去除包括蛋白质在内的一些其他物质，可较为方便地实现：①肉制品加工中副产品血红蛋白的脱色；②特殊蛋白质的脱臭；③用特定的蛋白酶增溶或改性色蛋白；④食品功能性的改进等。

8.4 臭氧技术

1840年德国人C. F. Schanbein在电解稀硫酸时发现了臭氧（Ozone，分子式为O_3），1856年臭氧就被用于水处理消毒。臭氧灭菌是既古老又崭新的技术，由于人们对安全有效消毒剂的需要变得日益强烈，目前，臭氧已广泛用于水处理、空气净化、食品加工、医疗、医药、水产养殖等领域，对相关行业的发展具有极大的作用。世界上已经形成了独立的臭氧产业和部门，1973年国际臭氧协会（IOA）建立，我国于1998年成立了臭氧产业联合会。

8.4.1 臭氧

臭氧是氧气（O_2）的同素异形体，为纯净物，不可燃。在常温和冷冻温度下是一种淡紫色的、有特殊刺激性鱼腥臭味的气体。较低浓度的臭氧是无色气体，当浓度达到15%时，呈现出淡蓝色。可部分溶于水，在常温常态常压下的溶解度比氧高约13倍，比空气高25倍，且随温度的降低而溶解度增加；液态臭氧深蓝色，固态臭氧紫黑色。臭氧的稳定性极差，易分解，生成氧气分子（O_2）和氧原子（O），因而臭氧具有强氧化性，其氧化能力仅次于氟、氯、三氟化合物和氢氧根自由基。臭氧能吸收有害的短波紫外线（306.3nm以下的紫外线），因而可防止其到达地球，屏蔽紫外线对地球表面生物的侵害。

8.4.2 臭氧形成与制备

8.4.2.1 大气中

氧分子因受到高能量的光辐照而发生光化学作用，使氧分解为氧原子，氧原子与另外的氧结合，即生成臭氧；臭氧可与氧原子、氯原子或其他游离性物质反应而分解消失，臭氧的生成和原子氧的消失处于一定的均衡状态。自然界的臭氧主要存在于距地球表面20～35km的同温层下部，约在离地面垂直高度15～25km的范围内形成臭氧层，浓度约在0.2～50mg/m³。

8.4.2.2 人工制备

(1) 制备原理　一般可通过使空气中的部分氧气分解形成原子氧与氧分子的聚合制备臭氧。

(2) 制备方法　主要的方法有高压放电、电解、辐射、紫外线、等离子体及电晕放电等；此外，利用高锰酸盐和强酸的反应也可制备臭氧。

(3) 装置　应用比较广泛的装置是臭氧发生器，主要有两种：一种是通过放电氧化空气或纯氧气形成臭氧的臭氧发生器，用空气制成臭氧的浓度一般为10～20mg/L，用氧气制成臭氧的浓度为20～40mg/L；另外一种是利用紫外线分解空气中的氧气形成臭氧的紫外灯。

臭氧的半衰期仅为30～60min，由于其不稳定、易分解，无法作为一般的产品储存，因此需在现场制备。

8.4.3 臭氧灭菌原理

臭氧在常温、常压下分子结构不稳定，易自行分解成氧气分子和单个氧原子：

$$O_3 \longrightarrow O_2 + O$$

臭氧首先作用于细胞膜，以氧原子的氧化作用破坏微生物膜的结构；臭氧渗透穿透膜而破坏膜内脂蛋白和脂多糖，改变细胞的通透性；臭氧作用于细胞内的核物质如核酸中的嘌呤和嘧啶导致DNA、RNA的破坏；由于臭氧的作用使细胞活动必需的酶失去活性。导致菌溶解、死亡是臭氧对生物体的物理、化学及生物学等方面的综合作用结果。

此外，臭氧可与水中的酸类、亚硝酸盐、氰化合物等还原性无机物发生反应；臭氧还能使一些有机物发生不同程度的降解，成为简单的中间体（经氧化最终生成CO_2）。

8.4.4 臭氧灭菌的特点

臭氧消毒灭菌技术作为一种先进的消毒灭菌技术，同常见的高温杀菌、紫外线杀菌、化学药剂杀菌等相比具有较多独特而典型的特性。

8.4.4.1 广谱性

臭氧对细菌、病毒等内部结构有极强的氧化破坏性，可杀灭细菌繁殖体和芽孢、病毒、真菌等，大肠杆菌、蜡杆菌、巨杆菌、痢疾杆菌、伤寒杆菌、流脑双球菌、金黄色葡萄球菌、沙门氏菌及流感病毒、甲乙型肝炎病毒等，在短时间内可被臭氧有效地杀灭；经过较长时间的臭氧处理可全部杀灭对臭氧抵抗力较强的细菌芽孢、原生孢囊及真菌等；对霉菌也有极强的杀灭作用，可破坏肉毒杆菌和毒素及立克次氏体等。臭氧还具有很强的除霉、腥、臭等有机异味的功能，可用于消除酚、氰、亚硫酸盐、亚硝酸盐等多种有机或无机污染物、有毒物。进行水处理时，臭氧能破坏使水产生异味的有机化合物和有色的有机物，将亚铁和亚锰氧化成高价的不溶性氧化物，且不会产生卤代烃类。

8.4.4.2 高效性

臭氧是一种高效灭菌剂，臭氧的灭菌速度较氯气快600～3000倍。国际卫生组织曾对不同消毒灭菌剂对大肠杆菌的杀灭效果进行过比较，结果最好的是臭氧，排在其后的顺次是次氯酸（HClO）、二氧化氯（ClO_2）、银离子（Ag^+）、次氯酸根（ClO^-）、高铁酸盐（FeO_4^{2-}）、氯化氮（NCl_3）。为达到99%的菌体灭活率，当消毒剂浓度为0.3mg/L时，用二氧化氯需6.7min，用碘需100min，而用臭氧只需1min。要达对大肠杆菌99.99%的消毒效果，当消毒剂浓度为0.9mg/L时，二氧化氯需4.9min，臭氧只需0.5min。对蔬菜的枯草菌进行杀菌，用浓度为50mg/kg的次氯酸钠杀菌2min的细菌没被杀死，而用浓度为5mg/L的臭氧水杀菌20s的细菌99.9%被杀死。

8.4.4.3 彻底性

传统的灭菌消毒方法，无论是用高锰酸钾及漂白粉等化学消毒剂，还是熏蒸或紫外线等进行处理，都存在不彻底、有死角、工作量大、有残留污染或有异味等缺点，如紫外线在光线照射不到的地方没有效果，也存在衰退、穿透力弱、使用寿命短等缺点；而熏蒸对抗药性很强的细菌和病毒的杀灭不足。用极易扩散流动臭氧处理，灭菌无死角，对所有接触的地方都可起到很好的消毒灭菌效果。

8.4.4.4 安全性

利用空气中的氧气产生的臭氧进行消毒灭菌，而臭氧的化学性质活泼、不稳定，易自行分解成氧气或单个氧原子，使用后多余的氧原子在30min后能自行结合成为氧分子，无任何残留，无任何新的物质生成，不会造成二次污染，没有加入杀菌剂的残留物，具有其他消毒灭菌方法无法比拟的特点，是一种最干净、无污染的消毒剂，故称“环保消毒剂”。含有1%～4%（质量分数）臭氧的空气可用于水的消毒处理，是水处理中最具有潜力的氧化剂和消毒剂，在饮用水杀菌消毒上，几乎是唯一有效而无害的。臭氧可直接用于食品的灭菌，是食品生产中不可多得的冷灭菌剂。

8.4.4.5 方便性

传统的热杀菌技术是依靠高温使菌体蛋白凝固导致菌体死亡，其对食品的热敏性营养成分破坏较大，食品风味变化也大。臭氧属于冷杀菌技术，可避免对热敏性物质的影响，能够很好地保持食品原有的色、香、味，保证食品质量。

8.4.5 臭氧的毒性和腐蚀性

吸入过量的臭氧对人体健康有一定危害。动物试验表明，其毒性的起点浓度为0.3mg/m^3。当臭氧浓度在4.46×10^{-9}～8.92×10^{-9} mol/m^3（0.1～0.2mg/m^3）时人们就感觉到，当臭氧浓度在6.25×10^{-6}mol/m^3（0.3mg/m^3）时就对眼、鼻、喉有刺激的感觉；达到3～30mg/m^3时就会导致出现头疼及呼吸器官局部麻痹等症状；15～60mg/m^3时则对人体有危害。

臭氧对人的毒性也和接触时间有关，如长期接触臭氧浓度在1.748×10^{-7} mol/m^3（4mg/m^3）以下可引起永久性心脏障碍，但接触臭氧浓度在20mg/m^3以下不超过2h则对人体无永久性危害。因此，在我国臭氧工业卫生标准的允许值定为臭氧浓度4.46×10^{-9} mol/m^3（0.1mg/m^3）接触不超过8h。

具有很强氧化性的臭氧，几乎对除金和铂外所有的金属都有腐蚀作用。铝、锌、铅与臭氧接触会被强烈氧化，但含铬铁合金基本上不受臭氧腐蚀。因此，生产上多使用含25% Cr的不锈钢来制造臭氧发生设备和加注设备中与臭氧直接接触的部件。

臭氧对非金属材料也有了强烈的腐蚀作用，在臭氧发生设备和计量设备中，必须采用耐腐蚀能力强的硅橡胶或耐酸橡胶等。

8.4.6 臭氧浓度

依据臭氧应用不同，分安全浓度和应用浓度等。

8.4.6.1 安全浓度

卫生部规定人们允许接触臭氧的最高允许浓度不大于 0.2mg/m³。

实际中还要考虑时间的影响，臭氧工业卫生标准各国差别不大。国际臭氧协会为接触 0.1mg/m³ 不超过 10h，美国接触 0.1mg/m³ 不超过 8h。对家用臭氧消毒柜外臭氧泄漏量规定不得超过 0.2mg/m³（在 1.5m 以外），消毒一个周期后残留浓度不得大于 0.2mg/m³。

8.4.6.2 应用浓度

（1）空气中　①空气除味与杀菌，要求臭氧浓度较低，如 0.5mg/m³，而物品表面消毒（杀灭微生物和去除化学污染）则要求提高几十倍，浓度一般控制在 1～10mg/m³之间。②消毒食品加工车间，0.5～1.0mg/m³ 即可杀灭空气中的 80%的自然菌。③冷库消毒要求臭氧浓度 6～10mg/m³，停机后封库 24h 以上细菌杀灭率 90%左右，霉菌杀灭率 80%左右。④在水果储藏期间，可用 2～3mg/m³ 的臭氧可使霉菌的生长受到抑制，储藏期可延长 1 倍。

温度低，湿度大则杀灭效果好，尤其是湿度，相对湿度小于 45%，臭氧对空气中悬浮微生物几乎没有杀灭作用。在 60%时才逐渐增强，在 95%时达到最大值。

（2）水中　①水中臭氧浓度保持在 0.1～0.5mg/L 用 5～10min 可达消毒目的，清水中浓度在 0.5～1min 内就可杀死细菌。②臭氧浓度为 0.25～38mg/L 时，仅需几秒或几分钟完全灭活甲型肝炎病毒（HAV）；在浓度达 4mg/L 时在 1min 内乙肝病毒的灭活率为 100%。③矿泉水中臭氧溶解度在 0.4～0.5mg/L 即可满足杀菌保质要求，合理的臭氧投放量为1.5～2.0mg/L。④瓶装水处理应达 0.3～0.5mg/L 的臭氧溶解度值。⑤在 20℃条件下，水中臭氧浓度达 0.43mg/L 时，可将大肠杆菌 100%杀灭，在 10℃时仅需 0.36mg/L。

水中臭氧溶解度在 0.1～10mg/L 之间。低值作为水消毒净化要求的最低浓度，高值作为“臭氧水消毒剂”可达到的浓度值。自来水臭氧净化，国际常规标准为 0.4mg/L 的溶解度值，保持 4min。

臭氧水消毒灭菌是急速的，消毒作用在瞬间发生。

8.4.7 臭氧技术在食品工业中的应用

臭氧杀菌技术在食品工业中的应用见表 8-13。

表 8-13　臭氧杀菌技术在食品工业中的应用

应用目的	应用领域	方法举例
杀菌	食品原料、加工车间、水	环境空气杀菌、饮料水、洗净水杀菌
储藏、保鲜	罐头、果蔬储藏保鲜	清蒸罐头、盐渍罐头内充填臭氧，苹果、草莓等果蔬包装内充臭氧
脱臭、脱色及除味	肉食车间及食品原料的脱色和漂白	鲜肉及大蒜的脱色及脱臭
氧化及其他作用	有毒气体分解，新鲜度保持，原料催熟	异味去除、空气净化、空气清新

8.5 电阻加热技术

电阻加热技术（ohmic heating，又称欧姆加热），是近 20 年来在国外食品加工领域受到比较广泛重视的与传统的食品加热方法截然不同的新技术。该法是含颗粒流体食品（尤其是低酸性者）连续加工技术的一项重大突破。它用电流直接通过液状或含有颗粒的液状食品的热效应达到加热杀菌的目的，较好地解决了液体和固体颗粒间的加热杀菌程度不均匀的问题。

由于机械制造技术发展，新材料出现，新电极组件，绝缘装置及制造技术的发展，使得连续式电阻加热系统设备成本降低，成为商业生产可行的技术。电阻加热技术在欧洲及日本已有商业生产装置。

8.5.1 电阻加热原理

8.5.1.1 原理

电阻加热技术是以交流电电流通过食物电解质——盐分或有机酸，利用食品不良导体的大电阻抗特性所产生的热能来加热食品，其电能转变成热能遍及整个被加热物体，且渗透的深度没有明显的限制。

对含颗粒流体食品的处理，可减少液体和固体颗粒间的加热不均匀度。将电阻电热技术运用在含颗粒流体食品时，固体颗粒的温度常与周围液体的温度相当，有时甚至会超过液体温度，因而加热杀菌效果好，也有利于提高产品品质。而传统的蒸汽加热时，由于热传递速度慢且加热不均匀的问题，固体颗粒的温度一般小于液体温度；为使颗粒中心点达到足够的杀菌条件，通常以牺牲品质、风味和营养为代价将其过度加热。图 8-4 是电阻加热器灭菌的流程。

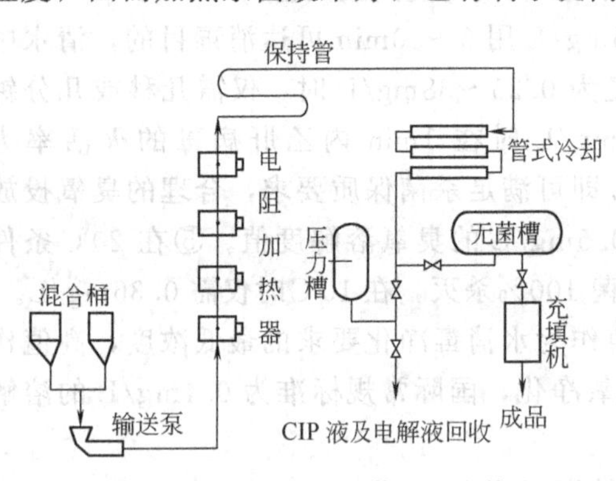

图 8-4 电阻加热器在无菌加工中的流程

8.5.1.2 影响因素

(1) 温度　在加热过程中，食品原料温度愈高，导电度也愈高；加热速率随食品原料温度上升而增大。

(2) 电解质的浓度　电解质浓度高的颗粒，其导电性高，使得加热速度更高。通常将颗粒食品先浸泡在不同浓度的食盐水溶液中，以提高颗粒电解质含量，再进行电阻加热。

(3) 预热　先预热后再进行电阻加热，颗粒会有较高的导电度，其加热速率也增加。因为预热在某种程度上破坏了细胞组织，使颗粒内部的水等流动性增加。

8.5.2 适用对象与设备条件

8.5.2.1 食品要求

(1) 导电性　绝大多数食品均含有溶解了一定量离子盐的游离水，属于导体，理论上均可使用电阻加热法。绝缘体或导电性不高的食品不能直接进行电阻加热，如不能离子化的共价键流体，包括油脂、乙醇、糖浆以及非金属的固体物质如骨质成分、纤维素、冰的结晶等。

(2) 可泵送　一般水分含量在 30％以上的食品不仅具有导电性，而且也能够用泵进行连续输送，可有效地提高电阻加热法的杀菌效率并进行连续处理。

8.5.2.2 设备要求

(1) 良好的系统电气设计　有效避免电解、电极解离或食品局部过热导致烧焦等污染。

(2) 加热速率和其流速可调　能有效控制食品的电阻加热程度。

（3）完备、配套的无菌包装　降低充填和密封包装流体食品的菌数。

8.5.3 电阻加热灭菌的优势

8.5.3.1 加热均匀、升温快

可以每秒钟 2℃的速度进行快速升温，流体食品中的液体与颗粒、颗粒表面与中心几乎被均匀、同时地加热，因而其温度梯度或差异很小。

8.5.3.2 品质保持好

由于加热均匀且保持时间大大缩短，对食品的风味和营养成分的破坏相对较少，流体食品中的颗粒完整性与质地结构也能够得到很好保持。

8.5.3.3 可连续处理

由于没有传统换热器的传热面，困扰食品加工的结垢、焦化的停工处理与清理等工作不复存在，可大规模连续地进行处理。

8.5.3.4 能量转换率高

超过微波加热，达到 90%以上，其他方法一般仅有 45%～50%。

8.5.4 应用

有许多电阻加热杀菌系统在世界各地投入工业化生产；主要用于处理含颗粒或片的水果制品，如整只草莓、猕猴桃片等，含颗粒的肉制品、蔬菜制品（如色拉等）、调味品（如番茄沙司、面条调味料等）、浓缩汤料、糖渍品及无菌充填包装食品的加热杀菌等。

国外研究报道，使用电阻加热杀菌法处理的产品经 37℃加速检验可储存 6 个月，26℃下可以储存 3 年，且口感与新鲜食品相似。

8.6 膜分离技术

利用微米孔径膜实现选择性（孔径大小选择），以膜的两侧的能差为推动力及不同物质组分透过膜的迁移率差异实现溶液不同组分的分离、纯化、浓缩过程称作膜分离。它与传统过滤的不同在于，膜可以在分子范围内进行分离，并且这一过程是一种物理过程，不发生相的变化和添加助剂。膜分离技术应用于食品工业始于 60 年代末，应用于乳品加工和啤酒无菌过滤。

8.6.1 膜分离

8.6.1.1 膜材料与类型

（1）膜材料　膜是具有选择性分离功能的材料。一般要求有良好的成膜性，热稳定性，化学稳定性，耐酸、碱以及微生物侵蚀和耐氧化性能，如：反渗透、超滤、微滤膜材料最好是亲水性的（hydrophilic）；电渗析膜则必须耐酸、碱性和热稳定性能的离子型膜材料；气体分离特别是渗透汽化，要求膜材料对透过组分有优先溶解、扩散能力，若用于有机溶剂分离，还要求膜材料耐溶剂；膜蒸馏和膜吸收要求要疏水性（hydrophobic）膜材料。不同的膜分离过程对分离膜的要求存在差异，合适的膜材料选择是膜分离技术首要的问题，目前研究和应用的主要是高聚物材料和无机材料，其中以高聚物膜应用的最多。

（2）膜种类　可依材料、用途、均相及对称与否等划分，依材料分无机膜和有机膜

两种。

① 无机膜　主要是陶瓷膜和金属膜，如氧化铝、玻璃、二氧化硅、不锈钢等，一般其过滤精度较低，选择性较小。

② 有机膜　由高分子材料做成的，如醋酸纤维素（cellulose acetate，CA）、硝酸纤维素（nitrocellulose，cellulose nitrate，NC 或 CN）、聚乙烯（polyethylene，PE）、聚丙烯（polypropylene，PP）、芳香族聚酰胺（aromatic polyamide fibre）、聚碳酸酯（polycarbonate，PC）、聚砜（polysulfone，PSF 或 PSU）、聚醚砜（polyethersulfone，PES）、聚酰胺［polyamide，PA，俗称尼龙（Nylon）］、聚氯乙烯（polyvinyl chloride，PVC）、聚氟聚合物（四氟乙烯 tetrafluoroethylene，TFE）、聚偏氟乙烯（polyvinylidene fluoride，PVDF）、再生纤维素（regenerated cellulose fiber）滤膜等。

(3) 膜形式　常用的膜主要有非对称型或薄皮复合薄片、管型、中空纤维膜和膜的集成四种典型形式。

(4) 膜组件　不同形状的膜可组装成既紧凑又经济的膜分离单元，此种膜分离单元也称为膜组件。它可以是板式、卷式、管式、中空纤维等。

8.6.1.2　膜滤装置

不同膜分离的典型装置基本构成一般具备两大部分：一是膜组件，二是泵（具备对流体提供压力或动力并促其流动的功能）。

8.6.1.3　膜滤技术

一般依膜的孔径（或称为截留分子量）与原理的差异，分为微滤、超滤、纳滤以及反渗透和电渗析等。

(1) 微孔过滤　微孔过滤（micro porous filtration，MF，又称微滤），属于精密过滤，其基本原理是筛孔分离过程。截留特性以膜孔径表征，通常在 0.1～10μm，故微滤能对大直径的菌体、悬浮固体等进行分离，所需压力为 0.01～0.2MPa 左右。一般用于料液的澄清、保安过滤、空气除菌等，在医药、饮料、饮用水、食品、电子、石油化工、分析检测和环保等领域有较广泛的应用。

我国的 MF 研究始于 70 年代初，在相转化法微孔膜的性能方面和国外同类产品性能基本一致。以 CA-CN 膜片为主，于 80 年代相继开发成功 CA、CA-CTA（triacetyl cellulose，三醋酸纤维素）、PS（polystyrene，聚苯乙烯）、PAN（polyacrylonitrile，聚丙烯腈）、PVDF、尼龙等膜片，褶筒式滤芯已在许多场合下替代了进口产品，得到了广泛应用；并开发卷式和中空纤维式组器；开发了控制拉伸致孔的 PP、PE 和 PTFE（polytetrafluoroethene，聚四氟乙烯）MF 膜；开发出用于防伪的聚酯和聚碳酸酯的核径迹微孔膜，多通道无机 MF 膜也实现产业化。

(2) 超滤　超滤（ultrafil tration，UF，又称超过滤），是一种膜分离技术，能够将溶液净化，分离或者浓缩。超滤的机理是由膜表面机械筛分、膜孔阻滞和膜表面及膜孔吸附的综合效应，以膜两侧的压力差为驱动力，以筛滤为主的净化处理，也可理解为与膜孔径大小相关的筛分过程。一般超滤膜的孔径在 0.001～0.02μm，操作压力为 0.1～1.0MPa。膜的截留特性是以对标准有机物的截留相对分子质量来表征，通常截留相对分子质量范围在 1000～300000，可截留水中胶体大小的颗粒（如悬浮物、胶体、微粒、细菌和病毒等大分子物质），在酶制剂、饮料、饮用水深度处理、医药（包括生物制剂）、工业用超纯水和溶液浓缩分离等领域都有广泛应用。

我国从70年代初开始研究UF，最先开发的也是CA-UF膜，并在电泳漆行业中首先应用，之后又被扩大到酶制剂的浓缩等。与国外水平相比，我国膜品种少，通量和截留综合性能较低，组器技术的水平有待于改进提高。

(3) 纳滤　是一种以压力驱动力的膜分离技术，膜的孔径在几个纳米左右（平均为2nm），因此称纳滤（nanofiltration，NF）。膜的截留特性是以对标准NaCl、$MgSO_4$、$CaCl_2$溶液的截留率来表征，通常截留率范围在60%～90%，相应截留相对分子质量范围在100～1000，故纳滤膜适用于对小分子有机物等与水、无机盐进行分离，可实现脱盐与浓缩的同时进行，其在制药、生物化工、食品工业等诸多领域显示出广阔的应用前景。

我国对纳滤膜的研究始于80年代末，对其在除盐及特种分离等方面性能进行了试验研究，与国外水平相比，我国的纳滤膜研制、组器技术和应用开发等起步较晚。

(4) 反渗透　以压力差为推动力，从溶液中分离出溶剂而截留离子物质或小分子物质的选择透过性的膜分离操作，因为它和自然渗透的方向相反，故称反渗透（reverse osmosis，RO，又称逆渗透）。根据各种物料的不同渗透压，就可以使大于渗透压的反渗透法达到分离、提取、纯化和浓缩的目的。膜孔径小于0.002μm，所需压力为0.1～10MPa左右，截留可溶性的金属盐、有机物、细菌、胶体粒子、发热物质，即能截留所有的离子，仅让水透过，对NaCl的截留率在98%以上。适用于低分子无机物和水溶液的分离，目前已广泛应用于医药、电子、化工、食品、海水淡化等诸多行业，是现代工业中首选的水处理技术。

我国RO的研究始于1965年，1967—1969年的全国海水淡化会战，为CA不对称膜的开发打下了良好的基础。70年代进行了中空纤维和卷式RO元件的研究，于80年代初步工业化。与国外相比，我国某些RO工艺技术接近国际水平，但膜和组器技术和性能与国际水平相比仍有较大差距；国内RO主要用于电子、电力、食品、饮料和化工等领域的纯水和超纯水制备，少量的用于苦碱水淡化。

(5) 电渗析　电渗析（electrodialysis，ED）以直流电（电位差）为动力，利用离子交换膜对水溶液中阴、阳离子的选择透过性，将带电组分的盐类与非带电组分的水分离的技术。电渗析是电解质离子在两股液流间的传递，其中一股液流失去电解质，成为淡化液；另一股液流接受电解质，成为浓缩液。电渗析的功能主要取决于离子交换膜。离子交换膜以高分子材料为基体，接上可电离的活性基团。阴离子交换膜简称阴膜，它的活性基团是铵基，电离后的固定离子基团带正电荷。阳离子交换膜简称阳膜，它的活性基团通常是磺酸基，电离后的固定离子基团带负电荷。离子交换膜具有选择透过性是由于膜上的固定离子基团吸引膜外溶液中异种电荷离子，使它能在电位差或同时在浓度差的推动下透过膜体，同时排斥同种电荷的离子，拦阻它进入膜内。阳离子易于透过阳膜，阴离子易于透过阴膜。用于电渗析的离子交换膜要求膜的电阻低、选择性高、机械强度和化学稳定性好。可实现溶液的淡化、浓缩、精制或纯化等工艺过程，适用于水溶液中无机盐和酸的脱出。

我国离子交换膜和ED研究始于1958年，1965年第一台ED器试用于成昆铁路建设，1967年实现了异相膜的工业化生产，年产量在3.5×10^5～$4.0\times10^5m^2$左右，1985年开始制定ED技术标准，1995年完成并开始执行。我国ED的工艺水平已接近世界先进水平，但在均相离子交换膜的工业化制备方面差距较大，难以进行高浓度浓缩和不同离子分离等方面的应用。

8.6.2 膜分离工艺

8.6.2.1 工艺

不同的膜滤工艺所用膜组件或其组合往往不同，但基本操作过程的差异不大，可以是分批式或连续式，也可是一级或多级方式等进行。在典型的膜过滤中，有料液泵送，截留物（液）与滤过物（液）的收集或回流等，即首先将料液通过泵以一定流速沿着滤膜的表面流过，大于膜截留分子量的物质分子不透过膜流回料罐，小于膜截留分子量的物质或分子透过膜，形成透析液。

典型的膜分离基本工艺流程参见图 8-5。

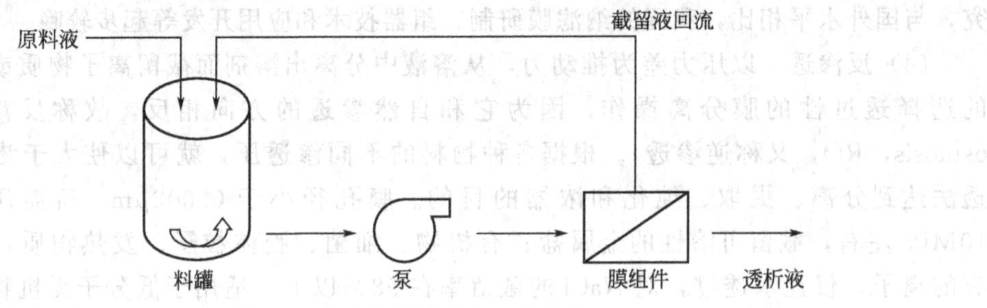

图 8-5 膜分离操作基本工艺流程

8.6.2.2 影响因素

（1）膜通量

在单位时间（h）单位膜面积（m^2）透析液流出的量（L）称为膜通量（LMH），即过滤速度。

（2）影响膜通量的因素

主要有温度、压力、固含量（TDS）、离子浓度、黏度等。

对不同组成的有机物，根据有机物的分子量，选择不同的膜，选择合适的膜工艺，从而可达到最好的膜通量和截留率，进而提高生产收率、减少投资规模和运行成本。

8.6.3 膜滤的应用

由于膜分离技术具有无相变、节能、体积小、可拆分等特点，使膜广泛应用在发酵、制药、植物提取、化工、水处理工艺过程及环保行业中。

8.6.3.1 乳品

利用微过滤技术对牛奶进行处理，不仅能耗低，而且避免了高温加热，使鲜奶几乎保持原有风味。

1987 年，Piot 等首次将无机膜用于全脂牛奶的过滤除菌。采用错流过滤（料液的流动与压力的方向垂直）技术生产的牛奶，其保质期可由原来的 6～8d 延长到 16～24d。将巴氏杀菌和无机膜过滤相结合，生产浓缩巴氏杀菌牛奶的过程现在已实现工业化。

8.6.3.2 酱油

我国的酱油生产以传统固态发酵为主，其产品由于生产工艺及条件的限制，普遍存在由生物或非生物因素引起的菌落总数超标、浑浊和沉淀问题。非生物因素主要有：糖化过程中淀粉、纤维素、果胶、木质素等酶解不完全；蛋白与多酚类物质的聚合；三价铁与无机物形成溶胶；重金属离子与单宁等有机物生成沉淀等；生物的因素主要包括：生产中细菌的侵入等。因此，固含量和黏度都较高的酱油的澄清、除菌在传统工艺中处理十分困难。

淡酱油经超滤后，其全氮、氨基酸态氮、无盐固形物、还原糖、色素等保持率均在98%左右，菌落总数<100个/mL；浓酱油则对以上成分的保持率为81%～91%。1997年，由中科院生态环境中心设计生产的国内最大的酱油超滤装置在佛山海天调味食品公司运行，每小时处理酱油8t；上海原子核所的卷式超滤设备也在杭州酿造总厂得到工业化应用。

8.6.3.3 食醋

日本在20世纪80年代在液态发酵醋生产中应用了超滤技术。20世纪90年代我国一些企业尝试将中空纤维超滤用于醋的生产。北京食品研究所在国家“八五”攻关项目中，从预处理和膜清洗两个关键环节入手，得到了较理想的结果，超滤总酸保持率大于99%，浊度（FTU）从700降至0.2，菌落总数从9600个/mL降至10个/mL，膜经过清洗，通量可完全恢复。目前北京龙门和田宽等企业在生产中应用了该技术。

8.6.3.4 饮料

采用微滤膜分离可以把细菌、酵母和霉菌全部截留，而食品中的有效成分则能全部透过膜。因此微滤技术可以代替传统的饮料生产使用的巴氏杀菌和化学防腐剂添加来使产品达到食品卫生要求。

8.6.3.5 生啤酒

1968年，日本就开始把膜分离技术用于生啤酒生产中除去混浊漂浮物（酒花树脂、丹宁、蛋白质等）、除去或减少产生混浊的物质以及除去微生物（酵母、乳酸菌）等；处理后生啤酒的香味得到改善，透明度也大大提高。

参 考 文 献

[1] 陈陶声. 罐头与软罐头生产技术. 北京：化学工业出版社，1993.
[2] 无锡轻工业学院，天津轻工业学院. 食品工艺学. 北京：中国轻工业出版社，1985.
[3] 赵晋府. 食品工艺学. 北京：中国轻工业出版社，1999.
[4] 叶清如. 罐藏技术问答. 北京：中国农业出版社，1988.
[5] 李雅飞. 水产食品罐藏工艺学. 北京：中国农业出版社，1996.
[6] 周家春. 食品工艺学. 北京：化学工业出版社，2008.
[7] 徐成海. 真空低温技术与设备. 北京：冶金工业出版社，2007.
[8] 曾名湧. 食品保藏原理与技术. 北京：化学工业出版社，2007.
[9] 钟秋平，周文化，傅力. 食品保藏原理. 北京：中国计量出版社，2010.
[10] 刘兴华. 食品安全保藏学. 北京：中国轻工业出版社，2006.
[11] 汪之和. 水产品加工与利用. 北京：化学工业出版社，2003.
[12] 章超桦，薛长湖. 水产食品学，第2版. 北京：中国农业出版社，2010.
[13] 尹明安. 果品蔬菜加工工艺学. 北京：化学工业出版社，2010.
[14] 关志强. 食品冷冻冷藏原理与技术. 北京：化学工业出版社，2010.
[15] 张秀玲. 果蔬采后生理与贮运学. 北京：化学工业出版社，2011.
[16] 王璋，许时婴，江波等. 食品化学. 北京：中国轻工业出版社，2003.
[17] 王海鸥，姜松. 真空冷却技术及其在食品工业的研究和应用. 制冷，2004，23（1）：33-36.
[18] 潘利华. 食品加工业中极具应用潜力的真空冷却技术. 广州食品工业科技，2003，19（1）：107～108.
[19] 李同春. 肉的品质变化与食用价值. 肉类工业，2002（4）：32-33.
[20] 张廷序. 鱼在冷冻冷藏中肌肉组织学的变化. 海洋水产研究，1981（2）：57-68.
[21] 包建强. 食品低温保藏学. 第2版. 北京：中国轻工业出版社，2011.
[22] 曾庆孝. 食品加工与保藏原理. 北京：化学工业出版社，2002.
[23] 冯志哲. 食品冷藏学. 北京：中国轻工业出版社，2006.
[24] 华泽钊，李云飞，刘宝林. 食品冷冻冷藏原理与设备. 北京：机械工业出版社，1999.
[25] 李勇. 食品冷冻加工技术. 北京：中国轻工业出版社，2005.
[26] 隋继学. 食品冷藏与速冻技术. 北京：化学工业出版社，2007.
[27] 谢晶. 食品冷冻冷藏原理与技术. 北京：化学工业出版社，2005.
[28] Agnes Joly，Almudena Huidobro，Margarita Tejada. Influence of lipids on dimethylamine formation in model systems of hake（Merluccius merluccius）kidney during frozen storage. Z Lebensm Unters Forsch A，1997（205）：14-18.
[29] Begona Ben-Gigirey，Juan M. Vieites Baptista de Sousa，Tomas G. Villa，et al. Characterization of biogenic amine-producing Stenotrophomonas maltophilia strains isolated from white muscle of fresh and frozen albacore tuna. International Journal of Food Microbiology，2000（57）：19-31.
[30] Chow C，Ochiai Y，Watabe S，et al. Effect of freezing and thawing on the discoloration of tuna meat. Bull Japan Soc. Sci. Fish，1988，54（4）：639-648.
[31] 马长伟，曾名勇. 食品工艺学导论. 北京：中国农业大学出版社，2002.
[32] 蒲彪，艾志录，方婷等. 食品工艺学导论. 北京：科学出版社，2012.
[33] 夏文水. 食品工艺学. 北京：中国轻工业出版社，2007.
[34] 刘恩岐，曾凡坤. 食品工艺学. 郑州：郑州大学出版社，2011.
[35] 韩春然. 传统发酵食品工艺学. 北京：化学工业出版社，2010.
[36] 张兰威. 发酵食品工艺学. 北京：中国轻工业出版社，2011.
[37] 宣以巍，徐贵华. 新型气调保鲜包装在鲜切食品中的应用. 农业技术与装备，2008，（12）：37-39.
[38] 黄俊彦，韩春阳. 气调保鲜包装技术的应用. 包装工程，2007（12）：44-48.
[39] 陈阳楼，杨珊珊等. 酱鸭的气调包装保鲜技术研究. 肉类工业，2011（7）：30-32.
[40] 陈海桂. 气调包装技术在肉类保鲜中的应用和研究进展. 肉类研究，2010（11）：74-78.

[41] 董全，黄艾祥. 食品干燥技术. 北京：化学工业出版社，2007.
[42] 赵晋府. 食品技术原理. 北京：中国轻工业出版社，2007.
[43] 潘永康. 现代干燥技术. 北京：化学工业出版社，1998.
[44] 王喜忠. 喷雾干燥. 北京：化学工业出版社，2003.
[45] 徐成海. 真空干燥. 北京：化学工业出版社，2004.
[46] 刘相东. 常用工业干燥设备及应用. 北京：化学工业出版社，2004.
[47] 王永州，陈美，邓维用等. 我国微波干燥技术应用研究进展. 干燥技术与设备，2008，6 (5)：219-224.
[48] 王冬梅，马越，王丹等. 食品微波真空干燥研究进展. 食品工业科技. 2012 (08).
[49] 黄立新，周瑞军，Mujumdar A S. 近年来喷雾干燥技术研究进展和展望. 干燥技术与设备，2008，6 (1)：3-8.
[50] 阙婷婷，张佳琪，张慧等. 真空微波干燥与真空冷冻干燥对鱼糜干制品质量的影响. 食品工业科技，2012. 33 (23)：253-257.
[51] 钱革兰，张琦，崔政伟等. 真空微波和冷冻干燥组合降低胡萝卜片的干燥能耗. 农业工程学报，2011，27 (6)：387-392.
[52] 李文茹，谢小保，欧阳友生等. 鱼精蛋白抑菌机理及在食品防腐中的应用. 微生物学通报，2007，34 (4)：795-798.
[53] 张东荣，王正刚，毛忠贵. 聚赖氨酸的研究进展. 氨基酸和生物资源，2005，27 (2)：48-51.
[54] 刘蔚，秦芸桦，周涛. ε-聚赖氨酸生物合成机理的研究进展. 食品科学，2007，28 (8)：549-554.
[55] 李红缨，杨辉荣，欧国勇. 安全高效的新型食品保存剂的研究进展. 江苏化工，2001，29 (4)：18-22.
[56] 李晓丽，张乃茹，白秀丽. 丙酸及其盐的合成和应用长春师院学报. 自然科学版，1996 (2)：26-28.
[57] 李云雁，宋光森. 板栗壳提取物抑菌作用研究. 林产化学与工业，2004，24 (4)：61-64.
[58] 李增利. Nisin抗菌作用机制及抑菌效力. 食品科技，2004，(10)：59-62.
[59] Branen J K，Davidson P M. Enhancement of nisin，lysozyme and monolaurin antimicrobial activities by ethylenediaminetetraacetic acid and lactoferrin. International Journal of Food Microbiology，2004，90 (1)：63-74.
[60] Kallinteri LD，Kostoula OK，Savvaidis IN. Efficacy of nisin and/or natamycin to improve the shelf-life of Galotyri cheese. Food Microbiology. 2013，36 (2)：176-181.
[61] 宋连花，王彦文. 乳链菌肽 (Nisin) 研究进展. 食品研究与开发，2004，25 (5)：18-21.
[62] 花慧，黄松，沈国强等. 不同防腐剂对过氧化氢酶防腐效果的研究. 食品工业科技，2005，26 (1)：167-169.
[63] 杨联松，檀根甲，徐美清. 茶多酚抑菌作用和防腐效果初探. 安徽农业科学，1996，24 (4)：373-375.
[64] 吕翠玲，巫中德，戴欣等. 常用食品防腐剂抗菌作用的研究. 微生物学通报，1995，22 (1)：36-41.
[65] 杨寿清. 对羟基苯甲酸酯衍生物的抗菌活性及其发展趋势. 冷饮与速冻食品工业，2004，10 (4)：25-29.
[66] 杨艳彬，朱丽莉，唐明翔等. 蜂胶抑菌作用的研究. 食品科技，1999 (6)：32-34.
[67] 张红艳，林凯，阎春娟. 国内外天然食品防腐剂的研究进展. 粮食加工，2004 (3)：57-60.
[68] 梅丛笑，方元超，赵晋府. 几种天然食品防腐剂的应用简介. 中国食品添加剂，2000 (4)：60-62.
[69] 夏文水，张帆，何新益. 甲壳低聚糖抗菌作用及其在食品保藏中的应用. 无锡轻工大学学报，1998，17 (4)：10-14.
[70] 单春会，童军茂，冯世江. 壳聚糖及其衍生物涂膜保鲜果蔬的研究现状与展望. 中国食物与营养，2004，(12)：29-31.
[71] 罗应琼. 壳聚糖在食品工业的应用及其机理研究进展. 食品研究与开发，2003，24 (5)：28-30.
[72] 刘小杰，蒋雪红，秦翠群. 抗微生物酶在食品工业中的应用. 食品工业科技，2002，23 (3)：80-82.
[73] 林翠花，肖素荣，孟庆国. 溶菌酶结构特点及其应用. 潍坊学院学报，2005，5 (2)：108-110.
[74] 李东，杜连祥，路福平. 生物食品防腐剂纳他霉素发酵工艺研究. 食品工业科技，2004，25 (10)：111-114.
[75] 李燕芸，尹振晏. 食品防腐保鲜剂的现状和发展. 北京石油化工学院学报，2003，11 (4)：18-23.
[76] 郭新竹，宁正祥. 天然肽类防腐剂研究进展. 食品与发酵工业，2011，27 (2)：72-75.
[77] 盛建国，黄东余. 银杏叶提取工艺及其抑菌性能探讨. 食品工业科技，2005，26 (1)：65-67.
[78] 李燕，汪之和，王麟等. 鱿鱼鱼精蛋白的抑菌作用及在保鲜中的应用. 食品科学，2004，25 (10)：80-84.
[79] 陆志科，谢碧霞. 植物源天然食品防腐剂的研究进展. 食品工业科技，2003，24 (1)：93-96.
[80] 王燚，郭淑珍，张淑芹. 溶菌酶及其在肉制品保鲜中的应用. 肉类研究，2007，(6)：44-46.
[81] 侯东军，汤务霞，曾凡坤等. 脱氧剂生产工艺及其性能影响因素的探讨. 食品科技，2002，(3)：42-43.

[82] 蔡亦时. 脱氧剂在食品保存中的应用及发展方向. 南通航运职业技术学院学报，2006，5 (4)：32-34.
[83] 林灿煌，张灿河，李微. 脱氧包装原理及脱氧剂的研究和发展状况. 食品工业科技，2004，25 (5)：115-116，119.
[84] 盛国华. 食品包装脱氧剂的发展动向. 中国包装工业，2004，(11)：31-32.
[85] 敏成. 防止包装食品质量下降的脱氧剂. 中国包装工业，2005，(3)：38-39.
[86] 韩阿火. 脱氧剂及其在肉制品中的应用. 肉类工业，2005，(7)：36-38.
[87] 李宏梁. 食品添加剂安全与应用. 北京：化学工业出版社，2011.
[88] GB 2760—2011 食品安全国家标准 食品添加剂使用标准.
[89] 阮春梅. 食品添加剂应用技术. 北京：中国农业出版社，2008.
[90] 高彦祥. 食品添加剂. 北京：中国轻工业出版社，2011.
[91] 胡国华. 复合食品添加剂. 第 2 版. 北京：化学工业出版社，2012.
[92] 陈欢林. 新型分离技术. 北京：化学工业出版社，2005.
[93] 廖传华，柴本银，黄振仁. 分离过程与设备. 北京：中国石化出版社，2008.
[94] 刘莱娥等. 膜分离技术应用手册. 北京：化学工业出版社，2000.
[95] Seader J D，Erest J. Henley. 分离工程原理. 第 2 版. 朱开宏，吴俊生译. 上海：华东理工大学出版社，2007.
[96] 周家春. 食品工业新技术，北京：化学工业出版社，2005.
[97] 任建新等. 膜分离技术及其应用. 北京：化学工业出版社，2003.
[98] http://www. dowater. com/jishu/2010-07-22/29628. Html.
[99] 刘北林等. 食品保鲜技术. 北京：中国物资出版社，2003.
[100] 余善鸣等. 果蔬保鲜与冷冻干燥技术. 哈尔滨：黑龙江科学技术出版社，1999.
[101] Seseroier N W，Deseroier J N. 食品保藏技术. 北京：中国食品出版社，1989.
[102] 吴锦铸，张昭其. 果蔬保鲜与加工. 北京：化学工业出版社，2001.
[103] 高福成. 现代食品工程高新技术. 北京：中国轻工业出版社，1997.
[104] Heldman D R，Hartel R W. 食品加工原理. 夏文水译. 北京：中国轻工业出版社，1985.
[105] 韩刚. 传统畜禽产品保鲜与加工. 广州：广东科技出版社，2005.
[106] 史维一. 冷冻食品的品质保管. 上海：上海交通大学出版社，1999.